正点原子教你学嵌入式系统丛书

精通 STM32F4(HAL 库版)(下)

刘　军　凌柱宁　徐伟健　江　荧　编著

北京航空航天大学出版社

内 容 简 介

《精通 STM32F4(HAL 库版)》分为上、下两册。本书是下册,详细介绍了 STM32F407 复杂外设的使用及一些高级例程,包括触摸屏、内存管理、串口 IAP 等。

上册分为基础篇和实战篇,详细介绍了 STM32F407 的基础入门知识,包括 STM32 简介、开发环境搭建、新建 HAL 库版本 MDK 工程、STM32 时钟系统以及 STM32F407 常用外设的使用,包括外部中断、基本定时器、DMA 等。建议初学者从上册开始,跟随书中的结构安排,循序渐进地学习。对于有一定基础的读者,可以直接选择下册,进入复杂外设的学习过程。

本书配套资料包含详细原理图以及所有实例的完整代码,这些代码都有详细的注释。另外,源码有生成好的 hex 文件,读者只需要通过仿真器下载到开发板即可看到实验现象,亲自体验实验过程。

本书不仅非常适用于广大学生和电子爱好者学习 STM32,其大量的实验以及详细的解说也可供公司产品开发人员参考。

图书在版编目(CIP)数据

精通 STM32F4 : HAL 库版. 下 / 刘军等编著. -- 北京 : 北京航空航天大学出版社, 2024.1

ISBN 978-7-5124-4265-8

Ⅰ. ①精… Ⅱ. ①刘… Ⅲ. ①微控制器 Ⅳ. ①TP332.3

中国国家版本馆 CIP 数据核字(2023)第 239173 号

精通 STM32F4(HAL 库版)(下)

刘 军 凌柱宁 徐伟健 江 荧 编著

责任编辑 董立娟

*

北京航空航天大学出版社出版发行

北京市海淀区学院路 37 号(邮编 100191) http://www.buaapress.com.cn

发行部电话:(010)82317024 传真:(010)82328026

读者信箱:emsbook@buaacm.com.cn 邮购电话:(010)82316936

涿州市新华印刷有限公司印装 各地书店经销

*

开本:710×1 000 1/16 印张:24.25 字数:546 千字

2024 年 1 月第 1 版 2024 年 1 月第 1 次印刷 印数:2 000 册

ISBN 978-7-5124-4265-8 定价:89.00 元

若本书有倒页、脱页、缺页等印装质量问题,请与本社发行部联系调换。联系电话:(010)82317024

前　言

本书的由来

2011年，正点原子工作室同北京航空航天大学出版社合作，出版发行了《例说STM32》。该书由刘军（网名：正点原子）编写，自发行以来，广受读者好评，更是被ST官方作为学习STM32的推荐书本。之后出版了“正点原子教你学嵌入式系列丛书”，包括：

《原子教你玩STM32（寄存器版）/（库函数版）》

《例说STM32》

《精通STM32F4（寄存器版）/（库函数版）》

《FreeRTOS源码详解与应用开发——基于STM32》

《STM32F7原理与应用（寄存器版）/（库函数版）》

随着技术的更新，每种图书都不断地更新和再版。

为什么选择STM32

与ARM7相比，STM32采用Cortex-M3内核。Cortex-M3采用ARMV7（哈佛）构架，不仅支持Thumb2指令集，而且拥有很多新特性。较之ARM7 TDMI，Cortex-M3拥有更强劲的性能、更高的代码密度、位带操作、可嵌套中断、低成本、低功耗等众多优势。

与51单片机相比，STM32在性能方面则是完胜。STM32内部SRAM比很多51单片机的FLASH还多；其他外设就不一一比较了，STM32具有绝对优势。另外，STM32最低个位数的价格，与51单片机相比也是相差无几，因此STM32可以称得上是性价比之王。

现在ST公司又推出了STM32F0系列Cortex M0芯片以及STM32F4/F3系列Coretx-M4等芯片满足各种应用需求。这些芯片都已经量产，而且购买方便。

如何学STM32

STM32与一般的单片机/ARM7最大的不同，就是它的寄存器特别多，在开发过程中很难全部都记下来。所以，ST官方提供了HAL库驱动，使得用户不必直接操作寄存器,而是通过库函数的方法进行开发,大大加快了开发进度,节省了开发成本。但是学习和了解 STM32 一些底层知识必不可少,否则就像空中楼阁没有根基。

学习 STM32 有 2 份不错的中文参考资料:《STM32 参考手册》中文版 V10.0 和《ARM Cortex－M3 权威指南》中文版(宋岩 译)。前者是 ST 官方针对 STM32 的一份通用参考资料,包含了所有寄存器的描述和使用,内容翔实,但是没有实例,也没有对 Cortex－M3 内核进行过多介绍,读者只能根据自己对书本内容的理解来编写相关代码。后者是专门介绍 Cortex－M3 架构的书,有简短的实例,但没有专门针对 STM32 的介绍。

结合这 2 份资料,再通过本书的实例,循序渐进,您就可以很快上手 STM32。当然,学习的关键还是在于实践,光看不练是没什么效果的。所以建议读者在学习的时候,一定要自己多练习、多编写属于自己的代码,这样才能真正掌握 STM32。

本书内容特色

《精通 STM32F4(HAL 库版)》分为上、下两册。本书是下册,详细介绍了 STM32F407 复杂外设的使用及一些高级例程,包括触摸屏、内存管理、串口 IAP 等。

上册分为基础篇和实战篇,详细介绍了 STM32F407 的基础入门知识,包括 STM32 简介、开发环境搭建、新建 HAL 库版本 MDK 工程、STM32 时钟系统以及 STM32F407 常用外设的使用,包括外部中断、基本定时器、DMA 等。

建议初学者从上册开始,跟随书中的结构安排,循序渐进地学习。对于有一定基础的读者,可以直接选择下册,进入复杂外设的学习过程。

本书适合的读者群

不管您是一个 STM32 初学者,还是一个老手,本书都非常适合。尤其对于初学者,本书将手把手地教您如何使用 MDK,包括新建工程、编译、仿真、下载调试等一系列步骤,让您轻松上手。

本书使用的开发板

本书的实验平台是正点原子探索者开发板,有这款开发板的朋友可以直接拿本书配套资料里面的例程在开发板上运行和验证。对于没有这款开发板而又想要的朋友,可以在淘宝上购买。当然,如果已经有了一款自己的开发板,而又不想再买,也是可以的,只要您的板子上有与正点原子探索者开发板上相同的资源(实验需要用到的),代码一般都是可以通用的,只需要把底层的驱动函数(一般是 I/O 操作)稍作修改,使之适合您的开发板即可。

本书配套资料和互动方式

本书配套资料里面包含详细原理图以及所有实例的完整代码,这些代码都有详细

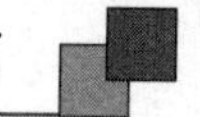

的注释。另外，源码有生成好的 hex 文件，读者只需要通过仿真器下载到开发板即可看到实验现象，亲自体验实验过程。读者可以通过以下方式免费获取配套资料，也可以和作者互动：

原子哥在线教学平台　www.yuanzige.com

开源电子网/论坛　www.openedv.com/forum.php

正点原子官方网站　www.alientek.com

正点原子淘宝店铺　https://openedv.taobao.com

正点原子 B 站视频　https://space.bilibili.com/394620890

编　者

2023 年 12 月

目　录

第1章

ADC 实验

本章将介绍 STM32F407 的 ADC(Analog - to - digital converters,模数转换器)功能。这里通过两个实验来学习 ADC,分别是单通道 ADC 采集实验和单通道 ADC 采集(DMA 读取)实验。

1.1 ADC 简介

ADC 即模拟数字转换器,全称 Analog - to - digital converter,可以将外部的模拟信号转换为数字信号。

STM32F4xx 系列芯片拥有 3 个 ADC,都可以独立使用,其中,ADC1 和 ADC2 还可以组成双重模式(提高采样率)。STM32 的 ADC 是 12 位逐次逼近型的模拟数字转换器。它有 19 个通道,可测量 16 个外部、2 个内部信号源和 V_{BAT} 通道的信号。这些通道的 ADC 可以单次、连续、扫描或间断模式执行。ADC 的结果可以以左对齐或者右对齐存储在 16 位数据寄存器中。ADC 具有模拟看门狗的特性,允许应用检测输入电压是否超过了用户自定义的阈值上限或下限。

STM32F407 的 ADC 主要特性可以总结为以下几条:

- 可配置 12 位、10 位、8 位或 6 位分辨率;
- 转换结束、注入转换结束和发生模拟看门狗事件时产生中断;
- 单次和连续转换模式;
- 自校准;
- 带内嵌数据一致性的数据对齐;
- 采样间隔可以按通道分别编程;
- 规则转换和注入转换均有外部触发选项;
- 间断模式;
- 双重模式(带两个或以上 ADC 的器件);
- ADC 转换时间:最大转换速率为 2.4 MHz,转换时间为 0.41 μs;
- ADC 供电要求:2.4~3.6 V;
- ADC 输入范围:$V_{REF-} \leqslant V_{IN} \leqslant V_{REF+}$;
- 规则通道转换期间有 DMA 请求产生。

ADC 的框图如图 1.1 所示。图中按照 ADC 的配置流程标记了 7 处位置。

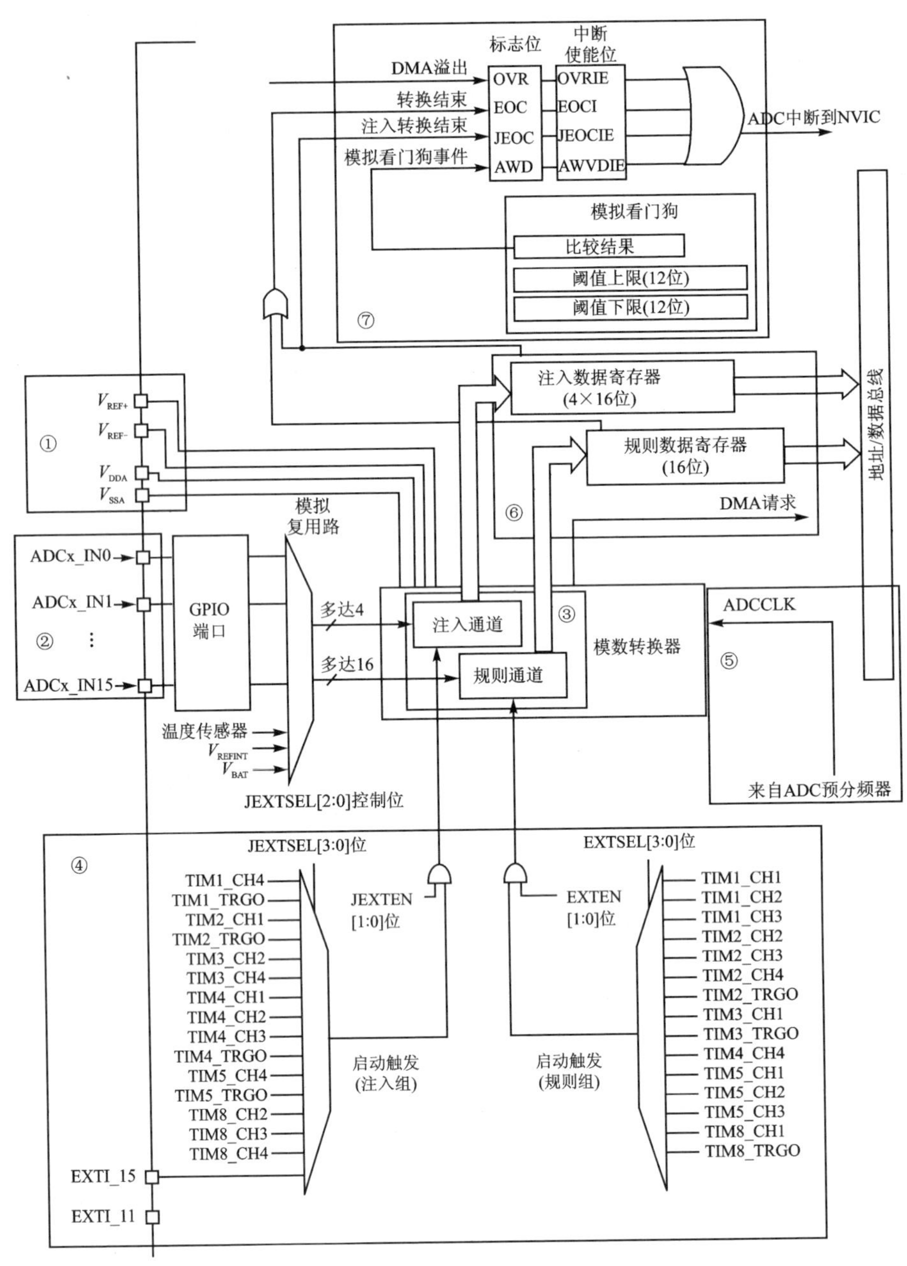

图 1.1 ADC 框图

① 输入电压

ADC 输入范围 $V_{REF-} \leqslant V_{IN} \leqslant V_{REF+}$，由 V_{REF-}、V_{REF+}、V_{DDA} 和 V_{SSA} 决定。下面看一下这几个参数的关系，如图 1.2 所示。可以知道，V_{DDA} 和 V_{REF+} 接 VCC3.3，而 V_{SSA} 和 V_{REF-} 接地，所以 ADC 的输入范围为 0～3.3 V。R55 默认焊接，R54 默认不焊接。

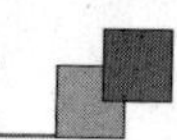

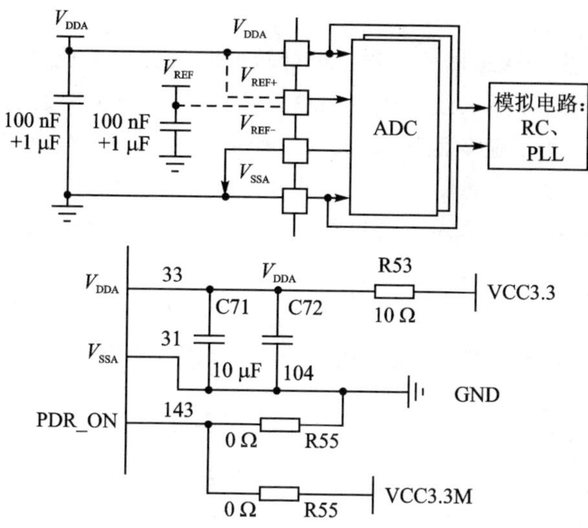

图 1.2　参数关系图

② 输入通道

确定好了 ADC 输入电压后，如何把外部输入的电压输送到 ADC 转换器中呢？这里引入了 ADC 的输入通道，前面也提到了 ADC1 有 16 个外部通道和 3 个内部通道，而 ADC2 和 ADC3 只有 16 个外部通道。ADC1 的外部通道是通道 17、通道 18 和通道 19，分别连接到内部温度传感器、内部 V_{REFINT} 和 V_{BAT}。外部通道对应的是图 1.1 中的 ADCx_IN0～ADCx_IN15。ADC 通道表如表 1.1 所列。

表 1.1　ADC 通道表

ADC1	I/O	ADC2	I/O	ADC3	I/O
通道 0	PA0	通道 0	PA0	通道 0	PA0
通道 1	PA1	通道 1	PA1	通道 1	PA1
通道 2	PA2	通道 2	PA2	通道 2	PA2
通道 3	PA3	通道 3	PA3	通道 3	PA3
通道 4	PA4	通道 4	PA4	通道 4	PF6
通道 5	PA5	通道 5	PA5	通道 5	PF7
通道 6	PA6	通道 6	PA6	通道 6	PF8
通道 7	PA7	通道 7	PA7	通道 7	PF9
通道 8	PB0	通道 8	PB0	通道 8	PF10
通道 9	PB1	通道 9	PB1	通道 9	PF3
通道 10	PC0	通道 10	PC0	通道 10	PC0
通道 11	PC1	通道 11	PC1	通道 11	PC1
通道 12	PC2	通道 12	PC2	通道 12	PC2
通道 13	PC3	通道 13	PC3	通道 13	PC3
通道 14	PC4	通道 14	PC4	通道 14	PF4
通道 15	PC5	通道 15	PC5	通道 15	PF5

③ 转换顺序

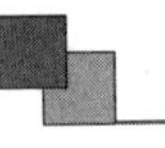

当任意 ADCx 多个通道以任意顺序进行转换时就诞生了成组转换，这里就有两种成组转换类型：规则组和注入组。规则组就是图 1.1 上的规则通道，注入组也就是图 1.1 中的注入通道。为了避免混淆，后面规则通道以规则组来代称，注入通道以注入组来代称。

规则组允许最多 16 个输入通道进行转换，而注入组允许最多 4 个输入通道进行转换。

1）规则组（规则通道）

规则组，按字面理解，“规则”就是按照一定的顺序，相当于正常运行的程序，平常用到最多的也是规则组。

2）注入组（注入通道）

注入组，按字面理解，“注入”就是打破原来的状态，相当于中断。当程序执行的时候，中断可以打断程序的执行。同这个类似，注入组转换可以打断规则组的转换。假如在规则组转换过程中注入组启动，那么注入组被转换完成之后，规则组才得以继续转换。

为了便于理解，看一下规则组和注入组的对比图，如图 1.3 所示。

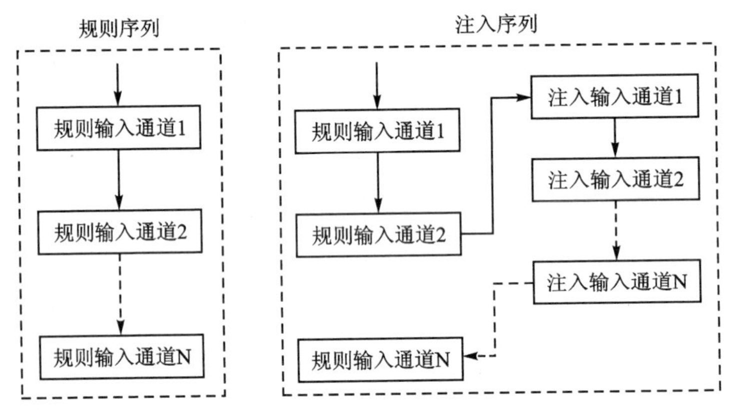

图 1.3　规则组和注入组的对比图

3）规则序列

规则组是允许 16 个通道进行转换的，那么就需要安排通道转换的次序（即规则序列）。规则序列寄存器有 3 个，分别为 SQR1、SQR2 和 SQR3。SQR3 控制规则序列中的第 1～6 个转换的通道，SQR2 控制规则序列中第 7～12 个转换的通道，SQR1 控制规则序列中第 13～16 个转换的通道。规则序列寄存器 SQRx 详表如表 1.2 所列。

可以知道，想把 ADC 的输入通道 1 安排到第一个转换时，只需要在 SQR3 寄存器中的 SQ1[4:0]位写入该 ADC 输入通道（即写 1 处理）即可。SQR1 的 SQL[3:0]决定了具体使用多少个通道。

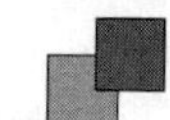

表 1.2　规则序列寄存器 SQRx 详表

寄存器	寄存器位	功　能	取　值
SQR3	SQ1 [4:0]	设置第 1 个转换的通道	通道 0～18
	SQ2 [4:0]	设置第 2 个转换的通道	通道 0～18
	SQ3 [4:0]	设置第 3 个转换的通道	通道 0～18
	SQ4 [4:0]	设置第 4 个转换的通道	通道 0～18
	SQ5 [4:0]	设置第 5 个转换的通道	通道 0～18
	SQ6 [4:0]	设置第 6 个转换的通道	通道 0～18
SQR2	SQ7 [4:0]	设置第 7 个转换的通道	通道 0～18
	SQ8 [4:0]	设置第 8 个转换的通道	通道 0～18
	SQ9 [4:0]	设置第 9 个转换的通道	通道 0～18
	SQ10 [4:0]	设置第 10 个转换的通道	通道 0～18
	SQ11 [4:0]	设置第 11 个转换的通道	通道 0～18
	SQ12 [4:0]	设置第 12 个转换的通道	通道 0～18
SQR1	SQ13 [4:0]	设置第 13 个转换的通道	通道 0～18
	SQ14 [4:0]	设置第 14 个转换的通道	通道 0～18
	SQ15 [4:0]	设置第 15 个转换的通道	通道 0～18
	SQ16 [4:0]	设置第 16 个转换的通道	通道 0～18
	L[3:0]	需要转换多少个通道	0～15

4）注入序列

注入序列，与规则序列差不多，都是有顺序的安排。由于注入组最大允许 4 个通道输入，所以这里就使用了一个寄存器 JSQR。注入序列寄存器 JSQR 详表如表 1.3 所列。

表 1.3　注入序列寄存器 JSQR 详表

寄存器	寄存器位	功　能	取　值
JSQR	JSQ1 [4:0]	设置第 1 个转换的通道	通道 0～18
	JSQ2 [4:0]	设置第 2 个转换的通道	通道 0～18
	JSQ3 [4:0]	设置第 3 个转换的通道	通道 0～18
	JSQ4 [4:0]	设置第 4 个转换的通道	通道 0～18
	JL[1:0]	需要转换多少个通道	0～3

④ 触发源

在配置好输入通道以及转换顺序后，就可以进行触发转换了。ADC 的触发转换有两种方法，分别是通过软件或外部事件(也就是硬件)触发转换。

通过写软件触发转换的方法：通过写 ADC_CR2 寄存器的 ADON 位来控制，写 1 就开始转换，写 0 就停止转换，这个控制 ADC 转换的方式非常简单。

另一种就是通过外部事件触发转换的方法，有定时器和输入引脚触发等。这里区分规则组和注入组。方法：通过 ADC_CR2 寄存器的 EXTSET[2:0]选择规则组的触发源,JEXTSET[2:0]选择注入组的触发源。通过 ADC_CR2 的 EXTTRIG 和 JEXTTRIG 这两位去激活触发源。ADC3 的触发源和 ADC1/2 不同,框图里已经标记出来了。

⑤ 转换时间

STM32F407 的 ADC 总转换时间的计算公式如下:

$$T_{\text{CONV}} = \text{采样时间} + 12\ \text{个周期}$$

采样时间可通过 ADC_SMPR1 和 ADC_SMPR2 寄存器中的 SMP[2:0]位设置,ADC_SMPR2 控制的是通道 0~9,ADC_SMPR1 控制的是通道 10~18。所有通道都可以通过编程来控制使用不同的采样时间,可选采样时间值如下

- SMP=000:3 个 ADC 时钟周期;
- SMP=001:15 个 ADC 时钟周期;
- SMP=010:28 个 ADC 时钟周期;
- SMP=011:56 个 ADC 时钟周期;
- SMP=100:84 个 ADC 时钟周期;
- SMP=101:112 个 ADC 时钟周期;
- SMP=110:144 个 ADC 时钟周期;
- SMP=111:480 个 ADC 时钟周期。

12 个周期由 ADC 输入时钟 ADC_CLK 决定。ADC_CLK 由 APB2 经过分频产生,分频系数由 RCC_CFGR 寄存器中的 PPRE2[2:0]设置,有 2、4、6、8、16 分频选项。

采样时间最小是 3 个时钟周期,这个采样时间下可以得到最快的采样速度。举个例子:采用最高的采样速率,使用采样时间为 3 个 ADC 时钟周期,那么得到

$$T_{\text{CONV}} = 3\ \text{个 ADC 时钟周期} + 12\ \text{个 ADC 时钟周期} = 15\ \text{个 ADC 时钟周期}$$

一般 APB2 的时钟是 84 MHz,经过 ADC 分频器的 4 分频后,ADC 时钟频率就为 21 MHz。通过换算可得到

$$T_{\text{CONV}} = 15\ \text{个 ADC 时钟周期} = \left(\frac{1}{21\ 000\ 000}\right) \times 15\ \text{s} = 0.71\ \mu\text{s}$$

⑥ 数据寄存器

根据转换组的不同,规则组完成转换的数据输出到 ADC_DR 寄存器,注入组完成转换的数据输出到 ADC_JDRx 寄存器。假如使用双重模式,则规则组的数据也存放在 ADC_DR 寄存器。

⑦ 中断

规则组和注入组转换结束时能产生中断,当模拟看门狗状态位被设置时也能产生中断。它们在 ADC_SR 中有独立的中断使能位,后面讲解 ADC_SR 寄存器时再展开。

1) 模拟看门狗中断

模拟看门狗中断发生条件:首先通过 ADC_LTR 和 ADC_HTR 寄存器设置低阈值和高阈值,然后开启了模拟看门狗中断;当被 ADC 转换的模拟电压低于低阈值或者高于高阈值时,就会产生中断。例如,设置高阈值是 3.0 V,那么模拟电压超过 3.0 V 的

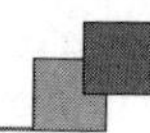

时候就会产生模拟看门狗中断，低阈值的情况类似。

2）DMA 请求

规则组和注入组的转换结束后，除了产生中断外，还可以产生 DMA 请求，把转换好的数据存储在内存里面，防止读取不及时数据被覆盖。

1.2　单通道 ADC 采集实验

STM32F407 的 ADC 可以进行很多种不同的转换模式，"STM32F4xx 参考手册_V4(中文版).pdf"的第 11 章也有详细介绍。本实验使用规则单通道的单次转换模式。

STM32F407 的 ADC 在单次转换模式下（CONT 位为 0）只执行一次转换，该模式可以通过 ADC_CR2 寄存器的 ADON 位（只适用于规则通道）启动，也可以通过外部触发启动（适用于规则通道和注入通道，但是必须先设置 EXTTRIG 或 JEXTTRIG 位）。

以规则通道为例，一旦所选择的通道转换完成，转换结果将被存在 ADC_DR 寄存器中，EOC（转换结束）标志将被置位；如果设置了 EOCIE，则会产生中断。然后 ADC 将停止，直到下次启动。

1.2.1　ADC 寄存器

下面介绍执行规则通道的单次转换时需要用到的一些 ADC 寄存器。

1. ADC 控制寄存器 1(ADC_CR1)

ADC 控制寄存器 1 描述如图 1.4 所示。本章用到 SCAN 位，用于设置扫描模式，由软件设置和清除，如果设置为 1，则使用扫描模式；如果为 0，则关闭扫描模式。本章实验中使用的是非扫描模式。在扫描模式下，由 ADC_SQRx 或 ADC_JSQRx 寄存器选中的通道被转换。如果设置了 EOCIE 或 JEOCIE，则只会在最后一个通道转换完成后才会产生 EOC 或 JEOC 中断。

31	30	29	28	27	26	25	24	23	22	21	20	19	18	17	16
保留					OVRIE	RES		AWDEN	JAWDEN	保留					
					rw	rw	rw	rw	rw						

15	14	13	12	11	10	9	8	7	6	5	4	3	2	1	0
DISCNUM[2:0]			JDISCEN	DISCEN	JAUTO	AWDSGL	SCAN	JEOCIE	AWDIE	EOCIE	AWDCH[4:0]				
rw	rw	rw	rw	rw	rw	rw	rw	rw	rw	rw	rw	rw	rw	rw	rw

位8	SCAN：扫描模式 通过软件将该位置1和清0可使能/禁止扫描模式。在扫描模式下，转换通过ADC_ SQRx或ADC_ JSQRx寄存器输入。 0：禁止扫描模式　　1：使能扫描模式 注意：EOCIE位置1时将生成EOC中断： –如果EOCS位清0，在每个规则组序列转换结束时 –如果EOCS位置1，在每个规则通道转换结束时 注意: JEOCIE 位置1时，JEOC中断仅在最后一个通道转换结束时生成

图 1.4　ADC_CR1 寄存器(部分)

2. ADC 控制寄存器 2(ADC_CR2)

ADC 控制寄存器 2 描述如图 1.5 所示。其中,ADON 位用于开关 ADC。CONT 位用于设置是否进行连续转换,这里使用单次转换,所以 CONT 位必须为 0。ALIGN 用于设置数据对齐,这里使用右对齐,所以该位设置为 0。EXTSEL[3:0]用于选择启动规则转换组转换的外部事件,这里使用软件触发(SWSTART),所以设置这 3 位为 111。SWSTART 位用于开始规则通道的转换,每次转换(单次转换模式下)都需要向该位写 1。

31	30	29	28	27	26	25	24	23	22	21	20	19	18	17	16
保留	SWSTART	EXTEN		EXTSEL[3:0]				保留	JSWSTART	JEXTEN		JEXTSEL[3:0]			
	rw	rw	rw	rw	rw	rw	rw		rw	rw	rw	rw	rw	rw	rw

15	14	13	12	11	10	9	8	7	6	5	4	3	2	1	0
保留				ALIGN	EOCS	DDS	DMA	保留						CONT	ADON
				rw	rw	rw	rw							rw	rw

位	描述
位30	SWSTART:开始转换规则通道 通过软件将该位置1可开始转换,而硬件会在转换开始后将该位清0。 0:复位状态　　1:开始转换规则通道 注意:该位只能在 ADON= 1时置1,否则不会启动转换
位27:24	EXTSEL[3:0]:为规则组选择外部事件 这些位可选择用于触发规则组转换的外部事件。 0000:定时器1 CC1事件　1000:定时器3 TRGO事件 0001:定时器1 CC2事件　1001:定时器4 CC4事件 0010:定时器1 CC3事件　1010:定时器5 CC1事件 0011:定时器2 CC2事件　1011:定时器5CC2事件 0100:定时器2 CC3事件　1100:定时器5 CC3事件 0101:定时器2 CC4事件　1101:定时器8 CC1事件 0110:定时器2 TRGO事件　1110:定时器8 TRGO事件 0111:定时器3 CC1事件　1111:EXTI线11
位11	ALIGN: 数据对齐 此位由软件置1和清0。 0:右对齐　　1:左对齐
位0	ADON: ADC开启/关闭 此位由软件置1和清0。 注意:0:禁止ADC转换并转至掉电模式 1:使能ADC

图 1.5　ADC_CR2 寄存器(部分)

3. ADC 采样事件寄存器 1(ADC_SMPR1)

ADC 采样事件寄存器 1 描述如图 1.6 所示。

4. ADC 采样事件寄存器 2(ADC_SMPR2)

ADC 采样事件寄存器 2 描述如图 1.7 所示。这里结合两个 ADC 采样事件寄存器进行讲解,这两个寄存器用于设置通道 0~18 的采样事件,每个通道占用 3 个位。

对于每个要转换的通道,采样建议尽量长一点,以获得较高的准确度,但是这样会降低 ADC 的转换速率。

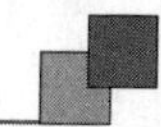

31	30	29	28	27	26	25	24	23	22	21	20	19	18	17	16
保留					SMP18[2:0]			SMP17[2:0]			SMP16[2:0]			SMP15[2:1]	
					rw	rw	rw	rw	rw	rw	rw	rw	rw	rw	rw
15	**14**	**13**	**12**	**11**	**10**	**9**	**8**	**7**	**6**	**5**	**4**	**3**	**2**	**1**	**0**
SMP15_0	SMP14[2:0]			SMP13[2:0]			SMP12[2:0]			SMP11[2:0]			SMP10[2:0]		
rw	rw	rw	rw	rw	rw	rw	rw	rw	rw	rw	rw	rw	rw	rw	rw

位	描述
位26:0	SMPx[2:0]：通道X采样时间选择 通过软件写入这些位可分别为各个通道选择采样时间。在采样周期期间，通道选择位必须保持不变。 注意：000：3个周期　　100：84个周期 001：15个周期　　101：112个周期 010：28个周期　　110：144个周期 011：56个周期　　111：480个周期

图 1.6　ADC_SMPR1 寄存器(部分)

31	30	29	28	27	26	25	24	23	22	21	20	19	18	17	16
保留		SMP9[2:0]			SMP8[2:0]			SMP7[2:0]			SMP6[2:0]			SMP5[2:1]	
		rw	rw	rw	rw	rw	rw	rw	rw	rw	rw	rw	rw	rw	rw
15	**14**	**13**	**12**	**11**	**10**	**9**	**8**	**7**	**6**	**5**	**4**	**3**	**2**	**1**	**0**
SMP 5_0	SMP4[2:0]			SMP3[2:0]			SMP2[2:0]			SMP1[2:0]			SMP0[2:0]		
rw	rw	rw	rw	rw	rw	rw	rw	rw	rw	rw	rw	rw	rw	rw	rw

位	描述
位29:0	SMPx[2:0]：通道X采样时间选择 通过软件写入这些位可分别为各个通道选择采样时间。在采样周期期间，通道选择位必须保持不变。 注意：000：3个周期　　100：84个周期 001：15个周期　　101：112个周期 010：28个周期　　110：144个周期 011：56个周期　　111：480个周期

图 1.7　ADC_SMPR2 寄存器(部分)

5. ADC 规则序列寄存器 1

ADC 规则序列寄存器共有 3 个，功能都差不多，这里仅介绍 ADC 规则序列寄存器 1(ADC_SQR1)，描述如图 1.8 所示。

L[3:0]用于设置存储规则序列的长度，取值范围为 0～15，这里只用了一个，所以设置这几位的值为 0。SQ13～SQ16 则存储了规则序列中第 13～16 通道的编号(编号范围为 0～18)。另外两个规则序列寄存器同 ADC_SQR1 大同小异，这里就不再介绍了，要说明一点的是，这里选择的是单次转换，所以只有一个通道在规则序列里，这个序列就是 SQ1，通过 ADC_SQR3 的最低 5 位(也就是 SQ1)设置。

6. ADC 规则数据寄存器(ADC_DR)

ADC 规则数据寄存器描述如图 1.9 所示。

在规则序列中 ADC 转换结果都存在这个寄存器里，而注入通道的转换结果被保存在 ADC_JDRx 里面。该寄存器的数据可以通过 ADC_CR2 的 ALIGN 位设置左对齐还是右对齐。读取数据的时候要注意。

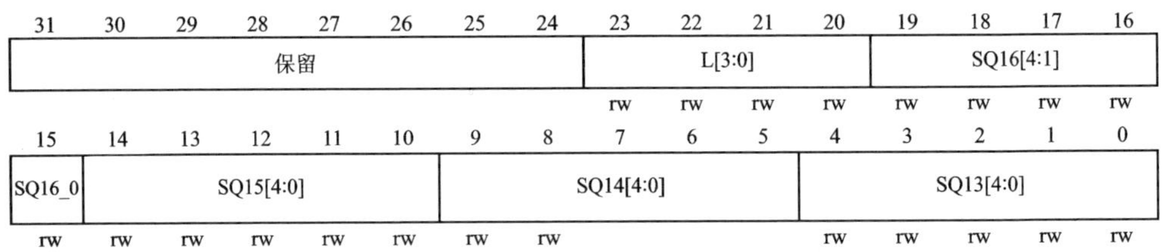

位	描述
位31:24	保留，必须保持复位值
位23:20	L[3:0]：规则通道序列长度 通过软件写入这些位可定义规则通道转换序列中的转换总数 0000：1次转换 0001：2次转换 …… 1111：16次转换
位19:15	SQ16[4:0]：规则序列中的第16次转换 通过软件写入这些位，并将通道编号(0~18)分配为转换序列中的第16次转换
位14:10	SQ15[4:0]：规则序列中的第15次转换
位9:5	SQ14[4:0]：规则序列中的第14次转换
位4:0	SQ13[4:0]：规则序列中的第13次转换

图 1.8　ADC_SQR1 寄存器

31	30	29	28	27	26	25	24	23	22	21	20	19	18	17	16
保留															

15	14	13	12	11	10	9	8	7	6	5	4	3	2	1	0
DATA[15:0]															
r	r	r	r	r	r	r	r	r	r	r	r	r	r	r	r

位	描述
位31:16	保留，必须保持复位值
位15:0	DATA[15:0]：规则数据 这些位为只读，它们包括来自规则通道的转换结果。数据有左对齐和右对齐两种方式

图 1.9　ADC_DR 寄存器

7. ADC 状态寄存器(ADC_SR)

ADC 状态寄存器描述如图 1.10 所示。

该寄存器保存了 ADC 转换时的各种状态。这里用 EOC 位来标记此次规则通道的 A/D 转换是否已经完成，可以从 ADC_DR 中读取转换结果，否则等待转换完成。

至此，本章要用到的 ADC 相关寄存器全部介绍完毕了，未介绍的部分可参考“STM32F4xx 参考手册_V4(中文版).pdf”第 11 章相关内容。

31	30	29	28	27	26	25	24	23	22	21	20	19	18	17	16
保留															

15	14	13	12	11	10	9	8	7	6	5	4	3	2	1	0
保留										OVR	STRT	JSTRT	JEOC	EOC	AWD
										rc_w0	rc_w0	rc_w0	rc_w0	rc_w0	rc_w0

位	描述
位31:6	保留，必须保持复位值
位5	OVR：溢出 数据丢失时，硬件将该位置1(在单一模式或双重/三重模式下)，但需要通过软件清0。 溢出检测仅在DMA=1或EOCS=1时使能。 0：未发生溢出　　1：发生溢出
位4	STRT:规则通道开始标志 规则通道转换开始时，硬件将该位置1，但需要通过软件清0。 0：未开始规则通道转换　　1：已开始规则通道转换
位3	JSTRT：注入通道开始标志 注入组转换开始时，硬件将该位置1，但需要通过软件清0。 0：未开始注入组转换　　1：已开始注入组转换
位2	JEOC：注入通道转换结束 组内所有注入通道转换结束时，硬件将该位置1，但需要通过软件清0。 0：转换未完成　　1：转换已完成
位1	EOC：规则通道转换结束 规则组通道转换结束后，硬件将该位置1。通过软件或读取ADC_ DR寄存器将该位清0。 0：转换未完成(EOCS=0)或转换序列未完成(EOCS=1) 1：转换已完成(EOCS=0)或转换序列完成(EOCS=1)
位0	AWD：模拟看门狗标志 当转换电压超过在ADC_LTR和ADC_HTR 寄存器中编程的值时，硬件将该位置1，但需要通过软件清0。 0：未发生模拟看门狗事件　　1：发生模拟看门狗事件

图 1.10　ADC_SR 寄存器

1.2.2　硬件设计

(1) 例程功能

使用 ADC1 采集通道 5(PA5)上面的电压，并在 LCD 模块上面显示 ADC 转换值以及换算成电压后的电压值。使用杜邦线将 P11 的 ADC 和 RV1 连接，使得 PA5 连接到电位器上，然后将 ADC 采集到的数据和转换后的电压值在 TFTLCD 屏中显示。用户可以通过调节电位器的旋钮改变电压值。LED0 闪烁，提示程序运行。

(2) 硬件资源

- LED 灯：LED0 - PF9、LED1 - PF10；
- 串口 1(PA9、PA10 连接在板载 USB 转串口芯片 CH340 上面)；
- 正点原子 TFTLCD 模块(仅限 MCU 屏，16 位 8080 并口驱动)；
- ADC1：通道 5 - PA5。

(3) 原理图

ADC 属于 STM32F407 内部资源，实际上只需要软件设置就可以正常工作，不过需要在外部连接其端口到被测电压上面。本实验通过 ADC1 的通道 5(PA5)来采集外部电压值，开发板有一个电位器，可调节的电压范围是 0～3.3 V。可以通过杜邦线将

ADC 与电位器连接,如图 1.11 所示。

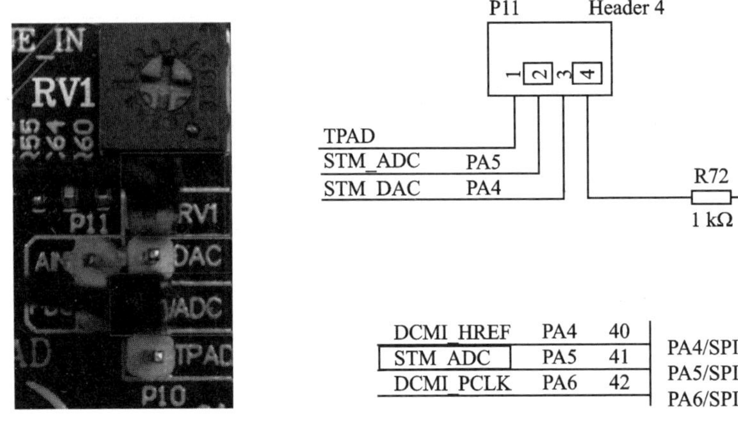

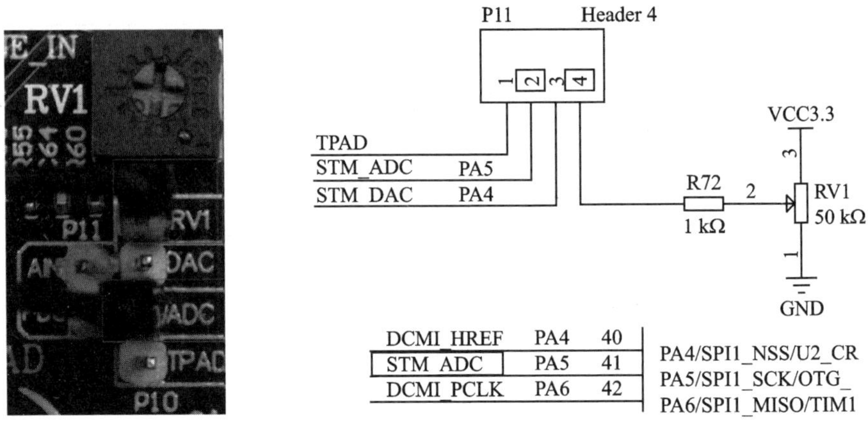

图 1.11 ADC 输入通道 5 与电位器实物图及连接原理

使用一根杜邦线的两端将 P11 的 ADC 和 RV1 连接好,下载程序后就可以用螺丝刀调节电位器变换多种电压值进行测试。

有的读者可能还想测试其他地方的电压值,则可以通过杜邦线,一端接到 P11 的 ADC 排针上,另外一端就接要测试的电压点。注意,一定要保证测试点的电压在 0～3.3 V 的电压范围,否则可能烧坏 ADC,甚至是整个主控芯片。

1.2.3 程序设计

1. ADC 的 HAL 库驱动

ADC 在 HAL 库中的驱动代码在 stm32f4xx_hal_adc.c 和 stm32f4xx_hal_adc_ex.c 文件(及其头文件)中。

(1) HAL_ADC_Init 函数

HAL_ADC_Init 函数为 ADC 的初始化函数,其声明如下:

```
HAL_StatusTypeDef HAL_ADC_Init(ADC_HandleTypeDef * hadc);
```

函数描述:用于初始化 ADC。

函数形参:

形参 ADC_HandleTypeDef 是结构体类型指针变量,其定义如下:

```
typedef struct
{
  ADC_TypeDef          * Instance;                     /* ADC 寄存器基地址 */
  ADC_InitTypeDef      Init;                           /* ADC 参数初始化结构体变量 */
  __IOuint32_t         NbrOfCurrentConversionRank;     /* 当前转换等级的 ADC 数 */
  DMA_HandleTypeDef    * DMA_Handle;                   /* DMA 配置结构体 */
  HAL_LockTypeDef      Lock;                           /* ADC 锁定对象 */
  __IOuint32_t         State;                          /* ADC 工作状态 */
  __IOuint32_t         ErrorCode;                      /* ADC 错误代码 */
}ADC_HandleTypeDef;
```

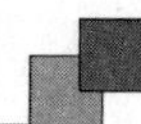

该结构体定义和其他外设比较类似，这里着重看第二个成员变量Init含义，它是结构体ADC_InitTypeDef类型。结构体ADC_InitTypeDef定义为：

```
typedef struct {
uint32_t ClockPrescaler;                    /* 设置预分频系数，即PRESC[3:0]位 */
uint32_t Resolution;                        /* 配置ADC的分辨率 */
uint32_t ScanConvMode;                      /* 扫描模式 */
uint32_t EOCSelection;                      /* 转换完成标志位 */
FunctionalState ContinuousConvMode;         /* 开启连续转换模式否则就是单次转换模式 */
uint32_t NbrOfConversion;                   /* 设置转换通道数目 */
FunctionalState DiscontinuousConvMode;      /* 单次转换模式选择 */
uint32_t NbrOfDiscConversion;               /* 单次转换通道的数目 */
uint32_t ExternalTrigConv;                  /* ADC外部触发源选择 */
uint32_t ExternalTrigConvEdge;              /* ADC外部触发极性 */
FunctionalStateDMAContinuousRequests;       /* DMA转换请求模式 */
} ADC_InitTypeDef;
```

函数返回值：HAL_StatusTypeDef枚举类型的值。

(2) HAL_ADCEx_Calibration_Start函数

HAL_ADCEx_Calibration_Start函数为ADC的自校准函数，其声明如下：

```
HAL_StatusTypeDef HAL_ADCEx_Calibration_Start(ADC_HandleTypeDef * hadc);
```

函数描述：调用HAL_ADC_Init函数配置了相关的功能后，再调用此函数进行ADC自校准功能。

函数形参：ADC_HandleTypeDef结构体类型指针变量。

函数返回值：HAL_StatusTypeDef枚举类型的值。

(3) HAL_ADC_ConfigChannel函数

HAL_ADC_ConfigChannel函数为ADC通道配置函数，其声明如下：

```
HAL_StatusTypeDef HAL_ADC_ConfigChannel(ADC_HandleTypeDef * hadc,
                                        ADC_ChannelConfTypeDef * sConfig);
```

函数描述：调用HAL_ADC_Init函数配置相关的功能后，就可以调用此函数进行ADC自校准功能。

函数形参：

形参1 ADC_HandleTypeDef是结构体类型指针变量。

形参2 ADC_ChannelConfTypeDef是结构体类型指针变量，用于配置ADC采样时间、使用的通道号、单端或者差分方式的配置等。该结构体定义如下：

```
typedef struct {
uint32_t Channel;                           /* ADC转换通道 */
uint32_t Rank;                              /* ADC转换顺序 */
uint32_t SamplingTime;                      /* ADC采样周期 */
uint32_t Offset;                            /* ADC偏移量 */
} ADC_ChannelConfTypeDef;
```

函数返回值：HAL_StatusTypeDef枚举类型的值。

(4) HAL_ADC_Start函数

HAL_ADC_Start函数为ADC转换启动函数，其声明如下：

```
HAL_StatusTypeDef HAL_ADC_Start(ADC_HandleTypeDef * hadc);
```

函数描述：当配置好 ADC 的基础的功能后，就调用此函数启动 ADC。

函数形参：ADC_HandleTypeDef 是结构体类型指针变量。

函数返回值：HAL_StatusTypeDef 枚举类型的值。

(5) HAL_ADC_PollForConversion 函数

HAL_ADC_PollForConversion 函数为等待 ADC 规则组转换完成函数，其声明如下：

```
HAL_StatusTypeDef HAL_ADC_PollForConversion(ADC_HandleTypeDef * hadc,
                                            uint32_t Timeout);
```

函数描述：一般先调用 HAL_ADC_Start 函数启动转换，再调用该函数等待转换完成，然后再调用 HAL_ADC_GetValue 函数来获取当前的转换值。

函数形参：

形参 1 ADC_HandleTypeDef 是结构体类型指针变量。

形参 2 是等待转换的等待时间，单位：毫秒 ms。

函数返回值：HAL_StatusTypeDef 枚举类型的值。

(6) HAL_ADC_GetValue 函数

HAL_ADC_GetValue 函数为获取常规组 ADC 转换值函数，其声明如下：

```
uint32_t HAL_ADC_GetValue(ADC_HandleTypeDef * hadc);
```

函数描述：一般先调用 HAL_ADC_Start 函数启动转换，再调用 HAL_ADC_PollForConversion 函数等待转换完成，然后再调用 HAL_ADC_GetValue 函数来获取当前的转换值。

函数形参：形参 ADC_HandleTypeDef 是结构体类型指针变量。

函数返回值：当前的转换值，uint32_t 类型数据。

单通道 ADC 采集配置步骤如下：

① 开启 ADCx 和通道输出的 GPIO 时钟，配置该 I/O 口的复用功能输出。

首先开启 ADCx 的时钟，然后配置 GPIO 为复用功能输出。本实验默认用到 ADC1 通道 5，对应 I/O 是 PA5，它们的时钟开启方法如下：

```
__HAL_RCC_ADC1_CLK_ENABLE();              /* 使能 ADC1 时钟 */
__HAL_RCC_GPIOA_CLK_ENABLE();             /* 开启 GPIOA 时钟 */
```

I/O 口复用功能是通过函数 HAL_GPIO_Init 来配置的。

② 初始化 ADCx，配置其工作参数。

通过 HAL_ADC_Init 函数来设置 ADCx 时钟分频系数、分辨率、模式、扫描方式、对齐方式等信息。

注意，该函数会调用 HAL_ADC_MspInit 回调函数来完成对 ADC 底层以及其输入通道 I/O 的初始化，包括 ADC 及 GPIO 时钟使能、GPIO 模式设置等。

③ 配置 ADC 通道并启动 ADC。

在 HAL 库中，通过 HAL_ADC_ConfigChannel 函数来配置 ADC 的通道，根据需求设置通道、序列、采样时间和配置单端输入模式或差分输入模式等。配置好 ADC 通

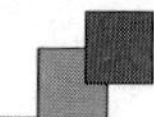

道之后，通过 HAL_ADC_Start 函数启动 ADC。

④ 读取 ADC 值。

这里选择查询方式读取，在读取 ADC 值之前需要调用 HAL_ADC_PollForConversion 等待上一次转换结束，然后就可以通过 HAL_ADC_GetValue 来读取 ADC 值。

2. 程序流程图

程序流程如图 1.12 所示。

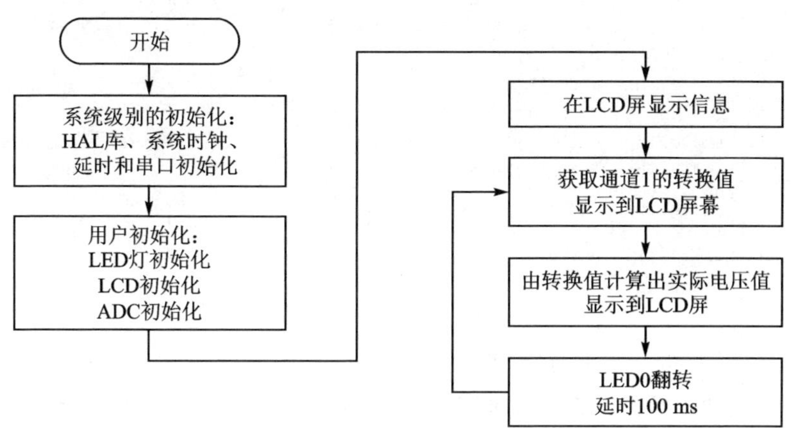

图 1.12 单通道 ADC 采集实验程序流程图

3. 程序解析

这里只讲解核心代码，详细的源码可参考配套资料中本实验对应源码。ADC 驱动源码包括两个文件：adc.c 和 adc.h。本章有 4 个实验，每一个实验的代码都是在上一个实验后面追加得来的。

adc.h 文件针对 ADC 及通道引脚定义了一些宏定义，具体如下：

```
/* ADC 及引脚 定义 */
#define ADC_ADCX_CHY_GPIO_PORT              GPIOA
#define ADC_ADCX_CHY_GPIO_PIN               GPIO_PIN_5
#define ADC_ADCX_CHY_GPIO_CLK_ENABLE()      do{ __HAL_RCC_GPIOC_CLK_ENABLE();\
                                            }while(0)          /* PA 口时钟使能 */
#define ADC_ADCX                            ADC1
#define ADC_ADCX_CHY                        ADC_CHANNEL_5    /* 通道 Y,  0 <= Y <= 16 */
/* ADC1 时钟使能 */
#define ADC_ADCX_CHY_CLK_ENABLE()           do{ __HAL_RCC_ADC1_CLK_ENABLE();}while(0)
```

ADC 的通道与引脚的对应关系在 STM32 中文数据手册可以查到，这里使用 ADC1 的通道 5，在数据手册中的表格形式如下：

PA5	I/O	TTa	(4)	SPI1_SCK/ OTG_HS_ULPI_CK/ TIM2_CH1_ETR/ TIM8_CHIN/EVENTOUT	ADC12_IN5/DAC2_OUT

下面直接开始介绍 adc. c 的程序，首先是 ADC 初始化函数。

```
void adc_init(void)
{
    g_adc_handle.Instance = ADC_ADCX;
    /* 4 分频,ADCCLK = PCLK2/4 = 84/4 = 21 MHz */
    g_adc_handle.Init.ClockPrescaler = ADC_CLOCKPRESCALER_PCLK_DIV4;
    g_adc_handle.Init.Resolution = ADC_RESOLUTION_12B;        /* 12 位模式 */
    g_adc_handle.Init.DataAlign = ADC_DATAALIGN_RIGHT;        /* 右对齐 */
    g_adc_handle.Init.ScanConvMode = DISABLE;                 /* 非扫描模式 */
    g_adc_handle.Init.ContinuousConvMode = DISABLE;           /* 关闭连续转换 */
    /* 1 个转换在规则序列中 也就是只转换规则序列 1 */
    g_adc_handle.Init.NbrOfConversion = 1;
    g_adc_handle.Init.DiscontinuousConvMode = DISABLE;        /* 禁止不连续采样模式 */
    g_adc_handle.Init.NbrOfDiscConversion = 0;                /* 不连续采样通道数为 0 */
    g_adc_handle.Init.ExternalTrigConv = ADC_SOFTWARE_START;      /* 软件触发 */
    g_adc_handle.Init.ExternalTrigConvEdge = ADC_EXTERNALTRIGCONVEDGE_NONE;
                                                              /* 使用软件触发 */
    g_adc_handle.Init.DMAContinuousRequests = DISABLE;        /* 关闭 DMA 请求 */
    HAL_ADC_Init(&g_adc_handle);                              /* 初始化 */
}
```

该函数调用 HAL_ADC_Init 函数配置了 ADC 的基础功能参数，HAL_ADC_Init 函数的 MSP 回调函数是 HAL_ADC_MspInit，用来使能时钟和初始化 I/O 口。HAL_ADC_MspInit 函数定义如下：

```
void HAL_ADC_MspInit(ADC_HandleTypeDef * hadc)
{
    if(hadc->Instance == ADC_ADCX)
    {
        GPIO_InitTypeDef gpio_init_struct;
        ADC_ADCX_CHY_CLK_ENABLE();              /* 使能 ADCx 时钟 */
        ADC_ADCX_CHY_GPIO_CLK_ENABLE();         /* 开启 GPIO 时钟 */
        /* A/D 采集引脚模式设置,模拟输入 */
        gpio_init_struct.Pin = ADC_ADCX_CHY_GPIO_PIN;
        gpio_init_struct.Mode = GPIO_MODE_ANALOG;
        gpio_init_struct.Pull = GPIO_PULLUP;
        HAL_GPIO_Init(ADC_ADCX_CHY_GPIO_PORT, &gpio_init_struct);
    }
}
```

获得 ADC 转换后的结果函数定义如下：

```
uint32_t adc_get_result(uint32_t ch)
{
    adc_channel_set(&g_adc_handle, ch, 1,  ADC_SAMPLETIME_480CYCLES);
                                                    /* 设置通道,序列和采样时间 */
    HAL_ADC_Start(&g_adc_handle);                   /* 开启 ADC */
    HAL_ADC_PollForConversion(&g_adc_handle, 10);   /* 轮询转换 */
    /* 返回最近一次 ADC1 规则组的转换结果 */
    return (uint16_t)HAL_ADC_GetValue(&g_adc_handle);
}
```

该函数先调用自定义的 adc_channel_set 函数设置 ADC 通道的转换序列和采样周

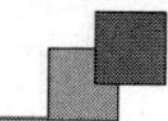

期等，再调用 HAL_ADC_Start 启动转换、HAL_ADC_PollForConversion 函数等待转换完成、HAL_ADC_GetValue 函数获取转换后的当前结果。

adc_channel_set 函数的定义如下：

```
void adc_channel_set(ADC_HandleTypeDef *adc_handle, uint32_t ch, uint32_t rank,
                     uint32_t sstime)
{
    /* 配置对应 ADC 通道 */
    ADC_ChannelConfTypeDef adc_channel;
    adc_channel.Channel = ch;                    /* 设置 ADCX 对应通道 ch */
    adc_channel.Rank = rank;                     /* 设置采样序列 */
    adc_channel.SamplingTime = stime;            /* 设置采样时间 */
    HAL_ADC_ConfigChannel( adc_handle, &adc_channel);
}
```

该函数主要是通过 HAL_ADC_ConfigChannel 函数设置通道的转换序列和采样周期等功能。

下面介绍获取 ADC 某通道转换多次后的平均值函数，定义如下：

```
uint32_t adc_get_result_average(uint32_t ch, uint8_t times)
{
    uint32_t temp_val = 0;
    uint8_t t;
    for (t = 0; t < times; t++) /* 获取 times 次数据 */
    {
        temp_val += adc_get_result(ch);
        delay_ms(5);
    }
    return temp_val / times;     /* 返回平均值 */
}
```

该函数用于多次获取 ADC 值，取平均来提高准确度。

最后在 main 函数里面编写如下代码：

```
int main(void)
{
    uint16_t adcx;
    float temp;
    HAL_Init();                                   /* 初始化 HAL 库 */
    sys_stm32_clock_init(336, 8, 2, 7);           /* 设置时钟,168 MHz */
    delay_init(168);                              /* 延时初始化 */
    usart_init(115200);                           /* 串口初始化为 115 200 */
    led_init();                                   /* 初始化 LED */
    lcd_init();                                   /* 初始化 LCD */
    adc_init();                                   /* 初始化 ADC */
    lcd_show_string(30, 50, 200, 16, 16, "STM32", RED);
    lcd_show_string(30, 70, 200, 16, 16, "ADC TEST", RED);
    lcd_show_string(30, 90, 200, 16, 16, "ATOM@ALIENTEK", RED);
    lcd_show_string(30, 110, 200, 16, 16, "ADC1_CH5_VAL:", BLUE);
    /* 先在固定位置显示小数点 */
    lcd_show_string(30, 130, 200, 16, 16, "ADC1_CH5_VOL:0.000V", BLUE);
    while (1)
    {
```

```
        /* 获取通道 5 的值,10 次取平均 */
        adcx = adc_get_result_average(ADC_ADCX_CHY, 10);
        lcd_show_xnum(134, 110, adcx, 5, 16, 0, BLUE); /* 显示 ADCC 采样后的原始值 */
        /* 获取计算后的带小数的实际电压值,比如 3.1111 */
        temp = (float)adcx * (3.3 / 4096);
        adcx = temp;            /* 赋值整数部分给 adcx 变量,因为 adcx 为 u16 整型 */
        /* 显示电压值的整数部分,3.1111 的话,这里就是显示 3 */
        lcd_show_xnum(134, 130, adcx, 1, 16, 0, BLUE);
        temp -= adcx; /* 把已经显示的整数部分去掉,留下小数部分,比如 3.1111 - 3 =
                         0.1111 */
        temp *= 1000; /* 小数部分乘以 1000,例如:0.1111 就转换为 111.1,相当于保留 3 位
                         小数 */
        /* 显示小数部分(前面转换为了整型显示),这里显示的就是 111. */
        lcd_show_xnum(150, 130, temp, 3, 16, 0X80, BLUE);
        LED0_TOGGLE();
        delay_ms(100);
    }
}
```

此部分代码在 TFTLCD 模块上显示一些提示信息后,将每隔 100 ms 读取一次 ADC1 通道 5 的转换值,并显示读到的 ADC 值(数字量)及其转换成模拟量后的电压值。同时控制 LED0 闪烁,以提示程序正在运行。ADC 值的显示:首先在液晶固定位置显示了小数点,先计算出整数部分在小数点前面显示,然后计算出小数部分在小数点后面显示。这样就在液晶上面显示转换结果的整数和小数部分。

1.2.4 下载验证

下载代码后,可以看到 LCD 显示的测试图如图 1.13 所示。这里用杜邦线将 P11 的 ADC 和 RV1 连接,使得 PA5 连接到电位器上测试的是电位器电压,并可以通过螺丝刀调节电位器改变电压值,范围为 0~3.3 V。

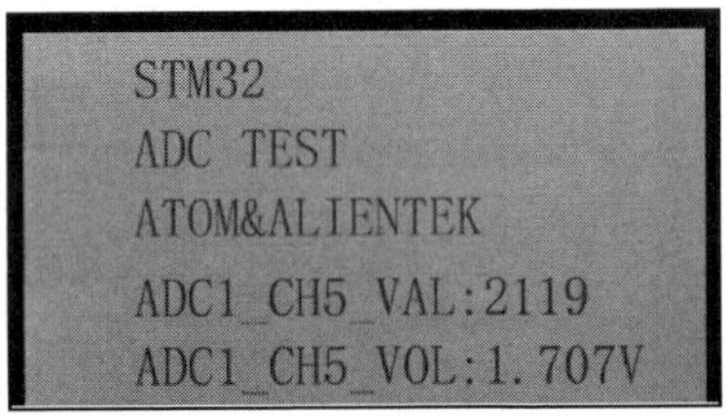

STM32
ADC TEST
ATOM&ALIENTEK
ADC1_CH5_VAL:2119
ADC1_CH5_VOL:1.707V

图 1.13 单通道 ADC 采集实验测试图

LED0 闪烁提示程序运行。读者可以把杜邦线接到其他地方,看看电压值是否准确。注意,一定要保证测试点的电压在0~3.3 V,否则可能烧坏 ADC,甚至是整个主控芯片。

1.3 单通道 ADC 采集(DMA 读取)实验

本实验使用规则单通道的连续转换模式,并且使用 DMA 读取 ADC 的数据。

1.3.1 ADC & DMA 寄存器

本实验很多设置和单通道 ADC 采集实验一样,所以下面介绍寄存器的时候只针对性介绍与单通道 ADC 采集实验不同设置的 ADC_CR2 寄存器,其他的配置基本一样。因为这里用到 DMA 读取数据,所以还会介绍如何配置相关 DMA 的寄存器。

1. ADC 配置寄存器(ADC_CR2)

ADCx 配置寄存器描述如图 1.14 所示。

31	30	29	28	27	26	25	24	23	22	21	20	19	18	17	16
保留	SWSTART	EXTEN		EXTSEL[3:0]				保留	JSWSTART	JEXTEN		JEXTSEL[3:0]			
	rw	rw	rw	rw	rw	rw	rw		rw	rw	rw	rw	rw	rw	rw

15	14	13	12	11	10	9	8	7	6	5	4	3	2	1	0
保留				ALIGN	EOCS	DDS	DMA	保留						CONT	ADON
				rw	rw	rw	rw							rw	rw

位8	DMA：直接存储器访问模式(对于单一ADC模式) 此位由软件置1和清0。 0：禁止DMA模式　　1：使能DMA模式
位1	CONT：连续转换 此位由软件置1和清0。该位置1时，转换将持续进行，直到该位清0。 0：单次转换模式　　1：连续转换模式

图 1.14　ADC_CR2 寄存器(部分)

ADC_CR2 寄存器与前面设置不同的有两个位,分别如下:

DMA 位用于配置使用 DMA 模式。单通道 ADC 采集实验默认设置为 0,即不使用 DMA 模式,规则转换数据仅存储在 ADC_DR 中,然后通过软件去 ADC_DR 数据寄存器读取。本实验要设置为 1,即使用 DMA 模式,这样启动一次 DMA 传输,DMA 就会自动读取一次数据。

CONT 位用于设置转换模式。单通道 ADC 采集实验使用单次转换模式,本实验要设置为连续转换模式,所以该位设置为 1。

本实验 ADC 的寄存器就介绍 ADC_CR2 寄存器,其他的寄存器参考上一个实验的配置。

2. DMA 数据流 x 外设地址寄存器(DMA_SxPAR)

DMA 数据流 x 外设地址寄存器描述如图 1.15 所示。该寄存器存放的是 DMA 读或者写数据的外设数据寄存器的基址。本实验需要通过 DMA 读取 ADC 转换后存放在 ADC 规则数据寄存器(ADC_DR)的结果数据,所以需要给 DMA_SxPAR 寄存器写入 ADC_DR 寄存器的地址。这样配置后,DMA 就会从 ADC_DR 寄存器的地址读

31	30	29	28	27	26	25	24	23	22	21	20	19	18	17	16
PAR[31:16]															
rw	rw	rw	rw	rw	rw	rw	rw	rw	rw	rw	rw	rw	rw	rw	rw

15	14	13	12	11	10	9	8	7	6	5	4	3	2	1	0
PAR[15:0]															
rw	rw	rw	rw	rw	rw	rw	rw	rw	rw	rw	rw	rw	rw	rw	rw

位31:0	PAR[31:0]：外设地址 读/写数据的外设数据寄存器的基址。 这些位受到写保护，只有DMA_SxCR寄存器中的EN为0时才可以写入

图 1.15　DMA_SxPAR 寄存器(部分)

取 ADC 转换后的数据到某个内存空间。这个内存空间地址需要通过 DMA_SxM0AR 寄存器来设置,比如定义一个变量,把这个变量的地址值写入该寄存器。

注意,DMA_SxPAR 寄存器受到写保护,只有 DMA_SxCR 寄存器中的 EN 为 0 时才可以写入,即先要禁止数据流传输才可以写入。

3. DMA 数据流 x 存储器地址寄存器(DMA_SxM0AR)

DMA 数据流 x 存储器地址寄存器描述如图 1.16 所示。该寄存器存放的是 DMA 读或者写数据的目标存放的地址。如果用到双缓冲区模式,则还需要用到 DMA_SxM1AR 寄存器,本实验用不到的。

31	30	29	28	27	26	25	24	23	22	21	20	19	18	17	16
M0A[31:16]															
rw	rw	rw	rw	rw	rw	rw	rw	rw	rw	rw	rw	rw	rw	rw	rw
15	14	13	12	11	10	9	8	7	6	5	4	3	2	1	0
M0A[15:0]															
rw	rw	rw	rw	rw	rw	rw	rw	rw	rw	rw	rw	rw	rw	rw	rw

位	描述
位31:0	M0A[31:0]：存储器0地址 读/写数据的存储区0的基址。 这些位受到写保护，只有在以下情况时才可以写入： —禁止数据流(DMA_SxCR寄存器中的位EN=0) —使能数据流(DMA_SxCR寄存器中的EN=1)并且DMA_SxCR寄存器中的位CT=1(在双缓冲区模式下)

图 1.16　DMA_SxM0AR 寄存器(部分)

4. DMA 数据流 x 数据项数寄存器(DMA_SxNDTR)

DMA 数据流 x 数据项数寄存器描述如图 1.17 所示。DMA_SxPAR 寄存器是传输的源地址。DMA_SxM0AR 寄存器是传输的目的地址。DMA_SxNDTR 寄存器是要传输的数据项数目(0～65 535),并且该寄存器的值会随着传输的进行而减少,当该

31	30	29	28	27	26	25	24	23	22	21	20	19	18	17	16
保留															
15	14	13	12	11	10	9	8	7	6	5	4	3	2	1	0
NDT[15:0]															
rw	rw	rw	rw	rw	rw	rw	rw	rw	rw	rw	rw	rw	rw	rw	rw

位	描述
位31:16	保留，必须保持复位值
位15:0	NDT[15:0]：要传输的数据项数目(0~65 535)。 只有在禁止数据流时，才能向此寄存器执行写操作。使能数据流后，此寄存器为只读，用于指示要传输的剩余数据项数。每次DMA传输后，此寄存器将递减。 传输完成后，此寄存器保持为零(数据流处于正常模式时)，或者在以下情况时自动以先前编程的值重载： —以循环模式配置数据流时 —通过将EN位置1来重新使能数据流时 如果该寄存器的值为零，则即使使能数据流，也无法完成任何操作

图 1.17　DMA_SxNDTR(部分)

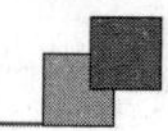

寄存器的值为 0 时，代表此次数据传输已经全部发送完成，所以可以通过这个寄存器的值来知道当前 DMA 传输的进度。特别注意，这里是数据项数目，而不指字节数。比如设置数据位宽为 16 位，那么传输一次（一个项）就是 2 字节。

1.3.2　硬件设计

(1) 例程功能

使用 ADC 采集（DMA 读取）通道 5(PA5)上面的电压，在 LCD 模块上面显示 ADC 转换值以及换算成电压后的电压值。使用杜邦线将 P11 的 ADC 和 RV1 连接，使得 PA5 连接到电位器上，然后将 ADC 采集到的数据和转换后的电压值在 TFTLCD 屏中显示。用户可以通过调节电位器的旋钮改变电压值。LED0 闪烁，提示程序运行。

(2) 硬件资源

- LED 灯：LED0 - PF9；
- 串口 1(PA9、PA10 连接在板载 USB 转串口芯片 CH340 上面)；
- 正点原子 TFTLCD 模块(仅限 MCU 屏，16 位 8080 并口驱动)；
- ADC：通道 5 - PA5；
- DMA(DMA2 数据流 4 外设请求通道 0)。

(3) 原理图

ADC 和 DMA 属于 STM32F407 内部资源，实际上只需要软件设置就可以正常工作，不过需要在外部连接其端口到被测电压上面。本实验通过 ADC 的通道 5(PA5)来采集外部电压值，并通过 DMA 来读取；开发板有一个电位器，可调节的电压范围是 0～3.3 V。可以通过杜邦线将 PA5 与电位器连接，如图 1.11 所示。

使用杜邦线将 P11 的 ADC 和 RV1 连接好，下载程序后就可以用螺丝刀调节电位器变换多种电压值进行测试。

有的读者可能还想测试其他地方的电压值，则还可以通过杜邦线，一端接到 P11 的 ADC 排针上，另外一端就接要测试的电压点。注意，一定要保证测试点的电压在 0～3.3 V 的范围，否则可能烧坏 ADC，甚至是整个主控芯片。

1.3.3　程序设计

1. ADC & DMA 的 HAL 库驱动

单通道 ADC 采集实验已经介绍了本实验要用到的 ADC 的 HAL 库 API 函数，这里要介绍启动中断的 DMA 传输函数和启动 ADC(DMA 传输)方式函数。

(1) HAL_DMA_Start 函数

启动 DMA 传输函数，其声明如下：

```
HAL_Status TypeDef HAL_DMA_Start(DMA_HandleTypeDef * hdma,
                   uint32_t SrcAddress, uint32_t DstAddress, uint32_t DataLength);
```

函数描述：用于启动 DMA 传输，DMA1 和 DMA2 都使用这个函数。

函数形参:

形参 1 DMA_HandleTypeDef 是结构体类型指针变量。

形参 2 是 DMA 传输的源地址。

形参 3 是 DMA 传输的目的地址。

形参 4 是要传输的数据项数目。

函数返回值:HAL_StatusTypeDef 枚举类型的值。

(2) HAL_ADC_Start_DMA 函数

启动 ADC(DMA 传输)方式函数,其声明如下:

```
HAL_StatusTypeDef HAL_ADC_Start_DMA(ADC_HandleTypeDef * hadc,
                                    uint32_t * pData, uint32_t Length);
```

函数描述:用于启动 ADC(DMA 传输)方式的函数。

函数形参:

形参 1 ADC_HandleTypeDef 是结构体类型指针变量。

形参 2 是 ADC 采样数据传输的目的地址。

形参 3 是要传输的数据项数目。

函数返回值:HAL_StatusTypeDef 枚举类型的值。

注意事项:

HAL_ADC_Start_DMA 和 HAL_DMA_Start 都是配置并启动 DMA 函数,区别是 HAL_ADC_Start_DMA 只用于启动 ADC 的数据传输;HAL_DMA_Start 则适用较广泛,任何能使用 DMA 传输的场景都可以用该函数启动。实际应用中看实际需求选择用哪个函数。例程中使用的是 HAL_DMA_Start 函数。如果需要使用 DMA 中断,则还可以使用 HAL_DMA_Start_IT 函数使能 DMA 的全部中断。

单通道 ADC 采集(DMA 读取)配置步骤如下:

① 开启 ADCx 和通道输出的 GPIO 时钟,配置该 I/O 口的复用功能输出。

首先开启 ADCx 的时钟,然后配置 GPIO 为复用功能输出。本实验默认用到 ADC1 数据流 5,对应 I/O 是 PA5,它们的时钟开启方法如下:

```
__HAL_RCC_ADC1_CLK_ENABLE();                /* 使能 ADC1 时钟 */
__HAL_RCC_GPIOA_CLK_ENABLE();               /* 开启 GPIOA 时钟 */
```

I/O 口复用功能是通过函数 HAL_GPIO_Init 来配置的。

② 初始化 ADCx,配置其工作参数。

通过 HAL_ADC_Init 函数来设置 ADCx 时钟分频系数、分辨率、模式、扫描方式、对齐方式等信息。注意,该函数会调用 HAL_ADC_MspInit 回调函数来完成对 ADC 底层及其输入通道 I/O 的初始化,包括 ADC 及 GPIO 时钟使能、GPIO 模式设置等。

③ 配置 ADC 通道并启动 ADC。

在 HAL 库中,通过 HAL_ADC_ConfigChannel 函数来设置配置 ADC 的通道,根据需求设置通道、序列、采样时间和校准配置单端输入模式或差分输入模式等。

配置好 ADC 通道之后,通过 HAL_ADC_Start 函数启动 ADC。

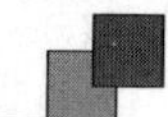

④ 初始化 DMA。

通过 HAL_DMA_Init 函数初始化 DMA，包括配置通道、外设地址、存储器地址、传输数据量等。

HAL 库为了处理各类外设的 DMA 请求，在调用相关函数之前，需要调用一个宏定义标识符来连接 DMA 和外设句柄。这个宏定义为__HAL_LINKDMA。

⑤ 使能 DMA 对应数据流中断，配置 DMA 中断优先级，使能 ADC，使能并启动 DMA。

通过 HAL_ADC_Start 函数开启 ADC。通过 HAL_DMA_Start_IT 函数启动 DMA 读取，使能 DMA 中断。通过 HAL_NVIC_EnableIRQ 函数使能 DMA 数据流中断。通过 HAL_NVIC_SetPriority 函数设置中断优先级。

⑥ 编写中断服务函数。

DMA 中断对于每个数据流都有一个中断服务函数，比如 DMA2_Stream4 的中断服务函数为 DMA2_Stream4_IRQHandler。HAL 库提供了通用 DMA 中断处理函数 HAL_DMA_IRQHandler，在该函数内部会对 DMA 传输状态进行分析，然后调用相应的中断处理回调函数。

2. 程序流程图

程序流程如图 1.18 所示。

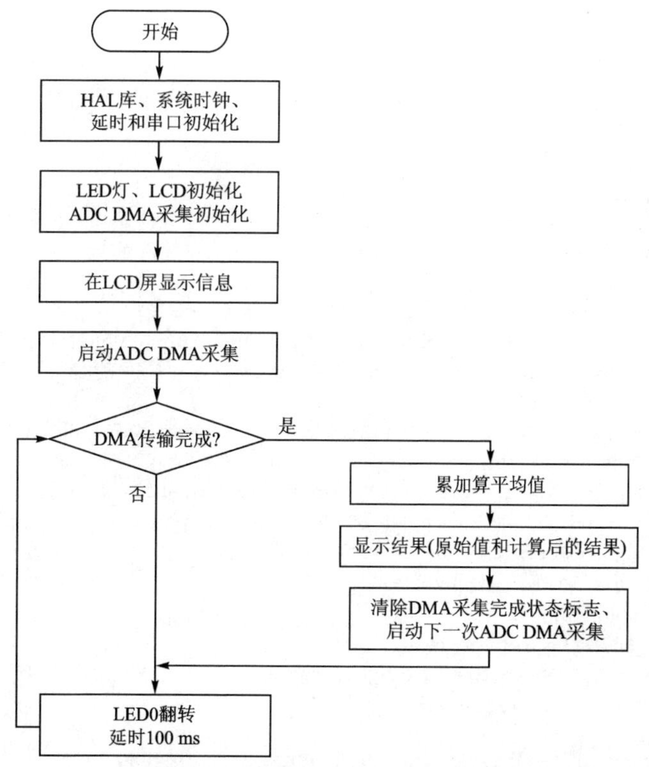

图 1.18 单通道 ADC 采集(DMA 读取)实验程序流程图

3. 程序解析

这里只讲解核心代码,详细的源码可参考配套资料中本实验对应源码。ADC 驱动源码包括两个文件:adc.c 和 adc.h。本实验代码在单通道 ADC 采集实验代码上追加。

adc.h 文件针对本实验用到 DMA,定义了以下宏定义:

```
#define ADC_ADCX_DMASx                    DMA2_Stream4
#define ADC_ADCX_DMASx_Chanel             DMA_CHANNEL_0     /* ADC1_DMA 请求源 */
#define ADC_ADCX_DMASx_IRQn               DMA2_Stream4_IRQn
#define ADC_ADCX_DMASx_IRQHandler         DMA2_Stream4_IRQHandler
/* 判断 DMA2_Stream4 传输完成标志，这是一个假函数形式
 * 不能当函数使用，只能用在 if 等语句里面
 */
#define ADC_ADCX_DMASx_IS_TC()            ( DMA2 ->HISR & (1 << 5) )
/* 清除 DMA2_Stream4 传输完成标志 */
#define ADC_ADCX_DMASx_CLR_TC()           do{ DMA2 ->HIFCR |= 1 << 5; }while(0)
/*****************************************************************************/
```

下面开始介绍 adc.c,首先是 ADC DMA 读取初始化函数。

```
void adc_dma_init(uint32_t mar)
{
    if ((uint32_t)ADC_ADCX_DMASx > (uint32_t)DMA2)  /* 大于 DMA1_Stream7,则为 DMA2 */
    {
        __HAL_RCC_DMA2_CLK_ENABLE();                 /* DMA2 时钟使能 */
    }
    else
    {
        __HAL_RCC_DMA1_CLK_ENABLE();                 /* DMA1 时钟使能 */
    }

    /* DMA 配置 */
    g_dma_adc_handle.Instance = ADC_ADCX_DMASx;        /* 设置 DMA 数据流 */
    g_dma_adc_handle.Init.Channel = DMA_CHANNEL_0;     /* 设置 DMA 通道 */
    /* DIR = 1 ， 外设到存储器模式 */
    g_dma_adc_handle.Init.Direction = DMA_PERIPH_TO_MEMORY;
    g_dma_adc_handle.Init.PeriphInc = DMA_PINC_DISABLE;   /* 外设非增量模式 */
    g_dma_adc_handle.Init.MemInc = DMA_MINC_ENABLE;       /* 存储器增量模式 */
    /* 外设数据长度:16 位 */
    g_dma_adc_handle.Init.PeriphDataAlignment = DMA_PDATAALIGN_HALFWORD;
    /* 存储器数据长度:16 位 */
    g_dma_adc_handle.Init.MemDataAlignment = DMA_MDATAALIGN_HALFWORD;
    g_dma_adc_handle.Init.Mode = DMA_NORMAL;                 /* 外设流控模式 */
    g_dma_adc_handle.Init.Priority = DMA_PRIORITY_MEDIUM;    /* 中等优先级 */
    HAL_DMA_Init(&g_dma_adc_handle);                         /* 初始化 DMA */
    /* 配置 DMA 传输参数 */
    HAL_DMA_Start(&g_dma_adc_handle, (uint32_t)&ADC1 ->DR, mar, 0);
    g_adc_handle.DMA_Handle = &g_dma_adc_handle;      /* 设置 ADC 对应的 DMA */
    adc_init();     /* 初始化 ADC */
    /**
     *  需要配置的时候开,但这里为了保证不变更之前的代码
```

```
     *   另加一行设置 g_adc_handle.Init.ContinuousConvMode = ENABLE;
     *   配置 ADC 连续转换，DMA 传输 ADC 数据
     */
    SET_BIT(g_adc_handle.Instance->CR2, ADC_CR2_CONT);/* CONT = 1，连续转换模式 */

    /* 配置对应 ADC 通道 */
    adc_channel_set(&g_adc_handle , ADC_ADCX_CHY, 1, ADC_SAMPLETIME_480CYCLES);
    /* 设置 DMA 中断优先级为 3,子优先级为 3 */
    HAL_NVIC_SetPriority(ADC_ADCX_DMASx_IRQn, 3, 3);
    HAL_NVIC_EnableIRQ(ADC_ADCX_DMASx_IRQn);                   /* 使能 DMA 中断 */
    HAL_ADC_Start_DMA(&g_adc_handle, &mar, sizeof(uint16_t)); /* 开始 DMA 数据传输 */
    /* TCIE = 1 ，使能传输完成中断 */
    __HAL_DMA_ENABLE_IT(&g_dma_adc_handle, DMA_IT_TC);
}
```

该函数主要分为两部分，ADC 和 DMA 的配置。首先使能 DMA 的时钟，然后配置 DMA 相关参数，这里使用的是 DMA2 数据流 4，这个可以通过 DMA 章节查询到。配置完成后用 HAL_DMA_Init 函数对 DMA 进行初始化，调用 HAL_DMA_Start 函数配置 DMA 传输参数。

对 DMA 配置完成之后对 ADC 进行配置，这里沿用上一个实验中的 adc_init 函数对 ADC 进行初始化，但是 ADC_HandleTypeDef 结构体的配置与单通道 ADC 采集实验有所不同，需要使能连续转换模式和 DMA 单次传输 ADC 数据。所以这里另外加入一些与 ADC 的 DMA 相关的配置，例如：

```
g_adc_handle.DMA_Handle = &g_dma_adc_handle;
SET_BIT(g_adc_handle.Instance->CR2, ADC_CR2_CONT);
```

第一句很容易理解，把前面 DMA 结构体指针类型数据绑定在 ADC 结构体指针类型中，ADC 可以使用 DMA。第二句的 ADC 中使用 DMA，需要连续转换，所以需要使用“g_adc_handle.Init.ContinuousConvMode＝ENABLE;”实现。这里直接使用位操作，把控制连续转换的位置 1 来实现连续转换。

最后是配置 ADC 通道、使能 ADC 和启动开启中断的 DMA 传输。

下面介绍的使能一次 ADC DMA 传输函数，其定义如下：

```
void adc_dma_enable(uint16_t ndtr)
{
    __HAL_ADC_DISABLE(&g_adc_handle);                  /* 先关闭 ADC */
    __HAL_DMA_DISABLE(&g_dma_adc_handle);              /* 关闭 DMA 传输 */
    g_dma_adc_handle.Instance->NDTR = ndtr;            /* 重设 DMA 传输数据量 */
    __HAL_DMA_ENABLE(&g_dma_adc_handle);               /* 开启 DMA 传输 */
    __HAL_ADC_ENABLE(&g_adc_handle);                   /* 重新启动 ADC */
    ADC_ADCX->CR2 |= 1 << 30;                          /* 启动规则转换通道 */
}
```

该函数使用寄存器来操作，因为用 HAL 库操作会修改 adc_dma_init 配置好的某些参数。HAL_DMA_Start 函数已经配置好了 DMA 传输的源地址和目标地址，本函数只需要调用“g_dma_adc_handle.Instance→NDTR＝ndtr;”语句给 DMA_SxNDTR

寄存器写入要传输的数据量，然后启动 DMA 就可以传输了。

下面介绍的是 ADC DMA 采集中断服务函数，定义如下：

```
void ADC_ADCX_DMASx_IRQHandler(void)
{
    if (ADC_ADCX_DMACx_IS_TC())
    {
        g_adc_dma_sta = 1;                /* 标记 DMA 传输完成 */
        ADC_ADCX_DMACx_CLR_TC();          /* 清除 DMA2 数据流 4 传输完成中断 */
    }
}
```

在 ADC DMA 采集中断服务函数里，标记 DMA 传输完成以及清除 DMA2 数据流 4 传输完成中断标志位。

最后，main.c 里面编写如下代码：

```
#define ADC_DMA_BUF_SIZE        50              /* ADC DMA 采集 BUF 大小 */
uint16_t g_adc_dma_buf[ADC_DMA_BUF_SIZE];       /* ADC DMA BUF */
extern uint8_t g_adc_dma_sta;                   /* DMA 传输状态标志,0,未完成;1,已完成 */
int main(void)
{
    uint16_t i;
    uint16_t adcx;
    uint32_t sum;
    float temp;
    HAL_Init();                                 /* 初始化 HAL 库 */
    sys_stm32_clock_init(336, 8, 2, 7);         /* 设置时钟,168 MHz */
    delay_init(168);                            /* 延时初始化 */
    usart_init(115200);                         /* 串口初始化为 115 200 */
    led_init();                                 /* 初始化 LED */
    lcd_init();                                 /* 初始化 LCD */
    adc_dma_init((uint32_t)&g_adc_dma_buf);     /* 初始化 ADC DMA 采集 */
    lcd_show_string(30,  50, 200, 16, 16, "STM32", RED);
    lcd_show_string(30,  70, 200, 16, 16, "ADC DMA TEST", RED);
    lcd_show_string(30,  90, 200, 16, 16, "ATOM@ALIENTEK", RED);
    lcd_show_string(30, 110, 200, 16, 16, "ADC1_CH5_VAL:", BLUE);
    /* 先在固定位置显示小数点 */
    lcd_show_string(30, 130, 200, 16, 16, "ADC1_CH5_VOL:0.000V", BLUE);
    adc_dma_enable(ADC_DMA_BUF_SIZE);           /* 启动 ADC DMA 采集 */
    while (1)
    {
        if (g_adc_dma_sta == 1)
        {
            /* 计算 DMA 采集到的 ADC 数据的平均值 */
            sum = 0;
            for (i = 0; i < ADC_DMA_BUF_SIZE; i++)      /* 累加 */
            {
                sum += g_adc_dma_buf[i];
            }
            adcx = sum / ADC_DMA_BUF_SIZE;              /* 取平均值 */
            /* 显示结果 */
```

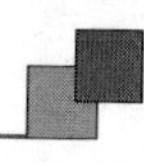

```
            lcd_show_xnum(134, 110, adcx, 4, 16, 0,BLUE); /* 显示 ADCC 采样后的原始值 */
            temp = (float)adcx * (3.3/4096); /* 获取计算后的带小数的实际电压值,如 3.1111 */
            adcx = temp;        /* 赋值整数部分给 adcx 变量,因为 adcx 为 u16 整型 */
            /* 显示电压值的整数部分,3.1111 的话,这里就是显示 3 */
            lcd_show_xnum(134, 130, adcx, 1, 16, 0, BLUE);
            temp -= adcx; /* 把已经显示的整数部分去掉,留下小数部分,如 3.1111 - 3 = 0.1111 */
            temp *= 1000; /* 小数部分乘以 1000,如 0.1111 转换为 111.1,相当于保留 3 位小数 */
            /* 显示小数部分(前面转换为了整型显示),这里显示的就是 111 */
            lcd_show_xnum(150, 130, temp, 3, 16, 0X80, BLUE);
            g_adc_dma_sta = 0;                        /* 清除 DMA 采集完成状态标志 */
            adc_dma_enable(ADC_DMA_BUF_SIZE);         /* 启动下一次 ADC DMA 采集 */
        }
        LED0_TOGGLE();
        delay_ms(100);
    }
}
```

此部分代码和单通道 ADC 采集实验十分相似,只是这里使能了 DMA 传输数据,DMA 传输的数据存放在 g_adc_dma_buf 数组里,这里对数组的数据取平均值,从而减少误差。在 LCD 屏显示结果的处理和单通道 ADC 采集实验一样。首先在液晶固定位置显示了小数点,然后计算出整数部分在小数点前面显示,再计算出小数部分并在小数点后面显示,这样就在液晶上面显示出了转换结果的整数和小数部分。

1.3.4　下载验证

下载代码后,可以看到 LCD 显示如图 1.19 所示。

```
STM32
ADC DMA TEST
ATOM&ALIENTEK
ADC1_CH5_VAL:3692
ADC1_CH5_VOL:2.947V
```

图 1.19　单通道 ADC 采集(DMA 读取)实验测试图

LED0 闪烁,提示程序运行。这里的实验效果和单通道 ADC 采集实验一样,使用杜邦线将 P11 的 ADC 和 RV1 连接,使得 PA5 连接到电位器上,测试电位器的电压,并可以通过螺丝刀调节电位器改变电压值,范围为 0～3.3 V。

可以试试把杜邦线接到其他地方,看看电压值是否准确。注意,一定要保证测试点的电压在 0～3.3 V 的范围,否则可能烧坏 ADC,甚至是整个主控芯片。

第 2 章

内部温度传感器实验

本章将介绍 STM32F407 的内部温度传感器，并使用它来读取温度值，然后在 LCD 模块上显示出来。

2.1 内部温度传感器简介

STM32F407 有一个内部的温度传感器，可以用来测量 CPU 及周围的温度。对于 STM32F407 系列来说，该温度传感器在内部和 ADC1_INP16(STM32F40xx/F41xx 系列)或 ADC_IN18(STM32F42xx/F43xx)输入通道相连接，此通道把传感器输出的电压转换成数字值。STM32F4 的内部温度传感器支持的温度范围为－40～125℃，精度为±1.5℃左右。

STM32F407 内部温度传感器的使用很简单，只要设置一下内部 ADC，并激活其内部温度传感器通道就差不多了。接下来介绍和温度传感器设置相关的两个地方。

第一个地方，要使用 STM32F407 的内部温度传感器，必须先激活 ADC 的内部通道，这里通过 ADC_CCR 的 VSENSEEN 位(bit23)设置。设置该位为 1，则启用内部温度传感器。

第二个地方，STM32F407ZGT6 的内部温度传感器固定地连接在 ADC1 的通道 16 上，所以，在设置好 ADC1 之后只要读取通道 16 的值，就是温度传感器返回的电压值了。根据这个值就可以计算出当前温度。计算公式如下：

$$T=\frac{\text{Vsense}-\text{V25}}{\text{Avg\_Slope}}+25$$

式中，V25 为 Vsense 在 25℃时的数值(典型值为 0.76)，Avg_Slope 为温度与 Vsense 曲线的平均斜率(单位为 mV/℃或 μV/℃)(典型值为 2.5 mV/℃)。

利用以上公式就可以方便地计算出当前温度传感器的温度了。

现在可以总结一下 STM32 内部温度传感器使用的步骤了：

① 设置 ADC，并开启 ADC_CR2 的 VSENSEEN 位。

关于如何设置 ADC 可参考上一章对单通道 ADC 采集实验的设置，大同小异。然后，设置 ADC_CR2 寄存器的 VSENSEEN 位为 1，开启内部温度传感器。

② 读取 ADC 通道 16 的 A/D 值并计算结果。

设置完成之后就可以读取温度传感器的电压值，然后就可以用上面的公式计算温

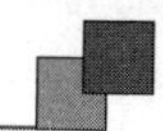

度值。

2.2　硬件设计

(1) 例程功能

通过 ADC1 的通道 16 读取 STM32F407 内部温度传感器的电压值,并将其转换为温度值,显示在 TFTLCD 屏上。LED0 闪烁用于提示程序正在运行。

(2) 硬件资源

➢ LED 灯:LED0 - PF9;

➢ 串口 1(PA9、PA10 连接在板载 USB 转串口芯片 CH340 上面);

➢ 正点原子 TFTLCD 模块(仅限 MCU 屏,16 位 8080 并口驱动);

➢ ADC1 通道 16;

➢ 内部温度传感器。

(3) 原理图

ADC 和内部温度传感器都属于 STM32F407 内部资源,实际上只需要软件设置就可以正常工作,这里需要用到 TFTLCD 模块显示结果。

2.3　程序设计

2.3.1　ADC 的 HAL 库驱动

本实验用到的 ADC 的 HAL 库 API 函数前面都介绍过,具体调用情况可参考程序解析部分。下面介绍读取 STM32 内部温度传感器 ADC 值的配置步骤。

① 开启 ADC 时钟。通过__HAL_RCC_ADC1_CLK_ENABLE 函数开启 ADC1 的时钟。

② 设置 ADC1,开启内部温度传感器。调用 HAL_ADC_Init 函数来设置 ADC1 时钟分频系数、分辨率、模式、扫描方式、对齐方式等信息。注意,该函数会调用 HAL_ADC_MspInit 回调函数来完成对 ADC 底层的初始化,包括 ADC1 时钟使能、ADC1 时钟源的选择等。

③ 配置 ADC 通道并启动 ADC。调用 HAL_ADC_ConfigChannel() 函数配置 ADC1 通道 16,根据需求设置通道、序列、采样时间和校准配置单端输入模式或差分输入模式等;然后通过 HAL_ADC_Start 函数启动 ADC。

④ 读取 ADC 值,计算温度。这里选择查询方式读取,在读取 ADC 值之前需要调用 HAL_ADC_PollForConversion 等待上一次转换结束;然后就可以通过 HAL_ADC_GetValue 来读取 ADC 值;最后根据上面介绍的公式计算出温度传感器的温度值。

2.3.2　程序流程图

程序流程如图 2.1 所示。

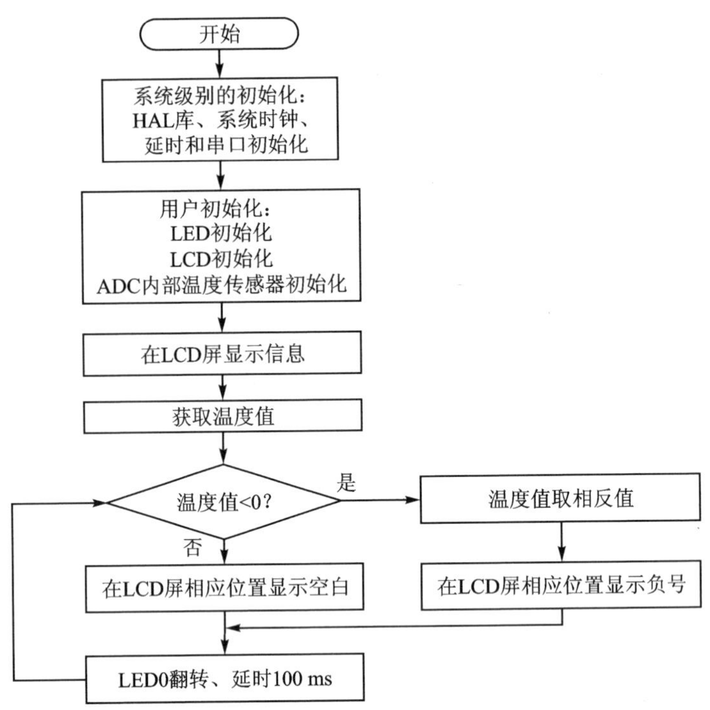

图 2.1 内部温度传感器实验程序流程图

2.3.3 程序解析

1. ADC 驱动代码

这里只讲解核心代码,详细的源码可参考配套资料中本实验对应源码。ADC 驱动源码包括两个文件:adc.c 和 adc.h。

adc.h 头文件只有一个宏定义和一些函数的声明,该宏定义如下:

```
#define ADC_TEMPSENSOR_CHX                ADC_CHANNEL_TEMPSENSOR
```

ADC_CHANNEL_TEMPSENSOR 就是 ADC1 通道 16 连接内部温度传感器的通道 16 的宏定义,定义为 ADC_TEMPSENSOR_CHX,可以让读者更容易理解这个宏定义的含义。

下面直接介绍 adc.c 的程序。首先是 ADC 初始化函数,其定义如下:

```
void adc_temperature_init(void)
{
    adc_init();                         /* 先初始化 ADC */
    ADC->CCR |= 1 << 23;                /* 使能内部温度传感器 */
}
```

该函数调用 adc_init 函数配置了 ADC 的基础功能参数。这里对内部温度传感器的初始化步骤与普通 ADC 类似,为了不重复编写代码,用位操作函数开启内部温度传

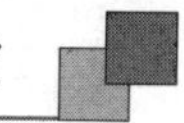

感器，把 ADC_CCR 的 VSENSEEN 位置 1，即“ADC->CCR |= 1 << 23;”就可以完成对内部温度传感器通道的初始化工作。

获得 ADC 转换后的结果函数定义如下：

```
short adc_get_temperature(void)
{
    uint32_t adcx;
    short result;
    double temperature;
    adcx = adc_get_result_average(ADC_TEMPSENSOR_CHX, 10);
                                          /* 读取内部温度传感器通道，10 次取平均 */
    temperature = (float)adcx * (3.3/4096);              /* 获取电压值 */
    temperature = (temperature - 0.76)/0.0025 + 25;      /* 将电压值转换为温度值 */
    result = temperature* = 100;                         /* 扩大 100 倍 */
    return result;
}
```

该函数先调用前面 ADC 实验章节写好的 adc_get_result_average 函数来获取通道 ch 的转换值，然后通过温度转换公式返回温度值。

2. main.c 代码

在 main.c 里面编写如下代码：

```
int main(void)
{
    short temp;
    HAL_Init();                               /* 初始化 HAL 库 */
    sys_stm32_clock_init(336, 8, 2, 7);       /* 设置时钟，168 MHz */
    delay_init(168);                          /* 延时初始化 */
    usart_init(115200);                       /* 串口初始化为 115 200 */
    led_init();                               /* 初始化 LED */
    lcd_init();                               /* 初始化 LCD */
    adc_temperature_init();                   /* 初始化 ADC 内部温度传感器采集 */
    lcd_show_string(30, 50, 200, 16, 16, "STM32", RED);
    lcd_show_string(30, 70, 200, 16, 16, "Temperature TEST", RED);
    lcd_show_string(30, 90, 200, 16, 16, "ATOM@ALIENTEK", RED);
    lcd_show_string(30, 120, 200, 16, 16, "TEMPERATE: 00.00C", BLUE);
    while (1)
    {
        temp = adc_get_temperature();         /* 得到温度值 */
        if (temp < 0)
        {
            temp = - temp;
            lcd_show_string(30 + 10 * 8, 120, 16, 16, 16, "-", BLUE);/* 显示负号 */
        }
        else
        {
            lcd_show_string(30 + 10 * 8, 120, 16, 16, 16, " ", BLUE); /* 无符号 */
        }
        /* 显示整数部分 */
        lcd_show_xnum(30 + 11 * 8, 120, temp / 100, 2, 16, 0, BLUE);
```

```
            /* 显示小数部分 */
            lcd_show_xnum(30 + 14 * 8, 120, temp % 100, 2, 16, 0X80, BLUE);
            LED0_TOGGLE();   /* LED0 闪烁,提示程序运行 */
            delay_ms(250);
        }
    }
```

该部分的代码逻辑很简单,先得到温度值,再根据温度值判断正负值,从而显示温度符号,再显示整数和小数部分。

2.4 下载验证

将程序下载到开发板后,可以看到 LED0 不停地闪烁,提示程序已经在运行了。LCD 显示的内容如图 2.2 所示。

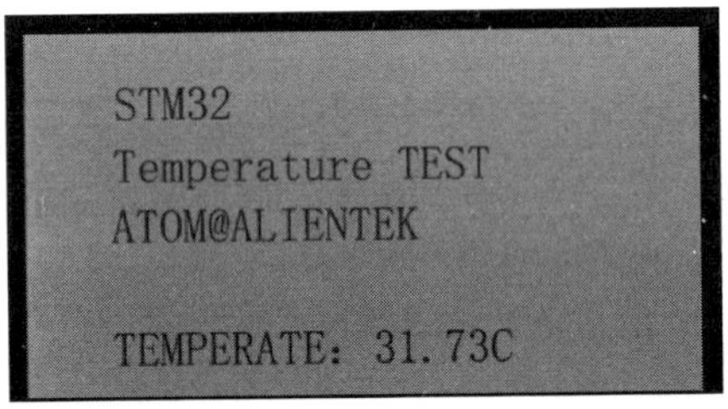

图 2.2 内部温度传感器实验测试图

读者可以看看自己得到的温度值与实际的是否相符合(因为芯片会发热,所以一般会比实际温度略高)。

第 3 章 光敏传感器实验

本章将介绍如何使用探索者 STM32F407 开发板板载的一个光敏传感器。这里还是要使用到 ADC 采集，通过 ADC 采集电压获取光敏传感器的电阻变化，从而得出环境光线的变化，并在 TFTLCD 上面显示出来。

3.1 光敏传感器简介

光敏传感器是最常见的传感器之一，它的种类繁多，主要有光电管、光电倍增管、光敏电阻、光敏三极管、太阳能电池、红外线传感器、紫外线传感器、光纤式光电传感器、色彩传感器、CCD 和 CMOS 图像传感器等。光传感器是目前产量最多、应用最广的传感器之一，在自动控制和非电量电测技术中占有非常重要的地位。

光敏传感器是利用光敏元件将光信号转换为电信号的传感器，它的敏感波长在可见光波长附近，包括红外线波长和紫外线波长。光传感器不只局限于对光的探测，它还可以作为探测元件组成其他传感器，对许多非电量进行检测，只要将这些非电量转换为光信号的变化即可。

探索者 STM32F407 开发板板载了一个光敏二极管（光敏电阻）作为光敏传感器，它对光的变化非常敏感。光敏二极管也叫光电二极管，与半导体二极管在结构上是类似的，其管芯是一个具有光敏特征的 PN 结，具有单向导电性，因此工作时须加上反向电压。无光照时，有很小的饱和反向漏电流，即暗电流，此时光敏二极管截止。当受到光照时，饱和反向漏电流大大增加，形成光电流，且随入射光强度的变化而变化。当光线照射 PN 结时，可以使 PN 结中产生电子一空穴对，使少数载流子的密度增加。这些载流子在反向电压下漂移，使反向电流增加。因此，可以利用光照强弱来改变电路中的电流。

利用这个电流变化，我们串接一个电阻，就可以转换成电压的变化，从而通过 ADC 读取电压值判断外部光线的强弱。

本章利用 ADC3 的通道 5（PF7）来读取光敏二极管电压的变化，从而得到环境光线的变化，并将得到的光线强度显示在 TFTLCD 上面。

3.2 硬件设计

(1) 例程功能

通过 ADC3 的通道 5(PF7)读取光敏传感器(LS1)的电压值,并转换为 0～100 的光线强度值,显示在 LCD 模块上面。光线越亮,值越大;光线越暗,值越小。可以用手指遮挡 LS1 和用手电筒照射 LS1,从而查看光强变化。LED0 闪烁用于提示程序正在运行。

(2) 硬件资源

➢ LED 灯:LED0 - PF9;

➢ 串口 1(PA9、PA10 连接在板载 USB 转串口芯片 CH340 上面);

➢ 正点原子 TFTLCD 模块(仅限 MCU 屏,16 位 8080 并口驱动);

➢ ADC3:通道 5 - PF7;

➢ 光敏传感器- PF7。

(3) 原理图

光敏传感器和开发板的连接如图 3.1 所示。

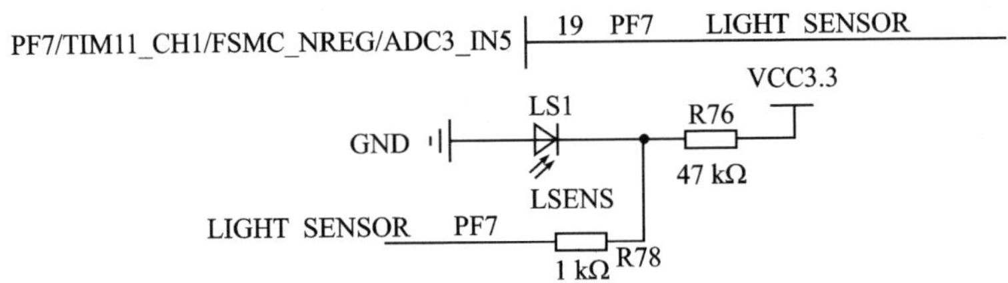

图 3.1 光敏传感器与开发板连接示意图

图 3.1 中,LS1 是光敏二极管,外观与贴片 LED 类似(实物在开发板 OLED 右侧),R76 为其提供反向电压。当环境光线变化时,LS1 两端的电压也会随之改变,通过 ADC3_IN5 通道读取 LIGHT_SENSOR(PF7)上面的电压,即可得到环境光线的强弱。光线越强,电压越低;光线越暗,电压越高。

3.3 程序设计

3.3.1 ADC 的 HAL 库驱动

读取光敏传感器 ADC 值配置步骤如下:

① 开启 ADCx 和通道输出的 GPIO 时钟,配置该 I/O 口的复用功能输出。

首先开启 ADCx 的时钟,然后配置 GPIO 为复用功能输出。本实验默认用到 ADC3 通道 5,对应 I/O 是 PF7,它们的时钟开启方法如下:

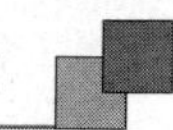

```
__HAL_RCC_ADC3_CLK_ENABLE();                    /* 使能 ADC3 时钟 */
__HAL_RCC_GPIOF_CLK_ENABLE();                   /* 开启 GPIOF 时钟 */
```

I/O 口复用功能是通过函数 HAL_GPIO_Init 来配置的。

② 设置 ADC3,开启内部温度传感器。

调用 HAL_ADC_Init 函数来设置 ADC3 时钟分频系数、分辨率、模式、扫描方式、对齐方式等信息。注意,该函数会调用 HAL_ADC_MspInit 回调函数来完成对 ADC 底层的初始化,包括 ADC3 时钟使能、ADC3 时钟源的选择等。

③ 配置 ADC 通道并启动 ADC。

调用 HAL_ADC_ConfigChannel()函数配置 ADC3 通道 5,根据需求设置通道、序列、采样时间和校准配置单端输入模式或差分输入模式等;然后通过 HAL_ADC_Start 函数启动 ADC。

④ 读取 ADC 值,转换为光线强度值。

这里选择查询方式读取,在读取 ADC 值之前需要调用 HAL_ADC_PollForConversion 等待上一次转换结束;然后就可以通过 HAL_ADC_GetValue 来读取 ADC 值。最后把得到的 ADC 值转换为 0～100 的光线强度值。

3.3.2　程序流程图

程序流程如图 3.2 所示。

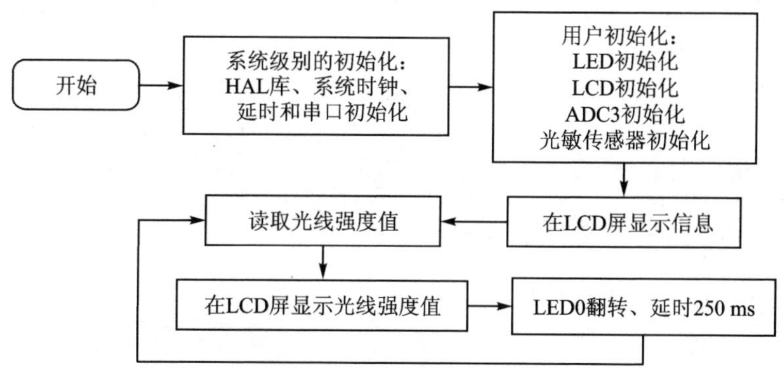

图 3.2　光敏传感器实验程序流程图

3.3.3　程序解析

1. LSENS 驱动代码

这里只讲解核心代码,详细的源码可参考配套资料中本实验对应源码。LSENS 驱动源码包括两个文件:lsens.c 和 lsens.h。

lsens.h 头文件定义了一些宏定义和一些函数的声明,该宏定义如下:

```
/******************************************************************************/
/* 光敏传感器对应 ADC3 的输入引脚和通道 定义 */
```

```
#define LSENS_ADC3_CHX_GPIO_PORT                GPIOF
#define LSENS_ADC3_CHX_GPIO_PIN                 GPIO_PIN_7
#define LSENS_ADC3_CHX_GPIO_CLK_ENABLE()
        do{ __HAL_RCC_GPIOF_CLK_ENABLE(); }while(0)   /* PC 口时钟使能 */
#define LSENS_ADC3_CHX                  ADC_CHANNEL_5       /* 通道 Y,  0 <= Y <= 18 */
/****************************************************************************/
```

这些宏定义分别是 PF7 及其时钟使能的宏定义、ADC 通道 5 的宏定义。

下面介绍 lsens.c 的函数，首先是光敏传感器初始化函数，其定义如下：

```
/**
 * @brief       初始化光敏传感器
 * @param       无
 * @retval      无
 */
void lsens_init(void)
{
    GPIO_InitTypeDef gpio_init_struct;
    LSENS_ADC3_CHX_GPIO_CLK_ENABLE();                           /* GPIO 时钟使能 */
    gpio_init_struct.Pin = LSENS_ADC3_CHX_GPIO_PIN;             /* PF7 */
    gpio_init_struct.Mode = GPIO_MODE_ANALOG;                   /* 模拟 */
    gpio_init_struct.Pull = GPIO_NOPULL;                        /* 不带上下拉 */
    HAL_GPIO_Init(LSENS_ADC3_CHX_GPIO_PORT, &gpio_init_struct);
    adc3_init();      /* 初始化 ADC3 */
}
```

光敏传感器初始化函数其实就是初始化 PF7 为不带上下拉的模拟模式，然后通过 adc3_init 函数初始化 ADC3。

最后读取光敏传感器值，函数定义如下：

```
/**
 * @brief       读取光敏传感器值
 * @param       无
 * @retval      0~100:0,最暗;100,最亮
 */
uint8_t lsens_get_val(void)
{
    uint32_t temp_val = 0;
    /* 读取平均值 */
    temp_val = adc3_get_result_average(adc3_handle, LSENS_ADC3_CHX, 10);
    temp_val /= 40;
    if (temp_val > 100)temp_val = 100;
    return (uint8_t)(100 - temp_val);
}
```

lsens_get_val 函数用于获取当前光照强度，通过 adc3_get_result_average 函数得到 ADC3 通道 5 转换的电压值，经过简单量化后，处理成 0～100 的光强值。0 对应最暗，100 对应最亮。

本实验还要使用 ADC3 驱动代码，即要用到 adc3.c 和 adc3.h 文件。此外，还针对光敏传感器新建了 lsens.c 和 lsens.h 文件。adc3.c 和 adc3.h 文件前面已经介绍过了，这里也没有新添加任何代码，就不再赘述。

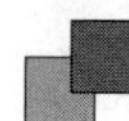

2. main.c 代码

在 main.c 里编写如下代码：

```
int main(void)
{
    short adcx;
    HAL_Init();                                   /* 初始化 HAL 库 */
    sys_stm32_clock_init(332, 8, 2, 7);           /* 设置时钟，168 MHz */
    delay_init(168);                              /* 延时初始化 */
    usart_init(115200);                           /* 串口初始化为 115 200 */
    led_init();                                   /* 初始化 LED */
    lcd_init();                                   /* 初始化 LCD */
    lsens_init();                                 /* 初始化光敏传感器 */
    lcd_show_string(30, 50, 200, 16, 16, "STM32", RED);
    lcd_show_string(30, 70, 200, 16, 16, "LSENS TEST", RED);
    lcd_show_string(30, 90, 200, 16, 16, "ATOM@ALIENTEK", RED);
    lcd_show_string(30, 110, 200, 16, 16, "LSENS_VAL:", BLUE);

    while (1)
    {
        adcx = lsens_get_val();
        lcd_show_xnum(30 + 10 * 8, 110, adcx, 3, 16, 0, BLUE); /* 显示光线强度值 */
        LED0_TOGGLE();  /* LED0 闪烁,提示程序运行 */
        delay_ms(250);
    }
}
```

该部分的代码逻辑很简单，初始化各个外设之后进入死循环，通过 lsens_get_val 获取光敏传感器得到的光强值(0～100)，并显示在 TFTLCD 上面。

3.4 下载验证

将程序下载到开发板后，可以看到 LED0 不停闪烁，提示程序已经在运行了。LCD 显示的内容如图 3.3 所示。

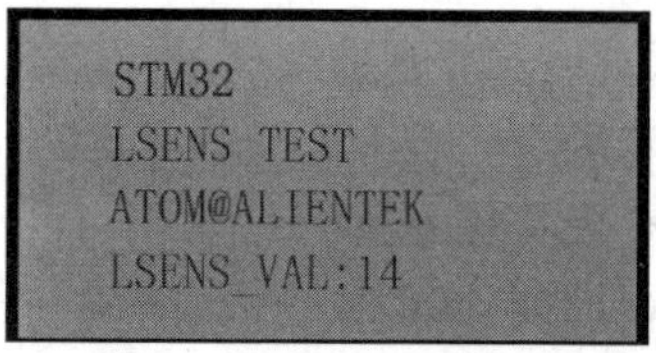

```
STM32
LSENS TEST
ATOM@ALIENTEK
LSENS_VAL:14
```

图 3.3　光敏传感器实验测试图

可以通过给 LS1 不同的光照强度来观察 LSENS_VAL 值的变化，光照越强，该值越大，光照越弱，该值越小，LSENS_VAL 值的范围是 0～100。

第 4 章

DAC 实验

本章将介绍 STM32F407 的 DAC(Digital - to - analog converters,数模转换器)功能。这里通过 3 个实验来学习 DAC,分别是 DAC 输出实验、DAC 输出三角波实验和 DAC 输出正弦波实验。

4.1 DAC 简介

STM32F407 的 DAC 模块(数字/模拟转换模块)是 12 位数字输入、电压输出型的 DAC。DAC 可以配置为 8 位或 12 位模式,也可以与 DMA 控制器配合使用。DAC 工作在 12 位模式时,数据可以设置成左对齐或右对齐。DAC 模块有两个输出通道,每个通道都有单独的转换器。在双 DAC 模式下,两个通道可以独立地进行转换,也可以同时进行转换并同步地更新两个通道的输出。DAC 可以通过引脚输入参考电压 V_{REF+}(同 ADC 共用),以获得更精确的转换结果。

DAC 通道框图如图 4.1 所示。DAC 模块主要特点有:

- 两个 DAC 转换器,每个转换器对应一个输出通道;
- 8 位或者 12 位单调输出;
- 12 位模式下数据左对齐或者右对齐;
- 同步更新功能;
- 噪声波形生成;
- 三角波形生成;
- 双 DAC 双通道同时或者分别转换;
- 每个通道都有 DMA 功能。

图中 V_{DDA} 和 V_{SSA} 为 DAC 模块模拟部分的供电,而 V_{REF+} 则是 DAC 模块的参考电压。DAC_OUT1/2 就是 DAC 的两个输出通道了(对应 PA4 或者 PA5 引脚)。ADC 的这些输入/输出引脚信息如表 4.1 所列。

从图 4.1 可以看出,DAC 输出是受 DORx(x=1/2,下同)寄存器直接控制的,但是不能直接往 DORx 寄存器写入数据,而是通过 DHRx 间接地传给 DORx 寄存器,从而实现对 DAC 输出的控制。

前面提到,STM32F407 的 DAC 支持 8 位和 12 位模式,8 位模式的时候是固定的右对齐,而 12 位模式又可以设置左对齐和右对齐。DAC 单通道模式下的数据寄存器

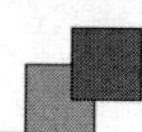

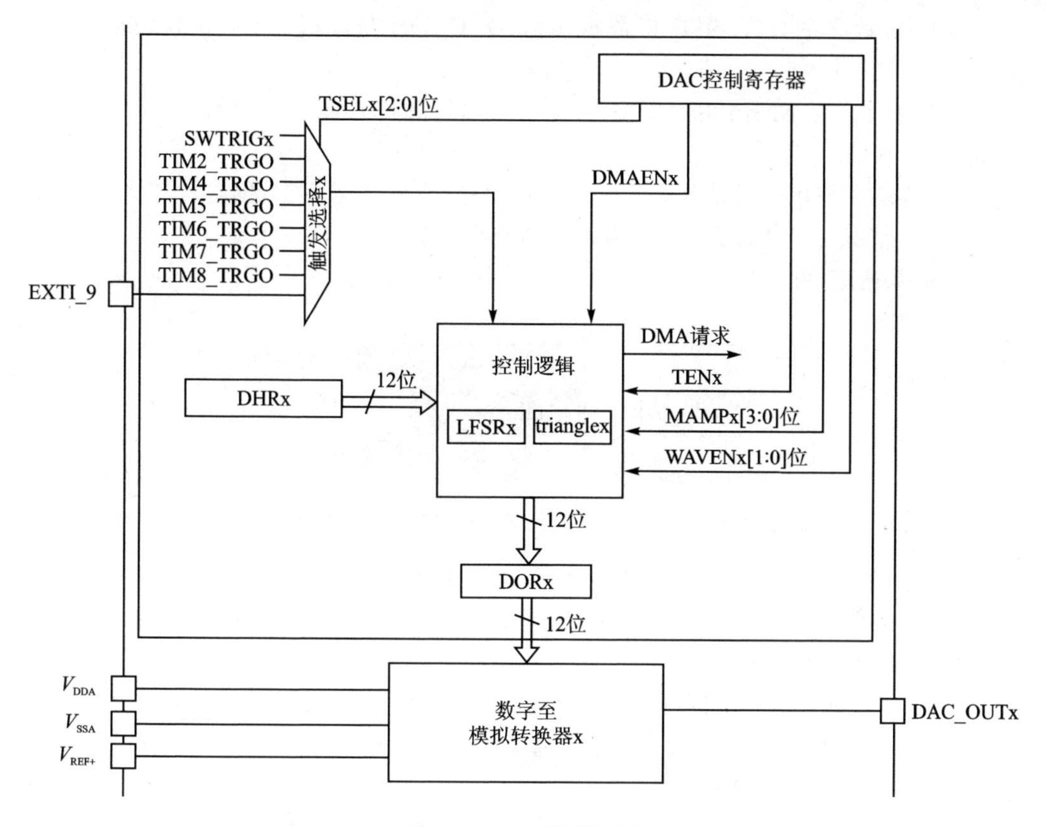

图 4.1 DAC 通道框图

对齐方式总共有 3 种，如图 4.2 所示。

表 4.1 DAC 输入/输出引脚

引脚名称	信号类型	说　明
V_{REF+}	正模拟参考电压输入	DAC 高/正参考电压，$V_{REF+} \leqslant V_{DDAmax}$
V_{DDA}	模拟电源输入	模拟电源
V_{SSA}	模拟电源地输入	模拟电源地
DAC_OUTx	模拟输出信号	DAC 通道 x 模拟输出，x=1 或 2

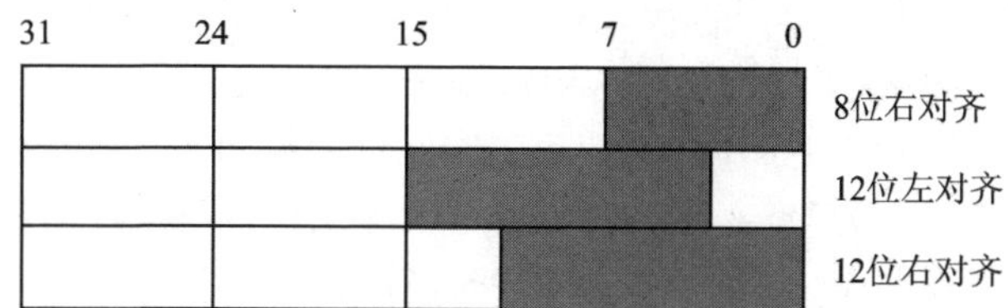

图 4.2 DAC 单通道模式下的数据寄存器对齐方式

① 8 位数据右对齐：用户将数据写入 DAC_DHR8Rx[7:0]位（实际是存入 DHRx[11:4]位）。

② 12 位数据左对齐:用户将数据写入 DAC_DHR12Lx[15:4]位(实际是存入 DHRx[11:0]位)。

③ 12 位数据右对齐:用户将数据写入 DAC_DHR12Rx[11:0]位(实际是存入 DHRx[11:0]位)。

本章实验中使用的都是单通道模式下的 DAC 通道 1,采用 12 位右对齐格式,所以采用第③种情况。另外,DAC 还具有双通道转换功能。

DAC 双通道(可用时)也有 3 种可能的对齐方式,如图 4.3 所示。

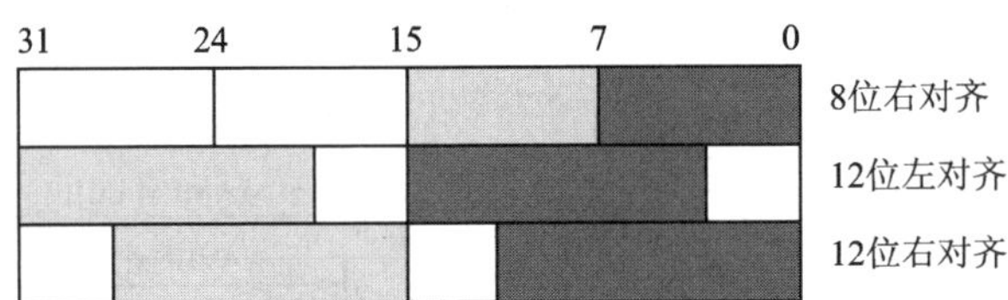

图 4.3 DAC 双通道模式下的数据寄存器对齐方式

① 8 位数据右对齐:用户将 DAC 通道 1 的数据写入 DAC_DHR8RD[7:0]位(实际是存入 DHR1 [11:4]位),将 DAC 通道 2 的数据写入 DAC_DHR8RD[15:8]位(实际是存入 DHR2 [11:4]位)。

② 12 位数据左对齐:用户将 DAC 通道 1 的数据写入 DAC_DHR12LD [15:4]位(实际是存入 DHR1[11:0]位),将 DAC 通道 2 的数据写入 DAC_DHR12LD [31:20]位(实际是存入 DHR2[11:0]位)。

③ 12 位数据右对齐:用户将 DAC 通道 1 的数据写入 DAC_DHR12RD [11:0]位(实际是存入 DHR1[11:0]位),将 DAC 通道 2 的数据写入 DAC_DHR12RD [27:16]位(实际是存入 DHR2[11:0]位)。

DAC 可以通过软件或者硬件触发转换,通过配置 TENx 控制位来决定。

如果没有选中硬件触发(寄存器 DAC_CR1 的 TENx 位置 0),则存入寄存器 DAC_DHRx 的数据会在一个 APB1 时钟周期后自动传至寄存器 DAC_DORx。如果选中硬件触发(寄存器 DAC_CR1 的 TENx 位置 1),数据传输在触发发生以后 3 个 APB1 时钟周期后完成。一旦数据从 DAC_DHRx 寄存器装入 DAC_DORx 寄存器,在经过时间 $t_{SETTLING}$ 之后输出即有效,这段时间的长短依电源电压和模拟输出负载的不同会有所变化。从"STM32F407ZGT6.pdf"数据手册查到 $t_{SETTLING}$ 的典型值为 3 μs,最大是 6 μs,所以 DAC 的转换频率最快是 333 kHz 左右。

不使用硬件触发(TEN=0)时,其转换的时间框图如图 4.4 所示。

当 DAC 的参考电压为 V_{REF+} 的时候,DAC 的输出电压是线性的从 0~V_{REF+},12 位模式下 DAC 输出电压与 V_{REF+} 以及 DORx 的计算公式如下:

$$\text{DACx 输出电压} = V_{REF} \cdot (\text{DORx}/4\,096)$$

如果使用硬件触发(TEN=1),则可通过外部事件(定时计数器、外部中断线)触发 DAC 转换。由 TSELx[2:0]控制位来决定选择 8 个触发事件中的一个来触发转换。这 8 个触发事件如表 4.2 所列。原表见"STM32F4xx 参考手册_V4(中文版).pdf"第

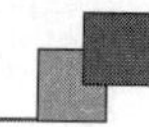

292 页表 58。

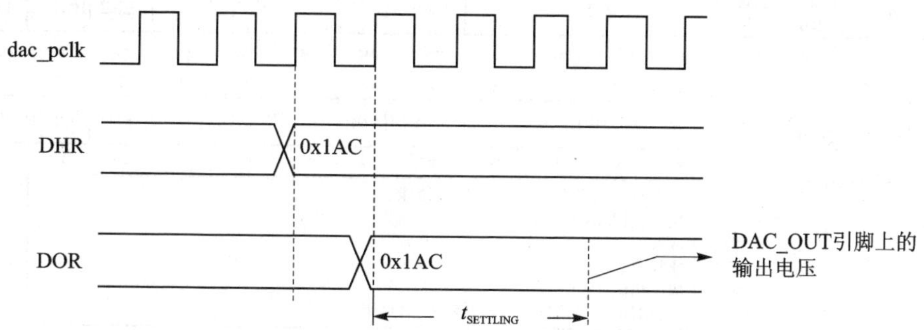

图 4.4 TEN=0 时 DAC 模块转换时间框图

表 4.2 DAC 触发选择

触发源	类 型	TSELx[2:0]
定时器 6 TRGO 事件	片上定时器的内部信号	000
互联型产品为定时器 3 TRGO 事件或大容量产品为定时器 8TRGO 事件		001
定时器 7 TRGO 事件		010
定时器 5 TRGO 事件		011
定时器 2 TRGO 事件		100
定时器 4 TRGO 事件		101
EXTI 线路 9	外部引脚	110
SWTRIG(软件触发)	软件控制位	111

每个 DAC 通道都有 DMA 功能，两个 DMA 通道分别用于处理两个 DAC 通道的 DMA 请求。如果 DMAENx 位置 1，则发生外部触发(而不是软件触发)时就会产生一个 DMA 请求，然后 DAC_DHRx 寄存器的数据被转移到 DAC_NORx 寄存器。

4.2 DAC 输出实验

1. DAC 寄存器

下面介绍要实现 DAC 的通道 1 输出时需要用到的一些 DAC 寄存器。

(1) DACx 控制寄存器(DACx_CR)

DACx 控制寄存器描述如图 4.5 所示。

EN1 位用于 DAC 通道 1 的使能，需要用到 DAC 通道 1 的输出时该位必须设置为 1。

BOFF1 位用于 DAC 输出缓存控制。这里 STM32 的 DAC 输出缓存做得有些不好，如果使能，虽然输出能力强一点，但是输出没法到 0，这是个很严重的问题。所以该位设置为 0。

31	30	29	28	27	26	25	24	23	22	21	20	19	18	17	16
保留		DMAU DRIE2	DMA EN2	MAMP2[3:0]				WAVE2[1:0]		TSEL2[2:0]			TEN2	BOFF2	EN2
		rw	rw	rw	rw	rw	rw	rw	rw	rw	rw	rw	rw	rw	rw

15	14	13	12	11	10	9	8	7	6	5	4	3	2	1	0
保留		DMAU DRIE1	DMA EN1	MAMP1[3:0]				WAVE1[1:0]		TSEL1[2:0]			TEN1	BOFF1	EN1
			rw	rw	rw	rw	rw	rw	rw	rw	rw	rw	rw	rw	rw

位	描述
位7:6	WAVE1[1:0]：DAC 1通道噪声/三角波生成使能 这些位将由软件置1和清0。 00：禁止生成波 01：使能生成噪声波 1x：使能生成三角波 注意：只在位TEN1= 1(使能DAC 1通道触发)时使用
位5:3	TSEL1[2:0]：DAC 1通道触发器选择 这些位用于选择DAC 1通道的外部触发事件。 000：定时器6 TRGO事件 001：定时器8 TRGO事件 010：定时器7 TRGO事件 011：定时器5 TRGO事件 100：定时器2 TRGO事件 101：定时器4 TRGO事件 110：外部中断线9 111： 软件触发 注意：只在位TEN=1(使能DAC 1通道触发)时使用
位2	TEN1：DAC 1通道触发使能 此位由软件置1和清0，以使能/禁止DAC 1通道触发。 0：禁止DAC 1通道触发，写入DAC_ DHRx寄仔器的数据在一个APB1时钟周期之后转移到DAC_ DOR1寄存器 1：使能DAC1通道触发，DAC__DHRx需存器的数据在3个APB1时钟周期之后转移到DAC_ DOR1寄存器 注意：如果选择软件触发，DAC_DHRx寄存器的内容只需一个APB1时钟周期即可转移到DAC_DOR1寄存器
位1	BOFF1： DAC 1通道输出缓冲器禁止 此位由软件置1和清0，以使能/禁止DAC 1通道输出缓冲器。 0：使能DAC 1通道输出缓冲器 1：禁止DAC 1通道输出缓冲器
位0	EN1: DAC 1通道使能 此位由软件置1和清0，以使能/禁止DAC 1通道 0：禁止DAC1通道　　1：使能DAC1通道

图 4.5　DACx_CR 寄存器(部分)

TEN1 位用于 DAC 通道 1 的触发使能，这里设置该位为 0，不使用硬件触发。写入 DHR1 的值会在一个 APB1 周期后传送到 DOR1，然后输出到 PA4 口上。

TSEL1[2:0]位用于选择 DAC 通道 1 的触发方式，这里没有用到外部触发，所以这几位设置为 0 即可。

WAVE1[1:0]位用于控制 DAC 通道 1 的噪声/波形输出功能，默认设置为 00，不使能噪声/波形输出。

DMAEN1 位用于 DAC 通道 1 的 DMA 使能，本实验不使能，设置该位为 0 即可。

MAMP[3:0]位用于在噪声生成模式下选择屏蔽位，在三角波生成模式下选择波形值。本章没有用到波形发生器，所以设置为 0 即可。

(2) DACx 通道 1 的 12 位右对齐数据保持寄存器(DACx_DHR12R1)

DACx 通道 1 的 12 位右对齐数据保持寄存器描述如图 4.6 所示。

31	30	29	28	27	26	25	24	23	22	21	20	19	18	17	16
保留															
15	**14**	**13**	**12**	**11**	**10**	**9**	**8**	**7**	**6**	**5**	**4**	**3**	**2**	**1**	**0**
保留				DACC2DHR[11:0]											
				rw	rw	rw	rw	rw	rw	rw	rw	rw	rw	rw	rw

位	描述
位31:12	保留，必须保持复位值
位11:0	DACC2DHR[11:0]：DAC 2通道12位右对齐数据 这些位由软件写入，用于为DAC 2通道指定12位数据

图 4.6　DAC_DHR12R1 寄存器

该寄存器用来设置 DAC 输出，通过写入 12 位数据到该寄存器，就可以在 DAC 输出通道 1(PA4)得到我们所要的结果。

2. 硬件设计

(1) 例程功能

使用 KEY1 及 KEY_UP 两个按键，控制 STM32 内部 DAC 的通道 1 输出电压大小，然后通过 ADC1 的通道 5 采集 DAC 输出的电压，在 LCD 模块上面显示 ADC 采集到的电压值以及 DAC 的设定输出电压值等信息。也可以通过 USMART 调用 dac_set_voltage 函数来直接设置 DAC 输出电压。LED0 闪烁提示程序运行。

(2) 硬件资源

- LED 灯：LED0 - PF9；
- 串口 1(PA9、PA10 连接在板载 USB 转串口芯片 CH340 上面)；
- 正点原子 TFTLCD 模块(仅限 MCU 屏，16 位 8080 并口驱动)；
- 独立按键：KEY1 - PE3、WK_UP - PA0；
- ADC1：通道 5 - PA5；
- DAC1：通道 1 - PA4。

(3) 原理图

我们来看看原理图上 ADC1 通道 5(PA5)和 DAC1 通道 1(PA4)引出来的引脚，如图 4.7 所示。

P11 是多功能端口，只需要通过跳线帽连接 P11 的 ADC 和 DAC，就可以将 ADC1 通道 5(PA5)和 DAC1 通道 1(PA4)连接起来。对应的硬件连接如图 4.8 所示。

3. 程序设计

(1) DAC 的 HAL 库驱动

DAC 在 HAL 库中的驱动代码在 stm32f4xx_hal_dac.c 和 stm32f4xx_hal_dac_ex.c 文件(及其头文件)中。

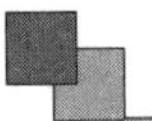

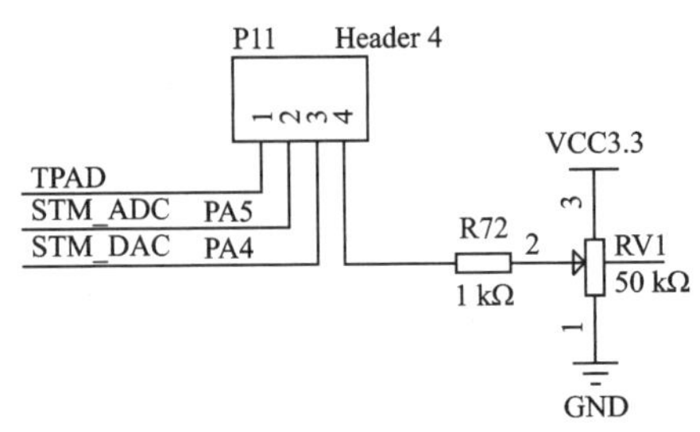

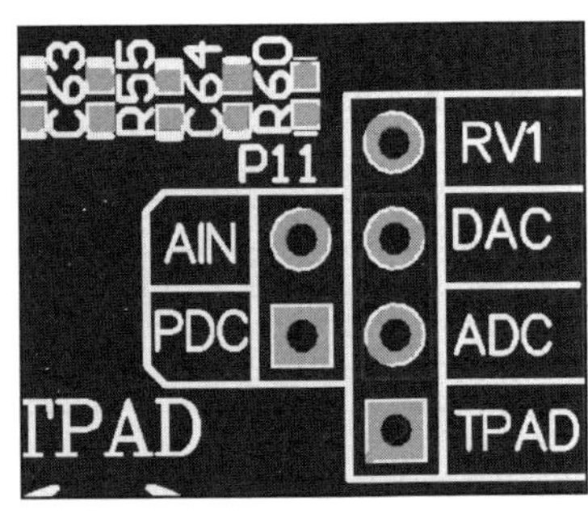

图 4.7　ADC 和 DAC 在开发板上的连接关系原理图

图 4.8　硬件连接示意图

1）HAL_DAC_Init 函数

DAC 的初始化函数，其声明如下：

```
HAL_StatusTypeDef HAL_DAC_Init(DAC_HandleTypeDef * hdac);
```

函数描述：用于初始化 DAC。

函数形参：形参 DAC_HandleTypeDef 是结构体类型指针变量，其定义如下：

```
typedef struct
{
  DAC_TypeDef                 * Instance;      /* DAC 寄存器基地址 */
  __IO HAL_DAC_StateTypeDef   State;           /* DAC 工作状态 */
  HAL_LockTypeDef             Lock;            /* DAC 锁定对象 */
  DMA_HandleTypeDef           * DMA_Handle1;   /* 通道 1 的 DMA 处理句柄指针 */
  DMA_HandleTypeDef           * DMA_Handle2;   /* 通道 2 的 DMA 处理句柄指针 */
  __IO uint32_t               ErrorCode;       /* DAC 错误代码 */
} DAC_HandleTypeDef;
```

从该结构体看到，该函数并没有设置任何 DAC 相关寄存器，即没有对 DAC 进行任何配置，它只是 HAL 库提供用来在软件上初始化 DAC，为后面 HAL 库操作 DAC 做好准备。

函数返回值：HAL_StatusTypeDef 枚举类型的值。

注意事项：

DAC 的 MSP 初始化函数 HAL_DAC_MspInit，该函数声明如下：

```
void HAL_DAC_MspInit(DAC_HandleTypeDef * hdac);
```

2）HAL_DAC_ConfigChannel 函数

DAC 的通道参数初始化函数，其声明如下：

```
HAL_StatusTypeDef HAL_DAC_ConfigChannel(DAC_HandleTypeDef * hdac,
                                        DAC_ChannelConfTypeDef * sConfig,uint32_t Channel);
```

函数描述：该函数用来配置 DAC 通道的触发类型以及输出缓冲。

函数形参：

形参 1 DAC_HandleTypeDef 是结构体类型指针变量。

形参 2 DAC_ChannelConfTypeDef 是结构体类型指针变量，其定义如下：

```
typedef struct
{
  uint32_t DAC_Trigger;            /* DAC 触发源的选择 */
  uint32_t DAC_OutputBuffer;       /* 启用或者禁用 DAC 通道输出缓冲区 */
} DAC_ChannelConfTypeDef;
```

形参 3 用于选择要配置的通道，可选择 DAC_CHANNEL_1 或者 DAC_CHANNEL_2。

函数返回值：HAL_StatusTypeDef 枚举类型的值。

3) HAL_DAC_Start 函数

使能启动 DAC 转换通道函数，其声明如下：

```
HAL_StatusTypeDef HAL_DAC_Start(DAC_HandleTypeDef * hdac,uint32_t Channel);
```

函数描述：使能启动 DAC 转换通道。

函数形参：

形参 1 DAC_HandleTypeDef 是结构体类型指针变量。

形参 2 用于选择要启动的通道，可选择 DAC_CHANNEL_1 或者 DAC_CHANNEL_2。

函数返回值：HAL_StatusTypeDef 枚举类型的值。

4) HAL_DAC_SetValue 函数

DAC 的通道输出值函数，其声明如下：

```
HAL_StatusTypeDef HAL_DAC_SetValue(DAC_HandleTypeDef * hdac,uint32_t Channel,
                                   uint32_t Alignment, uint32_t Data);
```

函数描述：配置 DAC 的通道输出值。

函数形参：

形参 1 DAC_HandleTypeDef 是结构体类型指针变量。

形参 2 用于选择要输出的通道，可选择 DAC_CHANNEL_1 或者 DAC_CHANNEL_2。

形参 3 用于指定数据对齐方式。

形参 4 设置要加载到选定数据保存寄存器中的数据。

函数返回值：HAL_StatusTypeDef 枚举类型的值。

5) HAL_DAC_GetValue 函数

DAC 读取通道输出值函数，其声明如下：

```
uint32_t HAL_DAC_GetValue(DAC_HandleTypeDef * hdac, uint32_t Channel);
```

函数描述：获取所选 DAC 通道的最后一个数据输出值。

函数形参：

形参 1 DAC_HandleTypeDef 是结构体类型指针变量。

形参 2 用于选择要读取的通道，可选择 DAC_CHANNEL_1 或者 DAC_CHANNEL_2。

函数返回值:获取到的输出值。

DAC 输出配置步骤如下:

① 开启 DAC 和通道输出的 GPIO 时钟,配置该 I/O 口的复用功能输出。

首先开启 DAC 的时钟,然后配置 GPIO 为复用功能输出。本实验默认用到 DAC1 通道 1,对应 I/O 是 PA4,它们的时钟开启方法如下:

```
__HAL_RCC_DAC_CLK_ENABLE();             /* 使能 DAC1 时钟 */
__HAL_RCC_GPIOA_CLK_ENABLE();           /* 开启 GPIOA 时钟 */
```

I/O 口复用功能是通过函数 HAL_GPIO_Init 来配置的。

② 初始化 DAC。

通过 HAL_DAC_Init 函数来设置需要初始化的 DAC。该函数并没有设置任何 DAC 相关寄存器,也就是说没有对 DAC 进行任何配置,它只是 HAL 库提供用来在软件上初始化 DAC。

注意,该函数会调用 HAL_DAC_MspInit 回调函数来完成对 DAC 底层以及其输入通道 I/O 的初始化,包括 ADC 及 GPIO 时钟使能、GPIO 模式设置等。这里没有重定义该回调函数,而是直接在 dac_init 函数中完成这些设置。

③ 配置 DAC 通道并启动 DAC。

在 HAL 库中,通过 HAL_DAC_ConfigChannel 函数来设置配置 DAC 的通道,根据需求设置触发类型以及输出缓冲。

配置好 DAC 通道之后,通过 HAL_DAC_Start 函数启动 DAC。

④ 设置 DAC 的输出值。通过 HAL_DAC_SetValue 函数设置 DAC 的输出值。

(2) 程序流程图

程序流程如图 4.9 所示。

(3) 程序解析

这里只讲解核心代码,详细的源码可参考配套资料中本实验对应源码。DAC 驱动源码包括两个文件:dac.c 和 dac.h。

dac.h 文件只有一些声明,下面直接开始介绍 dac.c 的程序,首先是 DAC 初始化函数。

```
void dac_init(uint8_t outx)
{
    __HAL_RCC_DAC_CLK_ENABLE();   /* 使能 DAC1 的时钟 */
    __HAL_RCC_GPIOA_CLK_ENABLE();/* 使能 DAC OUT1/2 的 IO 口时钟(都在 PA 口,PA4/PA5) */
    GPIO_InitTypeDef gpio_init_struct;
    /* STM32 单片机, 总是 PA4 = DAC1_OUT1, PA5 = DAC1_OUT2 */
    gpio_init_struct.Pin = (outx == 1) ? GPIO_PIN_4 : GPIO_PIN_5;
    gpio_init_struct.Mode = GPIO_MODE_ANALOG;
    gpio_init_struct.Pull = GPIO_NOPULL;
    HAL_GPIO_Init(GPIOA, &gpio_init_struct);
    g_dac1_handle.Instance = DAC;
    HAL_DAC_Init(&g_dac1_handle);       /* 初始化 DAC */
    DAC_ChannelConfTypeDef dac_ch_conf;
    dac_ch_conf.DAC_Trigger = DAC_TRIGGER_NONE;       /* 不使用触发功能 */
```

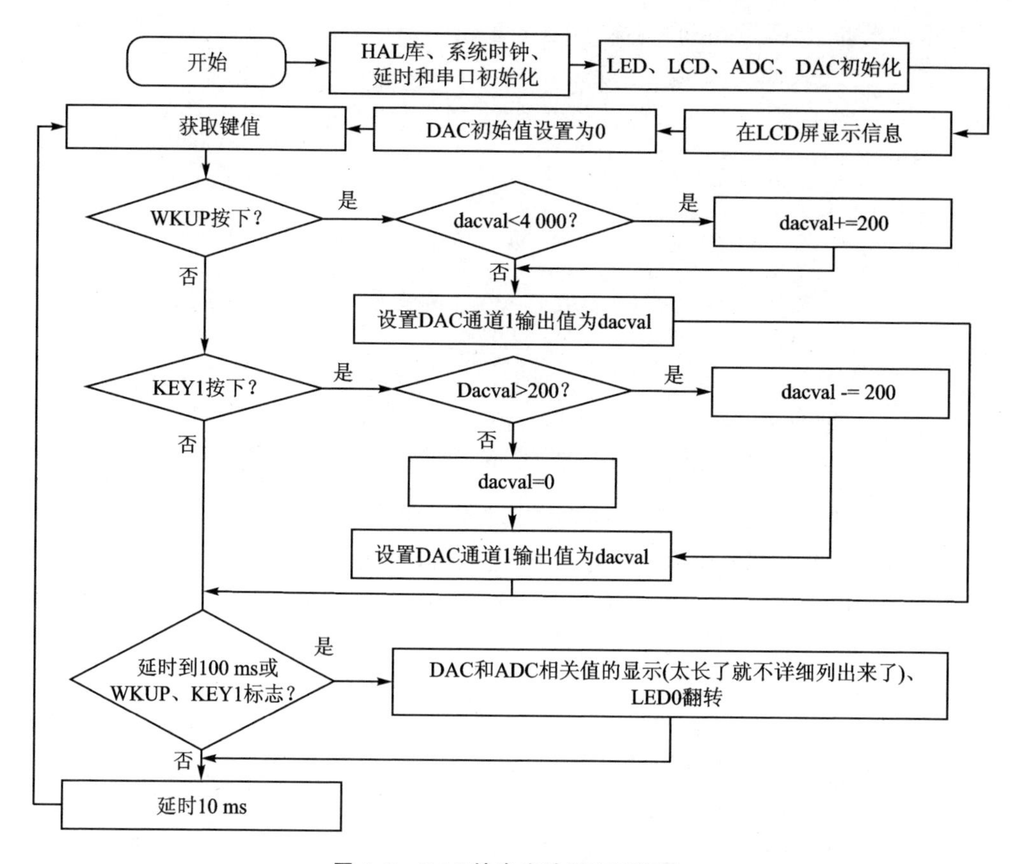

开始
HAL库、系统时钟、延时和串口初始化
LED、LCD、ADC、DAC初始化
在LCD屏显示信息
DAC初始值设置为0
获取键值
WKUP按下？
是
dacval<4 000？
是
dacval+=200
否
否
设置DAC通道1输出值为dacval
KEY1按下？
是
Dacval>200？
是
dacval -= 200
否
dacval=0
否
设置DAC通道1输出值为dacval
延时到100 ms或WKUP、KEY1标志？
是
DAC和ADC相关值的显示(太长了就不详细列出来了)、LED0翻转
否
延时10 ms

图 4.9　DAC 输出实验程序流程图

```
    dac_ch_conf.DAC_OutputBuffer = DAC_OUTPUTBUFFER_DISABLE; /* DAC1 输出缓冲关闭 */
    switch(outx)
    {
        case 1:     /* DAC 通道 1 配置 */
            HAL_DAC_ConfigChannel(&g_dac1_handle, &dac_ch_conf, DAC_CHANNEL_1);
            HAL_DAC_Start(&g_dac1_handle, DAC_CHANNEL_1);       /* 开启 DAC 通道 1 */
            break;
        case 2:     /* DAC 通道 2 配置 */
            HAL_DAC_ConfigChannel(&g_dac1_handle, &dac_ch_conf, DAC_CHANNEL_2);
            HAL_DAC_Start(&g_dac1_handle, DAC_CHANNEL_2);       /* 开启 DAC 通道 1 */
            break;
        default: break;
    }
}
```

该函数主要调用 HAL_DAC_Init、HAL_DAC_ConfigChannel 和 HAL_DAC_Start 这 3 个函数对 DAC 进行初始化。一般使用 HAL_DAC_Init 的 MSP 初始化回调函数 HAL_DAC_MspInit 来编写存放时钟使能和 I/O 口配置，这里为了使 dac_init 支持 DAC1 的 OUT1/2 两个通道初始化，就直接在 dac_init 里面初始化 I/O 配置等。

下面是设置 DAC 通道 1/2 输出电压函数，其定义如下：

```
void dac_set_voltage(uint8_t outx, uint16_t vol)
{
    double temp = vol;
    temp /= 1000;
    temp = temp * 4096 / 3.3;
    if (temp >= 4096)temp = 4095;     /* 如果值大于等于 4 096，则取 4 095 */
    if (outx == 1)    /* 通道 1 */
    {
        /* 12 位右对齐数据格式设置 DAC 值 */
        HAL_DAC_SetValue(&g_dac_handle, DAC_CHANNEL_1, DAC_ALIGN_12B_R, temp);
    }
    else                  /* 通道 2 */
    {
        /* 12 位右对齐数据格式设置 DAC 值 */
        HAL_DAC_SetValue(&g_dac_handle, DAC_CHANNEL_2, DAC_ALIGN_12B_R, temp);
    }
}
```

该函数实际就是将电压值转换为 DAC 输入值，形参 1 用于设置通道，形参 2 用于设置要输出的电压值，设置的范围为 0～3 300，代表 0～3.3 V。

最后，在 main 函数里编写如下代码：

```
int main(void)
{
    uint16_t adcx;
    float temp;
    uint8_t t = 0;
    uint16_t dacval = 0;
    uint8_t key;
    HAL_Init();                             /* 初始化 HAL 库 */
    sys_stm32_clock_init(336, 8, 2, 7);     /* 设置时钟, 168 MHz */
    delay_init(168);                        /* 延时初始化 */
    usart_init(115200);                     /* 串口初始化为 115 200 */
    usmart_dev.init(84);                    /* 初始化 USMART */
    led_init();                             /* 初始化 LED */
    lcd_init();                             /* 初始化 LCD */
    key_init();                             /* 初始化按键 */
    adc_init();                             /* 初始化 ADC */
    dac_init(1);                            /* 初始化 DAC1_OUT1 通道 */
    lcd_show_string(30, 50, 200, 16, 16, "STM32", RED);
    lcd_show_string(30, 70, 200, 16, 16, "DAC TEST", RED);
    lcd_show_string(30, 90, 200, 16, 16, "ATOM@ALIENTEK", RED);
    lcd_show_string(30, 110, 200, 16, 16, "WK_UP:+   KEY1:-", RED);
    lcd_show_string(30, 150, 200, 16, 16, "DAC VAL:", BLUE);
    lcd_show_string(30, 170, 200, 16, 16, "DAC VOL:0.000V", BLUE);
    lcd_show_string(30, 190, 200, 16, 16, "ADC VOL:0.000V", BLUE);
    /* DAC 初始值为 0 */
    HAL_DAC_SetValue(&g_dac_handle, DAC_CHANNEL_1, DAC_ALIGN_12B_R, 0);
    while (1)
    {
```

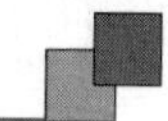

```
            t++;
            key = key_scan(0);       /* 按键扫描 */
            if (key == WKUP_PRES)
            {
                if (dacval < 4000)dacval += 200;        /* DAC 输出增大 200 */
                HAL_DAC_SetValue(&g_dac_handle, DAC_CHANNEL_1, DAC_ALIGN_12B_R,
                                 dacval);
            }
            else if (key == KEY1_PRES)
            {
                if (dacval > 200)dacval -= 200;             /* DAC 输出减少 200 */
                else dacval = 0;
                HAL_DAC_SetValue(&g_dac_handle, DAC_CHANNEL_1, DAC_ALIGN_12B_R,
                                 dacval);
            }
            /* WKUP/KEY1 按下了,或者定时时间到了 */
            if (t == 10 || key == KEY1_PRES || key == WKUP_PRES)
            {
                /* 读取前面设置 DAC1_OUT1 的值 */
                adcx = HAL_DAC_GetValue(&g_dac_handle, DAC_CHANNEL_1);
                lcd_show_xnum(94, 150, adcx, 4, 16, 0, BLUE);   /* 显示 DAC 寄存器值 */
                temp = (float)adcx * (3.3 / 4096);              /* 得到 DAC 电压值 */
                adcx = temp;
                lcd_show_xnum(94, 170, temp, 1, 16, 0, BLUE);  /* 显示电压值整数部分 */
                temp -= adcx;
                temp* = 1000;
                lcd_show_xnum(110, 170, temp, 3, 16, 0X80, BLUE);/* 显示电压值的小数部分 */
                /* 得到 ADC 通道 19 的转换结果 */
                adcx = adc_get_result_average(ADC_ADCX_CHY, 10);
                temp = (float)adcx * (3.3 / 65536); /* 得到 ADC 电压值(adc 是 16bit 的) */
                adcx = temp;
                lcd_show_xnum(94, 190, temp, 1, 16, 0, BLUE); /* 显示电压值整数部分 */
                temp  -= adcx;
                temp* = 1000;
                lcd_show_xnum(110, 190, temp, 3, 16, 0X80, BLUE);/* 显示电压值的小数部分 */
                LED0_TOGGLE();      /* LED0 闪烁 */
                t = 0;
            }
            delay_ms(10);
        }
    }
```

此部分代码中通过 KEY_UP(WKUP 按键)和 KEY1(也就是上下键)来实现对 DAC 输出的幅值控制。按下 KEY_UP 增加,按 KEY1 减小。同时,在 LCD 上面显示 DHR12R1 寄存器的值、DAC 设置输出电压以及 ADC 采集到的 DAC 输出电压。

4. 下载验证

下载代码后,可以看到 LED0 不停闪烁,提示程序已经在运行了。LCD 显示界面如图 4.10 所示。

验证试验前记得先通过跳线帽连接 P11 的 ADC 和 DAC,然后可以通过按 WK_UP 按键增加 DAC 输出的电压,这时 ADC 采集到的电压也会增大;通过按 KEY1 减小 DAC 输出的电压,这时 ADC 采集到的电压也会减小。

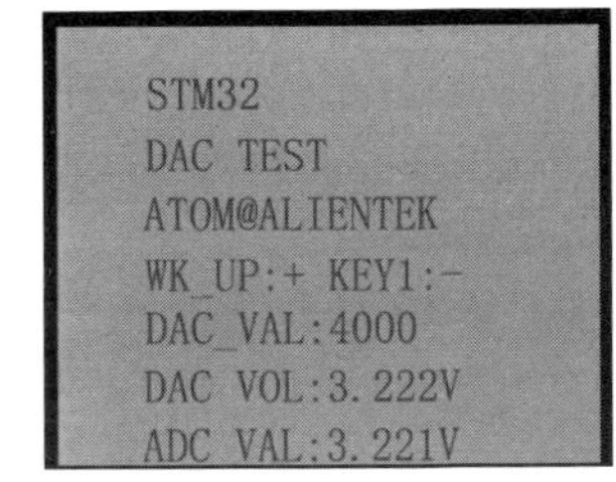

图 4.10　DAC 输出实验测试图

除此之外,还可以通过 USMART 调用 dac_set_voltage 函数来直接设置 DAC 输出电压,如图 4.11 所示。

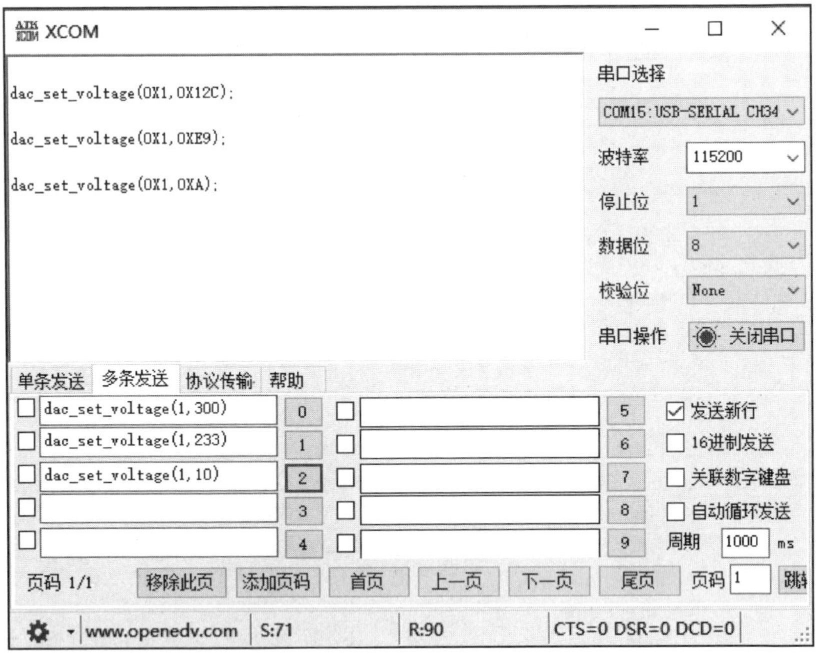

图 4.11　USMART 测试图

4.3　DAC 输出三角波实验

本实验介绍如何让 DAC 输出三角波,DAC 初始化部分还采用 DAC 输出实验的内容,所以做本实验的前提是先学习 DAC 输出实验。

4.3.1　DAC 寄存器

本实验用到的寄存器参见 DAC 输出实验部分。

4.3.2　硬件设计

(1) 例程功能

使用 DAC 输出三角波,通过 KEY0 及 KEY1 两个按键,控制 DAC1 的通道 1 输出

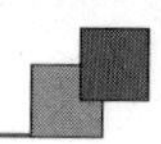

两种三角波，需要通过示波器接 PA4 进行观察。也可以通过 USMART 调用 dac_triangular_wave 函数来控制输出哪种三角波。LED0 闪烁，提示程序运行。

(2) 硬件资源

- LED 灯：LED0 - PF9；
- 串口 1(PA9、PA10 连接在板载 USB 转串口芯片 CH340 上面)；
- 正点原子 TFTLCD 模块(仅限 MCU 屏，16 位 8080 并口驱动)；
- 独立按键：KEY0 - PE4、KEY1 - PE3；
- DAC1：通道 1 - PA4。

(3) 原理图

这里只需要把示波器的探头接到 DAC1 通道 1(PA4)引脚，就可以在示波器上显示 DAC 输出的波形。PA4 在 P11 多功能端口的 DAC 标志排针已经引出，硬件连接如图 4.12 所示。

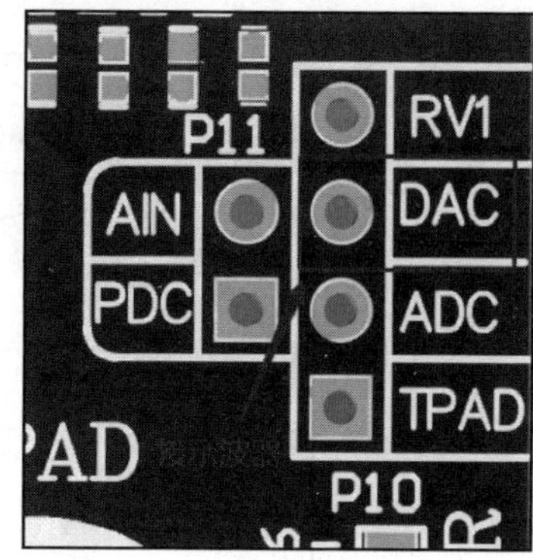

图 4.12 硬件连接示意图

4.3.3 程序设计

本实验用到的 DAC 的 HAL 库 API 函数前面都介绍过，具体调用情况参见程序解析部分。下面介绍 DAC 输出三角波的配置步骤：

① 开启 DAC 和通道输出的 GPIO 时钟，并配置该 I/O 口的复用功能输出。

首先开启 DAC 的时钟，然后配置 GPIO 为复用功能输出。本实验默认用到 DAC1 通道 1，对应 I/O 是 PA4，它们的时钟开启方法如下：

```
__HAL_RCC_DAC_CLK_ENABLE();            /* 使能 DAC1 时钟 */
__HAL_RCC_GPIOA_CLK_ENABLE();          /* 开启 GPIOA 时钟 */
```

I/O 口复用功能通过函数 HAL_GPIO_Init 来配置。

② 初始化 DAC。

通过 HAL_DAC_Init 函数来设置需要初始化的 DAC。该函数并没有设置任何 DAC 相关寄存器，也就是说没有对 DAC 进行任何配置，它只是 HAL 库提供的、用来在软件上初始化 DAC。

注意，该函数会调用 HAL_DAC_MspInit 回调函数来完成对 DAC 底层以及其输入通道 I/O 的初始化，包括 ADC 及 GPIO 时钟使能、GPIO 模式设置等。这里没有重定义该回调函数，而是直接在 dac_init 函数中完成这些设置。

③ 配置 DAC 通道并启动 DAC。

在 HAL 库中，通过 HAL_DAC_ConfigChannel 函数来设置配置 DAC 的通道，根据需求设置触发类型以及输出缓冲。

配置好 DAC 通道之后，通过 HAL_DAC_Start 函数启动 DAC。

④ 设置 DAC 的输出值。

通过 HAL_DAC_SetValue 函数设置 DAC 的输出值。这里根据三角波的特性创建了 dac_triangular_wave 函数,用于控制输出三角波。

1. 程序流程图

程序流程如图 4.13 所示。

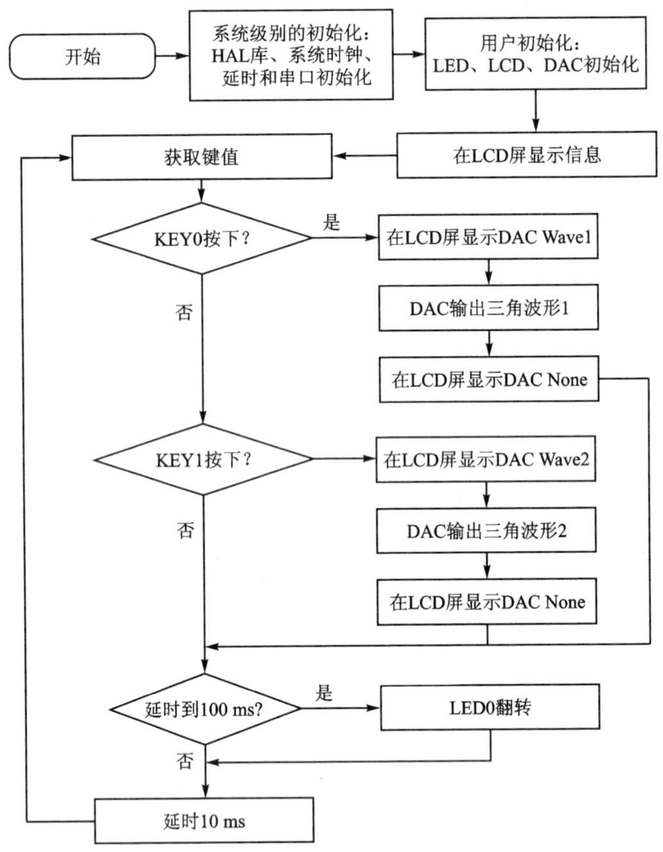

图 4.13　DAC 输出三角波实验程序流程图

2. 程序解析

这里只讲解核心代码,详细的源码可参考配套资料中本实验对应源码。DAC 驱动源码包括两个文件:dac.c 和 dac.h。

dac.h 文件只有一些声明,下面直接开始介绍 dac.c 的程序。本实验的 DAC 初始化还用到 dac_init 函数,所以添加了一个设置 DAC_OUT1 输出三角波函数,其定义如下:

```
void dac_triangular_wave(uint16_t maxval, uint16_t dt, uint16_t samples,
                         uint16_t n)
{
    uint16_t i, j;
    float incval;          /* 递增量 */
    float Curval;          /* 当前值 */
    if((maxval + 1) <= samples)return ;          /* 数据不合法 */
```

```
    incval = (maxval + 1) / (samples / 2);          /* 计算递增量 */
    for(j = 0; j < n; j++)
    {
        /* 先输出 0 */
        HAL_DAC_SetValue(&g_dac_handle, DAC_CHANNEL_1, DAC_ALIGN_12B_R, Curval);
        for(i = 0; i < (samples / 2); i++)          /* 输出上升沿 */
        {
            Curval += incval;                       /* 新的输出值 */
            /* 用寄存器操作波形会更稳定 */
            HAL_DAC_SetValue(&g_dac_handle,DAC_CHANNEL_1,DAC_ALIGN_12B_R,Curval);
            delay_us(dt);
        }
        for(i = 0; i < (samples/2); i++)            /* 输出下降沿 */
        {
            Curval -= incval;                       /* 新的输出值 */
            /* 用寄存器操作波形会更稳定 */
            HAL_DAC_SetValue(&g_dac_handle,DAC_CHANNEL_1,DAC_ALIGN_12B_R,Curval);
            delay_us(dt);
        }
    }
}
```

该函数用于设置 DAC 通道 1 输出三角波，输出频率≈1 000/(dt・samples)，单位为 kHz。该函数使用 HAL_DAC_SetValue 函数来设置 DAC 的输出值，这样得到的三角波会有跳动现象（不平稳），是正常的；如果直接像寄存器例程一样使用寄存器 DHR12R1 来操作，则得到的波形就比较稳定。由于使用 HAL 库的函数，CPU 花费的时间会更长（因为指令变多了），对时间精度要求比较高的应用就不适合了。所以学 STM32 不只是会 HAL 库就可以了，对寄存器也需要有一定的理解，最好是熟悉。这里用 HAL 库操作只是为了演示怎么使用 HAL 库的相关函数。

最后在 main.c 里编写如下代码：

```
int main(void)
{
    uint8_t t = 0;
    uint8_t key;
    HAL_Init();                                 /* 初始化 HAL 库 */
    sys_stm32_clock_init(336, 8, 2, 7);         /* 设置时钟，168 MHz */
    delay_init(168);                            /* 延时初始化 */
    usart_init(115200);                         /* 串口初始化为 115 200 */
    usmart_dev.init(84);                        /* 初始化 USMART */
    led_init();                                 /* 初始化 LED */
    lcd_init();                                 /* 初始化 LCD */
    key_init();                                 /* 初始化按键 */
    dac_init(1);                                /* 初始化 DAC1_OUT1 通道 */
    lcd_show_string(30, 50, 200, 16, 16, "STM32", RED);
    lcd_show_string(30, 70, 200, 16, 16, "DAC Triangular WAVE TEST", RED);
    lcd_show_string(30, 90, 200, 16, 16, "ATOM@ALIENTEK", RED);
    lcd_show_string(30, 110, 200, 16, 16, "KEY0:Wave1  KEY1:Wave2", RED);
    lcd_show_string(30, 130, 200, 16, 16, "DAC None", BLUE); /* 提示无输出 */
```

```
    while (1)
    {
        t++;
        key = key_scan(0);                  /* 按键扫描 */
        if (key == KEY0_PRES)              /* 高采样率，约 100 Hz 波形 */
        {
            lcd_show_string(30, 130, 200, 16, 16, "DAC Wave1 ", BLUE);
            /* 幅值 4095，采样点间隔 5 μs，200 个采样点，100 个波形 */
            dac_triangular_wave(4095, 5, 2000, 100);
            lcd_show_string(30, 130, 200, 16, 16, "DAC None  ", BLUE);
        }
        else if (key == KEY1_PRES)   /* 低采样率，约 100 Hz 波形 */
        {
            lcd_show_string(30, 130, 200, 16, 16, "DAC Wave2 ", BLUE);
            /* 幅值 4095，采样点间隔 500us，20 个采样点，100 个波形 */
            dac_triangular_wave(4095, 500, 20, 100);
            lcd_show_string(30, 130, 200, 16, 16, "DAC None  ", BLUE);
        }
        if (t == 10 )          /* 定时时间到了 */
        {
            LED0_TOGGLE();   /* LED0 闪烁 */
            t = 0;
        }
        delay_ms(10);
    }
}
```

该部分代码功能是，按下 KEY0 后，DAC 输出三角波 1；按下 KEY1 后，DAC 输出三角波 2。将 dac_triangular_wave 的形参代入公式：输出频率≈1 000/(dt · samples)，得到三角波 1 和三角波 2 的频率都是 100 Hz。

4.3.4 下载验证

下载代码后可以看到 LED0 不停闪烁，提示程序已经在运行了。LCD 显示如图 4.14 所示。

没有按下任何按键之前，LCD 屏显示 DAC None；按下 KEY0 后，DAC 输出三角波 1，LCD 屏显示 DAC Wave1；三角波 1 输出完成后 LCD 屏继续显示 DAC None。按下 KEY1 后，DAC 输出三角波 2，LCD 屏显示 DAC Wave2，三角波 2 输出完成后 LCD 屏继续显示 DAC None。

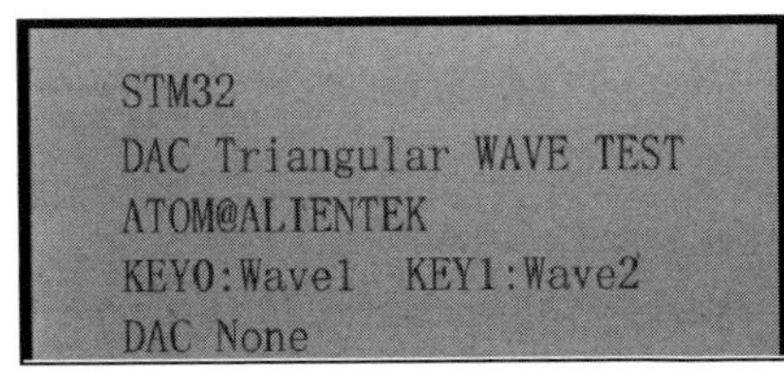

图 4.14 DAC 输出三角波实验测试图

其中，三角波 1 和三角波 2 在示波器的显示情况如图 4.15 及图 4.16 所示。可以知道，三角波 1 的频率是 96.3 Hz，三角波 2 的频率是 99.9 Hz，基本都接近计算出来的结果 100 Hz。

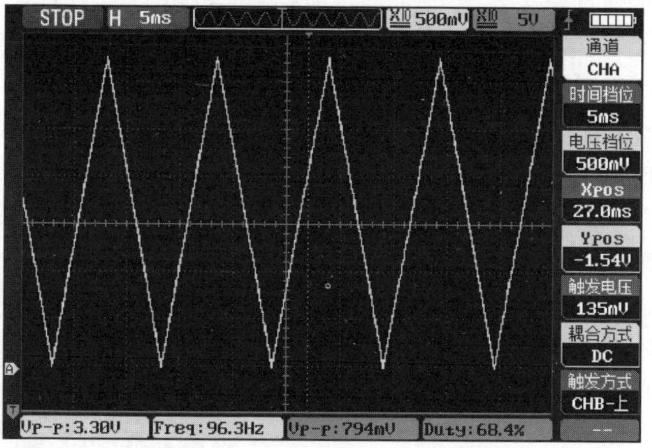

图 4.15　DAC 输出的三角波 1

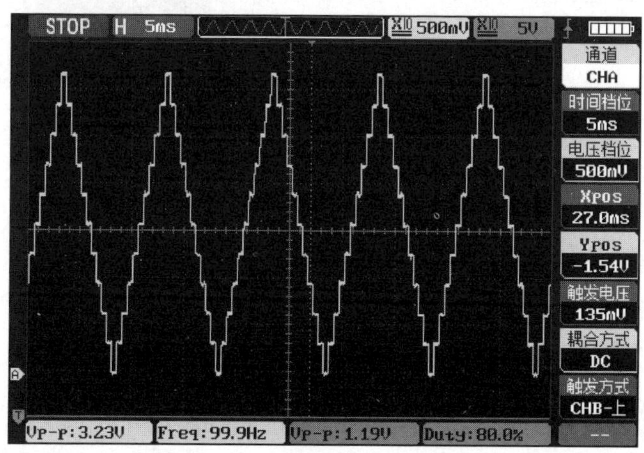

图 4.16　DAC 输出的三角波 2

4.4　DAC 输出正弦波实验

本实验介绍使用如何让 DAC 输出正弦波。实验用定时器 7 来触发 DAC 进行转换输出正弦波，以 DMA 传输数据的方式。

4.4.1　DAC 寄存器

本实验用到的寄存器参见前面实验的介绍。

4.4.2　硬件设计

(1) 例程功能

使用 DAC 输出正弦波，通过 KEY0 及 KEY1 两个按键，控制 DAC1 的通道 1 输出两种正弦波,需要通过示波器接 PA4 进行观察。TFTLCD 显示 DAC 转换值、电压值和 ADC 的电压值。LED0 闪烁,提示程序运行。

(2) 硬件资源

- LED 灯:LED0 - PF9;
- 串口 1(PA9、PA10 连接在板载 USB 转串口芯片 CH340 上面);
- 正点原子 TFTLCD 模块(仅限 MCU 屏,16 位 8080 并口驱动);
- 独立按键:KEY0 - PE4、KEY1 - PE3;
- ADC1:通道 5 - PA5;
- DAC1:通道 1 - PA4;
- DMA(DMA1 数据流 5 通道 7);
- 定时器 7。

(3) 原理图

只需要把示波器的探头接到 DAC1 通道 1(PA4)引脚,就可以在示波器上显示 DAC 输出的波形。PA4 在 P11 多功能端口的 DAC 标志排针已经引出,硬件连接如图 4.17 所示。

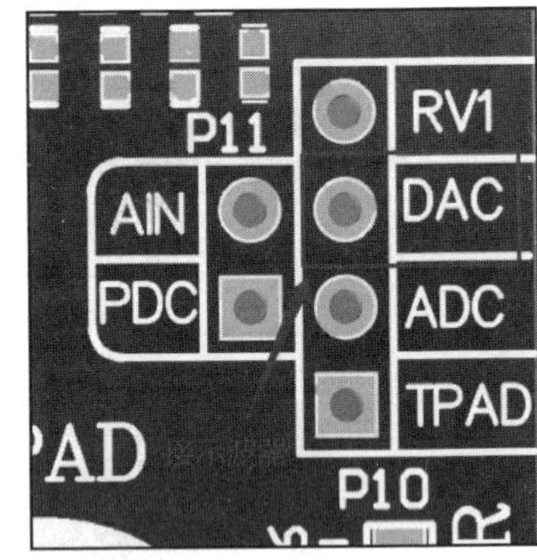

图 4.17 硬件连接示意图

4.4.3 程序设计

1. DAC 的 HAL 库驱动

本实验用到的 HAL 库 API 函数前面大都介绍过,下面只介绍没有介绍过的。

(1) HAL_DAC_Start_DMA 函数

启动 DAC 使用 DMA 方式传输函数,其声明如下:

```
HAL_StatusTypeDef HAL_DAC_Start_DMA(DAC_HandleTypeDef * hdac,uint32_t Channel,
                        uint32_t * pData, uint32_t Length, uint32_t Alignment);
```

函数描述:用于启动 DAC 使用 DMA 的方式。

函数形参:

形参 1 DAC_HandleTypeDef 是结构体类型指针变量。

形参 2 用于选择要启动的通道,可选择 DAC_CHANNEL_1 或者 DAC_CHANNEL_2。

形参 3 是使用 DAC 输出数据缓冲区的指针。

形参 4 是 DAC 输出数据的长度。

形参 5 用于指定 DAC 通道的数据对齐方式,有 DAC_ALIGN_8B_R(8 位右对齐)、DAC_ALIGN_12B_L(12 位左对齐)和 DAC_ALIGN_12B_R(12 位右对齐)这 3 种方式。

函数返回值:HAL_StatusTypeDef 枚举类型的值。

(2) HAL_DAC_Stop_DMA 函数

停止 DAC 的 DMA 方式函数,其声明如下:

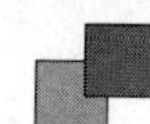

```
HAL_StatusTypeDef HAL_DAC_Stop_DMA(DAC_HandleTypeDef * hdac,uint32_t Channel);
```

函数描述:用于停止 DAC 的 DMA 方式。

函数形参:

形参 1 DAC_HandleTypeDef 是结构体类型指针变量。

形参 2 用于选择要启动的通道,可选择 DAC_CHANNEL_1 或者 DAC_CHANNEL_2。

函数返回值:HAL_StatusTypeDef 枚举类型的值。

(3) HAL_TIMEx_MasterConfigSynchronization 函数

配置主模式下的定时器触发输出选择函数,其声明如下:

```
HAL_StatusTypeDef HAL_TIMEx_MasterConfigSynchronization(
                  TIM_HandleTypeDef * htim, TIM_MasterConfigTypeDef * sMasterConfig);
```

函数描述:用于配置主模式下的定时器触发输出选择。

函数形参:

形参 1 TIM_HandleTypeDef 是结构体类型指针变量。

形参 2 TIM_MasterConfigTypeDef 是结构体类型指针变量,用于配置定时器工作在主/从模式以及触发输出(TRGO 和 TRGO2)的选择。

函数返回值:HAL_StatusTypeDef 枚举类型的值。

DAC 输出正弦波配置步骤如下:

① 开启 DACx 和通道输出的 GPIO 时钟,配置该 I/O 口的复用功能输出。

首先开启 DACx 的时钟,然后配置 GPIO 为复用功能输出。本实验默认用到 DAC1 通道 1,对应 I/O 是 PA4,它们的时钟开启方法如下:

```
__HAL_RCC_DAC_CLK_ENABLE ();        /* 使能 DAC1 时钟 */
__HAL_RCC_GPIOA_CLK_ENABLE();       /* 开启 GPIOA 时钟 */
```

I/O 口复用功能是通过函数 HAL_GPIO_Init 来配置的。

② 初始化 DACx。

通过 HAL_DAC_Init 函数来设置需要初始化的 DAC。该函数并没有设置任何 DAC 相关寄存器,也就是说没有对 DAC 进行任何配置,它只是 HAL 库提供的、用来在软件上初始化 DAC。

注意,该函数会调用 HAL_DAC_MspInit 回调函数来完成对 DAC 底层以及其输入通道 I/O 的初始化,包括 ADC 及 GPIO 时钟使能、GPIO 模式设置等。这里没有重定义该回调函数,而是直接在 dac_dma_wave_init 函数中完成这些设置。

③ 配置 DAC 通道。

在 HAL 库中,通过 HAL_DAC_ConfigChannel 函数来设置配置 DAC 的通道,根据需求设置触发类型以及输出缓冲等。

④ 配置 DMA 并关联 DAC。

通过 HAL_DMA_Init 函数初始化 DMA,包括配置通道、外设地址、存储器地址、传输数据量等。

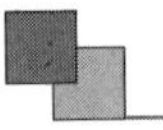

HAL 库为了处理各类外设的 DMA 请求，在调用相关函数之前，需要调用一个宏定义标识符来连接 DMA 和外设句柄。这个宏定义为__HAL_LINKDMA。

⑤ 配置定时器控制触发 DAC。通过 HAL_TIM_Base_Init 函数设置定时器溢出频率。通过 HAL_TIMEx_MasterConfigSynchronization 函数配置定时器溢出事件用作触发器。通过 HAL_TIM_Base_Start 函数启动计数。

⑥ 使能 DMA 对应数据流中断，配置 DMA 中断优先级，使能 ADC，使能并启动 DMA。通过 HAL_DAC_Stop_DMA 函数先停止之前的 DMA 传输以及 DAC 输出。再通过 HAL_DAC_Start_DMA 函数启动 DMA 传输以及 DAC 输出。

2. 程序流程图

程序流程如图 4.18 所示。

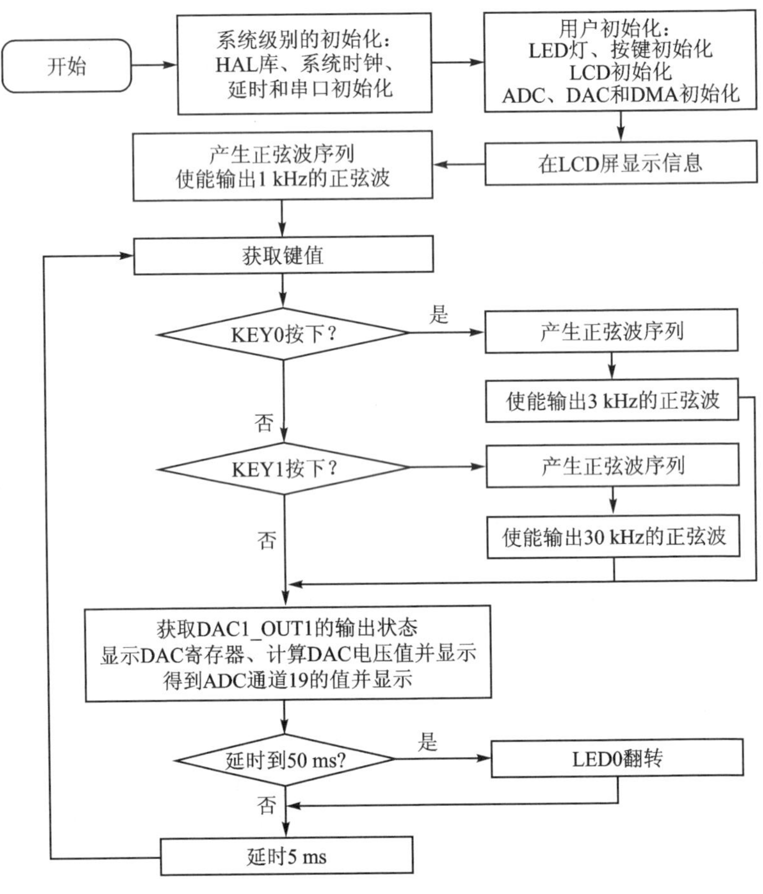

图 4.18 DAC 输出正弦波实验程序流程图

3. 程序解析

这里只讲解核心代码，详细的源码可参考配套资料中本实验对应源码。DAC 驱动源码包括两个文件：dac.c 和 dac.h。

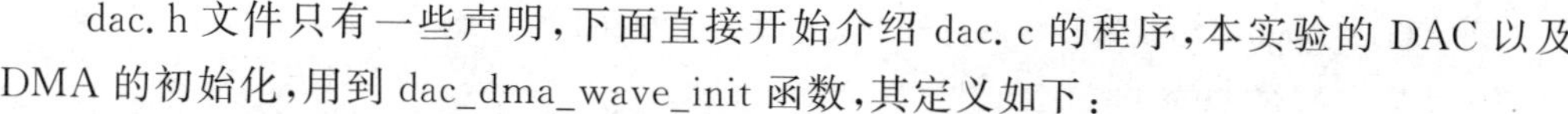

dac.h 文件只有一些声明，下面直接开始介绍 dac.c 的程序，本实验的 DAC 以及 DMA 的初始化，用到 dac_dma_wave_init 函数，其定义如下：

```
void dac_dma_wave_enable(uint8_t outx)
{
    DAC_ChannelConfTypeDef dac_ch_conf = {0};
    GPIO_InitTypeDef gpio_init_struct;
    __HAL_RCC_GPIOA_CLK_ENABLE();          /* DAC 通道引脚端口时钟使能 */
    __HAL_RCC_DAC_CLK_ENABLE();            /* DAC 外设时钟使能 */
    __HAL_RCC_DMA1_CLK_ENABLE();           /* DMA 时钟使能 */
    gpio_init_struct.Pin = (outx == 1) ? GPIO_PIN_4 : GPIO_PIN_5;   /* PA4/5 */
    gpio_init_struct.Mode = GPIO_MODE_ANALOG;              /* 模拟 */
    gpio_init_struct.Pull = GPIO_NOPULL;                   /* 不带上下拉 */
    HAL_GPIO_Init(GPIOA, &gpio_init_struct);               /* 初始化 DAC 引脚 */
    g_dac_dma_handle.Instance = DAC1;
    HAL_DAC_Init(&g_dac_dma_handle);                       /* DAC 初始化 */
    /* 使用的 DAM1 Stream5/6 */
    g_dma_dac_handle.Instance = (outx == 1) ? DMA1_Stream5: DMA1_Stream6;
    g_dma_dac_handle.Init.Channel = DMA_CHANNEL_7;
    g_dma_dac_handle.Init.Direction = DMA_MEMORY_TO_PERIPH;   /* 存储器到外设模式 */
    g_dma_dac_handle.Init.PeriphInc = DMA_PINC_DISABLE;       /* 外设地址禁止自增 */
    g_dma_dac_handle.Init.MemInc = DMA_MINC_ENABLE;           /* 存储器地址自增 */
    /* 外设数据长度:16 位 */
    g_dma_dac_handle.Init.PeriphDataAlignment = DMA_PDATAALIGN_HALFWORD;
    /* 存储器数据长度:16 位 */
    g_dma_dac_handle.Init.MemDataAlignment = DMA_MDATAALIGN_HALFWORD;
    g_dma_dac_handle.Init.Mode = DMA_CIRCULAR;                /* 循环模式 */
    g_dma_dac_handle.Init.Priority = DMA_PRIORITY_MEDIUM;     /* 中等优先级 */
    g_dma_dac_handle.Init.FIFOMode = DMA_FIFOMODE_DISABLE;    /* 不使用 FIFO */
    HAL_DMA_Init(&g_dma_dac_handle);                          /* 初始化 DMA */
    /* DMA 句柄与 DAC 句柄关联 */
    __HAL_LINKDMA(&g_dac_dma_handle, DMA_Handle1, g_dma_dac_handle);
    dac_ch_conf.DAC_Trigger = DAC_TRIGGER_T7_TRGO;            /* 采用定时器 7 触发 */
    dac_ch_conf.DAC_OutputBuffer = DAC_OUTPUTBUFFER_ENABLE;   /* 使能输出缓冲 */
    /* DAC 通道输出配置 */
    HAL_DAC_ConfigChannel(&g_dac_dma_handle, &dac_ch_conf, DAC_CHANNEL_1);
}
```

该函数用于初始化 DAC 用 DMA 的方式输出正弦波。本函数用到的 API 函数参见前面的介绍。注意，这里采用定时器 7 触发 DAC 进行转换输出。

DAC DMA 使能波形输出函数的定义如下：

```
void dac_dma_wave_enable(uint8_t outx, uint16_t ndtr, uint16_t arr, uint16_t psc)
{
    TIM_HandleTypeDef tim7_handle = {0};
    TIM_MasterConfigTypeDef master_config = {0};
    __HAL_RCC_TIM7_CLK_ENABLE();                              /* TIM7 时钟使能 */
    tim7_handle.Instance = TIM7;                              /* 选择定时器 7 */
    tim7_handle.Init.Prescaler = psc;                         /* 分频系数 */
    tim7_handle.Init.CounterMode = TIM_COUNTERMODE_UP;        /* 向上计数 */
    tim7_handle.Init.Period = arr;                            /* 重装载值 */
```

```
    tim7_handle.Init.AutoReloadPreload = TIM_AUTORELOAD_PRELOAD_ENABLE;/* 自动重装 */
    HAL_TIM_Base_Init(&tim7_handle);                              /* 初始化定时器 7 */
    master_config.MasterOutputTrigger = TIM_TRGO_UPDATE;
    master_config.MasterSlaveMode = TIM_MASTERSLAVEMODE_DISABLE;
    /* 配置 TIM7 TRGO */
    HAL_TIMEx_MasterConfigSynchronization(&tim7_handle, &master_config);
    HAL_TIM_Base_Start(&tim7_handle);                             /* 使能定时器 7 */
    /* 先停止之前的传输 */
    HAL_DAC_Stop_DMA(&g_dac_dma_handle,(outx == 1)? DAC_CHANNEL_1:DAC_CHANNEL_2);
    HAL_DAC_Start_DMA(&g_dac_dma_handle, (outx == 1) ? DAC_CHANNEL_1 :
             DAC_CHANNEL_2, (uint32_t *)g_dac_sin_buf, ndtr, DAC_ALIGN_12B_R);
}
```

该函数用于使能波形输出，利用定时器 7 的更新事件来触发 DAC 转换输出。使能定时器 7 的时钟后，调用 HAL_TIMEx_MasterConfigSynchronization 函数配置 TIM7 选择更新事件作为触发输出（TRGO），然后调用 HAL_DAC_Stop_DMA 函数停止 DAC 转换以及 DMA 传输，最后再调用 HAL_DAC_Start_DMA 函数重新配置并启动 DAC 和 DMA。

最后在 main.c 里编写如下代码：

```
uint16_t g_dac_sin_buf[4096];      /* 发送数据缓冲区 */
void dac_creat_sin_buf(uint16_t maxval, uint16_t samples)
{
    uint8_t i;
    float inc = (2 * 3.1415962) / samples; /* 计算增量(一个周期 DAC_SIN_BUF 个点) */
    float outdata = 0;
    for (i = 0; i < samples; i++)
    {
        /* 计算以 dots 个点为周期的每个点的值,放大 maxval 倍,并偏移到正数区域 */
        outdata = maxval * (1 + sin(inc * i));
        if (outdata > 4095)
            outdata = 4095;        /* 上限限定 */
        //printf("%f\r\n",outdata);
        g_dac_sin_buf[i] = outdata;
    }
}
void dac_dma_sin_set(uint16_t arr, uint16_t psc)
{
    dac_dma_wave_enable(100, arr, psc);
}
int main(void)
{
    uint16_t adcx;
    float temp;
    uint8_t t = 0;
    uint8_t key;
    HAL_Init();                                  /* 初始化 HAL 库 */
    sys_stm32_clock_init(336, 8, 2, 7);          /* 设置时钟，168 MHz */
    delay_init(168);                             /* 延时初始化 */
```

```
    usart_init(115200);                              /* 串口初始化为 115 200 */
    usmart_dev.init(84);                             /* 初始化 USMART */
    led_init();                                      /* 初始化 LED */
    lcd_init();                                      /* 初始化 LCD */
    key_init();                                      /* 初始化按键 */
    adc_init();                                      /* 初始化 ADC */
    dac_dma_wave_init();                             /* 初始化 DAC 通道 1 DMA 波形输出 */
    lcd_show_string(30, 50, 200, 16, 16, "STM32", RED);
    lcd_show_string(30, 70, 200, 16, 16, "DAC DMA Sine WAVE TEST", RED);
    lcd_show_string(30, 90, 200, 16, 16, "ATOM@ALIENTEK", RED);
    lcd_show_string(30, 110, 200, 16, 16, "KEY0:3Khz   KEY1:30Khz", RED);
    lcd_show_string(30, 130, 200, 16, 16, "DAC VAL:", BLUE);
    lcd_show_string(30, 150, 200, 16, 16, "DAC VOL:0.000V", BLUE);
    lcd_show_string(30, 170, 200, 16, 16, "ADC VOL:0.000V", BLUE);
    dac_creat_sin_buf(2048, 100);
    dac_dma_wave_enable(1, 100, 10 - 1, 84 - 1);
    while (1)
    {
        t++;
        key = key_scan(0);                                     /* 按键扫描 */
        if (key == KEY0_PRES)                                  /* 高采样率 */
        {
            dac_creat_sin_buf(2048, 100);                      /* 产生正弦波函序列 */
            /* 300 kHz 触发频率，100 个点，得到最高 3 kHz 的正弦波 */
            dac_dma_wave_enable(1, 100, 10 - 1, 28 - 1);
        }
        else if (key == KEY1_PRES)                             /* 低采样率 */
        {
            dac_creat_sin_buf(2048, 10);                       /* 产生正弦波函序列 */
            /* 300 kHz 触发频率，10 个点，可以得到最高 30 kHz 的正弦波. */
            dac_dma_wave_enable(1, 10, 10 - 1, 28 - 1);
        }
        adcx = DAC1->DHR12R1;                                  /* 获取 DAC1_OUT1 的输出状态 */
        lcd_show_xnum(94, 130, adcx, 4, 16, 0, BLUE); /* 显示 DAC 寄存器值 */
        temp = (float)adcx * (3.3 / 4096);                     /* 得到 DAC 电压值 */
        adcx = temp;
        lcd_show_xnum(94, 150, temp, 1, 16, 0, BLUE); /* 显示电压值整数部分 */
        temp -= adcx;
        temp *= 1000;
        lcd_show_xnum(110, 150, temp, 3, 16, 0X80, BLUE);   /* 显示电压值的小数部分 */
        adcx = adc_get_result_average(ADC_ADCX_CHY,20); /* 得到 ADC 通道 19 的转换结果 */
        temp = (float)adcx * (3.3 / 65536);          /* 得到 ADC 电压值(adc 是 16bit 的) */
        adcx = temp;
        lcd_show_xnum(94, 170, temp, 1, 16, 0, BLUE); /* 显示电压值整数部分 */
        temp -= adcx;
        temp *= 1000;
        lcd_show_xnum(110, 170, temp, 3, 16, 0X80, BLUE); /* 显示电压值的小数部分 */
        if (t == 10)            /* 定时时间到了 */
        {
            LED0_TOGGLE();   /* LED0 闪烁 */
            t = 0;
```

```
            }
            delay_ms(5);
        }
    }
```

其中,dac_creat_sin_buf 函数用于产生正弦波序列,并保存在 g_dac_sin_buf 数组中供 DAC 转换。dac_dma_sin_set 函数可以通过 USMART 设置正弦波输出参数,方便修改输出频率。

main 函数经过一系列初始化后,默认输出 100 kHz 触发频率,100 个点得到 1 kHz 的正弦波。

100 kHz 触发频率其实就是定时器 7 的事件更新频率,公式如下:

$$T_{out}=(arr+1)(psc+1)/T_{clk}$$

"dac_dma_wave_enable(100, 100 - 1, 24 - 1)"第二个形参是自动重装载值,第三个形参是分频系数,代入公式可得:

$$T_{out}=(9+1)\times(83+1)/\ 84\ \text{MHz}=0.000\ 01\ \text{s}$$

得到定时器的事件更新周期是 0.000 01 s,即事件更新频率为 100 kHz,也就得到 DAC 输出触发频率为 100 kHz。

再结合一个正弦波共有 100 个采样点就可得到正弦波的频率为 100 kHz/100=1 kHz。

4.4.4 下载验证

下载代码后,可以看到 LED0 不停闪烁,提示程序已经在运行了。LCD 显示如图 4.19 所示。

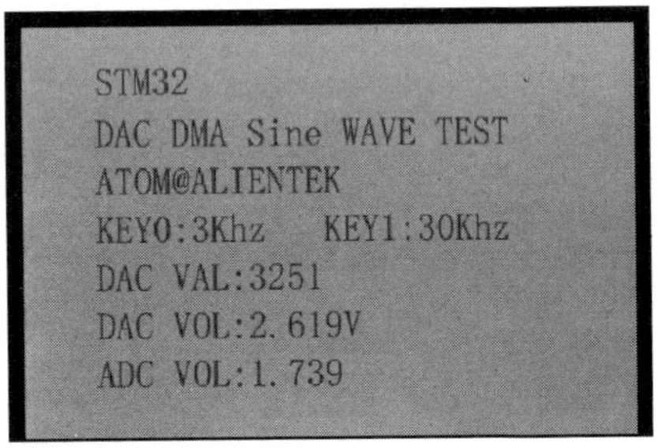

图中将跳线帽连接多功能端口 P11 的 ADC 和 DAC 两个排针,可以看到,ADC VOL 的值随着 DAC 的输出变化而变化,即 ADC 采集到的值是不停变化的。所以,看不出采集到底形成什么波形,下面借用示波器来观察,首先将探头接到 DAC 的排针上。

图 4.19　DAC 输出正弦波实验测试图

没有按下任何按键之前,默认输出 100 kHz 触发频率(100 个点),得到 1 kHz 的正弦波,如图 4.20 所示。

按下 KEY0 后,DAC 输出 300 kHz 触发频率(100 个点),得到 3 kHz 的正弦波,如图 4.21 所示。

按下 KEY1 后,DAC 输出 300 kHz 触发频率(10 个点),得到 30 kHz 的正弦波,如图 4.22 所示。

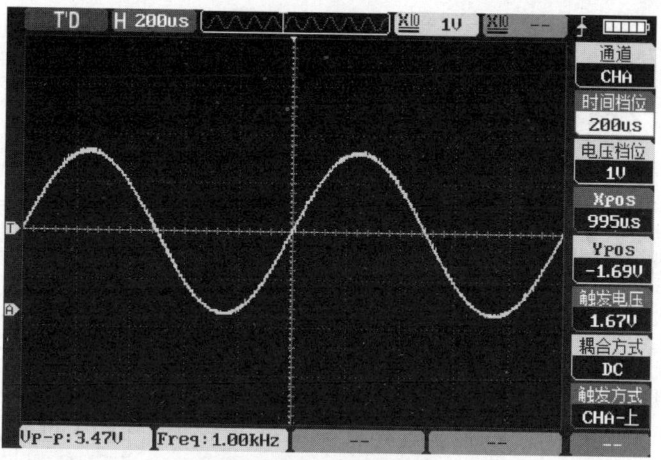

图 4.20　默认 DAC 输出的正弦波

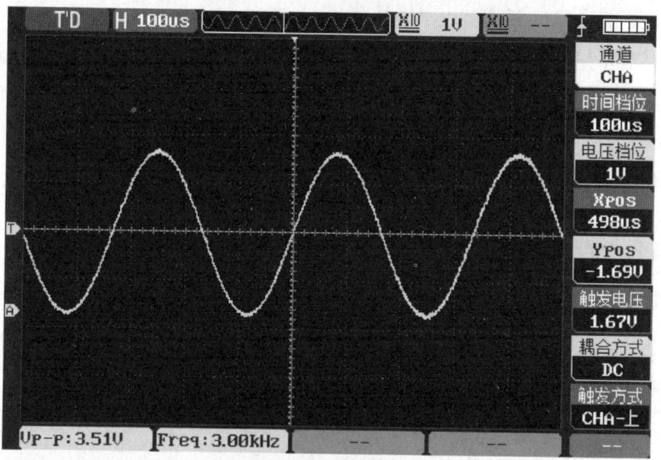

图 4.21　按下 KEY0 后 DAC 输出的正弦波

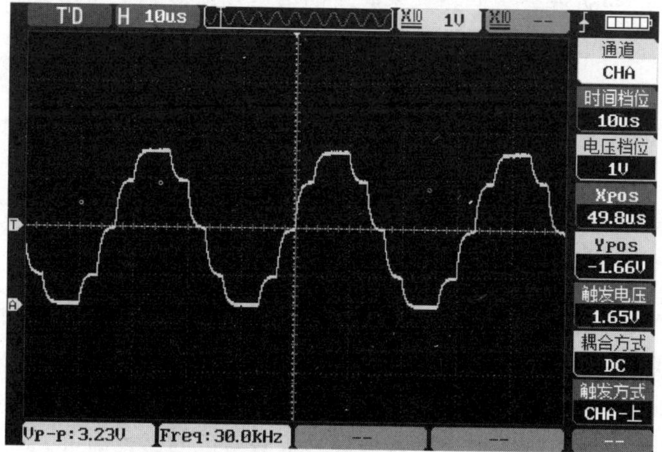

图 4.22　按下 KEY1 后 DAC 输出的正弦波

第 5 章

PWM DAC 实验

STM32F407 自带 DAC 模块的使用，虽然 STM32F407ZGT6 具有内部 DAC，但是也仅仅有两条 DAC 通道，而 STM32 还有其他很多型号是没有 DAC 的。通常情况下，采用专用的 D/A 芯片来实现，但是这样就会带来成本的增加。不过 STM32 所有的芯片都有 PWM 输出，并且 PWM 输出通道很多，资源丰富。因此，可以使用 PWM+简单的 RC 滤波来实现 DAC 的输出，从而节省成本。

本章将介绍如何使用 STM32F407 的 PWM 设计一个 DAC。这里使用按键（或 USMART）控制 STM32F407 的 PWM 输出，从而控制 PWM DAC 的输出电压；通过 ADC1 的通道 5 采集 PWM DAC 的输出电压，并在 LCD 模块上显示 ADC 获取到的电压值以及 PWM DAC 的设定输出电压值等信息。

5.1 PWM DAC 技术的实现原理

DAC 工作过程是将源电压按 8 位、12 位、16 位等精度进行分割，其输出是最小精度 LSB（即 $1/2^8$、$1/2^{12}$、$1/2^{16}$ 等）的倍数，这就是 DAC 输出的电压。最后得到的 DAC 的电压为直流有效信号。

这里分析一下 PWM 波形的特性。从电做功的角度，可以把一个 PWM 波等效成一个“总有效值为 0”的交流波形和一个直流的电信号的叠加。直流部分的特性可根据占空比的改变而改变，这符合 DAC 的特性，如图 5.1 所示。

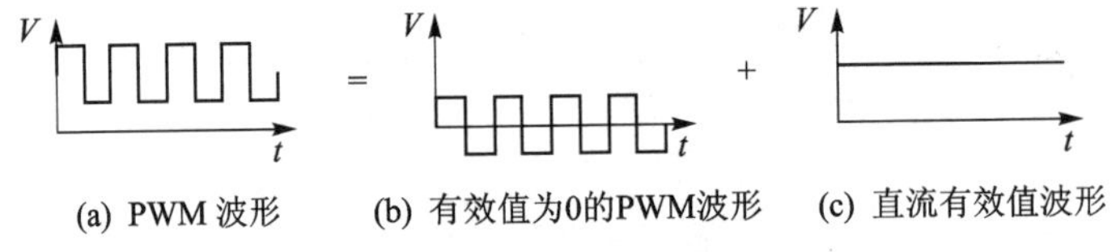

图 5.1 PWM 波形的等效

下面简单介绍一下这个现象的数学原理。对于一个典型的 PWM 波型，它的输出波形和时间的关系如图 5.2 所示。

下面根据高数、信号与系统课程的知识作一个简单的推导，感兴趣的读者可以查阅对应的知识，不感兴趣的可以直接跳过推导过程看最后的结论即可。

把 PWM 波形用分段函数 $f(t)$ 表示出来，占空比可以用 p 的表达式来表示：

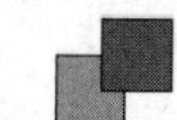

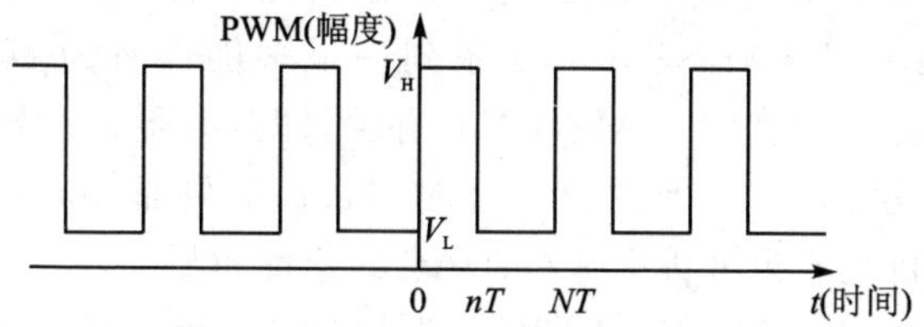

图 5.2　PWM 波形的时域表示

$$f(t)=\begin{cases}V_H, & kNT \leqslant x < kNT+nT \\ V_L, & kNT+nT \leqslant x \leqslant kNT+NT\end{cases} \tag{5.1}$$

$$p=\frac{n}{N} \tag{5.2}$$

PWM 是一个周期信号，设周期为 NT，由傅里叶变换的知识可知，任意周期信号都可按频域展开，这里把分段表达式按频域展开，得到如下表达式及展开系数：

$$f(t)=A_0+\sum_{k=1}^{\infty}\left[A_n\cos\left(\frac{2k\pi t}{NT}\right)+B_n\sin\left(\frac{2k\pi t}{NT}\right)\right] \tag{5.3}$$

$$A_0=\frac{1}{2NT}\int_{-NT}^{NT}f(t)\mathrm{d}t \tag{5.4}$$

$$A_k=\frac{1}{2NT}\int_{-NT}^{NT}f(t)\cos\left(\frac{2k\pi t}{NT}\right)\mathrm{d}t \tag{5.5}$$

$$B_k=\frac{1}{2NT}\int_{-NT}^{NT}f(t)\sin\left(\frac{2k\pi t}{NT}\right)\mathrm{d}t \tag{5.6}$$

PWM 的幅度为 V_H-V_L，占空比为 p，代入可以求出 $f(t)$的展开系数分别如下：

$$A_0=(V_H-V_L)p \tag{5.7}$$

$$A_k=(V_H-V_L)\times\frac{1}{k\pi}\left[\sin(k\pi p)-\sin\left(2k\pi\left(1-\frac{p}{2}\right)\right)\right] \tag{5.8}$$

$$B_k=0 \tag{5.9}$$

根据展开得到的频率参数可得出 PWM 信号及其占空比在时域上的表达式：

$$f(t)=(V_H-V_L)p+\sum_{k=1}^{\infty}(V_H-V_L)\times \frac{1}{k\pi}\left[\sin(k\pi p)-\sin\left(2k\pi\left(1-\frac{p}{2}\right)\right)\right]\times\cos\left(\frac{2k\pi t}{NT}\right) \tag{5.10}$$

公式(5.10)正好验证了图 5.1 的 PWM 等效原理。由此可知，PWM 的输出波形为一个与占空比有关的直流等效信号，同时伴有多个不同频率的信号的叠加。如果能把这些频率信号尽可能过滤掉，那么通过调整 PWM 的占空比即可方便实现需要的 DAC 结果，即 $V_{DAC}=(V_H-V_L)p$。

分辨率也是 DAC 一个重要的参数，可以表示 DAC 输出的最小精度。存在两个主要误差源影响 PWM 方式 DAC 分辨率。首先，PWM 信号的占空比只能表示有限的分辨率。这是因为 STM32 的 PWM 的占空比是输出比较寄存器 CCRx 与 TIMx_CNT 进行比较的结果，而 CCRx 在 STM32F4 系列中最多能设置为 16 位。很显然地，用 PWM 实现的 DAC 分辨率就与 TIMx_CNT 有关，即定时器的时钟频率越高则 CCRx 可以设置的值越多，分辨率相应地越高。定时器最高时钟是 168 MHz，而某些定时器只能到 84 MHz，这也会导致分辨率越高，DAC 的速度越慢。

第二个误差源是 PWM 信号中不期望的谐波分量产生的峰峰值。前面 PWM 的频域展开公式(5.10)说明 PWM 信号需要通过滤波器才能输出一个纹波较小的直流信号，但实际上对于简单设计的滤波器对交流信号的过滤能力是有限的，所以输出信号还会带有一定的交流成分。

将 $k=1$ 代入式(5.8)可以算出 PWM 的一次谐波幅度：

$$A_1=(V_H-V_L)\times\frac{1}{\pi}\left[\sin(\pi p)-\sin\left(2\pi\left(1-\frac{p}{2}\right)\right)\right]=\frac{2}{\pi}(V_H-V_L)\sin(\pi p-\pi) \tag{5.11}$$

当 $\sin(\pi p-\pi)=1$ 时滤波器需要达到衰减峰值，则 PWM 占空比为 50%时，一次谐波的幅度最大。为了减少这个基波的影响，我们希望滤波器在这个最大幅度下也能把基波的交流影响衰减到 1/2 LSB 以下，即外围滤波器至少需要满足以下条件才能避免 DAC 输出干扰过大：

$$A_{k=1}\times A_{\text{filite}}\leqslant\frac{1}{2}\times\frac{V_H-V_L}{2^Y} \tag{5.12}$$

根据公式(5.11)和式(5.12)可知，$\text{Aflite}\leqslant\frac{\pi}{2^{Y+2}}=20\times\log\left(\frac{\pi}{2^{Y+2}}\right)$。当 DAC 为 12 位精度时，代入 $Y=12$ 可知，我们设计的滤波器需要衰减 74 dB 以上；当为 8 位精度时，衰减需要达到 50 dB。

一阶 RC 电路截止频率计算公式为：

$$f_c=\frac{1}{2\pi RC}$$

把电容等效成一个电阻，一阶分压时电压的等效衰减的表达式可以是：

$$V_{\text{out}}=V_{\text{IN}}\left(\frac{1}{\sqrt{(2\pi f_c CR)^2+1^2}}\right)$$

这样就能很好地设计一个满足需要的滤波器参数了。为了实现低成本的 RC 电路，这里使用两个一阶 RC 电路串联起来作为滤波器。

这里以 84 MHz 的频率为例，8 位分辨率的时候，PWM 频率为 84 MHz/256＝328 125 Hz。如果是一阶 RC 滤波，则要求截止频率为 2.07 kHz；如果是二阶 RC 滤波，则要求截止频率为 26.14 kHz。

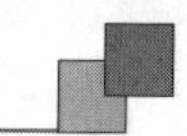

5.2 硬件设计

(1) 例程功能

这里设计一个 8 位的 DAC,使用按键(或 USMART)控制 STM32F407 的 PWM 输出(占空比),从而控制 PWM DAC 的输出电压。为了得知 PWM 的输出电压,通过 ADC1 的通道 1 采集 PWM DAC 的输出电压,并在 LCD 模块上面显示 ADC 获取到的电压值以及 PWM DAC 的设定输出电压值等信息。

(2) 硬件资源

- LED 灯:LED0 - PF9;
- 独立按键:KEY0 - PE4、KEY_UP - PA0;
- PWM 输出通道:例程中使用 TIM9 的通道 2,对应 I/O 是 PA3;
- 设计一个对 PWM 输出的 DAC 信号进行滤波的滤波电路;
- ADC:ADC1 通道 5 - PA5。

(3) 原理图

PWM 可以由 STM32 定时器输出,于是只需要在外围增加一个滤波电路即可。这里使用的是二阶 RC 滤波电路,所以电路设计如图 5.3 所示。

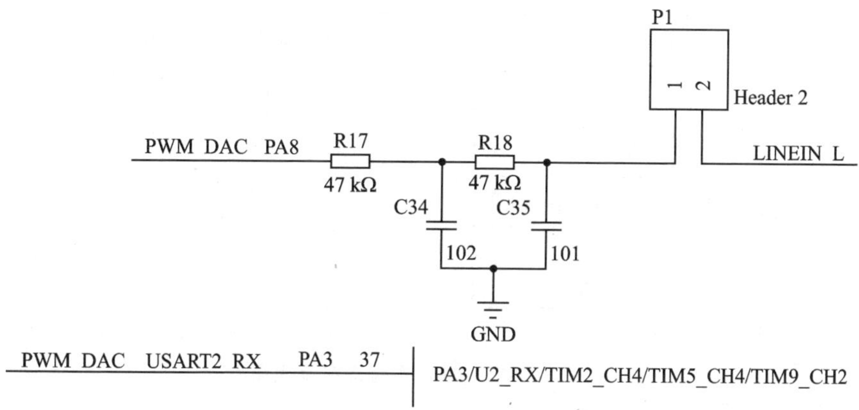

图 5.3 PWM DAC 连接原理设计

根据我们的设计,输出 8 位 DAC 时,经过二阶滤波后 DAC 输出的交流信号大概衰减可以达到 50 dB,可见设计是符合要求的。

把 PWM 的输出引到排针 P11 上,它在开发板上与 ADC 相邻。这里需要使用 ADC 功能来测量 PWM 输出的 DAC 值,所以用跳线把它们连接到一起即可,如图 5.4 所示。

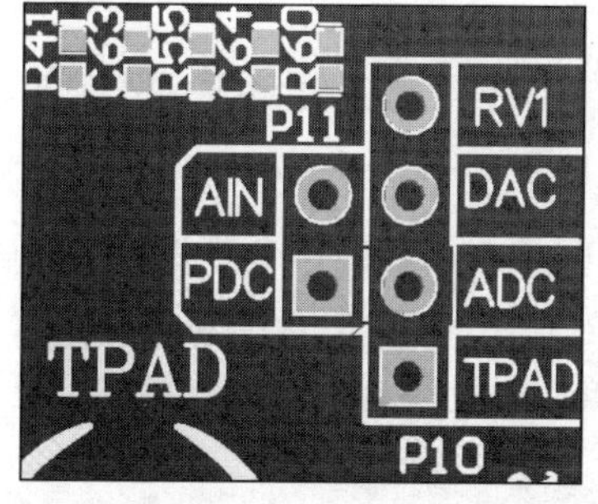

图 5.4 PCB 对应 PWM DAC 的位置

5.3 程序设计

5.3.1 程序流程图

程序流程如图 5.5 所示。

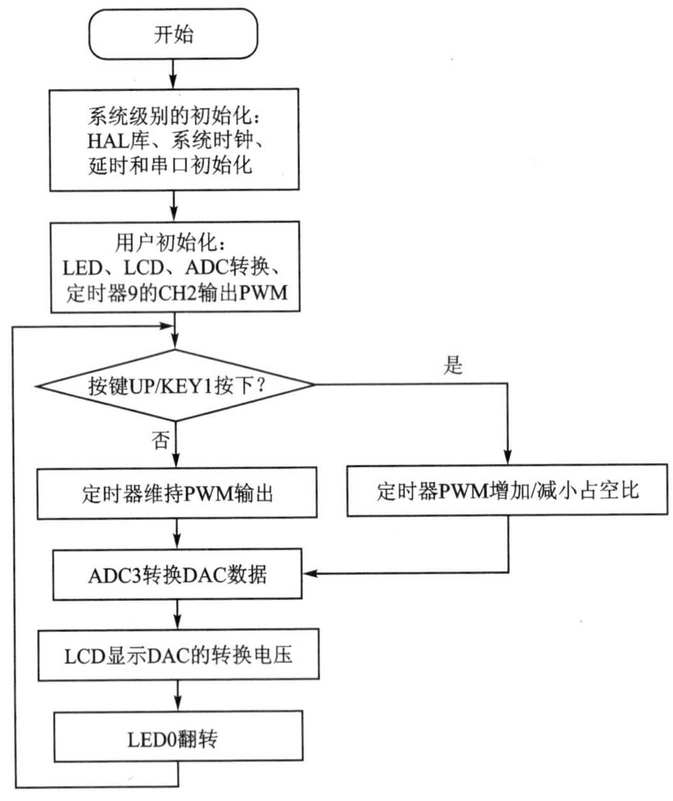

图 5.5 PWM DAC 实验程序流程图

5.3.2 程序解析

1. PWM DAC 驱动代码

这里只讲解核心代码,详细的源码可参考配套资料中本实验对应源码。PWM DAC 驱动源码包括两个文件:pwmdac.c 和 pwmdac.h。

为方便修改,在 pwmdac.h 中使用宏定义 PWM 的输出控制外设,如下:

```
#define PWMDAC_GPIO_PORT               GPIOA
#define PWMDAC_GPIO_PIN                GPIO_PIN_3
/* PA 口时钟使能 */
#define PWMDAC_GPIO_CLK_ENABLE()  do{ __HAL_RCC_GPIOB_CLK_ENABLE(); }while(0)
```

```
#define PWMDAC_GPIO_AFTIMX         GPIO_AF3_TIM9

#define PWMDAC_TIMX                GPIO_TIM9
#define PWMDAC_TIMX_CHY            TIM_CHANNEL_2          /* 通道Y, 1 <= Y <= 4 */
#define PWMDAC_TIMX_CCRX           PWMDAC_TIMX->CCR2   /* 通道Y的输出比较寄存器 */
/* TIM9 时钟使能 */
#define PWMDAC_TIMX_CLK_ENABLE() do{ __HAL_RCC_TIM9_CLK_ENABLE(); }while(0)
```

使用pwmdac_init来进行定时器9及其PWM输出通道的设置的输出使能，下面具体看一下该函数的实现：

```
void pwmdac_init(uint16_t arr, uint16_t psc)
{
    g_tim9_handler.Instance = PWMDAC_TIMX;                          /* 定时器9 */
    g_tim9_handler.Init.Prescaler = psc;                            /* 定时器分频 */
    g_tim9_handler.Init.CounterMode = TIM_COUNTERMODE_UP;           /* 向上计数模式 */
    g_tim9_handler.Init.Period = arr;                               /* 自动重装载值 */
    HAL_TIM_PWM_Init(&g_tim9_handler);                              /* 初始化PWM */
    g_tim9_ch2handler.OCMode = TIM_OCMODE_PWM1;                     /* CH1/2 PWM模式1 */
    /* 设置比较值,此值用来确定占空比,默认比较值为自动重装载值的一半,即占空比为50% */
    g_tim9_ch2handler.Pulse = arr / 2;
    g_tim9_ch2handler.OCPolarity = TIM_OCPOLARITY_HIGH;             /* 输出比较极性为高 */
    HAL_TIM_PWM_ConfigChannel(&g_tim9_handler, &g_tim9_ch2handler,
                              PWMDAC_TIMX_CHY);                     /* 配置TIM9通道2 */
    HAL_TIM_PWM_Start(&g_tim9_handler, PWMDAC_TIMX_CHY);            /* 开启PWM通道2 */
}
```

调用时，HAL_TIM_PWM_Init会调用回调接口HAL_TIM_PWM_MspInit，同样地，把用到的DAC引脚的初始化在回调函数里完成，代码如下：

```
void HAL_TIM_PWM_MspInit(TIM_HandleTypeDef *htim)
{
    GPIO_InitTypeDef gpio_init_struct;
    if (htim->Instance == PWMDAC_TIMX)
    {
        PWMDAC_TIMX_CLK_ENABLE();          /* 使能定时器 */
        PWMDAC_GPIO_CLK_ENABLE();          /* PWM DAC GPIO时钟使能 */
        gpio_init_struct.Pin = PWMDAC_GPIO_PIN;
        gpio_init_struct.Mode = GPIO_MODE_AF_PP;
        gpio_init_struct.Pull = GPIO_PULLUP;
        gpio_init_struct.Speed = GPIO_SPEED_FREQ_HIGH;
        gpio_init_struct.Alternate = PWMDAC_GPIO_AFTIMX;
        /* TIMX PWM CHY 引脚模式设置 */
        HAL_GPIO_Init(PWMDAC_GPIO_PORT, &gpio_init_struct);
    }
}
```

需要通过重设占空比来调整DAC的输出有效值，为了方便设置电压，需要把目标电压作为形参，把参数放大100倍设成整型而不使用浮点数来加快运算。根据需要的比例来调整输出比较值，从而达到重设占空比的目的，所以设计函数如下：

```
void pwmdac_set_voltage(uint16_t vol)
{
  float temp = vol;
  temp /= 100;                    /* 缩小 100 倍，得到实际电压值 */
  temp = temp * 256 / 3.3;        /* 将电压转换成 PWM 占空比 */
  __HAL_TIM_SET_COMPARE(&g_tim9_handler, PWMDAC_TIMX_CHY, temp);/* 设置新的占空比 */
}
```

2. main.c 代码

main.c 文件代码如下：

```
extern TIM_HandleTypeDef g_tim9_handler;
int main(void)
{
    uint16_t adcx;
    float temp;
    uint8_t t = 0;
    uint8_t key;
    uint16_t pwmval = 0;
    HAL_Init();                              /* 初始化 HAL 库 */
    sys_stm32_clock_init(336, 8, 2, 7);      /* 设置时钟，168 MHz */
    delay_init(168);                         /* 延时初始化 */
    usart_init(115200);                      /* 串口初始化为 115 200 */
    usmart_dev.init(84);                     /* 初始化 USMART */
    led_init();                              /* 初始化 LED */
    lcd_init();                              /* 初始化 LCD */
    key_init();                              /* 初始化按键 */
    adc_init();                              /* 初始化 ADC */
    pwmdac_init(256 - 1, 0);    /* PWM DAC 初始化，Fpwm = 84 MHz/256 = 328.125 kHz */
    lcd_show_string(30,  50, 200, 16, 16, "STM32", RED);
    lcd_show_string(30,  70, 200, 16, 16, "PWM DAC TEST", RED);
    lcd_show_string(30,  90, 200, 16, 16, "ATOM@ALIENTEK", RED);
    lcd_show_string(30, 110, 200, 16, 16, "KEY_UP:+   KEY1:-", RED);
    lcd_show_string(30, 130, 200, 16, 16, "PWM VAL:", BLUE);
    lcd_show_string(30, 150, 200, 16, 16, "DAC VOL:0.000V", BLUE);
    lcd_show_string(30, 170, 200, 16, 16, "ADC VOL:0.000V", BLUE);
    __HAL_TIM_SET_COMPARE(&g_tim9_handler, PWMDAC_TIMX_CHY, pwmval);
    while (1)
    {
        t++;
        key = key_scan(0);              /* 按键扫描 */
        if (key == WKUP_PRES)           /* PWM 占空比调高 */
        {
            if (pwmval < 250)           /* 范围限定 */
            {
                pwmval += 10;
            }
            /* 输出新的 PWM 占空比 */
            __HAL_TIM_SET_COMPARE(&g_tim9_handler, PWMDAC_TIMX_CHY, pwmval);
        }
        else if (key == KEY1_PRES)      /* PWM 占空比调低 */
        {
```

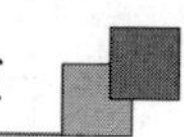

```
        if (pwmval > 10)              /* 范围限定 */
        {
            pwmval -= 10;
        }
        else
        {
            pwmval = 0;
        }
        /* 输出新的 PWM 占空比 */
        __HAL_TIM_SET_COMPARE(&g_tim9_handler, PWMDAC_TIMX_CHY, pwmval);
    }
    if (t == 10 || key == KEY1_PRES || key == WKUP_PRES)
    {   /* WKUP / KEY1 按下了，或者定时时间到了 */
        /* PWM DAC 定时器输出比较值 */
        adcx = __HAL_TIM_GET_COMPARE(&g_tim9_handler,PWMDAC_TIMX_CHY);
        lcd_show_xnum(94, 130, adcx, 3, 16, 0, BLUE);     /* 显示 CCRX 寄存器值 */
        temp = (float)adcx * (3.3 / 256);                 /* 得到 DAC 电压值 */
        adcx = temp;
        lcd_show_xnum(94, 150, temp, 1, 16, 0, BLUE);     /* 显示电压值整数部分 */
        temp -= adcx;
        temp* = 1000;
        lcd_show_xnum(110, 150, temp, 3, 16, 0X80, BLUE);/* 电压值的小数部分 */
        adcx = adc3_get_result_average(ADC3_CHY, 10); /* ADC3 通道 1 的转换结果 */
        temp = (float)adcx * (3.3 / 4096);    /* 得到 ADC 电压值(adc 是 12bit 的) */
        adcx = temp;
        lcd_show_xnum(94, 170, temp, 1, 16, 0, BLUE);     /* 显示电压值整数部分 */
        temp -= adcx;
        temp* = 1000;
        lcd_show_xnum(110, 170, temp, 3, 16, 0X80, BLUE);/* 电压值的小数部分 */
        LED0_TOGGLE(); /* LED0 闪烁 */
        t = 0;
    }
    delay_ms(10);
  }
}
```

main 函数初始化了 LED 和 LCD 用于显示效果，初始化按键和 ADC 用于修改 ADC 的占空比，辅助显示 ADC。

5.4　下载验证

下载代码后，LED0 不停闪烁，提示程序已经在运行了。按下 KEY_UP 及 KEY1 调整 PWM 的占空比，可以看到，输出电压随 PWM VAL 发生变化，如图 5.6 所示；也可以把 PA3 和 PWM DAC 的最终输出接到示波器来观察滤波后的区别。

注意，因为 PWM_DAC 和 USART2 共用了 PA3 引脚，所以本例程不能使用串口 2 的接收功能，否则可能影响 PWM 转换结果。

图 5.6　TFTLCD 显示效果图

第6章

I^2C 实验

本章将介绍如何使用 STM32F407 的普通 I/O 口模拟 I^2C 时序，并实现和 24C02 之间的双向通信，并把结果显示在 TFTLCD 模块上。

6.1 I^2C 简介

IIC(Inter-Integrated Circuit，简称 I^2C)总线是一种由 PHILIPS 公司开发的两线式串行总线，用于连接微控制器以及其外围设备。它是由数据线 SDA 和时钟线 SCL 构成的串行总线，可发送和接收数据，在 CPU 与被控 IC 之间、IC 与 IC 之间进行双向传送。

I^2C 总线有如下特点：

① 总线是由数据线 SDA 和时钟线 SCL 构成的串行总线，数据线用来传输数据，时钟线用来同步数据收发。

② 总线上每一个器件都有一个唯一的地址识别，所以我们只需要知道器件的地址，根据时序就可以实现微控制器与器件之间的通信。

③ 数据线 SDA 和时钟线 SCL 都是双向线路，都通过一个电流源或上拉电阻连接到正的电压，所以当总线空闲的时候，这两条线路都是高电平。

④ 总线上数据的传输速率在标准模式下可达 100 kbit/s，在快速模式下可达 400 kbit/s，在高速模式下可达 3.4 Mbit/s。

⑤ 总线支持设备连接。在使用 I^2C 通信总线时，可以有多个具备 I^2C 通信能力的设备挂载在上面，同时支持多个主机和多个从机，连接到总线的接口数量只由总线电容 400 pF 的限制决定。I^2C 总线挂载多个器件的示意图如图 6.1 所示。

I^2C 总线时序图如图 6.2 所示。

为了便于大家更好地了解 I^2C 协议，我们从起始信号、停止信号、应答信号、数据有效性、数据传输以及空闲状态 6 个方面讲解，读者需要对应图 6.2 的标号来理解。

① 起始信号

当 SCL 为高电平期间，SDA 由高到低跳变。起始信号是一种电平跳变时序信号，而不是一个电平信号。该信号由主机发出，在起始信号产生后，总线就处于被占用状态，准备数据传输。

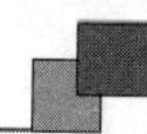

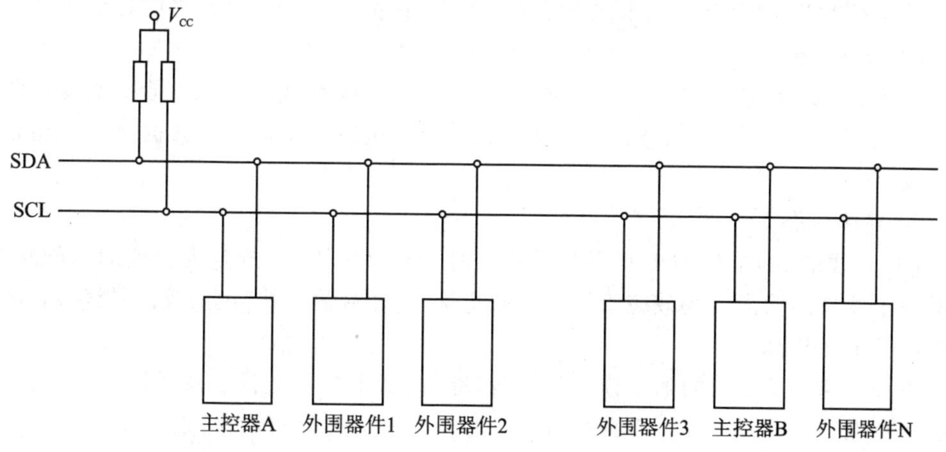

图 6.1　I^2C 总线挂载多个器件

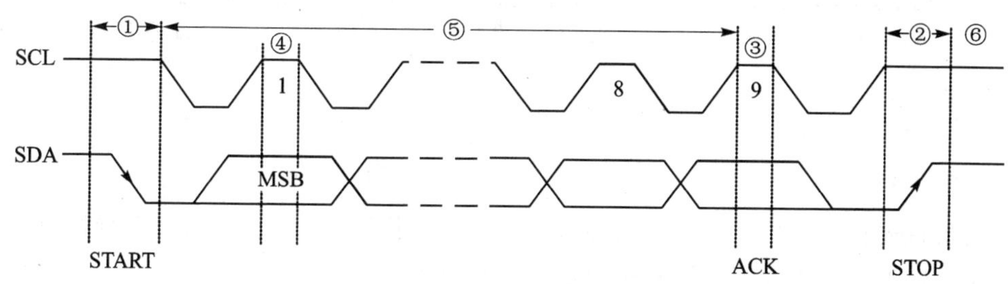

图 6.2　I^2C 总线时序图

② 停止信号

当 SCL 为高电平期间，SDA 由低到高跳变。停止信号也是一种电平跳变时序信号，而不是一个电平信号。该信号由主机发出，在停止信号发出后，总线就处于空闲状态。

③ 应答信号

发送器每发送一个字节，就在时钟脉冲 9 期间释放数据线，由接收器反馈一个应答信号。应答信号为低电平时，规定为有效应答位(ACK 简称应答位)，表示接收器已经成功地接收了该字节；应答信号为高电平时，规定为非应答位(NACK)，一般表示接收器接收该字节没有成功。

观察图 6.2 中标号③就可以发现，有效应答的要求是从机在第 9 个时钟脉冲之前的低电平期间将 SDA 线拉低，并且确保在该时钟的高电平期间为稳定的低电平。如果接收器是主机，则在它收到最后一个字节后，发送一个 NACK 信号，以通知被控发送器结束数据发送，并释放 SDA 线，以便主机接收器发送一个停止信号。

④ 数据有效性

I^2C 总线进行数据传送时，时钟信号为高电平期间，数据线上的数据必须保持稳定，只有在时钟线上的信号为低电平期间，数据线上的高电平或低电平状态才允许变化。数据在 SCL 的上升沿到来之前就需要准备好,并在下降沿到来之前必须稳定。

⑤ 数据传输

在 I^2C 总线上传送的每一位数据都有一个时钟脉冲相对应(或同步控制),即在 SCL 串行时钟的配合下,在 SDA 上逐位地串行传送每一位数据。数据位的传输是边沿触发。

⑥ 空闲状态

I^2C 总线的 SDA 和 SCL 两条信号线同时处于高电平时,规定为总线的空闲状态。此时各个器件的输出级场效应管均处在截止状态,即释放总线,由两条信号线各自的上拉电阻把电平拉高。

下面介绍一下 I^2C 的基本读/写通信过程,包括主机写数据到从机即写操作,主机到从机读取数据即读操作。下面先看一下写操作通信过程图,如图 6.3 所示。

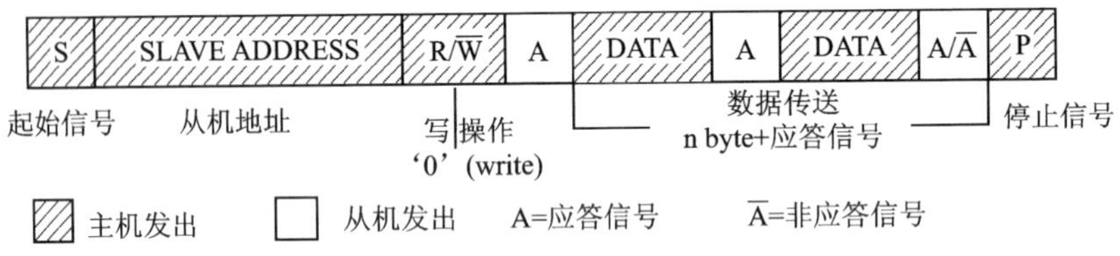

图 6.3 写操作通信过程图

主机首先在 I^2C 总线上发送起始信号,那么这时总线上的从机都会等待接收由主机发出的数据。主机接着发送从机地址+0(写操作)组成的 8 bit 数据,所有从机接收到该 8 bit 数据后,自行检验是否是自己的设备的地址;假如是自己的设备地址,那么从机就会发出应答信号。主机在总线上接收到有应答信号后,才能继续向从机发送数据。注意,I^2C 总线上传送的数据信号是广义的,既包括地址信号,又包括真正的数据信号。

接着讲解一下 I^2C 总线的读操作过程,先看一下读操作通信过程图,如图 6.4 所示。

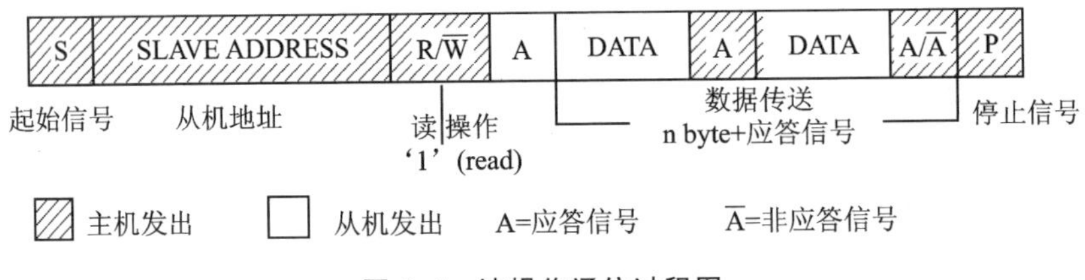

图 6.4 读操作通信过程图

主机向从机读取数据的操作,一开始的操作与写操作有点相似,观察两个图也可以发现,都是由主机发出起始信号,接着发送从机地址+1(读操作)组成的 8 bit 数据,从机接收到数据验证是否是自身的地址。那么在验证是自己的设备地址后,从机就会发出应答信号,并向主机返回 8 bit 数据,发送完之后从机就会等待主机的应答信号。假如主机一直返回应答信号,那么从机可以一直发送数据,也就是图中的(n byte+应答信号)情况,直到主机发出非应答信号,从机才会停止发送数据。

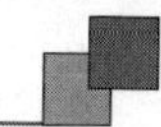

24C02 的数据传输时序是基于 I²C 总线传输时序，下面讲解一下 24C02 的数据传输时序。

6.2 硬件设计

(1) 例程功能

每按下 KEY1，MCU 通过 I²C 总线向 24C02 写入数据，通过按下 KEY0 来控制 24C02 读取数据。同时在 LCD 上面显示相关信息。LED0 闪烁用于提示程序正在运行。

(2) 硬件资源

➢ LED 灯：LED0 - PF9；
➢ 独立按键：KEY0 - PE4、KEY1 - PE3；
➢ EEPROM：AT24C02；
➢ 正点原子 TFTLCD 模块(仅限 MCU 屏，16 位 8080 并口驱动)；
➢ 串口 1(PA9、PA10 连接在板载 USB 转串口芯片 CH340 上面)(USMART使用)。

(3) 原理图

我们主要来看看 24C02 和开发板的连接，如图 6.5 所示。

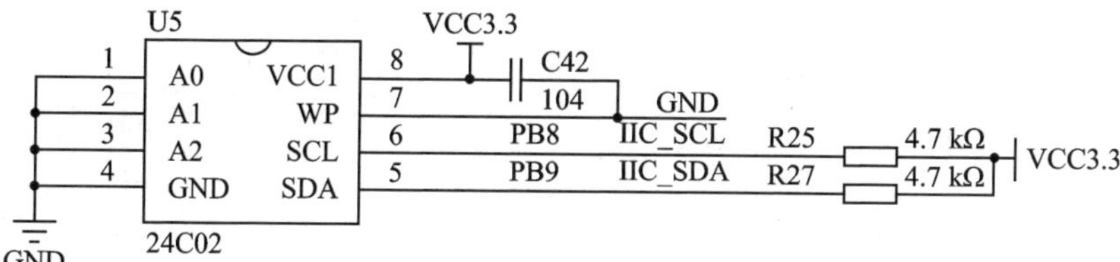

图 6.5 I²C 连接原理

24C02 的 SCL 和 SDA 分别连接在 STM32 的 PB8 和 PB9 上。本实验通过软件模拟 I²C 信号建立起与 24C02 的通信，从而进行数据发送与接收，使用按键 KEY0 和 KEY1 去触发，LCD 屏幕进行显示。

6.3 程序设计

I²C 实验中使用的是软件模拟 I²C，所以用到的是 HAL 中 GPIO 相关函数。下面介绍使用 I²C 传输数据的配置步骤。

① 使能 I²C 的 SCL 和 SDA 对应的 GPIO 时钟。

本实验中 I²C 使用的 SCL 和 SDA 分别是 PB8 和 PB9，因此需要先使能 GPIOB 的时钟，代码如下：

```
__HAL_RCC_GPIOB_CLK_ENABLE();   /* 使能 GPIOB 时钟 */
```

② 设置对应 GPIO 工作模式(开漏输出)。

本实验 GPIO 使用开漏输出模式(硬件已接外部上拉电阻,对于 F4 以上板子也可以用内部的上拉电阻),通过函数 HAL_GPIO_Init 设置实现。

③ 参考 I^2C 总线协议,编写信号函数(起始信号、停止信号、应答信号)。

➢ 起始信号:SCL 为高电平时,SDA 由高电平向低电平跳变。

➢ 停止信号:SCL 为高电平时,SDA 由低电平向高电平跳变。

➢ 应答信号:接收到 IC 数据后,向 IC 发出特定的低电平脉冲表示已接收到数据。

④ 编写 I^2C 的读/写函数。

通过参考时序图,在一个时钟周期内发送 1 bit 数据或者读取 1 bit 数据。读/写函数均以一字节数据进行操作。有了读和写函数,就可以对外设进行驱动了。

6.3.1 程序流程图

程序流程如图 6.6 所示。

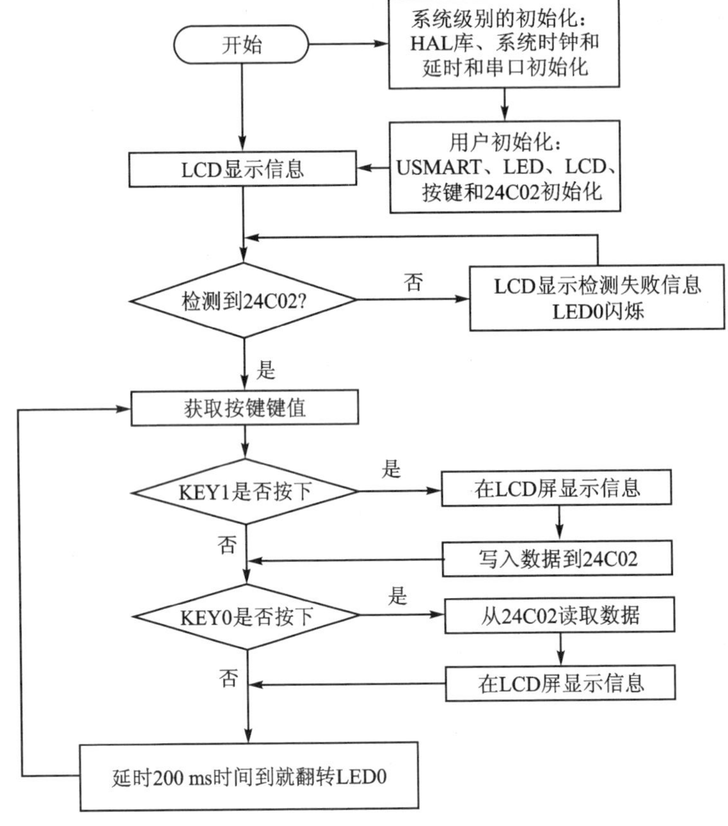

图 6.6 I^2C 实验程序流程图

6.3.2 程序解析

本实验通过 GPIO 来模拟 I^2C,所以不需要在 Drivers/STM32F4xx_HAL_Driver

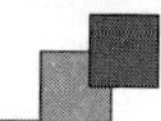

分组下添加 HAL 库文件支持。实验工程中新增了 myiic.c 存放 I²C 底层驱动代码，24cxx.c 文件存放 24C02 驱动。

1. I²C 底层驱动代码

这里只讲解核心代码，详细的源码可参考配套资料中本实验对应源码。I²C 驱动源码包括两个文件：myiic.c 和 myiic.h。

下面直接介绍 I²C 相关的程序，首先介绍 myiic.h 文件，其定义如下：

```
/* 引脚 定义 */
#define IIC_SCL_GPIO_PORT              GPIOB
#define IIC_SCL_GPIO_PIN               GPIO_PIN_8
/* PB 口时钟使能 */
#define IIC_SCL_GPIO_CLK_ENABLE()   do{ __HAL_RCC_GPIOB_CLK_ENABLE(); }while(0)

#define IIC_SDA_GPIO_PORT              GPIOB
#define IIC_SDA_GPIO_PIN               GPIO_PIN_9
/* PB 口时钟使能 */
#define IIC_SDA_GPIO_CLK_ENABLE()   do{ __HAL_RCC_GPIOB_CLK_ENABLE(); }while(0)
/* I/O 操作 */
#define IIC_SCL(x)          do{ x ? \
          HAL_GPIO_WritePin(IIC_SCL_GPIO_PORT,IIC_SCL_GPIO_PIN, GPIO_PIN_SET):\
          HAL_GPIO_WritePin(IIC_SCL_GPIO_PORT,IIC_SCL_GPIO_PIN, GPIO_PIN_RESET);\
                            }while(0)       /* SCL */

#define IIC_SDA(x)          do{ x ? \
          HAL_GPIO_WritePin(IIC_SDA_GPIO_PORT, IIC_SDA_GPIO_PIN, GPIO_PIN_SET):\
          HAL_GPIO_WritePin(IIC_SDA_GPIO_PORT, IIC_SDA_GPIO_PIN, GPIO_PIN_RESET);\
                            }while(0)       /* SDA */
/* 读取 SDA */
#define IIC_READ_SDA HAL_GPIO_ReadPin(IIC_SDA_GPIO_PORT, IIC_SDA_GPIO_PIN)
```

我们通过宏定义标识符的方式去定义 SCL 和 SDA 这两个引脚，同时通过宏定义的方式定义了 IIC_SCL() 和 IIC_SDA()设置这两个引脚可以输出 0 或者 1，这主要还是通过 HAL 库的 GPIO 操作函数实现的。另外，为了方便在 I²C 操作函数中调用读取 SDA 引脚的数据，这里直接宏定义 IIC_READ_SDA 实现，在后面 I²C 模拟信号实现中会频繁调用。

接下来看一下 myiic.c 代码中的初始化函数，代码如下：

```
void iic_init(void)
{
    GPIO_InitTypeDef gpio_init_struct;
    IIC_SCL_GPIO_CLK_ENABLE();                                /* SCL 引脚时钟使能 */
    IIC_SDA_GPIO_CLK_ENABLE();                                /* SDA 引脚时钟使能 */
    gpio_init_struct.Pin = IIC_SCL_GPIO_PIN;
    gpio_init_struct.Mode = GPIO_MODE_OUTPUT_OD;              /* 开漏输出 */
    gpio_init_struct.Pull = GPIO_PULLUP;                      /* 上拉 */
    gpio_init_struct.Speed = GPIO_SPEED_FREQ_HIGH;            /* 高速 */
    HAL_GPIO_Init(IIC_SCL_GPIO_PORT, &gpio_init_struct);      /* SCL */
```

```
    /* SDA 引脚模式设置,开漏输出,上拉, 这样就不用再设置 I/O 方向了, 开漏输出的时候
       (=1), 也可以读取外部信号的高低电平 */
    gpio_init_struct.Pin = IIC_SDA_GPIO_PIN;
    HAL_GPIO_Init(IIC_SDA_GPIO_PORT, &gpio_init_struct);    /* SDA */
    iic_stop();                                             /* 停止总线上所有设备 */
}
```

iic_init 函数的主要工作就是对于 GPIO 的初始化,用于 I^2C 通信。

接下来介绍前面已经在文字上说明过的 I^2C 模拟信号:起始信号、停止信号、应答信号,下面以代码方法实现,读者可以对着图去看代码,有利于理解。

```
static void iic_delay(void)
{
    delay_us(2);     /* 2 μs 的延时, 读/写频率在 250 kHz 以内 */
}

void iic_start(void)
{
    IIC_SDA(1);
    IIC_SCL(1);
    iic_delay();
    IIC_SDA(0);      /* START 信号: 当 SCL 为高时, SDA 从高变成低, 表示起始信号 */
    iic_delay();
    IIC_SCL(0);      /* 钳住 IIC 总线,准备发送或接收数据 */
    iic_delay();
}

void iic_stop(void)
{
    IIC_SDA(0);      /* STOP 信号: 当 SCL 为高时, SDA 从低变成高, 表示停止信号 */
    iic_delay();
    IIC_SCL(1);
    iic_delay();
    IIC_SDA(1);      /* 发送 IIC 总线结束信号 */
    iic_delay();
}
```

这里首先定义一个 iic_delay 函数,目的就是控制 I^2C 的读/写速度。通过示波器检测读/写频率在 250 kHz 内,所以一秒钟传输 500 kbit 数据,换算一下即一个 bit 位需要 2 μs,在这个延时时间内可以让器件获得一个稳定性的数据采集。

为了更加清晰地了解代码实现的过程,下面单独把起始信号和停止信号从 I^2C 总线时序图中抽取出来,如图 6.7 所示。

iic_start 函数中,通过调用 myiic.h 中由宏定义好的可以输出高低电平的 SCL 和 SDA 来模拟 I^2C 总线中起始信号的发送。在 SCL 时钟线为高电平的时候,SDA 数据线从高电平状态转化到低电平状态,最后拉低时钟线,准备发送或者接收数据。

iic_stop 函数中,也是按模拟 I^2C 总线中停止信号的逻辑,在 SCL 时钟线为高电平的时候,SDA 数据线从低电平状态转化到高电平状态。

接下来讲解一下 I^2C 的发送函数,其定义如下:

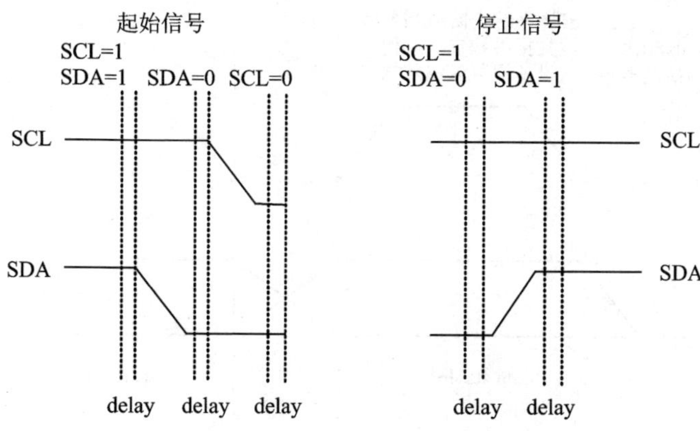

图 6.7 起始信号与停止信号图

```
void iic_send_byte(uint8_t data)
{
    uint8_t t;
    for (t = 0; t < 8; t++)
    {
        IIC_SDA((data & 0x80) >> 7);     /* 高位先发送 */
        iic_delay();
        IIC_SCL(1);
        iic_delay();
        IIC_SCL(0);
        data <<= 1;      /* 左移一位,用于下一次发送 */
    }
    IIC_SDA(1);            /* 发送完成，主机释放 SDA 线 */
}
```

在 I²C 的发送函数 iic_send_byte 中,把需要发送的数据作为形参,形参大小为一个字节。在 I²C 总线传输中,一个时钟信号就发送一个 bit,所以该函数需要循环 8 次,模拟 8 个时钟信号,才能把形参的 8 个位数据都发送出去。这里使用的是形参 data 和 0x80 与运算的方式,判断其最高位的逻辑值;假如为 1 即需要控制 SDA 输出高电平,为 0 则控制 SDA 输出低电平。为了更好地说明数据发送的过程,单独拿出数据传输时序图,如图 6.8 所示。

通过图 6.8 就可以了解数据传输时的细节,经过第一步的 SDA 高低电平的确定后,接着需要延时,确保 SDA 输出的电平稳定;在 SCL 保持高电平期间,SDA 线上的数据是有效的,此过程也需要延时,使得从设备能够采集到有效的电平。然后准备下一位的数据,所以这里需要的是把 data 左移一位,等待下一个时钟的到来,从设备再进行读取。把上述的操作重复 8 次就可以把 data 的 8 个位数据发送完毕,循环结束后,把 SDA 线拉高,等待接收从设备发送过来的应答信号。

接着讲解一下 I²C 的读取函数 iic_read_byte,它的定义如下:

```
uint8_t iic_read_byte(uint8_t ack)
{
```

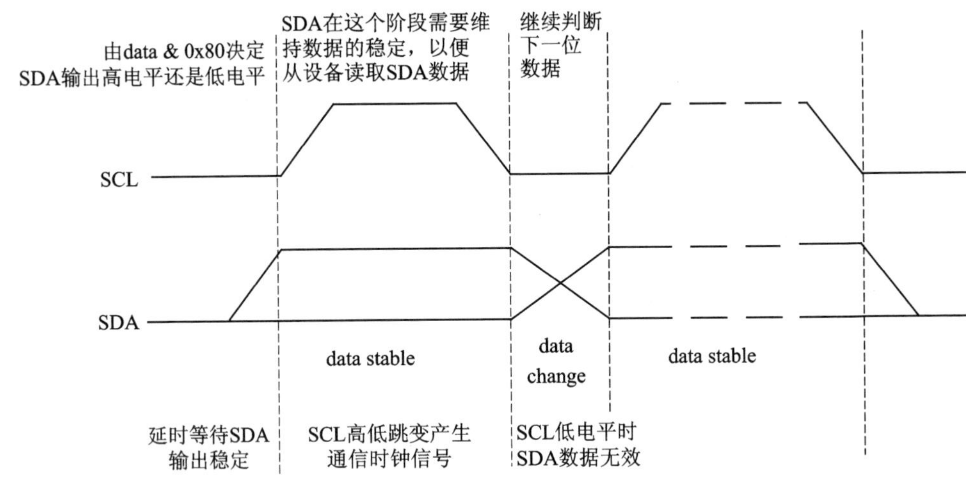

图 6.8 数据传输时序图

```
    uint8_t i, receive = 0;
    for (i = 0; i < 8; i++ )      /* 接收一个字节数据 */
    {
        receive <<= 1;            /* 高位先输出,所以先收到的数据位要左移 */
        IIC_SCL(1);
        iic_delay();
        if (IIC_READ_SDA)
        {
            receive++;
        }
        IIC_SCL(0);
        iic_delay();
    }
    if (!ack)
    {
        iic_nack();         /* 发送 nACK */
    }
    else
    {
        iic_ack();          /* 发送 ACK */
    }
    return receive;
}
```

iic_read_byte 函数具体实现的方式跟 iic_send_byte 函数有所不同。首先可以明确的是,时钟信号是通过主机发出的,而且接收到的数据大小为一字节,但是 I^{2}C 传输的单位是 bit,所以就需要执行 8 次循环才能把一字节数据接收完整。

在 8 次循环结束后,我们就获得了 8 bit 数据,把它作为返回值,然后按照时序图发送应答或者非应答信号去回复从机。

上面提到应答信号和非应答信号是在读时序中发生的,此外在写时序中也存在一个信号响应,当发送完 8 bit 数据后,这里是一个等待从机应答信号的操作。

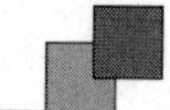

```
uint8_t iic_wait_ack(void)
{
    uint8_t waittime = 0;
    uint8_t rack = 0;
    IIC_SDA(1);      /* 主机释放 SDA 线(此时外部器件可以拉低 SDA 线) */
    iic_delay();
    IIC_SCL(1);      /* SCL = 1, 此时从机可以返回 ACK */
    iic_delay();
    while (IIC_READ_SDA)     /* 等待应答 */
    {
        waittime ++ ;
        if (waittime > 250)
        {
            iic_stop();
            rack = 1;
            break;
        }
    }
    IIC_SCL(0);      /* SCL = 0, 结束 ACK 检查 */
    iic_delay();
    return rack;
}
void iic_ack(void)
{
    IIC_SDA(0);          /* SCL 0 ->1 时 SDA = 0,表示应答 */
    iic_delay();
    IIC_SCL(1);          /* 产生一个时钟 */
    iic_delay();
    IIC_SCL(0);
    iic_delay();
    IIC_SDA(1);          /* 主机释放 SDA 线 */
    iic_delay();
}
void iic_nack(void)
{
    IIC_SDA(1);          /* SCL 0 ->1 时 SDA = 1,表示不应答 */
    iic_delay();
    IIC_SCL(1);          /* 产生一个时钟 */
    iic_delay();
    IIC_SCL(0);
    iic_delay();
}
```

首先讲解一下 iic_wait_ack 函数，该函数主要用在写时序中，当启动起始信号，发送完 8 bit 数据到从机时，我们就需要等待以及处理接收从机发送过来的响应信号或者非响应信号，一般就是在 iic_send_byte 函数后面调用。

具体实现：首先释放 SDA，把电平拉高，延时等待从机操作 SDA 线，然后主机拉高时钟线并延时，确保有充足的时间让主机接收到从机发出的 SDA 信号，这里使用的是 IIC_READ_SDA 宏定义去读取，根据 I²C 协议，主机读取 SDA 的值为低电平，就表示

"应答信号";读到 SDA 的值为高电平,就表示"非应答信号"。在这个等待读取的过程中加入了超时判断,假如超过这个时间没有接收到数据,那么主机直接发出停止信号,跳出循环,返回等于 1 的变量。在正常等待到应答信号后,主机会把 SCL 时钟线拉低并延时,返回是否接收到应答信号。

当主机作为接收端时,调用 iic_read_byte 函数之后,按照 I^2C 通信协议,需要给从机返回应答或者是非应答信号,这里就用到了 iic_ack 和 iic_nack 函数。

具体实现:从上面的说明已经知道了 SDA 为低电平即应答信号、高电平即非应答信号,那么还是老规矩,首先根据返回"应答"或者"非应答"两种情况拉低或者拉高 SDA,并延时等待 SDA 电平稳定,然后主机拉高 SCL 线并延时,确保从机能有足够时间去接收 SDA 线上的电平信号。主机拉低时钟线并延时,完成这一位数据的传送。最后把 SDA 拉高,呈高阻态,方便后续通信。

2. 24C02 驱动代码

这里只讲解核心代码,详细的源码可参考配套资料中本实验对应源码。24Cxx 驱动源码包括两个文件:24cxx.c 和 24cxx.h。

前面已经对 I^2C 协议中需要用到的信号都用函数封装好了,那么现在就要定义符合 24C02 时序的函数。为了使代码功能更加健全,所以在 24cxx.h 中的宏定义了不同容量大小的 24C 系列型号,具体定义如下:

```
#define AT24C01        127
#define AT24C02        255
#define AT24C04        511
#define AT24C08        1023
#define AT24C16        2047
#define AT24C32        4095
#define AT24C64        8191
#define AT24C128       16383
#define AT24C256       32767
/* 开发板使用的是 24C02,所以定义 EE_TYPE 为 AT24C02 */
#define EE_TYPE        AT24C02
```

在 24cxx.c 文件中,读/写操作函数对于不同容量的 24Cxx 芯片都有相对应的代码块解决处理。下面先看一下 at24cxx_write_one_byte 函数,用于实现在 AT24Cxx 芯片指定地址写入一个数据,代码如下:

```
void at24cxx_write_one_byte(uint16_t addr, uint8_t data)
{
    /* 原理说明见:at24cxx_read_one_byte 函数, 本函数完全类似 */
    iic_start();                        /* 发送起始信号 */
    if (EE_TYPE > AT24C16)              /* 24C16 以上的型号, 分两个字节发送地址 */
    {
        iic_send_byte(0XA0);            /* 发送写命令, IIC 规定最低位是 0, 表示写入 */
        iic_wait_ack();                 /* 每次发送完一个字节,都要等待 ACK */
        iic_send_byte(addr >> 8);       /* 发送高字节地址 */
    }
```

```
    else
    {   /* 发送器件 0XA0 + 高位 a8/a9/a10 地址,写数据 */
        iic_send_byte(0XA0 + ((addr >> 8) << 1));
    }
    iic_wait_ack();                  /* 每次发送完一个字节,都要等待 ACK */
    iic_send_byte(addr % 256);       /* 发送低位地址 */
    iic_wait_ack();                  /* 等待 ACK, 此时地址发送完成了 */
    /* 因为写数据的时候,不需要进入接收模式了,所以这里不用重新发送起始信号了 */
    iic_send_byte(data);             /* 发送一个字节 */
    iic_wait_ack();                  /* 等待 ACK */
    iic_stop();                      /* 产生一个停止条件 */
    delay_ms(10);        /* 注意: EEPROM 写入比较慢,必须等到 10 ms 后再写下一个字节 */
}
```

该函数的操作流程跟前面已经分析过的 24C02 单字节写时序一样，首先调用 iic_start 函数产生起始信号，然后调用 iic_send_byte 函数发送第一个字节数据设备地址，等待 24Cxx 设备返回应答信号；收到应答信号后，继续发送第 2 个 1 字节数据内存地址 addr；等待接收应答后，最后发送第 3 个字节数据写入内存地址的数据 data，24Cxx 设备接收完数据返回应答信号，主机调用 iic_stop 函数产生停止信号终止数据传输，最终需要延时 10 ms，等待 EEPROM 写入完毕。

对于容量大于 24C16 的芯片，则需要单独发送 2 个字节（甚至更多）的地址，如 24C32 的大小为 4 096，需要 12 个寻址地址线支持，4 096＝2^{12}。24C16 正好是两个字节，而它需要 3 字节才能确定写入的位置。24C32 芯片规定设备写地址 0xA0/读地址 0xA1，后面接着发送 8 位高地址，最后才发送 8 位低地址。与函数里面的操作是一致。

接下来看一下 at24cxx_read_one_byte 函数，其定义如下：

```
uint8_t at24cxx_read_one_byte(uint16_t addr)
{
    uint8_t temp = 0;
    iic_start();                     /* 发送起始信号 */
    if (EE_TYPE > AT24C16)           /* 24C16 以上的型号, 分 2 个字节发送地址 */
    {
        iic_send_byte(0XA0);         /* 发送写命令, IIC 规定最低位是 0, 表示写入 */
        iic_wait_ack();              /* 每次发送完一个字节, 都要等待 ACK */
        iic_send_byte(addr >> 8);    /* 发送高字节地址 */
    }
    else
    {   /* 发送器件 0XA0 + 高位 a8/a9/a10 地址,写数据 */
        iic_send_byte(0XA0 + ((addr >> 8) << 1));
    }
    iic_wait_ack();                  /* 每次发送完一个字节,都要等待 ACK */
    iic_send_byte(addr % 256);       /* 发送低位地址 */
    iic_wait_ack();                  /* 等待 ACK, 此时地址发送完成了 */
    iic_start();                     /* 重新发送起始信号 */
    iic_send_byte(0XA1);             /* 进入接收模式, IIC 规定最低位是 0, 表示读取 */
    iic_wait_ack();                  /* 每次发送完一个字节, 都要等待 ACK */
    temp = iic_read_byte(0);         /* 接收一个字节数据 */
    iic_stop();                      /* 产生一个停止条件 */
```

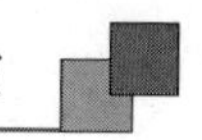

```
    return temp;
}
```

这里函数的实现与 6.1.2 小节 24C02 数据传输中的读时序一致，主机首先调用 iic_start 函数产生起始信号，然后调用 iic_send_byte 函数发送第一个字节数据设备写地址，使用 iic_wait_ack 函数等待 24Cxx 设备返回应答信号；收到应答信号后，继续发送第 2 个 1 字节数据内存地址 addr；等待接收应答后，重新调用 iic_start 函数产生起始信号，这一次的设备方向改变了，调用 iic_send_byte 函数发送设备读地址，然后使用 iic_wait_ack 函数去等待设备返回应答信号，同时使用 iic_read_byte 去读取从机发出来的数据。由于 iic_read_byte 函数的形参是 0，所以在获取完一个字节的数据后，主机发送非应答信号，停止数据传输，最终调用 iic_stop 函数产生停止信号，返回从机 addr 中读取到的数据。

为了方便检测 24Cxx 芯片是否正常工作，这里也定义了一个检测函数，代码如下：

```
uint8_t at24cxx_check(void)
{
    uint8_t temp;
    uint16_t addr = EE_TYPE;
    temp = at24cxx_read_one_byte(addr);          /* 避免每次开机都写 AT24CXX */
    if (temp == 0X55)                            /* 读取数据正常 */
    {
        return 0;
    }
    else                                         /* 排除第一次初始化的情况 */
    {
        at24cxx_write_one_byte(addr, 0X55);      /* 先写入数据 */
        temp = at24cxx_read_one_byte(255);       /* 再读取数据 */
        if (temp == 0X55)return 0;
    }
    return 1;
}
```

学到这个地方相信读者对于这个操作并不陌生了，前面的 RTC 实验也有相似的操作，可以翻回去看看。这里利用的是 EEPROM 芯片掉电不丢失的特性，在第一次写入某个值之后，再去读一下是否写入成功，利用这种方式去检测芯片是否正常工作。

3. main.c 代码

在 main.c 里面编写如下代码：

```
const uint8_t g_text_buf[] = {"STM32 IIC TEST"};     /* 要写入 24C02 的字符串数组 */
#define TEXT_SIZE       sizeof(g_text_buf)           /* TEXT 字符串长度 */
int main(void)
{
    uint8_t key;
    uint16_t i = 0;
    uint8_t datatemp[TEXT_SIZE];
    HAL_Init();                                      /* 初始化 HAL 库 */
    sys_stm32_clock_init(336, 8, 2, 7);              /* 设置时钟, 168 MHz */
```

```
    delay_init(84);                             /* 延时初始化 */
    usart_init(115200);                         /* 串口初始化为 115 200 */
    usmart_dev.init(84);                        /* 初始化 USMART */
    led_init();                                 /* 初始化 LED */
    lcd_init();                                 /* 初始化 LCD */
    key_init();                                 /* 初始化按键 */
    at24cxx_init();                             /* 初始化 24CXX */
    lcd_show_string(30, 50, 200, 16, 16, "STM32", RED);
    lcd_show_string(30, 70, 200, 16, 16, "IIC TEST", RED);
    lcd_show_string(30, 90, 200, 16, 16, "ATOM@ALIENTEK", RED);
    lcd_show_string(30, 110, 200, 16, 16, "KEY1:Write  KEY0:Read", RED);
    while (at24cxx_check())     /* 检测不到 24c02 */
    {
        lcd_show_string(30, 130, 200, 16, 16, "24C02 Check Failed!", RED);
        delay_ms(500);
        lcd_show_string(30, 130, 200, 16, 16, "Please Check!      ", RED);
        delay_ms(500);
        LED0_TOGGLE();              /* 红灯闪烁 */
    }
    lcd_show_string(30, 130, 200, 16, 16, "24C02 Ready!", RED);
    while (1)
    {
        key = key_scan(0);
        if (key == KEY1_PRES)    /* KEY1 按下,写入 24C02 */
        {
            lcd_fill(0, 150, 239, 319, WHITE);  /* 清除半屏 */
            lcd_show_string(30, 150, 200, 16, 16, "Start Write 24C02....", BLUE);
            at24cxx_write(0, (uint8_t *)g_text_buf, TEXT_SIZE);
            /* 提示传送完成 */
            lcd_show_string(30, 150, 200, 16, 16, "24C02 Write Finished!", BLUE);
        }
        if (key == KEY0_PRES)    /* KEY0 按下,读取字符串并显示 */
        {
            lcd_show_string(30, 150, 200, 16, 16, "Start Read 24C02.... ", BLUE);
            at24cxx_read(0, datatemp, TEXT_SIZE);
            /* 提示传送完成 */
            lcd_show_string(30, 150, 200, 16, 16, "The Data Readed Is:  ", BLUE);
            /* 显示读到的字符串 */
            lcd_show_string(30, 170, 200, 16, 16, (char *)datatemp, BLUE);
        }
        i++;
        if (i == 20)
        {
            LED0_TOGGLE();  /* 红灯闪烁 */
            i = 0;
        }
        delay_ms(10);
    }
}
```

main 函数的流程大致是：在 main 函数外部定义要写入 24C02 的字符串数组

g_text_buf。在完成系统级和用户级初始化工作后，检测 24C02 是否存在，然后通过按下 KEY0，读取 0 地址存放的数据并显示在 LCD 上；另外还可以通过 KEY1 去 0 地址处写入 g_text_buf 数据并在 LCD 界面中显示传输，完成后显示"24C02 Write Finished!"。

6.4 下载验证

将程序下载到开发板后，可以看到 LED0 不停闪烁，提示程序已经在运行了。先按下 KEY1 写入数据，然后再按 KEY0 读取数据，最终 LCD 显示的内容如图 6.9 所示。

假如需要验证 24C02 的自检函数，则可以用根杜邦线把 PB8 和 PB9 短接，重新上电看看是否能看到报错。

```
STM32
IIC TEST
ATOM@ALIENTEK
KEY1:Write  KEY0:Read
24C02 Ready!
The Data Readed Is:
STM32 IIC TEST
```

图 6.9　I^2C 实验程序运行效果图

第7章 SPI实验

本章将介绍如何使用 STM32F407 的 SPI 功能，并实现对外部 NOR FLASH 的读/写，同时把结果显示在 TFTLCD 模块上。

7.1 SPI 简介

这里将从结构、时序和寄存器 3 个部分来介绍 SPI。

1. SPI 框图

SPI 是 Serial Peripheral Interface 的缩写，顾名思义就是串行外围设备接口。SPI 通信协议是 Motorola 公司首先在其 MC68HCXX 系列处理器上定义的。SPI 接口是一种高速的全双工同步的通信总线，已经广泛应用在众多 MCU、存储芯片、ADC 和 LCD 之间。大部分 STM32 有 3 个 SPI 接口，本实验使用的是 SPI1。

我们先看 SPI 的结构框图，了解它的大致功能，如图 7.1 所示。这里展开介绍一下 SPI 的引脚信息、工作原理以及传输方式，把 SPI 的 4 种工作方式放在后面讲解。

(1) SPI 的引脚信息

- MISO(Master In/Slave Out)：主设备数据输入，从设备数据输出。
- MOSI(Master Out/Slave In)：主设备数据输出，从设备数据输入。
- SCLK(Serial Clock)：时钟信号，由主设备产生。
- CS(Chip Select)：从设备片选信号，由主设备产生。

(2) SPI 的工作原理

主机和从机都有一个串行移位寄存器，主机通过向它的 SPI 串行寄存器写入一个字节来发起一次传输。串行移位寄存器通过 MOSI 信号线将字节传送给从机，从机也将自己串行移位寄存器中的内容通过 MISO 信号线返回给主机。这样，两个移位寄存器中的内容就被交换。外设的写操作和读操作是同步完成的。如果只是进行写操作，主机只须忽略接收到的字节。反之，若主机要读取从机的一个字节，就必须发送一个空字节引发从机传输。

(3) SPI 的传输方式

SPI 总线具有 3 种传输方式：全双工、单工以及半双工传输方式。

全双工通信：就是在任何时刻，主机与从机之间都可以同时进行数据的发送和

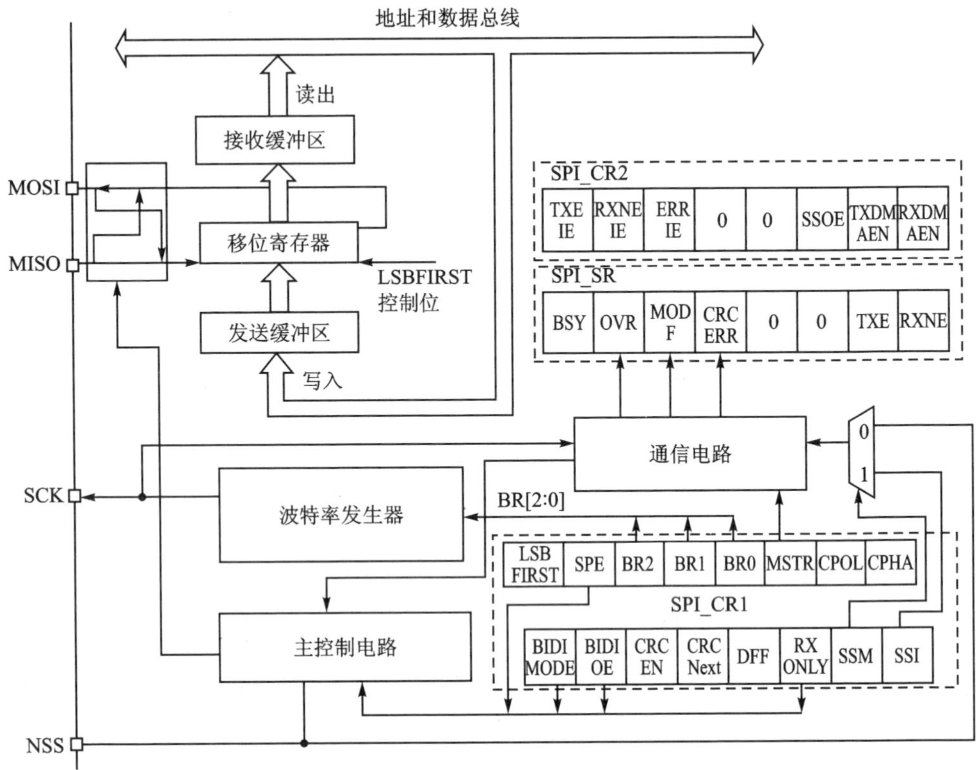

图 7.1　SPI 框图

接收。

单工通信:就是在同一时刻,只有一个传输的方向,发送或者接收。

半双工通信:就是在同一时刻,只能为一个方向传输数据。

2. SPI 工作模式

STM32 要与具有 SPI 接口的器件进行通信,就必须遵循 SPI 的通信协议。每一种通信协议都有各自的读/写数据时序,当然 SPI 也不例外。SPI 通信协议就具备 4 种工作模式,在讲这 4 种工作模式前,首先要知道 CPOL 和 CPHA。

CPOL,全称 Clock Polarity,就是时钟极性,即主从机没有数据传输时(空闲状态)SCL 线的电平状态。若空闲状态是高电平,那么 CPOL=1;若空闲状态是低电平,那么 CPOL=0。

CPHA,全称 Clock Phase,就是时钟相位。这里先介绍一下数据传输的常识:同步通信时,数据的变化和采样都是在时钟边沿上进行的,每一个时钟周期都有上升沿和下降沿两个边沿,那么数据的变化和采样就分别安排在两个不同的边沿。由于数据在产生和到它稳定需要一定的时间,那么假如我们在第一个边沿信号把数据输出了,从机只能从第 2 个边沿信号去采样这个数据。

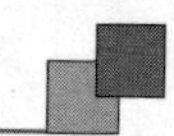

CPHA实质指的是数据的采样时刻，CPHA=0的情况就表示数据是从第一个边沿信号上(即奇数边沿)采样，具体是上升沿还是下降沿则由CPOL决定。这里就存在一个问题：当开始传输第一个bit的时候，第一个时钟边沿就采集该数据了，那数据是什么时候输出来的呢？那么就有两种情况：一是CS使能的边沿，二是上一帧数据的最后一个时钟沿。

CPHA=1的情况就表示数据是从第2个边沿(即偶数边沿)采样，它的边沿极性要注意一点，和上面CPHA=0不一样的边沿情况。前面是奇数边沿采样数据，从SCL空闲状态的直接跳变，空闲状态是高电平，那么它就是下降沿，反之就是上升沿。由于CPHA=1是偶数边沿采样，所以需要根据偶数边沿判断，假如第一个边沿(即奇数边沿)是下降沿，那么偶数边沿的边沿极性就是上升沿。不理解的可以看下面4种SPI工作模式的图。

由于CPOL和CPHA都有两种不同状态，所以SPI分成了4种模式。开发的时候使用比较多的是模式0和模式3。SPI工作模式如表7.1所列。

表7.1 SPI工作模式表

SPI工作模式	CPOL	CPHA	SCL空闲状态	采样边沿	采样时刻
0	0	0	低电平	上升沿	奇数边沿
1	0	1	低电平	下降沿	偶数边沿
2	1	0	高电平	下降沿	奇数边沿
3	1	1	高电平	上升沿	偶数边沿

3. SPI寄存器

这里简单介绍一下本实验用到的寄存器。

(1) SPI控制寄存器1(SPI_CR1)

SPI控制寄存器1描述如图7.2所示。

该寄存器控制着SPI很多相关信息，包括主设备模式选择、传输方向、数据格式、时钟极性、时钟相位和使能等。下面讲解一下本实验配置的位，位CPHA置1，数据采样从第二个时钟边沿开始；位CPOL置1，在空闲状态时，SCK保持高电平；位MSTR置1，配置为主机模式；位BR[2：0]置7，使用256分频，速度最低；位SPE置1，开启SPI设备；位LSBFIRST置0，MSB先传输；位SSI置1，禁止软件从设备，即做主机；位SSM置1，软件片选NSS控制；RXONLY置0，传输方式采用的是全双工模式；位DFF置0，使用8位数据帧格式。

(2) SPI状态寄存器(SPI_SR)

SPI状态寄存器描述如图7.3所示。

该寄存器用于查询当前SPI的状态，本实验中用到的是TXE位和RXNE位，即标记是否发送完成和接收完成。

15	14	13	12	11	10	9	8	7	6	5	4	3	2	1	0
BIDI MODE	BIDI OE	CRCEN	CRC NEXT	DFF	RX ONLY	SSM	SSI	LSB FIRST	SPE	BR[2:0]			MSTR	CPOL	CPHA
rw	rw	rw	rw	rw	rw	rw	rw	rw	rw	rw	rw	rw	rw	rw	rw

位	描述
位11	DFF：数据帧格式 0：使用8位数据帧格式进行发送/接收；　1：使用16位数据帧格式进行发送/接收。 注：只有当SPI禁止(SPE=0)时，才能写该位，否则出错。　注：I²S模式下不使用
位10	RXONLY：只接收 该位和BIDIMODE位一起决定在“双线双向”模式下的传输方向。在多个从设备的配置中，在未被访问的从设备上该位被置1，使得只有被访问的从设备有输出，从而不会造成数据线上数据冲突。注：I²C模式下不使用。 0：全双工(发送和接收)；　1：禁止输出(只接收模式)
位9	SSM：软件从设备管理 当SSM被置位时，NSS引脚上的电平由SSI位的值决定。注：I²S模式下不使用。 0：禁止软件从设备管理；　1：启用软件从设备管理
位7	LSBFIRST：帧格式 0：先发送MSB；　1：先发送LSB。 注：当通信在进行时不能改变该位的值。　注：I²S模式下不使用
位6	SPE：SPI使能 0：禁止SPI设备；　1：开启SPI设备。 注：I²S模式下不使用
位5:3	BR[2:0]：波特率控制 000：$f_{PCLK}/2$　001：$f_{PCLK}/4$　010：$f_{PCLK}/8$　011：$f_{PCLK}/16$ 100：$f_{PCLK}/32$　101：$f_{PCLK}/64$　110：$f_{PCLK}/128$　111：$f_{PCLK}/256$ 当通信正在进行的时候，不能修改这些位。　注：I²S模式下不使用
位2	MSTR：主设备选择 0：配置为从设备；　1：配置为主设备。 注：当通信正在进行的时候，不能修改该位。　注：I²S模式下不使用
位1	CPOL：时钟极性 0：空闲状态时，SCK保持低电平；　1：空闲状态时，SCK保持高电平。 注：当通信正在进行的时候，不能修改该位。　注：I²S模式下不使用
位0	CPHA：时钟相位 0：数据采样从第一个时钟边沿开始；　1：数据采样从第二个时钟边沿开始。 注：当通信正在进行的时候，不能修改该位。　注：I²S模式下不使用

图 7.2　SPI_CR1 寄存器(部分)

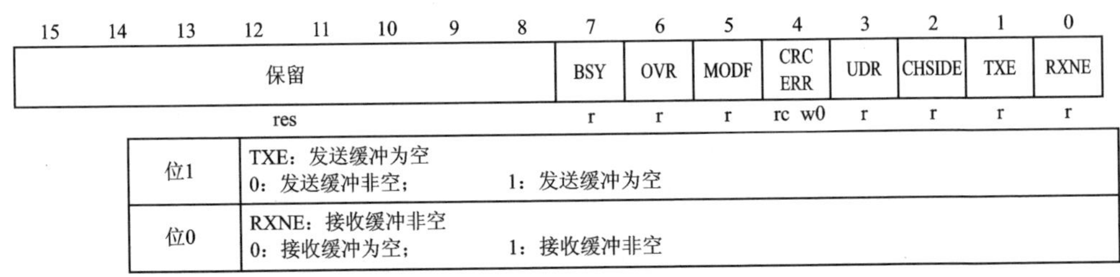

15	14	13	12	11	10	9	8	7	6	5	4	3	2	1	0
保留								BSY	OVR	MODF	CRC ERR	UDR	CHSIDE	TXE	RXNE
res								r	r	r	rc w0	r	r	r	r

位	描述
位1	TXE：发送缓冲为空 0：发送缓冲非空；　1：发送缓冲为空
位0	RXNE：接收缓冲非空 0：接收缓冲为空；　1：接收缓冲非空

图 7.3　SPI_SR 寄存器(部分)

(3) SPI 数据寄存器(SPI_DR)

SPI 数据寄存器描述如图 7.4 所示。

该寄存器是 SPI 数据寄存器，是一个双寄存器，包括了发送缓存和接收缓存。当向该寄存器写数据的时候，SPI 就会自动发送；当收到数据的时候，也是存在该寄存器内。

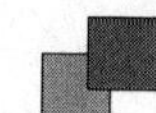

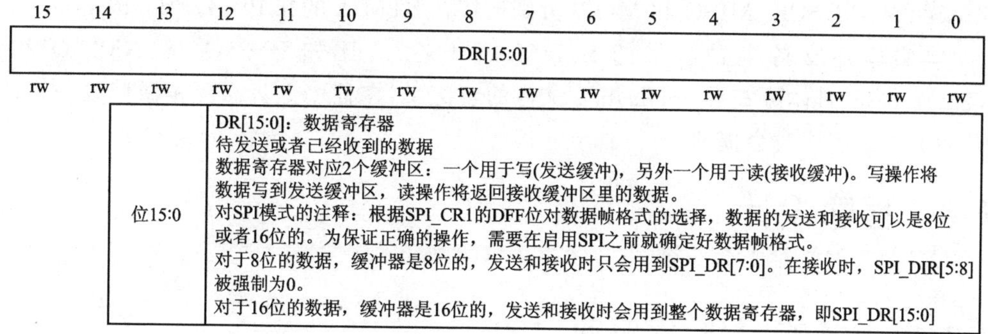

15	14	13	12	11	10	9	8	7	6	5	4	3	2	1	0
DR[15:0]															
rw	rw	rw	rw	rw	rw	rw	rw	rw	rw	rw	rw	rw	rw	rw	rw

位15:0	DR[15:0]：数据寄存器 待发送或者已经收到的数据 数据寄存器对应2个缓冲区：一个用于写(发送缓冲)，另外一个用于读(接收缓冲)。写操作将数据写到发送缓冲区，读操作将返回接收缓冲区里的数据。 对SPI模式的注释：根据SPI_CR1的DFF位对数据帧格式的选择，数据的发送和接收可以是8位或者16位的。为保证正确的操作，需要在启用SPI之前就确定好数据帧格式。 对于8位的数据，缓冲器是8位的，发送和接收时只会用到SPI_DR[7:0]。在接收时，SPI_DIR[5:8]被强制为0。 对于16位的数据，缓冲器是16位的，发送和接收时会用到整个数据寄存器，即SPI_DR[15:0]

图 7.4　SPI_DR 寄存器

7.2　硬件设计

(1) 例程功能

通过 KEY1 按键来控制 NOR FLASH 的写入，通过按键 KEY0 来控制 NOR FLASH 的读取，并在 LCD 模块上显示相关信息。还可以通过 USMART 控制读取 NOR FLASH 的 ID、擦除某个扇区或整片擦除。LED0 闪烁用于提示程序正在运行。

(2) 硬件资源

- LED 灯：LED0 - PF9；
- 独立按键：KEY0 - PE4、KEY1 - PE3；
- NOR FLASH(本例程使用的是 W25Q128，连接在 SPI1 上)；
- 正点原子 TFTLCD 模块(仅限 MCU 屏，16 位 8080 并口驱动)；
- 串口 1(PA9、PA10 连接在板载 USB 转串口芯片 CH340 上面)(USMART 使用)；
- SPI1(PB3、PB4、PB5、PB14)。

(3) 原理图

我们主要来看看 NOR FLASH 和开发板的连接，如图 7.5 所示。可见，NOR

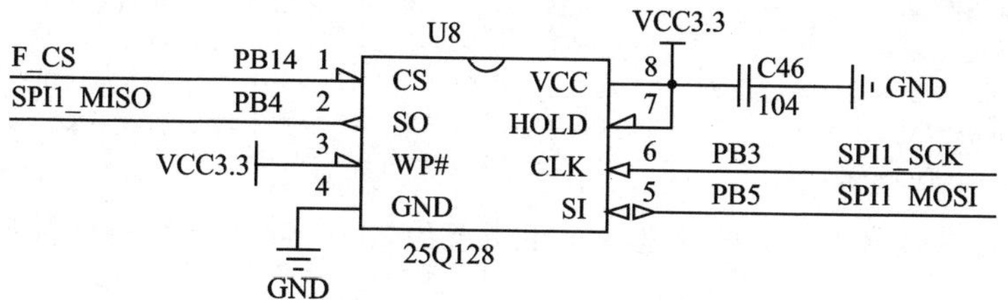

SPI1_SCK	JTDO	PB3	133	PB3/JTDO/TRACESWO/TIM2_CH2
SPI1_MISO	JTRST	PB4	134	PB4/JNTRST/TIM3_CH1/SPI1_MISO
SPI1_MOSI		PB5	135	PB5/TIM3_CH2/SPI1_MOSI/SPI3_M
	F_CS	PB14	75	PB14/SPI2_MISO/TIM1_CH2N/TIM

图 7.5　NOR FLASH 与开发板的连接原理

FLASH 的 $\overline{CS}$、SCK、MISO 和 MOSI 分别连接在 STM32 的在 PB14、PB3、PB4 和 PB5 上。本实验还支持多种型号的 SPI FLASH 芯片，比如 BY25Q128、NM25Q128、W25Q128 等，具体可查看 norflash.h 文件的宏定义，在程序上只需要稍微修改一下即可，后面讲解程序时会提到。

7.3 程序设计

7.3.1 SPI 的 HAL 库驱动

SPI 在 HAL 库中的驱动代码在 stm32f4xx_hal_spi.c 文件(及其头文件)中。

1. HAL_SPI_Init 函数

SPI 的初始化函数，其声明如下：

```
HAL_StatusTypeDef HAL_SPI_Init(SPI_HandleTypeDef *hspi);
```

函数描述：用于初始化 SPI。

函数形参：形参 SPI_HandleTypeDef 是结构体类型指针变量，其定义如下：

```
typedef struct __SPI_HandleTypeDef
{
  SPI_TypeDef                *Instance;        /* SPI 寄存器基地址 */
  SPI_InitTypeDef            Init;             /* SPI 通信参数 */
  uint8_t                    *pTxBuffPtr;      /* SPI 的发送缓存 */
  uint16_t                   TxXferSize;       /* SPI 的发送数据大小 */
  __IO uint16_t              TxXferCount;      /* SPI 发送端计数器 */
  uint8_t                    *pRxBuffPtr;      /* SPI 的接收缓存 */
  uint16_t                   RxXferSize;       /* SPI 的接收数据大小 */
  __IO uint16_t              RxXferCount;      /* SPI 接收端计数器 */
  void (*RxISR)(struct __SPI_HandleTypeDef *hspi);   /* SPI 的接收端中断服务函数 */
  void (*TxISR)(struct __SPI_HandleTypeDef *hspi);   /* SPI 的发送端中断服务函数 */
  DMA_HandleTypeDef          *hdmatx;          /* SPI 发送参数设置(DMA) */
  DMA_HandleTypeDef          *hdmarx;          /* SPI 接收参数设置(DMA) */
  HAL_LockTypeDef            Lock;             /* SPI 锁对象 */
  __IO HAL_SPI_StateTypeDef  State;            /* SPI 传输状态 */
  __IO uint32_t              ErrorCode;        /* SPI 操作错误代码 */
} SPI_HandleTypeDef;
```

这里主要讲解第二个成员变量 Init，它是 SPI_InitTypeDef 结构体类型，该结构体定义如下：

```
typedef struct
{
  uint32_t Mode;          /* 模式：主：SPI_MODE_MASTER，从：SPI_MODE_SLAVE */
  uint32_t Direction;     /* 指定 SPI 双向模式状态 */
  uint32_t DataSize;      /* 数据帧格式：8 位/16 位 */
  uint32_t CLKPolarity;   /* 时钟极性 CPOL 高/低电平 */
  uint32_t CLKPhase;      /* 时钟相位的边沿采集 */
```

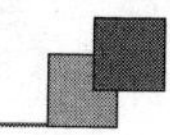

```
    uint32_t NSS;                    /* SS 信号由硬件(NSS)管脚控制还是软件控制 */
    uint32_t BaudRatePrescaler;      /* 设置 SPI 波特率预分频值 */
    uint32_t FirstBit;               /* 起始位是 MSB 还是 LSB */
    uint32_t TIMode;                 /* 帧格式 SPI motorola 模式还是 TI 模式 */
    uint32_t CRCCalculation;         /* 硬件 CRC 是否使能 */
    uint32_t CRCPolynomial;          /* 设置 CRC 多项式 */
} SPI_InitTypeDef;
```

函数返回值:HAL_StatusTypeDef 枚举类型的值。

2. 使用 SPI 传输数据的配置步骤

① SPI 参数初始化(工作模式、数据时钟极性、时钟相位等)。

HAL 库通过调用 SPI 初始化函数 HAL_SPI_Init 完成对 SPI 参数初始化,详见例程源码。

注意,该函数会调用 HAL_SPI_MspInit 函数来完成对 SPI 底层的初始化,包括 SPI 及 GPIO 时钟使能、GPIO 模式设置等。

② 使能 SPI 时钟和配置相关引脚的复用功能。

本实验用到 SPI1,使用 PB3、PB4 和 PB5 作为 SPI_SCK、SPI_MISO 和 SPI_MOSI,因此需要先使能 SPI1 和 GPIOB 时钟。参考代码如下:

```
__HAL_RCC_SPI1_CLK_ENABLE();
__HAL_RCC_GPIOB_CLK_ENABLE();
```

I/O 口复用功能是通过函数 HAL_GPIO_Init 来配置的。

③ 使能 SPI。

通过__HAL_SPI_ENABLE 函数使能 SPI 便可进行数据传输。

④ SPI 传输数据。

通过 HAL_SPI_Transmit 函数进行发送数据。通过 HAL_SPI_Receive 函数进行接收数据。也可以通过 HAL_SPI_TransmitReceive 函数进行发送与接收操作。

④ 设置 SPI 传输速度。

SPI 初始化结构体 SPI_InitTypeDef 有一个成员变量是 BaudRatePrescaler,该成员变量用来设置 SPI 的预分频系数,从而决定了 SPI 的传输速度。但是 HAL 库并没有提供单独的 SPI 分频系数修改函数,如果需要在程序中偶尔修改速度,那么就要通过设置 SPI_CR1 寄存器来修改,具体实现方法可参考后面软件设计小节的相关函数。

7.3.2 程序流程图

程序流程如图 7.6 所示。

7.3.3 程序解析

本实验通过调用 HAL 库的函数去驱动 SPI 进行通信,所以需要在工程中的 FWLIB 分组下添加 stm32f4xx_hal_spi.c 文件去支持。实验工程中新增了 spi.c 来存放 SPI 底层驱动代码,norflash.c 文件存放 W25Q128、NM25Q128、BY25Q128 驱动。

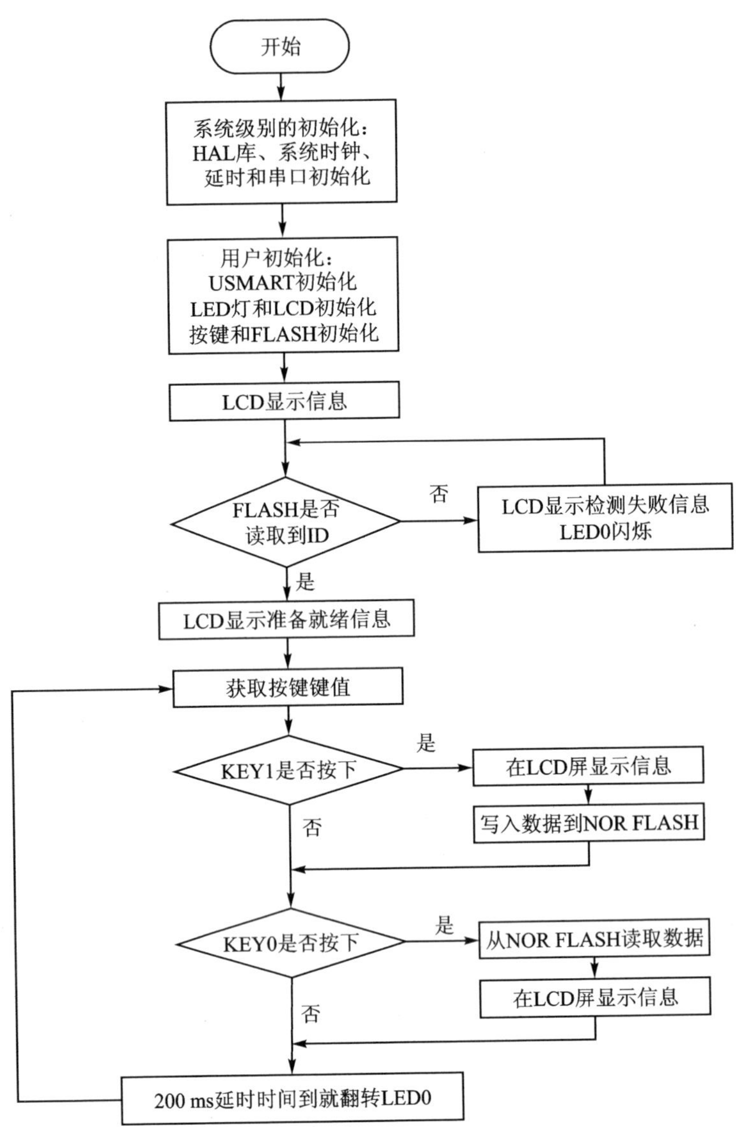

图 7.6　SPI 实验程序流程图

1. SPI 驱动代码

这里只讲解核心代码，详细的源码可参考配套资料中本实验对应源码。SPI 驱动源码包括两个文件：spi.c 和 spi.h。

下面直接介绍 SPI 相关的程序，首先介绍 spi.h 文件，其定义如下：

```
/* SPI1 引脚 定义 */
#define SPI1_SCK_GPIO_PORT              GPIOB
#define SPI1_SCK_GPIO_PIN               GPIO_PIN_3
#define SPI1_SCK_GPIO_CLK_ENABLE()      do{ __HAL_RCC_GPIOB_CLK_ENABLE();}while(0)
#define SPI1_MISO_GPIO_PORT             GPIOB
```

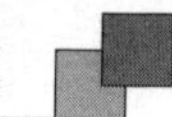

```
#define SPI1_MISO_GPIO_PIN                  GPIO_PIN_4
#define SPI1_MISO_GPIO_CLK_ENABLE()         do{ __HAL_RCC_GPIOB_CLK_ENABLE(); }while(0)
#define SPI1_MOSI_GPIO_PORT                 GPIOB
#define SPI1_MOSI_GPIO_PIN                  GPIO_PIN_5
#define SPI1_MOSI_GPIO_CLK_ENABLE()         do{ __HAL_RCC_GPIOB_CLK_ENABLE(); }while(0)
/* SPI1 相关定义 */
#define SPI1_SPI                            SPI1
#define SPI1_SPI_CLK_ENABLE()               do{ __HAL_RCC_SPI1_CLK_ENABLE(); }while(0)
```

通过宏定义标识符的方式去定义 SPI 通信用到的 3 个引脚 SCK、MISO 和 MOSI，同时还宏定义 SPI1 的相关信息。

接下来看一下 spi.c 代码中的初始化函数，代码如下：

```
SPI_HandleTypeDef g_spi1_handler;                          /* SPI1 句柄 */
void spi1_init(void)
{
    SPI1_SPI_CLK_ENABLE();                                 /* SPI1 时钟使能 */
    g_spi1_handler.Instance = SPI1_SPI;                    /* SPI1 */
    g_spi1_handler.Init.Mode = SPI_MODE_MASTER;   /* 设置 SPI 工作模式，设置为主模式 */
    /* 设置 SPI 单向或者双向的数据模式：SPI 设置为双线模式 */
    g_spi1_handler.Init.Direction = SPI_DIRECTION_2LINES;
    /* 设置 SPI 的数据大小：SPI 发送接收 8 位帧结构 */
    g_spi1_handler.Init.DataSize = SPI_DATASIZE_8BIT;
    /* 串行同步时钟的空闲状态为高电平 */
    g_spi1_handler.Init.CLKPolarity = SPI_POLARITY_HIGH;
    /* 串行同步时钟的第二个跳变沿（上升或下降）数据被采样 */
    g_spi1_handler.Init.CLKPhase = SPI_PHASE_2EDGE;
    /* NSS 信号由硬件（NSS 管脚）还是软件（使用 SSI 位）管理：内部 NSS 信号有 SSI 位控制 */
    g_spi1_handler.Init.NSS = SPI_NSS_SOFT;
    /* 定义波特率预分频的值：波特率预分频值为 256 */
    g_spi1_handler.Init.BaudRatePrescaler = SPI_BAUDRATEPRESCALER_256;
    /* 指定数据传输从 MSB 位还是 LSB 位开始：数据传输从 MSB 位开始 */
    g_spi1_handler.Init.FirstBit = SPI_FIRSTBIT_MSB;
    g_spi1_handler.Init.TIMode = SPI_TIMODE_DISABLE;       /* 关闭 TI 模式 */
    /* 关闭硬件 CRC 校验 */
    g_spi1_handler.Init.CRCCalculation = SPI_CRCCALCULATION_DISABLE;
    g_spi1_handler.Init.CRCPolynomial = 7;                 /* CRC 值计算的多项式 */
    HAL_SPI_Init(&g_spi1_handler);                         /* 初始化 */
    __HAL_SPI_ENABLE(&g_spi1_handler);                     /* 使能 SPI1 */
    /* 启动传输，实际上就是产生 8 个时钟脉冲，达到清空 DR 的作用，非必需 */
    spi1_read_write_byte(0XFF);
}
```

spi1_init 函数中主要工作就是对于 SPI 参数的配置，这里包括工作模式、数据模式、数据大小、时钟极性、时钟相位、波特率预分频值等。关于 SPI 的引脚配置就放在了 HAL_SPI_MspInit 函数里，其代码如下：

```
void HAL_SPI_MspInit(SPI_HandleTypeDef *hspi)
{
    GPIO_InitTypeDef gpio_init_struct;
    if (hspi->Instance == SPI1_SPI)
```

```
    {
        SPI1_SCK_GPIO_CLK_ENABLE();        /* SPI1_SCK 脚时钟使能 */
        SPI1_MISO_GPIO_CLK_ENABLE();       /* SPI1_MISO 脚时钟使能 */
        SPI1_MOSI_GPIO_CLK_ENABLE();       /* SPI1_MOSI 脚时钟使能 */
        /* SCK 引脚模式设置(复用输出) */
        gpio_init_struct.Pin = SPI1_SCK_GPIO_PIN;
        gpio_init_struct.Mode = GPIO_MODE_AF_PP;
        gpio_init_struct.Pull = GPIO_PULLUP;
        gpio_init_struct.Speed = GPIO_SPEED_FREQ_HIGH;
        gpio_init_struct.Alternate = GPIO_AF5_SPI1;
        HAL_GPIO_Init(SPI1_SCK_GPIO_PORT, &gpio_init_struct);
        /* MISO 引脚模式设置(复用输出) */
        gpio_init_struct.Pin = SPI1_MISO_GPIO_PIN;
        HAL_GPIO_Init(SPI1_MISO_GPIO_PORT, &gpio_init_struct);
        /* MOSI 引脚模式设置(复用输出) */
        gpio_init_struct.Pin = SPI1_MOSI_GPIO_PIN;
        HAL_GPIO_Init(SPI1_MOSI_GPIO_PORT, &gpio_init_struct);
    }
}
```

通过以上两个函数的作用就可以完成 SPI 初始。接下来介绍 SPI 的发送和接收函数，其定义如下：

```
uint8_t spi1_read_write_byte(uint8_t txdata)
{
    uint8_t rxdata;
    HAL_SPI_TransmitReceive(&g_spi1_handler, &txdata, &rxdata, 1, 1000);
    return rxdata; /* 返回收到的数据 */
}
```

这里的 spi_read_write_byte 函数直接调用了 HAL 库内置的函数进行接收和发送操作。

由于不同的外设需要的通信速度不一样，所以这里定义了一个速度设置函数，通过操作寄存器的方式去实现，其代码如下：

```
void spi1_set_speed(uint8_t speed)
{
    assert_param(IS_SPI_BAUDRATE_PRESCALER(speed));  /* 判断有效性 */
    __HAL_SPI_DISABLE(&g_spi1_handler);              /* 关闭 SPI */
    g_spi1_handler.Instance->CR1 &= 0XFFC7;         /* 位 3~5 清零，用来设置波特率 */
    g_spi1_handler.Instance->CR1 |= speed << 3;      /* 设置 SPI 速度 */
    __HAL_SPI_ENABLE(&g_spi1_handler);               /* 使能 SPI */
}
```

2. NOR FLASH 驱动代码

这里只讲解核心代码，详细的源码可参考配套资料中本实验对应源码。NOR FLASH 驱动源码包括两个文件：norflash.c 和 norflash.h。

下面介绍 norflash.c 文件几个重要的函数，首先是 NOR FLASH 初始化函数，其定义如下：

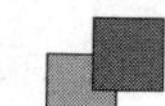

```
void norflash_init(void)
{
    uint8_t temp;
    NORFLASH_CS_GPIO_CLK_ENABLE();      /* NOR FLASH CS 脚时钟使能 */
    /* CS 引脚模式设置(复用输出) */
    GPIO_InitTypeDef gpio_init_struct;
    gpio_init_struct.Pin = NORFLASH_CS_GPIO_PIN;
    gpio_init_struct.Mode = GPIO_MODE_OUTPUT_PP;
    gpio_init_struct.Pull = GPIO_PULLUP;
    gpio_init_struct.Speed = GPIO_SPEED_FREQ_HIGH;
    HAL_GPIO_Init(NORFLASH_CS_GPIO_PORT, &gpio_init_struct);
    NORFLASH_CS(1);            /* 取消片选 */
    spi1_init();               /* 初始化 SPI1 */
    spi1_set_speed(SPI_SPEED_4);          /* SPI1 切换到高速状态 21 MHz */
    g_norflash_type = norflash_read_id(); /* 读取 FLASH ID. */
    if (g_norflash_type == W25Q256) /* SPI FLASH 为 W25Q256，必须使能 4 字节地址模式 */
    {
        temp = norflash_read_sr(3);        /* 读取状态寄存器 3,判断地址模式 */
        if ((temp & 0X01) == 0)   /* 如果不是 4 字节地址模式,则进入 4 字节地址模式 */
        {
            norflash_write_enable();     /* 写使能 */
            temp |= 1 << 1;              /* ADP = 1, 上电 4 位地址模式 */
            norflash_write_sr(3, temp);  /* 写 SR3 */
            NORFLASH_CS(0);
            spi1_read_write_byte(FLASH_Enable4ByteAddr);  /* 使能 4 字节地址指令 */
            NORFLASH_CS(1);
        }
    }
}
```

在初始化函数中,将 SPI 通信协议用到的 CS 引脚配置好,同时根据 FLASH 的通信要求,通过调用 spi1_set_speed 函数把 SPI1 切换到高速状态。然后尝试读取 FLASH 的 ID,由于 W25Q256 的容量比较大,通信的时候需要 4 字节,为了函数的兼容性,这里做了判断处理。当然,我们使用的 NM25Q128 是 3 字节地址模式的。如果能读到 ID,则说明 SPI 时序能正常操作 FLASH,便可以通过 SPI 接口读/写 NOR FLASH 的数据了。

进行其他数据操作时,由于每一次读/写操作的时候都需要发送地址,所以这里把这个板块封装成函数,函数名是 norflash_send_address,实质上就是通过 SPI 的发送接收函数 spi1_read_write_byte 实现的,这里就不列出来了。

下面介绍一下 FLASH 读取函数,其定义如下:

```
void norflash_read(uint8_t * pbuf, uint32_t addr, uint16_t datalen)
{
    uint16_t i;
    NORFLASH_CS(0);
    spi1_read_write_byte(FLASH_ReadData);          /* 发送读取命令 */
    norflash_send_address(addr);                   /* 发送地址 */
    for(i = 0;i < datalen;i ++ )
```

```
    {
        pbuf[i] = spi1_read_write_byte(0XFF);         /* 循环读取 */
    }
    NORFLASH_CS(1);
}
```

该函数用于从 NOR FLASH 的指定位置读出指定长度的数据，由于 NOR FLASH 支持从任意地址(但是不能超过 NOR FLASH 的地址范围)开始读取数据，所以，这个代码相对来说比较简单。首先拉低片选信号，发送读取命令，接着发送 24 位地址之后，程序就可以开始循环读数据，其地址就会自动增加，读取完数据后，需要拉高片选信号，结束通信。

有读函数，那肯定就有写函数，接下来介绍 NOR FLASH 写函数，其定义如下：

```
uint8_t g_norflash_buf[4096];    /* 扇区缓存 */
void norflash_write(uint8_t * pbuf, uint32_t addr, uint16_t datalen)
{
    uint32_t secpos;
    uint16_t secoff;
    uint16_t secremain;
    uint16_t i;
    uint8_t * norflash_buf;
    norflash_buf = g_norflash_buf;
    secpos = addr / 4096;                  /* 扇区地址 */
    secoff = addr % 4096;                  /* 在扇区内的偏移 */
    secremain = 4096 - secoff;             /* 扇区剩余空间大小 */
    if (datalen <= secremain)
    {
        secremain = datalen;               /* 不大于 4 096 字节 */
    }
    while (1)
    {
        norflash_read(norflash_buf, secpos * 4096, 4096);/* 读出整个扇区的内容 */
        for (i = 0; i < secremain; i++)          /* 校验数据 */
        {
            if (norflash_buf[secoff + i] != 0XFF)
            {
                break;                           /* 需要擦除，直接退出 for 循环 */
            }
        }
        if (i < secremain)                       /* 需要擦除 */
        {
            norflash_erase_sector(secpos);       /* 擦除这个扇区 */
            for (i = 0; i < secremain; i++)      /* 复制 */
            {
                norflash_buf[i + secoff] = pbuf[i];
            }
            /* 写入整个扇区 */
            norflash_write_nocheck(norflash_buf, secpos * 4096, 4096);
        }
        else      /* 写已经擦除了的，直接写入扇区剩余区间 */
```

```
        {
            norflash_write_nocheck(pbuf, addr, secremain);  /* 直接写扇区 */
        }
        if (datalen == secremain)
        {
            break;  /* 写入结束了 */
        }
        else        /* 写入未结束 */
        {
            secpos++;                          /* 扇区地址增1 */
            secoff = 0;                        /* 偏移位置为0 */
            pbuf += secremain;                 /* 指针偏移 */
            addr += secremain;                 /* 写地址偏移 */
            datalen -= secremain;              /* 字节数递减 */
            if (datalen > 4096)
            {
                secremain = 4096;              /* 下一个扇区还是写不完 */
            }
            else
            {
                secremain = datalen;           /* 下一个扇区可以写完了 */
            }
        }
    }
}
```

该函数可以在NOR FLASH的任意地址写入任意长度(必须不超过NOR FLASH的容量)的数据。这里简单介绍一下思路：先获得首地址(WriteAddr)所在的扇区，并计算在扇区内的偏移，然后判断要写入的数据长度是否超过本扇区所剩下的长度。如果不超过，再看看是否要擦除。如果不要，则直接写入数据即可；如果要，则读出整个扇区，在偏移处开始写入指定长度的数据，然后擦除这个扇区，再一次性写入。当所需要写入的数据长度超过一个扇区的长度的时候，我们先按照前面的步骤把扇区剩余部分写完，再在新扇区内执行同样的操作，如此循环，直到写入结束。这里还定义了一个g_norflash_buf的全局变量，用于擦除缓存扇区内的数据。

简单介绍一下写函数的实质调用，它是通过无检验写SPI_FLASH函数实现的，而最终用到页写函数norflash_write_page，前面也对页写时序进行了分析，现在看一下代码：

```
static void norflash_write_page(uint8_t *pbuf, uint32_t addr, uint16_t datalen)
{
    uint16_t i;
    norflash_write_enable();     /* 写使能 */
    NORFLASH_CS(0);
    spi1_read_write_byte(FLASH_PageProgram);        /* 发送写页命令 */
    norflash_send_address(addr);                     /* 发送地址 */
    for (i = 0; i < datalen; i++)
    {
        spi1_read_write_byte(pbuf[i]);               /* 循环写入 */
```

```
    }
    NORFLASH_CS(1);
    norflash_wait_busy();          /* 等待写入结束 */
}
```

在页写功能的代码中,先发送写使能命令,才发送页写命令,然后发送写入的地址,再把写入的内容通过一个 for 循环写入,发送完后拉高片选 $\overline{CS}$ 引脚结束通信,等待 FLASH 内部写入结束。检测 FLASH 内部的状态可以通过查看 NM25Qxx 状态寄存器 1 的位 0 实现。这里介绍一下 NM25Qxx 的状态寄存器,详细如表 7.2 所列。

表 7.2　NM25Qxx 状态寄存器表

状态寄存器	Bit7	Bit6	Bit5	Bit4	Bit3	Bit2	Bit1	Bit0
状态寄存器 1	SPR	RV	TB	BP2	BP1	BP0	WEL	BUSY
状态寄存器 2	SUS	CMP	LB3	LB2	LB1	(R)	QE	SRP1
状态寄存器 3	HOLD/RST	DRV1	DRV0	(R)	(R)	WPS	ADP	ADS

我们也定义了一个函数 norflash_read_sr 去读取 NM25Qxx 状态寄存器的值,这里就不列出来了,实现的方式也是老套路:根据传参判断需要获取的是哪个状态寄存器,然后拉低片选线,调用 spi1_read_write_byte 函数发送该寄存器的命令,再通过发送一字节空数据获取读取到的数据,最后拉高片选线,函数返回读取到的值。

在 norflash_write_page 函数的基础上,增加了 norflash_write_nocheck 函数进行封装解决写入字节可能大于该页剩下的字节数问题,方便解决写入错误问题,其代码如下:

```
static void norflash_write_nocheck(uint8_t *pbuf, uint32_t addr,
                                   uint16_t datalen)
{
    uint16_t pageremain;
    pageremain = 256 - addr % 256;     /* 单页剩余的字节数 */
    if (datalen <= pageremain)            /* 不大于 256 字节 */
    {
        pageremain = datalen;
    }
    while (1)
    {
    /* 当写入字节比页内剩余地址还少的时候, 一次性写完
     * 当写入字节比页内剩余地址还多的时候, 先写完整个页内剩余地址, 然后根据剩余长
       度进行不同处理
     */
        norflash_write_page(pbuf, addr, pageremain);
        if (datalen == pageremain)    /* 写入结束了 */
        {
            break;
        }
        else        /* datalen > pageremain */
        {
```

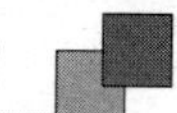

```
            pbuf += pageremain;/ * pbuf 指针地址偏移,前面已经写了 pageremain 字节 * /
            addr += pageremain;         / * 写地址偏移,前面已经写了 pageremain 字节 * /
            datalen -= pageremain;      / * 写入总长度减去已经写入了的字节数 * /

            if (datalen > 256)          / * 剩余数据还大于一页,可以一次写一页 * /
            {
                pageremain = 256;       / * 一次可以写入 256 字节 * /
            }
            else                        / * 剩余数据小于一页,可以一次写完 * /
            {
                pageremain = datalen; / * 不够 256 字节了 * /
            }
        }
    }
}
```

上面函数的实现主要是逻辑处理,通过判断传参中的写入字节的长度与单页剩余的字节数来决定是否需要在新页写入剩下的字节。这里需要读者自行理解一下。通过调用该函数实现了 norflash_write 的功能。

下面简单介绍一下擦除函数 norflash_erase_sector:

```
void norflash_erase_sector(uint32_t saddr)
{
    saddr* = 4096;
    norflash_write_enable();                        / * 写使能 * /
    norflash_wait_busy();                           / * 等待空闲 * /
    NORFLASH_CS(0);
    spi1_read_write_byte(FLASH_SectorErase);        / * 发送写页命令 * /
    norflash_send_address(saddr);                   / * 发送地址 * /
    NORFLASH_CS(1);
    norflash_wait_busy();                           / * 等待扇区擦除完成 * /
}
```

该代码也是老套路,通过发送擦除指令实现擦除功能。注意,使用扇区擦除指令前,需要先发送写使能指令,拉低片选线,发送扇区擦除指令之后,发送擦除的扇区地址实现擦除,最后拉高片选线结束通信。函数最后通过读取寄存器状态的函数,等待扇区擦除完成。

3. main.c 代码

在 main.c 里面编写如下代码:

```
const uint8_t g_text_buf[] = {"STM32 SPI TEST"};        / * 要写到 FLASH 的字符串数组 * /
#define TEXT_SIZE sizeof(g_text_buf)                    / * TEXT 字符串长度 * /
int main(void)
{
    uint8_t key;
    uint16_t i = 0;
    uint8_t datatemp[TEXT_SIZE];
    uint32_t flashsize;
    uint16_t id = 0;
```

```
    HAL_Init();                                    /* 初始化 HAL 库 */
    sys_stm32_clock_init(336, 8, 2, 7);            /* 设置时钟,168 MHz */
    delay_init(168);                               /* 延时初始化 */
    usart_init(115200);                            /* 串口初始化为 115 200 */
    usmart_dev.init(84);                           /* 初始化 USMART */
    led_init();                                    /* 初始化 LED */
    lcd_init();                                    /* 初始化 LCD */
    key_init();                                    /* 初始化按键 */
    norflash_init();                               /* 初始化 NOR FLASH */
    lcd_show_string(30,  50, 200, 16, 16, "STM32", RED);
    lcd_show_string(30,  70, 200, 16, 16, "SPI TEST", RED);
    lcd_show_string(30,  90, 200, 16, 16, "ATOM@ALIENTEK", RED);
    lcd_show_string(30, 110, 200, 16, 16, "KEY1:Write  KEY0:Read", RED);
    id = norflash_read_id();                       /* 读取 FLASH ID */
    while ((id == 0) || (id == 0XFFFF))            /* 检测不到 FLASH 芯片 */
    {
        lcd_show_string(30, 130, 200, 16, 16, "FLASH Check Failed!", RED);
        delay_ms(500);
        lcd_show_string(30, 130, 200, 16, 16, "Please Check!       ", RED);
        delay_ms(500);
        LED0_TOGGLE();                             /* LED0 闪烁 */
    }
    lcd_show_string(30, 130, 200, 16, 16, "SPI FLASH Ready!", BLUE);
    flashsize = 16 * 1024 * 1024;                  /* FLASH 大小为 16 MB */
    while (1)
    {
        key = key_scan(0);
        if (key == KEY1_PRES)                      /* KEY1 按下,写入 */
        {   /* 从倒数第 100 个地址处开始,写入 SIZE 长度的数据 */
            lcd_fill(0, 150, 239, 319, WHITE);     /* 清除半屏 */
            lcd_show_string(30, 150, 200, 16, 16, "Start Write FLASH....", BLUE);
            sprintf((char *)datatemp, "%s%d", (char *)g_text_buf, i);
            norflash_write((uint8_t *)datatemp, flashsize - 100, TEXT_SIZE);
            lcd_show_string(30, 150, 200, 16, 16, "FLASH Write Finished!", BLUE);
        }
        if (key == KEY0_PRES) /* KEY0 按下,读取字符串并显示 */
        {   /* 从倒数第 100 个地址处开始,读出 SIZE 个字节 */
            lcd_show_string(30, 150, 200, 16, 16, "Start Read FLASH...", BLUE);
            norflash_read(datatemp, flashsize - 100, TEXT_SIZE);
            lcd_show_string(30, 150, 200, 16, 16, "The Data Readed Is:   ", BLUE);
            lcd_show_string(30, 170, 200, 16, 16, (char *)datatemp, BLUE);
        }
        i++;
        if (i == 20)
        {
            LED0_TOGGLE(); /* LED0 闪烁 */
            i = 0;
        }
        delay_ms(10);
    }
}
```

main 函数前面定义了 g_text_buf 数组，用于存放要写入 FLASH 的字符串。main 函数代码和 I²C 实验那部分代码大同小异，具体流程大致是：在完成系统级和用户级初始化工作后读取 FLASH 的 ID，然后通过 KEY0 去读取倒数第 100 个地址处开始的数据并显示在 LCD 上；另外，还可以通过 KEY1 去倒数第 100 个地址处写入 g_text_buf 数据，并在 LCD 界面显示传输中，完成后显示"FLASH Write Finished!"。

7.4　下载验证

将程序下载到开发板后，可以看到 LED0 不停闪烁，提示程序已经在运行了。LCD 显示的界面如图 7.8 所示。

先按下 KEY1 写入数据，然后再按 KEY0 读取数据，得到界面如图 7.9 所示。

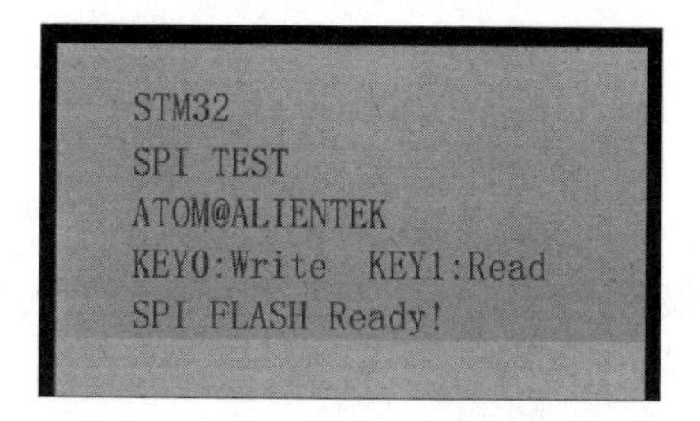

图 7.8　SPI 实验程序运行效果图

图 7.9　操作后的显示效果图

程序在开机的时候会检测 NOR FLASH 是否存在，如果不存在，则在 TFTLCD 模块上显示错误信息，同时 LED0 慢闪。读者可以通过跳线帽把 PB4 和 PB5 短接就可以看到报错了。

该实验还支持 USMART，这里加入了 norflash_read_id、norflash_erase_chip 以及 norflash_erase_sector 函数。可以通过 USMART 调用 norflash_read_id 函数去读取 SPI_FLASH 的 ID，也可以调用另外两个擦除函数。需要注意的是，假如调用了 norflash_erase_chip 函数，则将会对整个 SPI_FLASH 进行擦除，一般不建议对整个 SPI_FLASH 进行擦除，因为会导致字库和综合例程所需要的系统文件全部丢失。

第 8 章

RS485 实验

本章将使用 STM32F4 的串口 2 来实现两块开发板之间的 RS485 通信，并将结果显示在 TFTLCD 模块上。

8.1 RS485 简介

RS485（一般称作 485/EIA－485）隶属于 OSI 模型物理层，是串行通信的一种，电气特性规定为两线、半双工、多点通信的标准。它的电气特性和 RS232 大不一样，用缆线两端的电压差值来表示传递信号。RS485 仅仅规定了接收端和发送端的电气特性，没有规定或推荐任何数据协议。

RS485 的特点包括：

- 接口电平低，不易损坏芯片。RS485 的电气特性：逻辑"1"以两线间的电压差为＋(2～6)V 表示，逻辑"0"以两线间的电压差为－(2～6)V 表示。接口信号电平比 RS232 降低了，不易损坏接口电路的芯片；且该电平与 TTL 电平兼容，可方便与 TTL 电路连接。
- 传输速率高。10 m 时，RS485 的数据最高传输速率可达 35 Mbps；在 1 200 m 时，传输速度可达 100 kbps。
- 抗干扰能力强。RS485 接口是采用平衡驱动器和差分接收器的组合，抗共模干扰能力增强，即抗噪声干扰性好。
- 传输距离远，支持节点多。RS485 总线最长可以传输 1 200 m 左右，更远的距离则需要中继传输设备支持（速率≤100 kbps）才能稳定传输，一般最大支持 32 个节点。如果使用特制的 RS485 芯片，可以达到 128 个或者 256 个节点，最大的可以支持到 400 个节点。

RS485 推荐使用在点对点网络中，比如线型、总线型网络等，而不能是星型、环型网络。理想情况下 RS485 需要两个终端匹配电阻，其阻值要求等于传输电缆的特性阻抗（一般为 120 Ω）。没有特性阻抗的话，当所有的设备都静止或者没有能量的时候就会产生噪声，而且线移需要双端的电压差。没有终接电阻则使较快速的发送端产生多个数据信号的边缘，从而导致数据传输出错。RS485 推荐的一主多从连接方式如图 8.1 所示。

如果需要添加匹配电阻，则一般在总线的起止端加入，也就是主机和设备 4 上面各

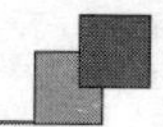

加一个 120 Ω 的匹配电阻。

由于 RS485 具有传输距离远、传输速度快、支持节点多和抗干扰能力更强等特点，所以 RS485 有很广泛的应用。多设备时，收发器有范围为−7～＋12 V 的共模电压；为了稳定传输，也可以使用 3 线的布线方式，即在原有的 A、B 线上多增加一条地线。(4 线制只能实现点对点的全双工通信方式，这也叫 RS422，由于布线的难度和通信局限，使用得相对较少。)

TP8485E/SP3485 可作为 RS485 的收发器，该芯片支持 3.3～5.5 V 供电，最大传输速度可达 250 kbps，支持 256 个节点(单位负载为 1/8 的条件下)，并且支持输出短路保护。该芯片的框图如图 8.2 所示。

图中 A、B 总线接口，用于连接 RS485 总线。RO 是接收输出端，DI 是发送数据收入端，RE 是接收使能信号(低电平有效)，DE 是发送使能信号(高电平有效)。

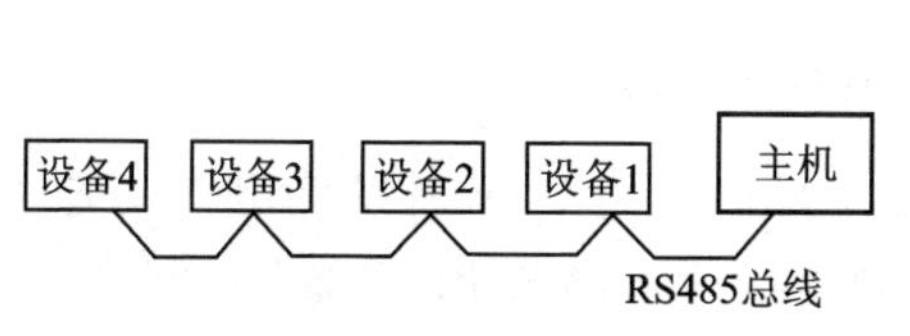

图 8.1　RS485 连接

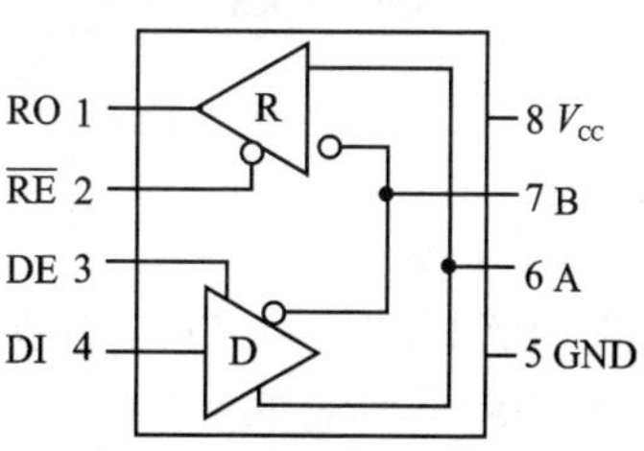

图 8.2　TP8485E/SP3485 框图

8.2　硬件设计

(1) 例程功能

RS485 仍是串行通信的一种电平传输方式，那么实际通信时可以使用串口进行实际数据的收发处理，使用 RS485 转换芯片将串口信号转换为 RS485 的电平信号进行传输。本章只需要配置好串口 2，就可以实现正常的 RS485 通信了。串口 2 的配置和串口 1 基本类似，只是串口 2 的时钟来自 APB1，最大频率为 42 MHz。

本章将实现这样的功能：连接两个探索者 STM32F407 的 RS485 接口，然后由 KEY0 控制发送。当按下一个开发板的 KEY0 的时候，就发送 5 个数据给另外一个开发板，并在两个开发板上分别显示发送和接收到的值。

(2) 硬件资源

➢ LED 灯：LED0－PF9；

➢ USART2，用于实际的 RS485 信号串行通信；

➢ 正点原子 TFTLCD 模块(仅限 MCU 屏，16 位 8080 并口驱动)；

➢ RS485 收发芯片 TP8485/SP3485；

➢ 开发板两块(RS485 半双式模式无法自收发，这里需要用两个开发板或者 USB 转 RS485 调试器＋串口助手来完成测试，可根据实际条件选择)。

(3) 原理图

电路原理如图 8.3 所示。可以看出,开发板的串口 2 和 TP8485 上的引脚连接到 P4 端上的端子,但不直接相连,所以测试 RS485 功能时需要用跳线帽短接 P4 上的两组排针使之连通。STM32F4 的 PG8 控制 RS485 的收发模式。当 PG8=0 的时候,为接收模式;当 PG8=1 的时候,为发送模式。

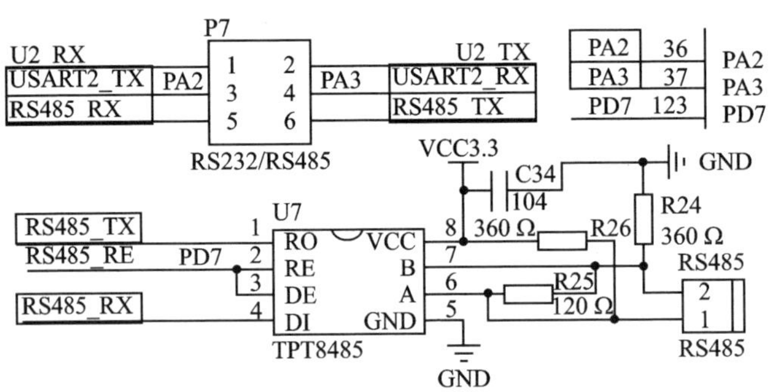

图 8.3　RS485 连接原理设计

注意,PA2、PA3 和 ETH_MDIO、PWM_DAC 共用 I/O,所以使用时只能分时复用。另外,RS485_RE 和 NRF_IRQ 共用 PG8,也不可同时使用,只能分时复用。

另外,图中的 R24 和 R26 是两个偏置电阻,用来保证总线空闲时 A、B 之间的电压差都会大于 200 mV(逻辑 1),从而避免总线空闲时因 A、B 压差不稳定而可能出现的乱码。

最后,用两根导线将两个开发板 RS485 端子的 A 和 A、B 和 B 连接起来。注意,不要接反了(A 接 B),否则会导致通信异常。

8.3　程序设计

8.3.1　RS485 的 HAL 库驱动

由于 RS485 实际上是串口通信,这里参照串口实验一节使用类似的 HAL 库驱动即可。

RS485 配置步骤如下:

① 使能串口和 GPIO 口时钟。

本实验用到 USART2 串口,使用 PA2 和 PA3 作为串口的 TX 和 RX 脚,因此需要先使能 USART2 和 GPIOA 时钟。参考代码如下:

```
__HAL_RCC_USART2_CLK_ENABLE();        /* 使能 USART2 时钟 */
__HAL_RCC_GPIOA_CLK_ENABLE();         /* 使能 GPIOA 时钟 */
```

② 串口参数初始化(波特率、字长、奇偶校验等)。HAL 库通过调用串口初始化函数 HAL_UART_Init 完成对串口参数初始化。该函数通常会调用 HAL_UART_Ms-

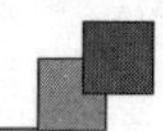

pInit 函数来完成对串口底层的初始化，包括串口及 GPIO 时钟使能、GPIO 模式设置、中断设置等。但是为了避免与 USART1 冲突，所以本实验没有把串口底层初始化放在 HAL_UART_MspInit 函数里。

③ GPIO 模式设置(速度、上下拉、复用功能等)。

GPIO 模式设置通过调用 HAL_GPIO_Init 函数实现。

④ 开启串口相关中断，配置串口中断优先级。

本实验使用串口中断来接收数据。使用 HAL_UART_Receive_IT 函数开启串口中断接收，并设置接收 buffer 及其长度。通过 HAL_NVIC_EnableIRQ 函数使能串口中断，通过 HAL_NVIC_SetPriority 函数设置中断优先级。

⑤ 编写中断服务函数。

串口 2 中断服务函数为 USART2_IRQHandler，当发生中断的时候，程序就会执行中断服务函数，在这里就可以对接收到的数据进行处理。

⑥ 串口数据接收和发送。

最后可以通过读/写 USART_DR 寄存器完成串口数据的接收和发送，HAL 库也提供 HAL_UART_Receive 和 HAL_UART_Transmit 两函数用于串口数据的接收和发送。读者可以根据实际情况选择使用哪种方式来收发串口数据。

8.3.2　程序流程图

程序流程如图 8.4 所示。

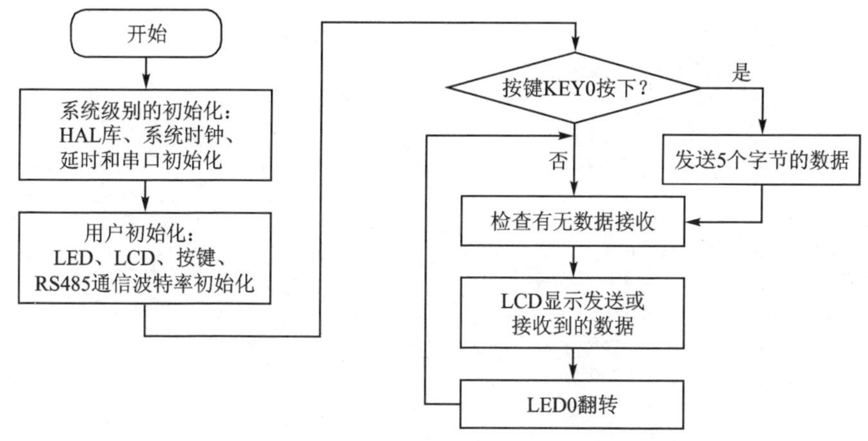

图 8.4　RS485 实验程序流程图

8.3.3　程序解析

1. RS485 驱动

这里只讲解核心代码，详细的源码可参考配套资料中本实验对应源码。RS485 驱动相关源码包括两个文件：rs485.c 和 rs485.h。

rs485.h 的定义如下：

```
/* RS485 引脚 和 串口 定义 */
#define RS485_RE_GPIO_PORT                GPIOG
#define RS485_RE_GPIO_PIN                 GPIO_PIN_8
#define RS485_RE_GPIO_CLK_ENABLE()        do{ __HAL_RCC_GPIOD_CLK_ENABLE();}while(0)
#define RS485_TX_GPIO_PORT                GPIOA
#define RS485_TX_GPIO_PIN                 GPIO_PIN_2
#define RS485_TX_GPIO_CLK_ENABLE()        do{ __HAL_RCC_GPIOA_CLK_ENABLE();}while(0)
#define RS485_RX_GPIO_PORT                GPIOA
#define RS485_RX_GPIO_PIN                 GPIO_PIN_3
#define RS485_RX_GPIO_CLK_ENABLE()        do{ __HAL_RCC_GPIOA_CLK_ENABLE();}while(0)
#define RS485_UX                          USART2
#define RS485_UX_IRQn                     USART2_IRQn
#define RS485_UX_IRQHandler               USART2_IRQHandler
#define RS485_UX_CLK_ENABLE()             do{ __HAL_RCC_USART2_CLK_ENABLE();}while(0)
/* 控制 RS485_RE 脚，控制 RS485 发送/接收状态
 * RS485_RE = 0，进入接收模式
 * RS485_RE = 1，进入发送模式
 */
#define RS485_RE(x)    do{ x ? \
HAL_GPIO_WritePin(RS485_RE_GPIO_PORT, RS485_RE_GPIO_PIN,\ GPIO_PIN_SET) : \
HAL_GPIO_WritePin(RS485_RE_GPIO_PORT, RS485_RE_GPIO_PIN,\ GPIO_PIN_RESET); \
                                    }while(0)
```

(1) rs485_init 函数

rs485_init 的配置与串口类似，也需要设置波特率等参数，另外还需要配置收发模式的驱动引脚，程序设计如下：

```
void rs485_init(uint32_t baudrate)
{
    /* I/O 及时钟配置 */
    RS485_RE_GPIO_CLK_ENABLE();        /* 使能 RS485_RE 脚时钟 */
    RS485_TX_GPIO_CLK_ENABLE();        /* 使能串口 TX 脚时钟 */
    RS485_RX_GPIO_CLK_ENABLE();        /* 使能串口 RX 脚时钟 */
    RS485_UX_CLK_ENABLE();             /* 使能串口时钟 */
    GPIO_InitTypeDef gpio_initure;
    gpio_initure.Pin = RS485_TX_GPIO_PIN;
    gpio_initure.Mode = GPIO_MODE_AF_PP;
    gpio_initure.Pull = GPIO_PULLUP;
    gpio_initure.Speed = GPIO_SPEED_FREQ_HIGH;
    HAL_GPIO_Init(RS485_TX_GPIO_PORT, &gpio_initure);/* 串口 TX 脚模式设置 */
    gpio_initure.Pin = RS485_RX_GPIO_PIN;
    gpio_initure.Mode = GPIO_MODE_AF_INPUT;
    HAL_GPIO_Init(RS485_RX_GPIO_PORT, &gpio_initure);/* 串口 RX 脚设置成输入模式 */
    gpio_initure.Pin = RS485_RE_GPIO_PIN;
    gpio_initure.Mode = GPIO_MODE_OUTPUT_PP;
    gpio_initure.Pull = GPIO_PULLUP;
    gpio_initure.Speed = GPIO_SPEED_FREQ_HIGH;
    HAL_GPIO_Init(RS485_RE_GPIO_PORT, &gpio_initure); /* RS485_RE 脚模式设置 */
    /* USART 初始化设置 */
```

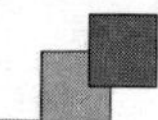

```
    g_rs458_handler.Instance = RS485_UX;                          /* 选择 RS485 对应的串口 */
    g_rs458_handler.Init.BaudRate = baudrate;                     /* 波特率 */
    g_rs458_handler.Init.WordLength = UART_WORDLENGTH_8B;/* 字长为 8 位数据格式 */
    g_rs458_handler.Init.StopBits = UART_STOPBITS_1;              /* 一个停止位 */
    g_rs458_handler.Init.Parity = UART_PARITY_NONE;               /* 无奇偶校验位 */
    g_rs458_handler.Init.HwFlowCtl = UART_HWCONTROL_NONE;/* 无硬件流控 */
    g_rs458_handler.Init.Mode = UART_MODE_TX_RX;                  /* 收发模式 */
    HAL_UART_Init(&g_rs458_handler);                              /* 使能对应的串口 */
    __HAL_UART_DISABLE_IT(&g_rs458_handler, UART_IT_TC);
    /* 使能接收中断 */
    __HAL_UART_ENABLE_IT(&g_rs458_handler, UART_IT_RXNE);  /* 开启接收中断 */
    HAL_NVIC_EnableIRQ(RS485_UX_IRQn);                            /* 使能 USART1 中断 */
    HAL_NVIC_SetPriority(RS485_UX_IRQn, 3, 3);                    /* 抢占优先级 3,子优先级 3 */
    RS485_RE(0);  /* 默认为接收模式 */
}
```

可以看到,代码基本跟串口的配置一样,只是多了收发控制引脚的配置。

(2) 发送函数

发送函数用于输出 RS485 信号到 RS485 总线上,默认的 RS485 方式下,一般空闲时为接收状态,只有发送数据时才控制 RS485 芯片进入发送状态,发送完成后马上回到空闲接收状态,这样可以保证操作过程中 RS485 的数据丢失最小。发送函数如下:

```
void rs485_send_data(uint8_t *buf, uint8_t len)
{
    RS485_RE(1);      /* 进入发送模式 */
    HAL_UART_Transmit(&g_rs458_handler, buf, len, 1000);      /* 串口 2 发送数据 */
    g_RS485_rx_cnt = 0;
    RS485_RE(0);      /* 进入接收模式 */
}
```

(3) RS485 接收中断函数

RS485 的接收与串口中断一样,不过空闲时要切换回接收状态,否则收不到数据。这里定义了一个全局的缓冲区 g_rs485_rx_buf 进行接收测试,通过串口中断接收数据。接收代码如下:

```
uint8_t g_RS485_rx_buf[RS485_REC_LEN];      /* 接收缓冲,最大 RS485_REC_LEN 个字节 */
uint8_t g_RS485_rx_cnt = 0;                  /* 接收到的数据长度 */
void RS485_UX_IRQHandler(void)
{
    uint8_t res;
    if ((__HAL_UART_GET_FLAG(&g_rs458_handler, UART_FLAG_RXNE) != RESET))
    {   /* 接收到数据 */
        HAL_UART_Receive(&g_rs458_handler, &res, 1, 1000);
        if (g_RS485_rx_cnt < RS485_REC_LEN)          /* 缓冲区未满 */
        {
            g_RS485_rx_buf[g_RS485_rx_cnt] = res;     /* 记录接收到的值 */
            g_RS485_rx_cnt ++ ;                       /* 接收数据增加 1 */
        }
    }
}
```

(4) RS485 查询接收数据函数

该函数用于查询 RS485 总线上接收到的数据，主要实现的逻辑是：一开始进入函数时，先记录下当前接收计数器的值，再来一个延时就判断接收是否结束(即该期间有无接收到数据)；假如接收计数器的值没有改变，则证明接收结束，就可以把当前接收缓冲区传递出去。函数实现如下：

```
void rs485_receive_data(uint8_t *buf, uint8_t *len)
{
    uint8_t rxlen = g_RS485_rx_cnt;
    uint8_t i = 0;
    *len = 0;        /* 默认为 0 */
    delay_ms(10);  /* 等待 10 ms,连续超过 10 ms 没有接收到一个数据,则认为接收结束 */
    if (rxlen == g_RS485_rx_cnt && rxlen) /* 接收到了数据,且接收完成了 */
    {
        for (i = 0; i < rxlen; i++)
        {
            buf[i] = g_RS485_rx_buf[i];
        }
        *len = g_RS485_rx_cnt;      /* 记录本次数据长度 */
        g_RS485_rx_cnt = 0;         /* 清零 */
    }
}
```

2. main.c 代码

在 main.c 中编写如下代码：

```
int main(void)
{
    uint8_t key;
    uint8_t i = 0, t = 0;
    uint8_t cnt = 0;
    uint8_t rs485buf[5];
    HAL_Init();                                  /* 初始化 HAL 库 */
    sys_stm32_clock_init(336, 8, 2, 7);          /* 设置时钟,168 MHz */
    delay_init(168);                             /* 延时初始化 */
    usart_init(115200);                          /* 串口初始化为 115 200 */
    usmart_dev.init(84);                         /* 初始化 USMART */
    led_init();                                  /* 初始化 LED */
    lcd_init();                                  /* 初始化 LCD */
    key_init();                                  /* 初始化按键 */
    rs485_init(9600);                            /* 初始化 RS485 */
    lcd_show_string(30,  50, 200, 16, 16, "STM32", RED);
    lcd_show_string(30,  70, 200, 16, 16, "RS485 TEST", RED);
    lcd_show_string(30,  90, 200, 16, 16, "ATOM@ALIENTEK", RED);
    lcd_show_string(30, 110, 200, 16, 16, "KEY0:Send", RED);    /* 显示提示信息 */
    lcd_show_string(30, 130, 200, 16, 16, "Count:", RED);       /* 显示当前计数值 */
    lcd_show_string(30, 150, 200, 16, 16, "Send Data:", RED);   /* 提示发送的数据 */
    lcd_show_string(30, 190, 200, 16, 16, "Receive Data:", RED);/* 提示收到的数据 */
    while (1)
    {
```

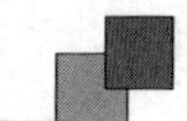

```
        key = key_scan(0);
        if (key == KEY0_PRES)                           /* KEY0 按下,发送一次数据 */
        {
            for (i = 0; i < 5; i++ )
            {
                rs485buf[i] = cnt + i;                  /* 填充发送缓冲区 */
                /* 显示数据 */
                lcd_show_xnum(30 + i * 32, 170, rs485buf[i], 3, 16, 0X80, BLUE);
            }
            rs485_send_data(rs485buf, 5);               /* 发送 5 个字节 */
        }
        rs485_receive_data(rs485buf, &key);
        if (key)                                        /* 接收到有数据 */
        {
            if (key > 5)key = 5;                        /* 最大是 5 个数据 */
            for (i = 0; i < key; i++ )
            {   /* 显示数据 */
                lcd_show_xnum(30 + i * 32, 210, rs485buf[i], 3, 16, 0X80, BLUE);
            }
        }
        t ++ ;
        delay_ms(10);
        if (t == 20)
        {
            LED0_TOGGLE();  /* LED0 闪烁,提示系统正在运行 */
            t = 0;
            cnt ++ ;
            lcd_show_xnum(30 + 48, 130, cnt, 3, 16, 0X80, BLUE);    /* 显示数据 */
        }
    }
}
```

这里通过按键控制数据的发送。在此部分代码中,cnt 是一个累加数,一旦 KEY0 按下,则以这个数位基准连续发送 5 个数据。当 RS485 总线收到数据的时候,则将收到的数据直接显示在 LCD 屏幕上。

8.4　下载验证

代码编译成功之后,下载代码到正点原子探索者 STM32F407 开发板上(注意,要两个开发板都下载这个代码),得到界面如图 8.5 所示。

伴随 DS0 的不停闪烁,提示程序在运行。此时按下 KEY0 就可以在另外一个开发板上收到这个开发板发送的数据了,如图 8.6 和图 8.7 所示。

图 8.6 来自开发板 A,发送了 5 个数据;图 8.7 来自开发板 B,接收到了来自开发板 A 的 5 个数据。

本章介绍的 RS485 总线是通过串口控制收发的,这里只需要将 P4 的跳线帽稍作改变(将 PA2、PA3 连接 COM2_RX、COM2_TX),该实验就变成了一个 RS232 串口通信实验，通过对接两个开发板的 RS232 接口即可得到同样的实验现象，不过 RS232 不需要使能脚，有兴趣的读者可以实验一下。

另外，利用 USMART 测试的部分这里就不介绍了，读者可自行验证下。

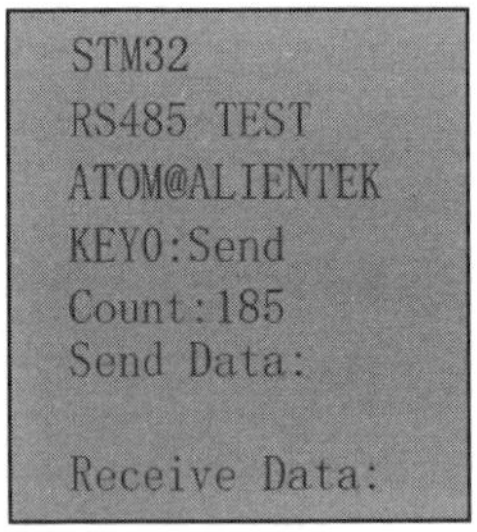

图 8.5　程序运行效果图

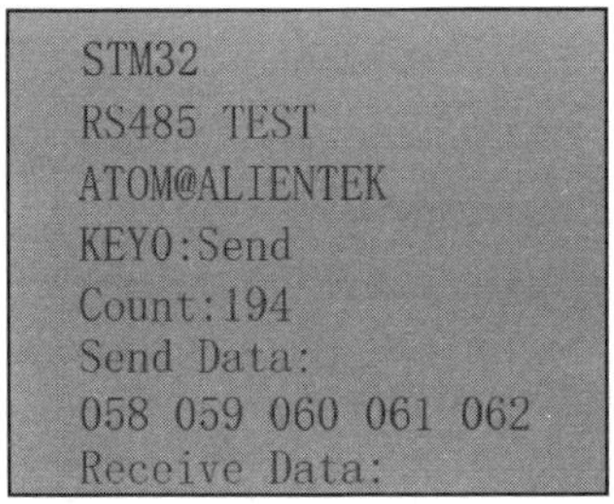

图 8.6　发送 RS485 数据的开发板界面

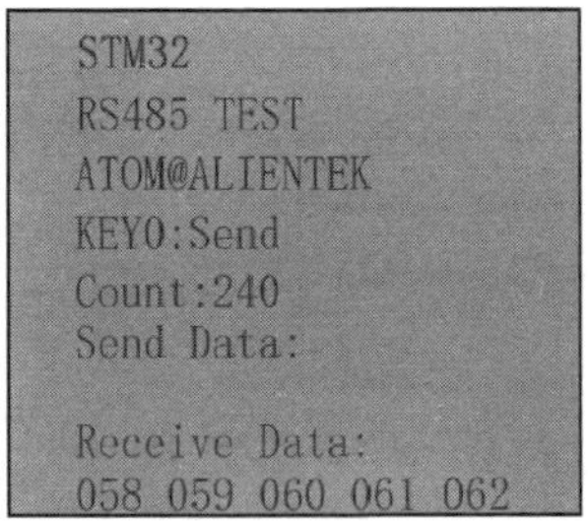

图 8.7　接收 RS485 数据的开发板

第9章 CAN通信实验

本章将介绍如何使用STM32自带的CAN控制器来实现CAN的收发功能,并将结果显示在TFTLCD模块上。

9.1 CAN总线简介

9.1.1 CAN简介

CAN是Controller Area Network的缩写(以下称为CAN),是ISO国际标准化的串行通信协议。在当前的汽车产业中,出于对安全性、舒适性、方便性、低公害、低成本的要求,各种各样的电子控制系统被开发了出来。由于这些系统之间通信所用的数据类型及对可靠性的要求不尽相同,由多条总线构成的情况很多,线束的数量也随之增加。为适应"减少线束的数量""通过多个LAN进行大量数据的高速通信"的需要,1986年德国电气商博世公司开发出面向汽车的CAN通信协议。此后,CAN通过ISO11898及ISO11519进行了标准化,已是欧洲汽车网络的标准协议。

现在,CAN的高性能和可靠性已被认同,并广泛地应用于工业自动化、船舶、医疗设备、工业设备等方面。现场总线是当今自动化领域技术发展的热点之一,被誉为自动化领域的计算机局域网。它的出现为分布式控制系统实现各节点之间实时、可靠的数据通信提供了强有力的技术支持。

CAN协议具有以下特点:

① 多主控制。在总线空闲时,所有单元都可以发送消息(多主控制),而两个以上的单元同时开始发送消息时,根据标识符(Identifier,以下称为ID)决定优先级。ID并不表示发送的目的地址,而是表示访问总线的消息的优先级。两个以上的单元同时开始发送消息时,对各消息ID的每个位逐个进行仲裁比较。仲裁获胜(被判定为优先级最高)的单元可继续发送消息,仲裁失利的单元则立刻停止发送转而进行接收工作。

② 系统的柔软性。与总线相连的单元没有类似于"地址"的信息,因此在总线上增加单元时,连接在总线上的其他单元的软硬件及应用层都不需要改变。

③ 通信速度较快,通信距离远;最高1 Mbps(距离小于40 m),最远可达10 km(速率低于5 kbps)。

④ 具有错误检测、错误通知和错误恢复功能。所有单元都可以检测错误(错误检

测功能),检测出错误的单元会立即同时通知其他所有单元(错误通知功能);正在发送消息的单元一旦检测出错误,则强制结束当前的发送。强制结束发送的单元会不断重新发送此消息,直到成功发送为止(错误恢复功能)。

⑤ 故障封闭功能。CAN 可以判断出错误的类型是总线上暂时的数据错误(如外部噪声等)还是持续的数据错误(如单元内部故障、驱动器故障、断线等)。因此,当总线上发生持续数据错误时,可将引起此故障的单元从总线上隔离出去。

⑥ 连接节点多。CAN 总线可同时连接多个单元的总线。可连接的单元总数理论上是没有限制的,但实际上可连接的单元数受总线上的时间延迟及电气负载的限制。降低通信速度,可连接的单元数增加;提高通信速度,则可连接的单元数减少。

CAN 协议的这些特点使其特别适合工业过程监控设备的互连,因此,越来越受到工业界的重视,并已公认为最有前途的现场总线之一。

CAN 协议经过 ISO 标准化后有两个标准:ISO11898 标准(高速 CAN)和 ISO11519—2 标准(低速 CAN)。其中,ISO11898 针对通信速率为 125 kbps~1 Mbps 的高速通信标准,而 ISO11519—2 针对通信速率为 125 kbps 以下的低速通信标准。

本章使用的是 ISO11898 标准,也就是高速 CAN,其拓扑图如图 9.1 所示。可见,高速 CAN 总线呈现的是一个闭环结构,总线由两根线 CAN_High 和 CAN_Low 组成,且在总线两端各串联了 120 Ω 的电阻(用于阻抗匹配,减少回波反射),同时总线上可以挂载多个节点。每个节点都有 CAN 收发器以及 CAN 控制器,CAN 控制器通常是 MCU 的外设,集成在芯片内部;CAN 收发器则需要外加芯片转换电路。

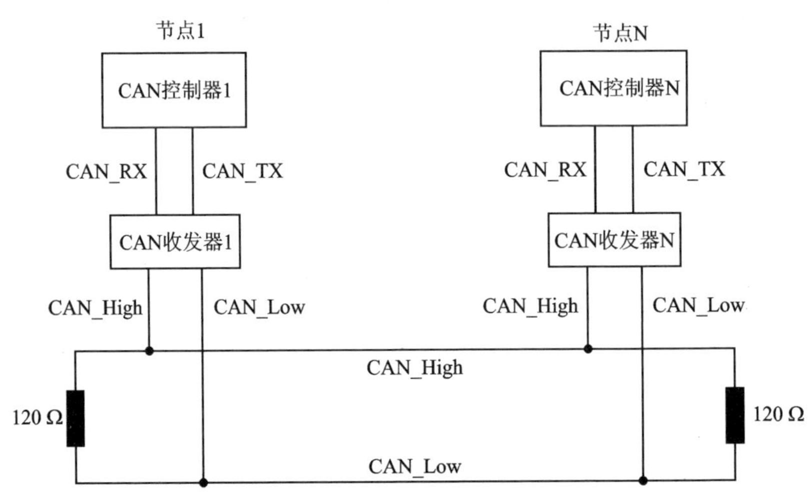

图 9.1 高速 CAN 拓扑结构图

CAN 类似 RS485,也通过差分信号传输数据。根据 CAN 总线上两根线的电位差来判断总线电平。总线电平分为显性电平和隐性电平,这属于物理层特征。ISO11898 物理层特性如图 9.2 所示。

可以看出,显性电平对应逻辑 0,CAN_H 和 CAN_L 之差为 2 V 左右。隐性电平

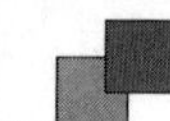

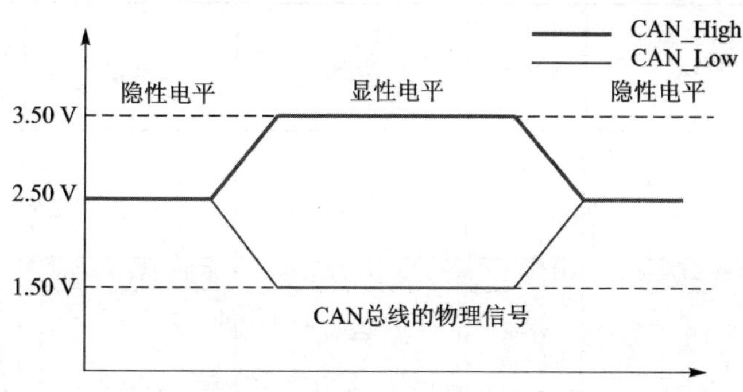

图 9.2　ISO11898 物理层特性

对应逻辑 1,CAN_H 和 CAN_L 之差为 0 V。在总线上显性电平具有优先权,只要有一个单元输出显性电平,总线上即为显性电平。隐形电平具有包容的意味,只有所有的单元都输出隐性电平,总线上才为隐性电平(显性电平比隐性电平更强)。

9.1.2　CAN 协议

CAN 协议是通过 5 种类型的帧进行传输的,分别是数据帧、遥控帧、错误帧、过载帧及间隔帧。

另外,数据帧和遥控帧有标准格式和扩展格式两种格式。标准格式有 11 个位的标识符(ID),扩展格式有 29 个位的 ID。各种帧的用途如表 9.1 所列。

表 9.1　CAN 协议各种帧及其用途

帧类型	帧用途
数据帧	用于发送单元向接收单元传送数据的帧
遥控帧	用于接收单元向具有相同 ID 的发送单元请求数据的帧
错误帧	用于当检测出错误时向其他单元通知错误的帧
过载帧	用于接收单元通知其尚未做好接收准备的帧
间隔帧	用于将数据帧及遥控帧与前面的帧分离开来的帧

由于篇幅所限,这里仅详细介绍数据帧。数据帧一般由 7 个段构成,即帧起始,表示数据帧开始的段;仲裁段,表示该帧优先级的段;控制段,表示数据的字节数及保留位的段;数据段,数据的内容,一帧可发送 0～8 个字节的数据;CRC 段,检查帧的传输错误的段;ACK 段,表示确认正常接收的段;帧结束,表示数据帧结束的段。

数据帧的构成如图 9.3 所示。图中 D 表示显性电平,R 表示隐形电平(下同)。

帧起始:这个比较简单,标准帧和扩展帧都由一个位的显性电平表示帧起始。

仲裁段:表示数据优先级的段。标准帧和扩展帧格式在本段有所区别,如图 9.4 所示。

标准格式的 ID 有 11 个位。禁止高 7 位都为隐性(禁止设定为 ID=1111111XXXX)。

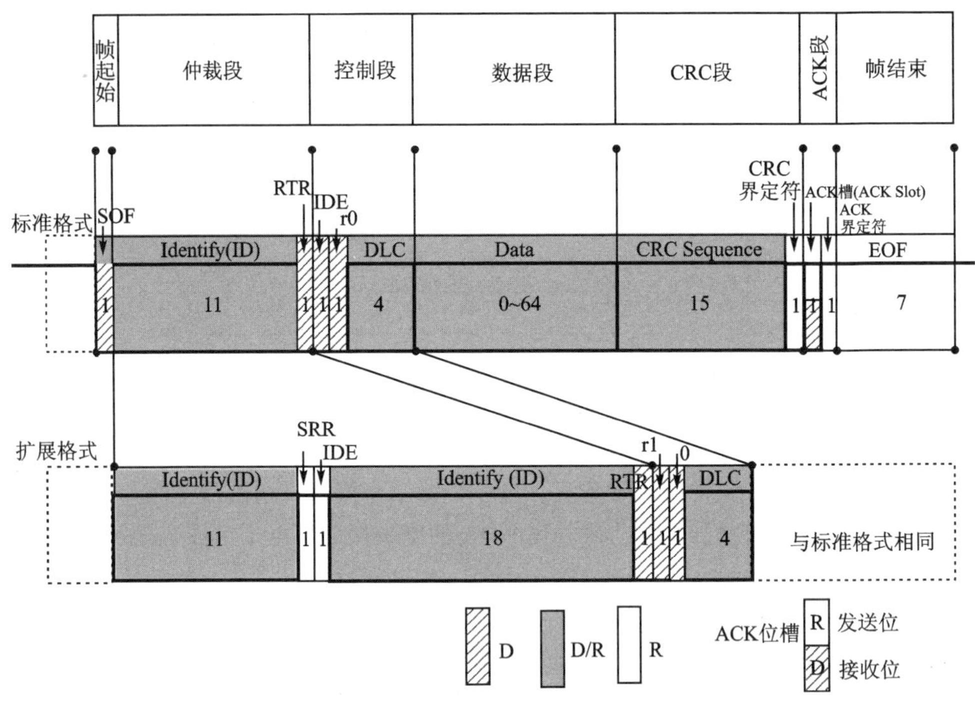

图 9.3　数据帧的构成

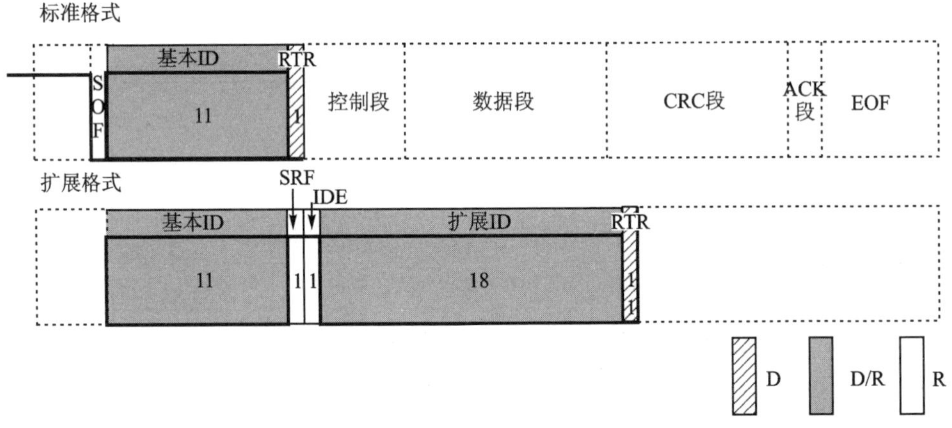

图 9.4　数据帧仲裁段构成

扩展格式的 ID 有 29 个位。基本 ID 从 ID28～ID18,扩展 ID 由 ID17～ID0 表示。基本 ID 和标准格式的 ID 相同。禁止高 7 位都为隐性(禁止设定为基本 ID＝1111111XXXX)。

其中,RTR 位用于标识是否是远程帧(0,数据帧;1,远程帧);IDE 位为标识符选择位(0,使用标准标识符;1,使用扩展标识符);SRR 位为代替远程请求位,为隐性位,它代替了标准帧中的 RTR 位。

控制段由 6 个位构成,表示数据段的字节数。标准帧和扩展帧的控制段稍有不同,

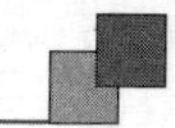

如图 9.5 所示。

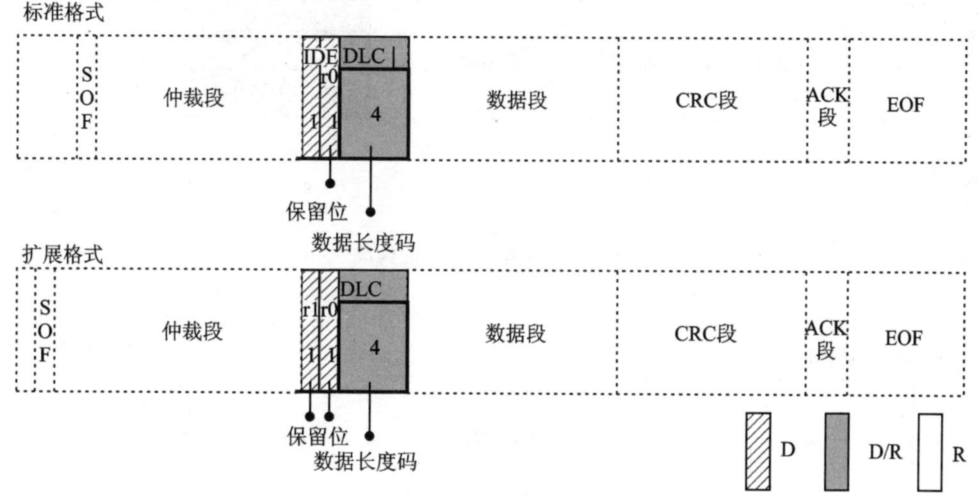

图 9.5　数据帧控制段构成

图中 r0 和 r1 为保留位，必须全部以显性电平发送，但是接收端可以接收显性、隐性及任意组合的电平。DLC 段为数据长度表示段，高位在前，DLC 段有效值为 0～8，但是接收方接收到 9～15 的时候并不认为是错误。

数据段可包含 0～8 个字节的数据。从最高位（MSB）开始输出，标准帧和扩展帧在这个段的定义都是一样的，如图 9.6 所示。

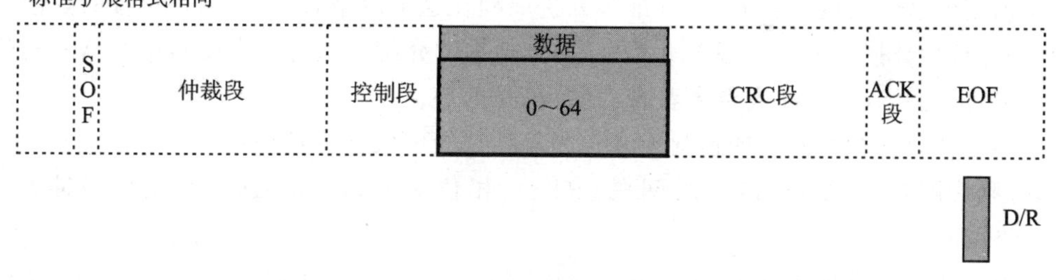

图 9.6　数据帧数据段构成

CRC 段用于检查帧传输错误。由 15 个位的 CRC 顺序和一个位的 CRC 界定符（用于分隔的位）组成，标准帧和扩展帧在这个段的格式也是相同的，如图 9.7 所示。

此段 CRC 的值计算范围包括帧起始、仲裁段、控制段、数据段。接收方以同样的算法计算 CRC 值并进行比较，不一致时会通报错误。

ACK 段用来确认是否正常接收，由 ACK 槽（ACKSlot）和 ACK 界定符两个位组成。标准帧和扩展帧在这个段的格式也是相同的，如图 9.8 所示。

发送单元的 ACK 发送两个位的隐性位，而接收到正确消息的单元在 ACK 槽（ACKSlot）发送显性位，通知发送单元正常接收结束，这个过程叫发送 ACK/返回

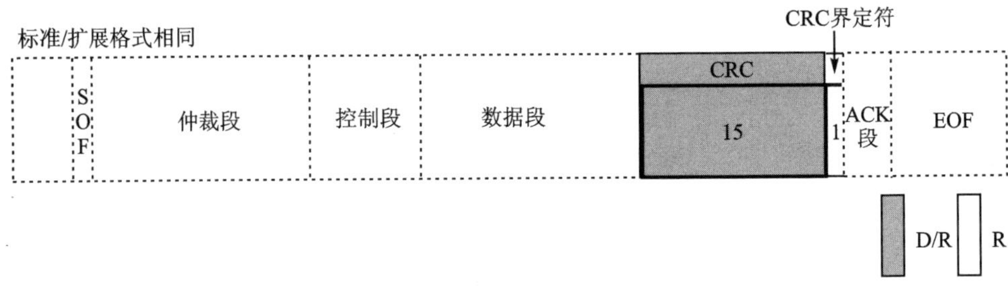

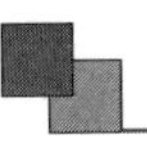

图 9.7　数据帧 CRC 段构成

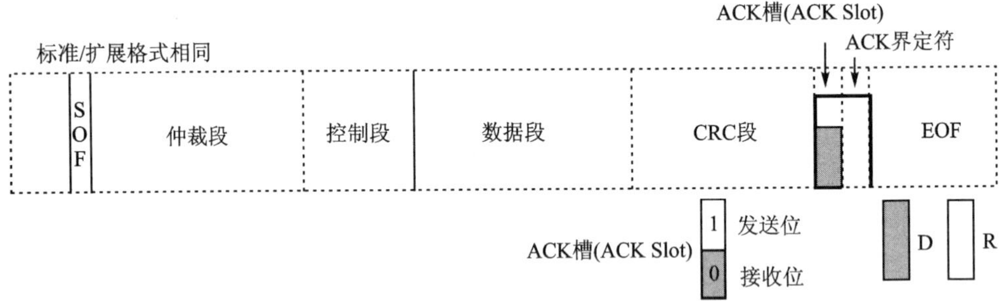

图 9.8　数据帧 CRC 段构成

ACK。既不处于总线关闭态也不处于休眠态的所有接收单元能接收到正常消息的单元来发送 ACK(发送单元不发送 ACK)。正常消息是指不含填充错误、格式错误、CRC 错误的消息。

帧结束这个段也比较简单,标准帧和扩展帧在这个段格式一样,由 7 个位的隐性位组成。至此,数据帧的 7 个段就介绍完了,其他帧的介绍可参考配套资料中"CAN 入门书.pdf"相关章节。接下来再来看看 CAN 的位时序。

由发送单元在非同步的情况下发送的每秒钟的位数称为位速率。一个位可分为 4 段,分别为同步段(SS)、传播时间段(PTS)、相位缓冲段 1(PBS1)及相位缓冲段 2(PBS2)。

这些段又由可称为 Time Quantum(以下称为 T_q)的最小时间单位构成。一位分为 4 段,每段又由若干个 T_q 构成,这称为位时序。一位由多少个 T_q 构成、每个段又由多少个 T_q 构成等,可以任意设定位时序。通过设定位时序,多个单元可同时采样,也可任意设定采样点。各段的作用和 T_q 数如表 9.2 所列。

一个位的构成如图 9.9 所示。图中的采样点是指读取总线电平,并将读到的电平作为位值的点,位置在 PBS1 结束处。根据这个位时序就可以计算 CAN 通信的波特率了。前面提到的 CAN 协议具有仲裁功能,下面来看看是如何实现的。

在总线空闲态,最先开始发送消息的单元获得发送权。当多个单元同时开始发送时,各发送单元从仲裁段的第一位开始进行仲裁。连续输出显性电平最多的单元可继续发送。实现过程如图 9.10 所示。

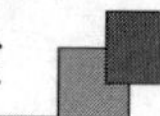

表 9.2 一个位各段及其作用

段名称	段的作用	T_q 数	
同步段 (SS:Synchronization Segment)	多个连接在总线上的单元通过此段实现时序调整,同步进行接收和发送的工作。由隐性电平到显性电平的边沿或由显性电平到隐性电平的边沿最好出现在此段中	$1T_q$	$8\sim25T_q$
传播时间段 (PTS: Propagation Time Segment)	用于吸收网络上的物理延迟的段。 所谓的网络的物理延迟指发送单元的输出延迟、总线上信号的传播延迟、接收单元的输入延迟。 这个段的时间为以上各延迟时间的和的两倍	$1\sim8T_q$	
相位缓冲段 1 (PBS1:Phase Buffer Segment 1)	当信号边沿不能被包含于 SS 段中时,可在此段进行补偿。 由于各单元以各自独立的时钟工作,细微的时钟误差会累积起来,PBS 段可用于吸收此误差。 通过对相位缓冲段加减 SJW 吸收误差。 SJW 加大后允许误差加大,但通信速度下降	$1\sim8T_q$	
相位缓冲段 2 (PBS2:Phase Buffer Segment 2)		$2\sim8T_q$	
再同步补偿宽度 (SJW:reSynchronization Jump Width)	因时钟频率偏差、传送延迟等,各单元有同步误差。SJW 为补偿此误差的最大值	$1\sim4T_q$	

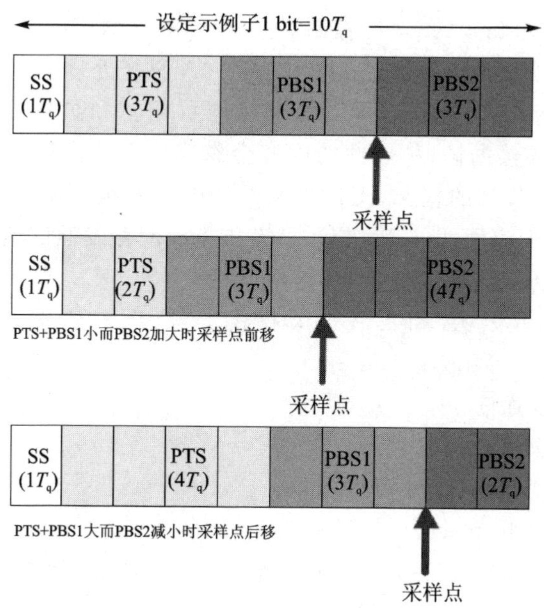

图 9.9 一个位的构成

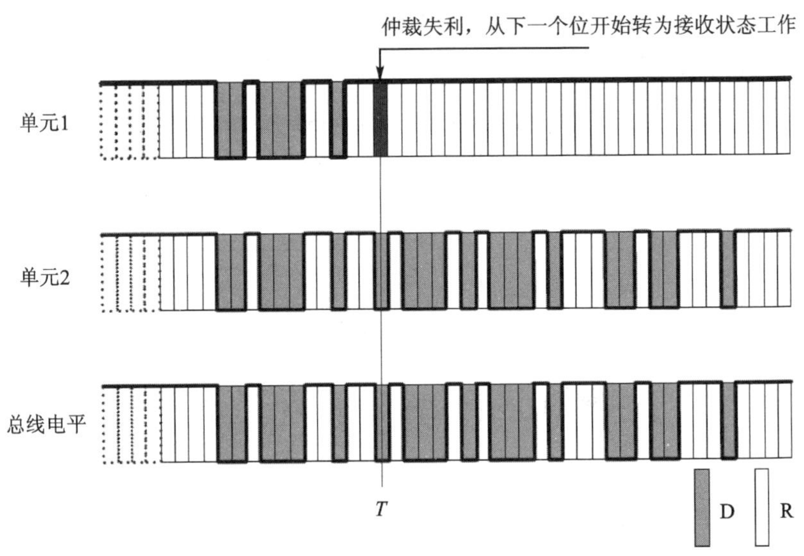

图 9.10　CAN 总线仲裁过程

图中单元 1 和单元 2 同时开始向总线发送数据，开始部分它们的数据格式是一样的，故无法区分优先级，直到 T 时刻，单元 1 输出隐性电平，而单元 2 输出显性电平，此时单元 1 仲裁失利，立刻转入接收状态工作，不再与单元 2 竞争，而单元 2 则顺利获得总线使用权，继续发送自己的数据。这就实现了仲裁，让连续发送显性电平多的单元获得总线使用权。

接下来介绍 STM32F4 的 CAN 控制器。STM32F4 自带的是 bxCAN，即基本扩展 CAN，它支持 CAN 协议 2.0A 和 2.0B。CAN2.0A 只能处理标准数据帧，扩展帧的内容会识别错误；CAN2.0B Active 可以处理标准数据帧和扩展数据帧；而 CAN2.0B passive 只能处理标准数据帧，扩展帧的内容会忽略。它的设计目标是以最小的 CPU 负荷来高效处理大量收到的报文，支持报文发送的优先级要求(优先级特性可软件配置)。对于安全紧要的应用，bxCAN 提供所有支持时间触发通信模式所需的硬件功能。

STM32F4 的 bxCAN 的主要特点有：

- 支持 CAN 协议 2.0A 和 2.0B 主动模式；
- 波特率最高达 1 Mbps；
- 支持时间触发通信；
- 具有 3 个发送邮箱；
- 具有 3 级深度的两个接收 FIFO；
- 可变的过滤器组(最多 28 个)。

这里使用的 STM32F407ZGT6 带有两个 CAN 控制器，而本章只用到 CAN1。双 CAN 的框图如图 9.11 所示。可以看出，两个 CAN 都分别拥有自己的发送邮箱和接收 FIFO，但是共用 28 个过滤器。通过 CAN_FMR 寄存器可以设置过滤器的分配方式。

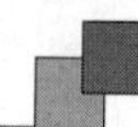

图 9.11　双 CAN 框图

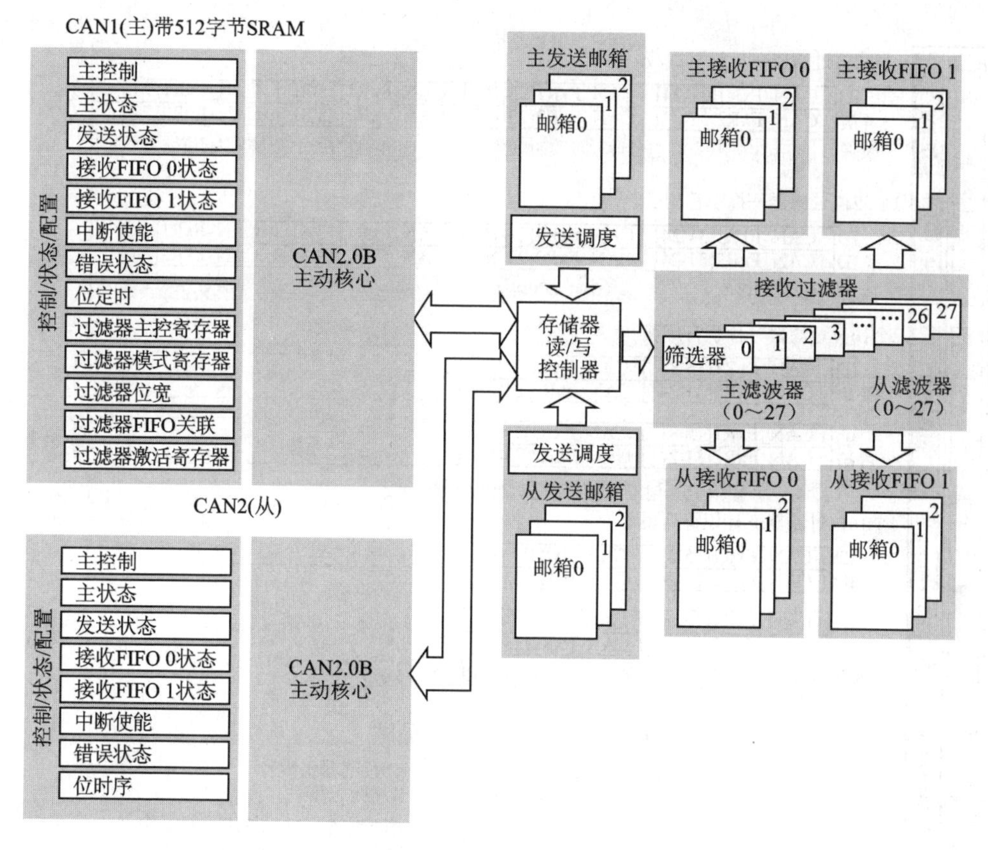

STM32 的标识符过滤比较复杂，它的存在减少了 CPU 处理 CAN 通信的开销。STM32 的过滤器组最多有 28 个（互联型），但是 STM32F407ZGT6 只有 28 个（增强型），每个滤波器组 x 由两个 32 位寄存器 CAN_FxR1 和 CAN_FxR2 组成。

STM32F4 每个过滤器组的位宽都可以独立配置，以满足应用程序的不同需求。根据位宽的不同，每个过滤器组可提供：

- 一个 32 位过滤器，包括 STDID[10:0]、EXTID[17:0]、IDE 和 RTR 位；
- 两个 16 位过滤器，包括 STDID[10:0]、IDE、RTR 和 EXTID[17:15]位。

此外过滤器可配置为屏蔽位模式和标识符列表模式。

在屏蔽位模式下，标识符寄存器和屏蔽寄存器一起指定报文标识符的任何一位，应该按照“必须匹配”或“不用关心”处理。而在标识符列表模式下，屏蔽寄存器也用作标识符寄存器。因此，不是采用一个标识符加一个屏蔽位的方式，而是使用两个标识符寄存器。接收报文标识符的每一位都必须与过滤器标识符相同。

通过 CAN_FMR 寄存器可以配置过滤器组的位宽和工作模式，如图 9.12 所示。

为了过滤出一组标识符，应该设置过滤器组工作在屏蔽位模式。为了过滤出一个标识符，应该设置过滤器组工作在标识符列表模式。应用程序不用的过滤器组应该保

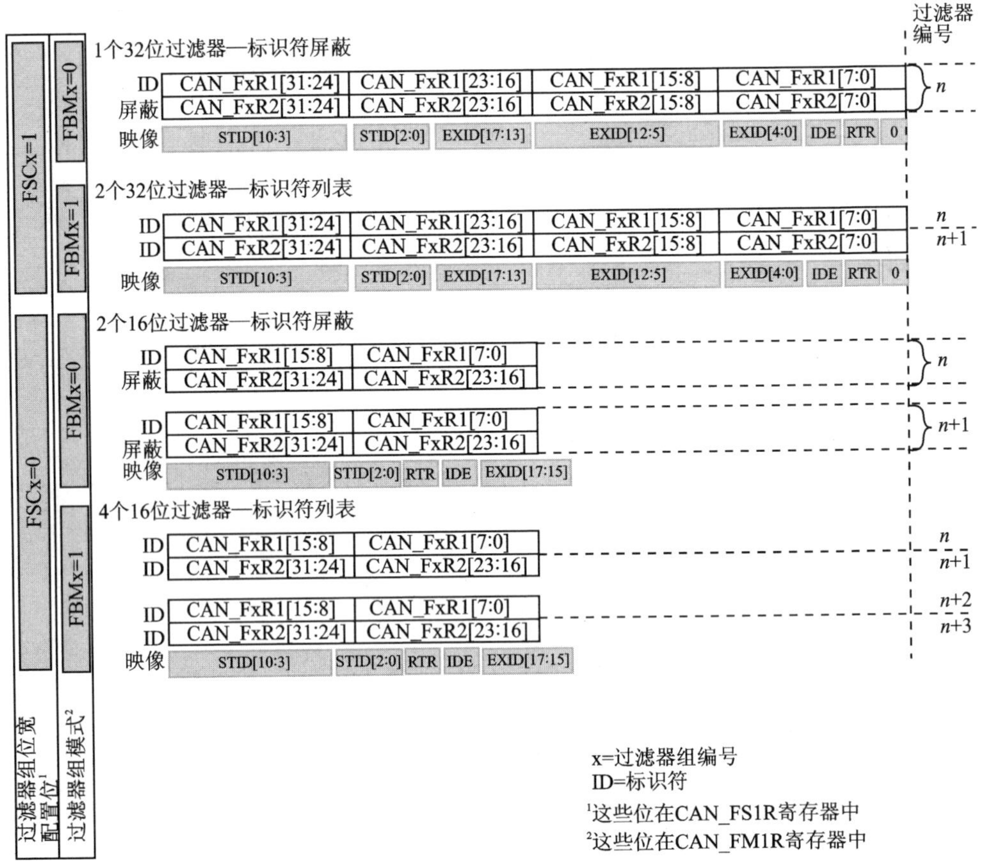

图 9.12 过滤器组位宽模式设置

持在禁用状态。

过滤器组中的每个过滤器都被编号(叫作过滤器号,图 9.12 中的 n),编号从 0 开始,到某个最大数值(取决于过滤器组的模式和位宽的设置)。

举个简单的例子,我们设置过滤器组 0 工作在一个 32 位过滤器-标识符屏蔽模式,然后设置 CAN_F0R1=0xFFFF0000,CAN_F0R2=0xFF00FF00。其中,存放到 CAN_F0R1 的值就是期望收到的 ID,即希望收到的映像(STID+EXTID+IDE+RTR)最好是 0xFFFF0000。而 0xFF00FF00 就是需要必须关心的 ID,表示收到的映像,其位[31:24]和位[15:8]共 16 个位必须和 CAN_F0R1 中对应的位一模一样;而另外的 16 个位则不关心,可以一样,也可以不一样,都认为是正确的 ID,即收到的映像必须是 0xFFxx00xx 才算是正确的(x 表示不关心)。注意,标识符选择位 IDE 和帧类型 RTR 需要一致。具体情况如图 9.13 所示。

关于标识符过滤的详细介绍,可参考“STM32F4xx 参考手册_V4(中文版).pdf”的 24.7.4 小节(616 页)。

接下来看看 STM32 的 CAN 发送和接收的流程。

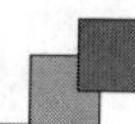

32位过滤器-标识符屏蔽模式（过滤出一组标识符）																																
bit	31	30	29	28	27	26	25	24	23	22	21	20	19	18	17	16	15	14	13	12	11	10	9	8	7	6	5	4	3	2	1	0
ID CAN_F0R1 (0xFFFF0000)	1	1	1	1	1	1	1	1	1	1	1	1	1	1	1	1	0	0	0	0	0	0	0	0	0	0	0	0	0	0	0	0
屏蔽 CAN_F0R2 (0xFF00FF00)	1	1	1	1	1	1	1	1	0	0	0	0	0	0	0	0	1	1	1	1	1	1	1	1	0	0	0	0	0	0	0	0
映像	STID[10:3]								STID[2:0]			EXID[17:13]					EXID[12:5]								EXID[4:0]					IDE	RTR	0
过滤出ID	1	1	1	1	1	1	1	1	X	X	X	X	X	X	X	X	0	0	0	0	0	0	0	0	X	X	X	X	X	0	0	0

图 9.13　过滤器举例图

(1) CAN 发送流程

CAN 发送流程为:程序选择一个空置的邮箱(TME=1)→设置标识符(ID)、数据长度和发送数据→设置 CAN_TIxR 的 TXRQ 位为 1,请求发送→邮箱挂号(等待成为最高优先级)→预定发送(等待总线空闲)→发送→邮箱空置。整个流程如图 9.14 所示。

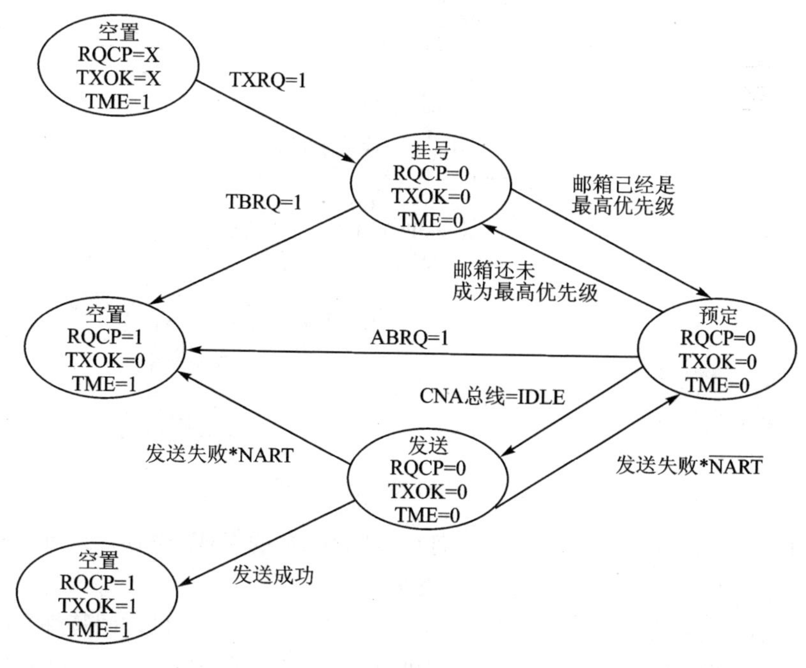

图 9.14　发送流程图

图中还包含了很多其他处理,如不强制退出发送(ABRQ=1)和发送失败处理等。

(2) CAN 接收流程

CAN 接收到的有效报文被存储在 3 级邮箱深度的 FIFO 中。FIFO 完全由硬件管理,从而节省了 CPU 的处理负荷,简化了软件并保证了数据的一致性。应用程序只能通过读取 FIFO 输出邮箱来读取 FIFO 中最先收到的报文。这里的有效报文是指那些被正确接收(直到 EOF 都没有错误)且通过了标识符过滤的报文。CAN 的接收有两个 FIFO,每个过滤器组都可以设置其关联的 FIFO,通过 CAN_FFA1R 的设置可以将滤波器组关联到 FIFO0 或 FIFO1。

CAN 接收流程为:FIFO 空→收到有效报文→挂号_1(存入 FIFO 的一个邮箱,这个由硬件控制,我们不需要理会)→收到有效报文→挂号_2→收到有效报文→挂号_3→收到有效报文溢出。

这个流程里面没有考虑从 FIFO 读出报文的情况,实际情况是:必须在 FIFO 溢出之前读出至少一个报文,否则下个报文到来时将导致 FIFO 溢出,从而出现报文丢失。每读出一个报文,相应的挂号就减 1,直到 FIFO 空。CAN 接收流程如图 9.15 所示。

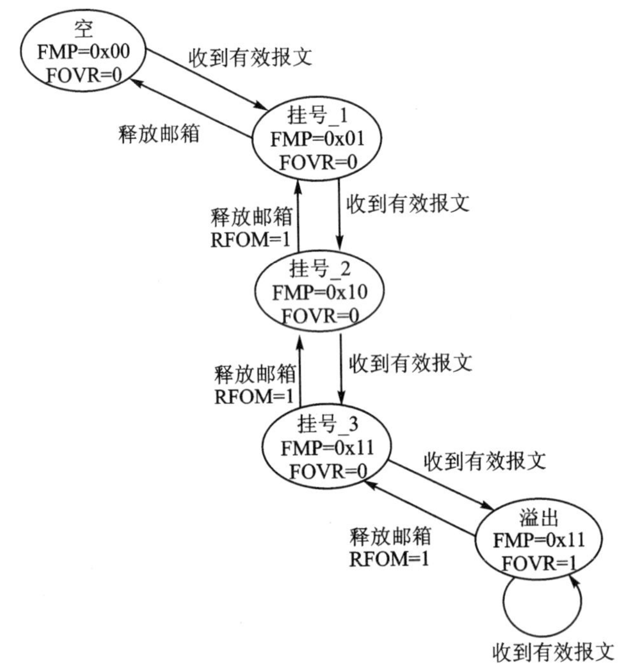

图 9.15　FIFO 接收报文流程图

FIFO 接收到的报文数可以通过查询 CAN_RFxR 的 FMP 寄存器得到,只要 FMP 不为 0,我们就可以从 FIFO 读出收到的报文。

接下来看看 STM32 的 CAN 位时间特性,STM32 的 CAN 位时间特性和之前介绍的 CAN 协议中稍有区别。STM32 把传播时间段和相位缓冲段 1(STM32 称之为时间段 1)合并了,所以 STM32 的 CAN 一个位只有 3 段:同步段(SYNC_SEG)、时间段 1(BS1)和时间段 2(BS2)。STM32 的 BS1 段可以设置为 1～16 个时间单元,刚好等于上面介绍的传播时间段和相位缓冲段 1 之和。STM32 的 CAN 位时序如图 9.16 所示。

图中还给出了 CAN 波特率的计算公式,只需要知道 BS1、BS2 的设置以及 APB1 的时钟频率(一般为 36 MHz),就可以方便地计算出波特率。比如设置 TS1＝8、TS2＝7 和 BRP＝3,在 APB1 频率为 36 MHz 的条件下,即可得到 CAN 通信的波特率＝36 000 kHz/[(9＋8＋1)×4]＝500 kbps。

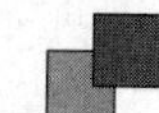

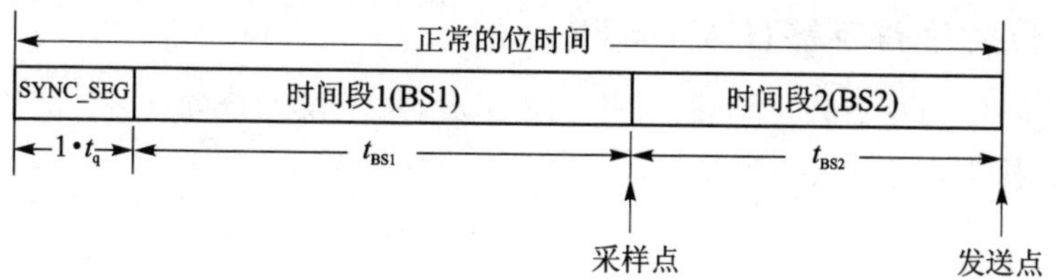

$$波特率=\frac{1}{正常的位时间}$$

正常的位时间$=1\cdot t_q+t_{BS1}+t_{BS2}$

其中：

$t_{BS1}=t_q(TS1[3:0]+1)$，$t_{BS2}=t_q(TS2[2:0]+1)$，$t_q=(BRP[9:0]+1)t_{PCLK}$

这里 t_q 表示一个时间单元，t_{PCLK} = APB 时钟的时间周期。BRP[9:0]、TS1[3:0]和 TS2[2:0]在 CAN_BTR 寄存器中定义

图 9.16　STM32 CAN 位时序

9.1.3　CAN 寄存器

接下来介绍本章需要用到的一些重要的寄存器。

1. CAN 的主控制寄存器(CAN_MCR)

CAN 的主控制寄存器(CAN_MCR)各位描述如图 9.17 所示。

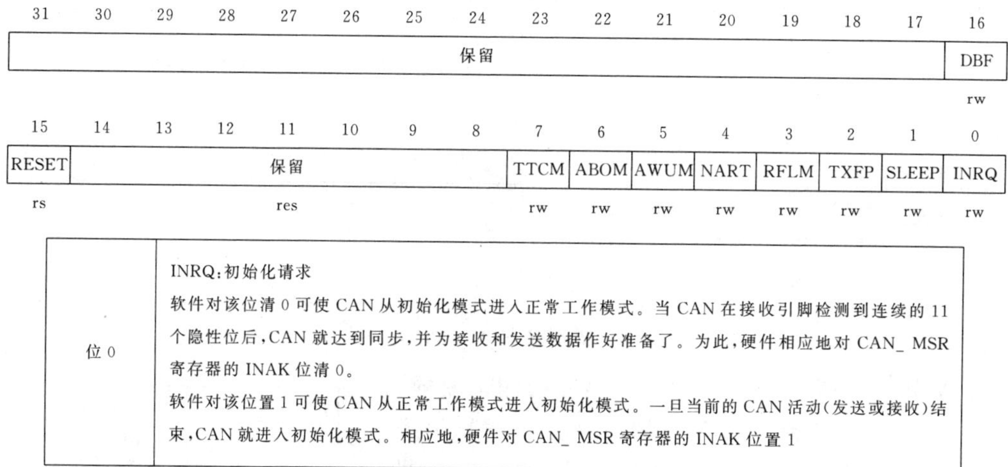

31	30	29	28	27	26	25	24	23	22	21	20	19	18	17	16
保留															DBF
															rw

15	14	13	12	11	10	9	8	7	6	5	4	3	2	1	0
RESET	保留							TTCM	ABOM	AWUM	NART	RFLM	TXFP	SLEEP	INRQ
rs	res							rw	rw	rw	rw	rw	rw	rw	rw

位 0	INRQ:初始化请求 软件对该位清 0 可使 CAN 从初始化模式进入正常工作模式。当 CAN 在接收引脚检测到连续的 11 个隐性位后,CAN 就达到同步,并为接收和发送数据作好准备了。为此,硬件相应地对 CAN_ MSR 寄存器的 INAK 位清 0。 软件对该位置 1 可使 CAN 从正常工作模式进入初始化模式。一旦当前的 CAN 活动(发送或接收)结束,CAN 就进入初始化模式。相应地,硬件对 CAN_ MSR 寄存器的 INAK 位置 1

图 9.17　寄存器 CAN_MCR 各位描述

该寄存器负责管理 CAN 的工作模式。这里仅介绍 INRQ 位,该位用来控制初始化请求。在 CAN 初始化的时候,先设置该位为 1,然后进行初始化(尤其是 CAN_BTR 的设置,该寄存器必须在 CAN 正常工作之前设置),之后设置该位为 0,让 CAN 进入正常工作模式。

该寄存器的详细描述可参考配套资料中“STM32F4xx 参考手册_V4(中文版).pdf”的 24.9.2 小节(439 页)。

2. CAN 位时序寄存器(CAN_BTR)

CAN 位时序寄存器各位描述如图 9.18 所示,用于设置分频、t_{BS1}、t_{BS2} 以及 t_{SJW} 等重要参数,直接决定了 CAN 的波特率。

31	30	29	28	27	26	25	24	23	22	21	20	19	18	17	16
SILM	LBKM	保留				SJW[1:0]		保留	TS2[2:0]			TS1[3:0]			
rw	rw	res				rw	rw	res	rw	rw	rw	rw	rw	rw	rw

15	14	13	12	11	10	9	8	7	6	5	4	3	2	1	0
保留						BRP[9:0]									
res						rw	rw	rw	rw	rw	rw	rw	rw	rw	rw

位	描述
位 31	SILM:静默模式(用于调试) 0:正常状态;　　1:静默模式
位 30	LBKM:环回模式(用于调试) 0:禁止环回模式;　1:允许环回模式
位 25:24	SJW[1:0]:重新同步跳跃宽度 为了重新同步,该位域定义了 CAN 硬件在每位中可以延长或缩短多少个时间单元的上限。 $t_{RJW}=t_{CAN}(SJW[1:0]+1)$
位 22:20	TS2[2:0]:时间段 2 该位域定义了时间段 2 占用了多少个时间单元 $t_{BS2}=t_{CAN}(TS2[2:0]+1)$
位 19:16	TSl[3:0]:时间段 1 该位域定义了时间段 1 占用了多少个时间单元 $t_{BS1}=t_{CAN}(TS1[3:0]+1)$
位 9:0	BRP[9:0]:波特率分频器 该位域定义了时间单元(t_q)的时间长度 $t_q=(BRP[9:0]+1)t_{PCLK}$

图 9.18　寄存器 CAN_BTR 各位描述

另外,该寄存器还可以设置 CAN 的测试模式。STM32 提供了 3 种测试模式,即环回模式、静默模式和环回静默模式。这里简单介绍环回模式。在环回模式下,bxCAN 把发送的报文当作接收的报文并保存(如果可以通过接收过滤器组)在接收 FIFO 的输出邮箱里,也就是环回模式是一个自发自收的模式,如图 9.19 所示。

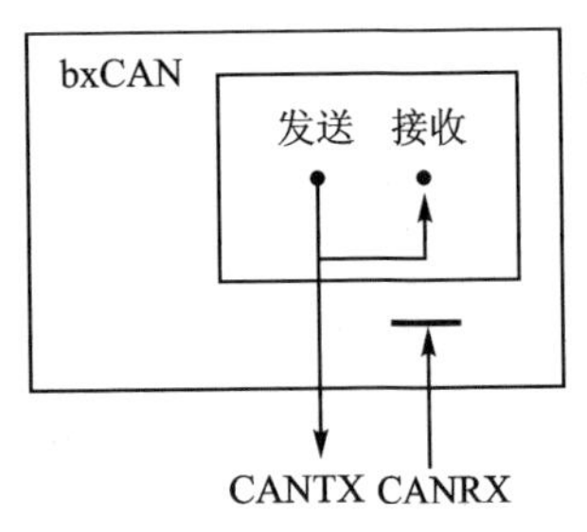

图 9.19　CAN 回环模式

环回模式可用于自测试。为了避免外部的影响,在环回模式下 CAN 内核忽略确认错误(在数据/远程帧的确认位时刻不检测是否有显性位)。在环回模式下,bxCAN 在内部把 Tx 输出

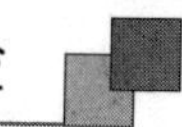

回馈到 Rx 输入上，而完全忽略 CANRX 引脚的实际状态。发送的报文可以在 CANTX 引脚上检测到。

3. CAN 发送邮箱标识符寄存器(CAN_TIxR)

CAN 发送邮箱标识符寄存器(CAN_TIxR)(x=0～3)各位描述如图 9.20 所示。该寄存器主要用来设置标识符(包括扩展标识符)，另外还可以设置帧类型，通过 TXRQ(位 0)置 1 来请求邮箱发送。因为有 3 个发送邮箱，所以寄存器 CAN_TIxR 有 3 个。

31	30	29	28	27	26	25	24	23	22	21	20	19	18	17	16
STID[10:0]/EXID[28:18]											EXID[17:13]				
rw	rw	rw	rw	rw	rw	rw	rw	rw	rw	rw	rw	rw	rw	rw	rw
15	14	13	12	11	10	9	8	7	6	5	4	3	2	1	0
EXID[12:0]													IDE	RTR	TXRQ
rw	rw	rw	rw	rw	rw	rw	rw	rw	rw	rw	rw	rw	rw	rw	rw

位	描述
位 31:21	STID[10:0]/EXID[28:18]：标准标识符或扩展标识符 依据 IDE 位的内容，这些位或是标准标识符，或是扩展身份标识的高字节
位 20:3	EXID[17:0]：扩展标识符 扩展身份标识的低字节
位 2	IDE：标识符选择 该位决定发送邮箱中报文使用的标识符类型 0：使用标准标识符；　1：使用扩展标识符
位 1	RTR：远程发送请求 0：数据帧；　1：远程帧
位 0	TXRQ：发送数据请求 由软件对其置 1，来请求发送邮箱的数据。当数据发送完成，邮箱为空时，硬件对其清 0

图 9.20　寄存器 CAN_TIxR 各位描述

4. CAN 发送邮箱数据长度和时间戳寄存器(CAN_TDTxR)

CAN 发送邮箱数据长度和时间戳寄存器(CAN_TDTxR)(x=0～2)在本章仅用来设置数据长度，即最低 4 个位。低 4 位的描述如图 9.21 所示。

31	30	29	28	27	26	25	24	23	22	21	20	19	18	17	16
TIME[15:0]															
rw	rw	rw	rw	rw	rw	rw	rw	rw	rw	rw	rw	rw	rw	rw	rw
15	14	13	12	11	10	9	8	7	6	5	4	3	2	1	0
保留							TGT	保留				DLC[3:0]			
res							rw	res				rw	rw	rw	rw

位	描述
位 3:0	DLC[15:0]：发送数据长度 该域指定了数据报文的数据长度或者远程帧请求的数据长度。一个报文包含 0～8 字节数据，这由 DLC 决定

图 9.21　寄存器 CAN_TDTxR 低 4 位描述

5. CAN 发送邮箱低字节数据寄存器(CAN_TDLxR)

CAN 发送邮箱低字节数据寄存器(CAN_TDLxR)(x=0~2)各位描述如图 9.22 所示。该寄存器用来存储将要发送的数据,这里只能存储低 4 字节;另外还有一个寄存器 CAN_TDHxR,用来存储高 4 字节,这样总共就可以存储 8 字节。CAN_TDHxR 各位描述同 CAN_TDLxR 类似,不单独介绍了。

31	30	29	28	27	26	25	24	23	22	21	20	19	18	17	16
DATA3[7:0]								DATA2[7:0]							
rw	rw	rw	rw	rw	rw	rw	rw	rw	rw	rw	rw	rw	rw	rw	rw

15	14	13	12	11	10	9	8	7	6	5	4	3	2	1	0
DATA1[7:0]								DATA0[7:0]							
rw	rw	rw	rw	rw	rw	rw	rw	rw	rw	rw	rw	rw	rw	rw	rw

位	描述
位 31:24	DATA3[7:0]:数据字节 3 报文的数据字节 3
位 23:16	DATA2[7:0]:数据字节 2 报文的数据字节 2
位 15:8	DATA1[7:0]:数据字节 1 报文的数据字节 1
位 7:0	DATA0[7:0]:数据字节 0 报文的数据字节 0。 报文包含 0~8 字节数据,且从字节 0 开始

图 9.22　寄存器 CAN_TDLxR 各位描述

6. CAN 接收 FIFO 邮箱标识符寄存器(CAN_RIxR)

CAN 接收 FIFO 邮箱标识符寄存器(CAN_RIxR)(x=0/1)各位描述同 CAN_TIxR 寄存器几乎一模一样,只是最低位为保留位。该寄存器用于保存接收到的报文标识符等信息,可以通过读该寄存器来获取相关信息。

同样,CAN 接收 FIFO 邮箱数据长度和时间戳寄存器(CAN_RDTxR)、CAN 接收 FIFO 邮箱低字节数据寄存器(CAN_RDLxR)和 CAN 接收 FIFO 邮箱高字节数据寄存器(CAN_RDHxR)分别和发送邮箱 CAN_TDTxR、CAN_TDLxR 以及 CAN_TDHxR 类似,这里就不单独介绍了,详细可参考“STM32F4xx 参考手册_V4(中文版).pdf”24.9.3 小节(635 页)。

7. CAN 过滤器模式寄存器(CAN_FM1R)

CAN 过滤器模式寄存器(CAN_FM1R)各位描述如图 9.23 所示。该寄存器用于设置各过滤器组的工作模式,对 28 个过滤器组的工作模式都可以通过该寄存器设置;不过该寄存器必须在过滤器处于初始化模式下(CAN_FMR 的 FINIT 位=1),才可以进行设置。对 STM32F103ZET6 来说,只有[13:0]这 14 个位有效。

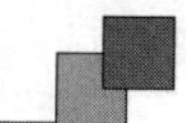

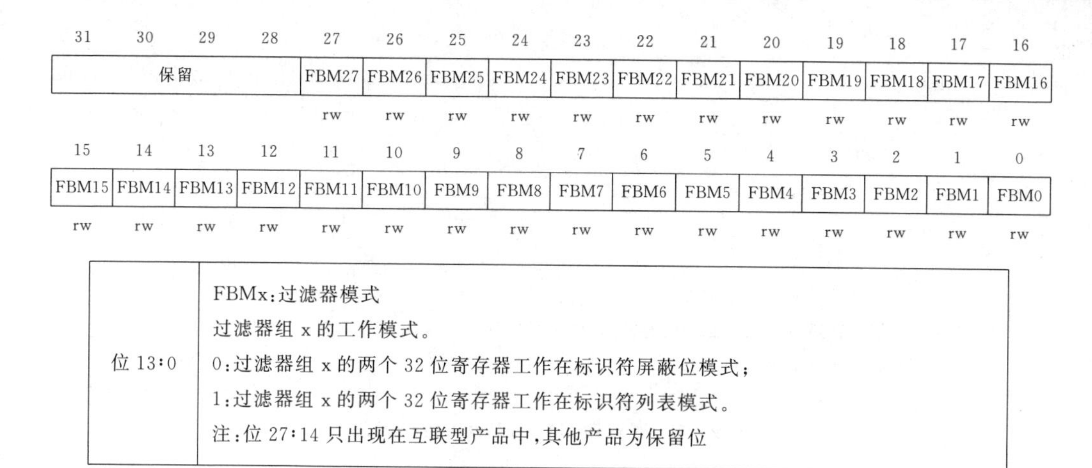

31	30	29	28	27	26	25	24	23	22	21	20	19	18	17	16
保留				FBM27	FBM26	FBM25	FBM24	FBM23	FBM22	FBM21	FBM20	FBM19	FBM18	FBM17	FBM16
				rw	rw	rw	rw	rw	rw	rw	rw	rw	rw	rw	rw

15	14	13	12	11	10	9	8	7	6	5	4	3	2	1	0
FBM15	FBM14	FBM13	FBM12	FBM11	FBM10	FBM9	FBM8	FBM7	FBM6	FBM5	FBM4	FBM3	FBM2	FBM1	FBM0
rw	rw	rw	rw	rw	rw	rw	rw	rw	rw	rw	rw	rw	rw	rw	rw

位 13:0	FBMx:过滤器模式 过滤器组 x 的工作模式。 0:过滤器组 x 的两个 32 位寄存器工作在标识符屏蔽位模式; 1:过滤器组 x 的两个 32 位寄存器工作在标识符列表模式。 注:位 27:14 只出现在互联型产品中,其他产品为保留位

图 9.23 寄存器 CAN_FM1R 各位描述

8. CAN 过滤器位宽寄存器(CAN_FS1R)

CAN 过滤器位宽寄存器(CAN_FS1R)各位描述如图 9.24 所示。该寄存器用于设置各过滤器组的位宽,对 28 个过滤器组的位宽设置都可以通过该寄存器实现。该寄存器也只能在过滤器处于初始化模式下进行设置。

31	30	29	28	27	26	25	24	23	22	21	20	19	18	17	16
保留				FSC27	FSC26	FSC25	FSC24	FSC23	FSC22	FSC21	FSC20	FSC19	FSC18	FSC17	FSC16
				rw	rw	rw	rw	rw	rw	rw	rw	rw	rw	rw	rw

15	14	13	12	11	10	9	8	7	6	5	4	3	2	1	0
FSC15	FSC14	FSC13	FSC12	FSC11	FSC10	FSC9	FSC8	FSC7	FSC6	FSC5	FSC4	FSC3	FSC2	FSC1	FSC0
rw	rw	rw	rw	rw	rw	rw	rw	rw	rw	rw	rw	rw	rw	rw	rw

位 13:0	FSCx:过滤器位宽设置 过滤器组 x(13~0)的位宽。 0:过滤器位宽为两个 16 位;　　1:过滤器位宽为单个 32 位。 注:位 27:14 只出现在互联型产品中,其他产品为保留位

图 9.24 寄存器 CAN_FS1R 各位描述

9. CAN 过滤器 FIFO 关联寄存器(CAN_FFA1R)

CAN 过滤器 FIFO 关联寄存器(CAN_FFA1R)各位描述如图 9.25 所示。该寄存器设置报文通过过滤器组之后被存入 FIFO,如果对应位为 0,则存放到 FIFO0;如果为 1,则存放到 FIFO1。该寄存器也只能在过滤器处于初始化模式下配置。

10. CAN 过滤器激活寄存器(CAN_FA1R)

CAN 过滤器激活寄存器(CAN_FA1R)各位对应过滤器组和前面的几个寄存器类似,这里就不列出了,把对应位置 1,即开启对应的过滤器组;置 0,则关闭该过滤器组。

31	30	29	28	27	26	25	24	23	22	21	20	19	18	17	16
保留				FFA27	FFA26	FFA25	FFA24	FFA23	FFA22	FFA21	FFA20	FFA19	FFA18	FFA17	FFA16
				rw	rw	rw	rw	rw	rw	rw	rw	rw	rw	rw	rw

15	14	13	12	11	10	9	8	7	6	5	4	3	2	1	0
FFA15	FFA14	FFA13	FFA12	FFA11	FFA10	FFA9	FFA8	FFA7	FFA6	FFA5	FFA4	FFA3	FFA2	FFA1	FFA0
rw	rw	rw	rw	rw	rw	rw	rw	rw	rw	rw	rw	rw	rw	rw	rw

位 13:0	FFAx:过滤器位宽设置 报文在通过了某过滤器的过滤后,将被存放到其关联的 FIFO 中。 0:过滤器被关联到 FIFO0

图 9.25 寄存器 CAN_FFA1R 各位描述

11. CAN 的过滤器组 i 的寄存器 x(CAN_FiRx)

CAN 的过滤器组 i 的寄存器 x(CAN_FiRx)(互联产品中 i=0～27,其他产品中 i=0～13;x=1/2)各位描述如图 9.26 所示。

31	30	29	28	27	26	25	24	23	22	21	20	19	18	17	16
FB31	FB30	FB29	FB28	FB27	FB26	FB25	FB24	FB23	FB22	FB21	FB20	FB19	FB18	FB17	FB16
rw	rw	rw	rw	rw	rw	rw	rw	rw	rw	rw	rw	rw	rw	rw	rw

15	14	13	12	11	10	9	8	7	6	5	4	3	2	1	0
FB15	FB14	FB13	FB12	FB11	FB10	FB9	FB8	FB7	FB6	FB5	FB4	FB3	FB2	FB1	FB0
rw	rw	rw	rw	rw	rw	rw	rw	rw	rw	rw	rw	rw	rw	rw	rw

位 31:0	FB[31:0]:过滤器位 标识符模式 寄存器的每位对应于所期望的标识符的相应位的电平。 0:期望相应位为显性位; 1:期望相应位为隐性位。 屏蔽位模式 寄存器的每位指示对应的标识符寄存器位是否要与期望标识符的相应位一致。 0:不关心,该位不用于比较; 1:必须匹配,到来的标识符位必须与滤波器对应的标识符寄存器位一致

图 9.26 寄存器 CAN_FiRx 各位描述

每个过滤器组的 CAN_FiRx 都由两个 32 位寄存器构成,即 CAN_FiR1 和 CAN_FiR2。根据过滤器位宽和模式的不同设置,这两个寄存器的功能也不尽相同。

9.2 硬件设计

(1) 例程功能

通过 KEY_UP 按键(即 WK_UP 按键)选择 CAN 的工作模式(正常模式/回环模

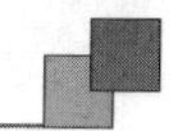

式),然后通过 KEY0 控制数据发送;接着查询是否接收到数据,若接收到数据,则将接收到的数据显示在 LCD 模块上。如果是回环模式,则不需要两个开发板。如果是正常模式,则需要两个探索者开发板,并且将它们的 CAN 接口对接起来,然后一个开发板发送数据,另外一个开发板将接收到的数据显示在 LCD 模块上。

(2) 硬件资源

➢ LED 灯:LED0 - PF9;

➢ KEY0 和 KEY_UP 按键:KEY0 - PE4、KEY_UP - PA0;

➢ TFTLCD 模块;

➢ STM32 自带 CAN 控制器;

➢ CAN 收发芯片 JTA1050/SIT1050T。

(3) 原理图

STM32 有 CAN 的控制器,但要实现 CAN 通信的差分电平,还需要借助外围电路来实现。根据需要实现的程序功能,设计的电路原理如图 9.27 所示。

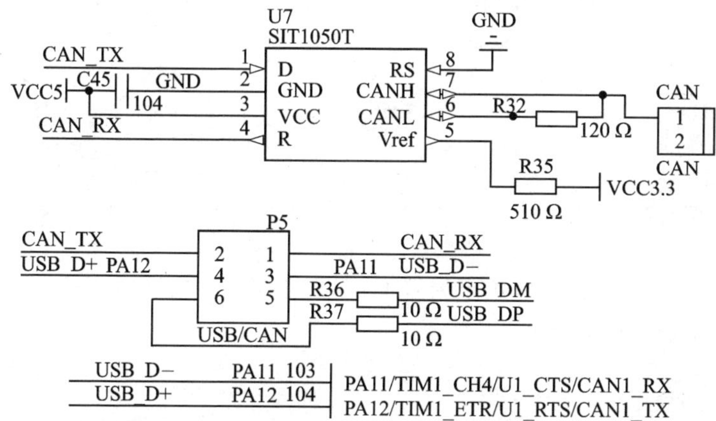

图 9.27　CAN 连接原理设计

可以看出,STM32F407 的 CAN 通过 P5 的设置连接到 TJA1050/SIT1050T 收发芯片,然后通过接线端子(CAN)同外部的 CAN 总线连接。探索者 STM32F407 开发板上面是带有 120 Ω 终端电阻的,如果开发板不作为 CAN 的终端,则需要把这个电阻去掉,以免影响通信。注意,CAN 和 USB 共用了 PA11 和 PA12,所以它们不能同时使用。

同时,要设置好开发板上 P5 排针的连接,通过跳线帽将 PA11 和 PA12 分别连接到 CAN_RX 和 CAN_TX 上面,如图 9.28 所示。

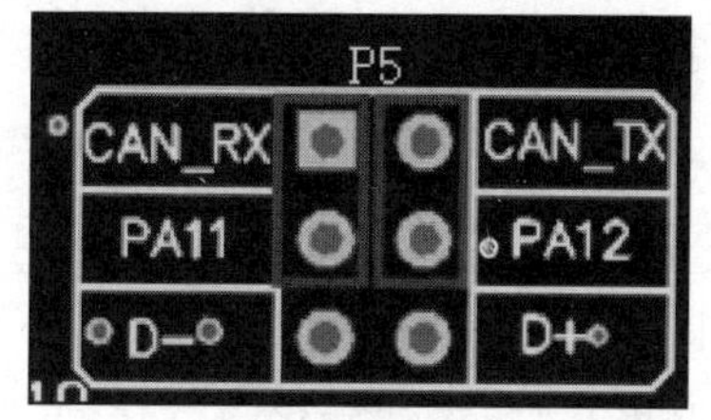

图 9.28　CAN 实验需要跳线连接的位置

最后,用两根导线将两个开发板 CAN 端子的 CAN_L 和 CAN_L、CAN_H 和 CAN_H 连接起来,不要接反了(CAN_L 接 CAN_H),否则会导致通信异常。

9.3 程序设计

9.3.1 CAN 的 HAL 库驱动

CAN 在 HAL 库中的驱动代码在 stm32f4xx_hal_can.c 文件(及其头文件)中。

1. HAL_CAN_Init 函数

要使用一个外设,则首先要对它进行初始化,所以先看 CAN 的初始化函数,其声明如下:

```
HAL_StatusTypeDef HAL_CAN_Init(CAN_HandleTypeDef * hcan);
```

函数描述:用于 CAN 控制器的初始化。

函数形参:

形参是 CAN 的控制句柄,结构体类型是 CAN_HandleTypeDef,其定义如下:

```
typedef struct __CAN_HandleTypeDef
{
  CAN_TypeDef                 * Instance;     /* CAN 控制寄存器基地址 */
  CAN_InitTypeDef             Init;           /* 初始化参数结构体 */
  __IO HAL_CAN_StateTypeDef   State;          /* CAN 通信状态 */
  __IO uint32_t               ErrorCode;      /* CAN 通信结果编码 */
} CAN_HandleTypeDef;
```

Init:CAN 初始化结构体,用于配置 CAN 的工作模式、波特率等。它的定义也在 stm32f4xx_hal_can.h 中列出。

```
typedef struct
{
  uint32_t Prescaler;        /* 分频值,可以配置为 1~1 024 间的任意整数 */
  uint32_t Mode;             /* can 操作模式,有效值参考 CAN_operating_mode 的描述 */
  uint32_t SyncJumpWidth;    /* CAN 硬件的最大超时时间 */
  uint32_t TimeSeg1;         /* CAN_time_quantum_in_bit_segment_1 */
  uint32_t TimeSeg2;         /* CAN_time_quantum_in_bit_segment_2 */
  FunctionalState TimeTriggeredMode;        /* 启用或禁用时间触发模式 */
  FunctionalState AutoBusOff;               /* 禁止/使能软件自动断开总线的功能 */
  FunctionalState AutoWakeUp;               /* 禁止/使能 CAN 的自动唤醒功能 */
  FunctionalState AutoRetransmission;       /* 禁止/使能 CAN 的自动传输模式 */
  FunctionalState ReceiveFifoLocked;        /* 禁止/使能 CAN 的接收 FIFO */
  FunctionalState TransmitFifoPriority;     /* 禁止/使能 CAN 的发送 FIFO */
} CAN_InitTypeDef;
```

调用 CAN 的初始化函数时,主要是对这个结构体赋值,配置 CAN 的工作模式。

函数返回值:HAL_StatusTypeDef 枚举类型的值,有 4 个,分别是 HAL_OK 表示成功、HAL_ERROR 表示错误、HAL_BUSY 表示忙碌、HAL_TIMEOUT 为超时。

调用初始化函数之后,同样需要重定义 HAL_CAN_MspInit 来初始化与底层硬件

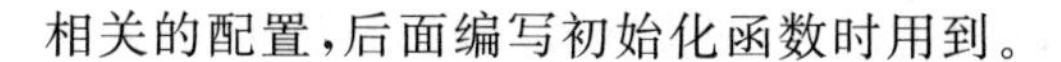

相关的配置，后面编写初始化函数时用到。

2. HAL_CAN_ConfigFilter 函数

CAN 的接收过滤器属于硬件，可以根据软件的设置，在接收报文的时候过滤出符合过滤器配置条件的报文 ID，大大节省了 CPU 的开销。过滤器配置函数定义如下：

```
HAL_StatusTypeDef HAL_CAN_ConfigFilter(CAN_HandleTypeDef * hcan,
                                       CAN_FilterTypeDef * sFilterConfig)
```

函数描述：用于配置 CAN 的接收过滤器。

函数形参：

形参 1 是 CAN 的控制句柄指针，初始化函数已经介绍过它的结构了。

形参 2 是过滤器的结构体，这个是根据 STM32 的 CAN 过滤器模式设置的一些配置参数，它的结构如下：

```
typedef struct
{
  uint32_t FilterIdHigh;          /* 过滤器标识符高位 */
  uint32_t FilterIdLow;           /* 过滤器标识符低位 */
  uint32_t FilterMaskIdHigh;      /* 过滤器掩码号高位(列表模式下，也是属于标识符) */
  uint32_t FilterMaskIdLow;       /* 过滤器掩码号低位(列表模式下，也是属于标识符) */
  uint32_t FilterFIFOAssignment; /* 与过滤器组管理的 FIFO */
  uint32_t FilterBank;            /* 指定过滤器组，单 CAN 为 0～13，双 CAN 可为 0～27 */
  uint32_t FilterMode;            /* 过滤器的模式标识符屏蔽位模式/标识符列表模式 */
  uint32_t FilterScale;           /* 过滤器的位宽 32 位/16 位 */
  uint32_t FilterActivation;      /* 禁用或者使能过滤器 */
  uint32_t SlaveStartFilterBank; /* 双 CAN 模式下，规定 CAN 的主从模式的过滤器分配 */
} CAN_FilterTypeDef;
```

通过配置过滤器及过滤器组的报文，即可从关联的 FIFO 的输出邮箱中获取信息。

函数返回值：我们只关注 HAL_OK 的情况。

3. HAL_CAN_Start 函数

HAL_CAN_Start 函数使能 CAN 控制器，以接入总线进行数据收发处理。

```
HAL_StatusTypeDef HAL_CAN_Start(CAN_HandleTypeDef * hcan)
```

函数描述：按需要配置完 CAN 总线后使能 CAN 控制器，以接入总线进行数据收发处理。

函数形参：形参是 CAN 的控制句柄指针，初始化函数已经介绍过它的结构。

函数返回值：只关注 HAL_OK 的情况。

4. HAL_CAN_ActivateNotification 函数

HAL_CAN_ActivateNotification 函数使能 CAN 的各种中断。

```
HAL_StatusTypeDef HAL_CAN_ActivateNotification(CAN_HandleTypeDef * hcan, uint32_t
ActiveITs)
```

函数描述:CAN 定义了多种传输中断以满足需求,只需要在 ActiveITs 中填入相关中断即可。中断源可以在 CAN_IER 寄存器中找到。

函数形参:形参是 CAN 的控制句柄指针,初始化函数已经介绍过它的结构。

函数返回值:只关注 HAL_OK 的情况。

5. HAL_CAN_AddTxMessage 函数

HAL_CAN_AddTxMessage 函数是发送报文函数。

```
HAL_StatusTypeDef HAL_CAN_AddTxMessage(CAN_HandleTypeDef * hcan,
            CAN_TxHeaderTypeDef * pHeader, uint8_t aData[], uint32_t * pTxMailbox)
```

函数描述:该函数用于向发送邮箱添加发送报文,并激活发送请求

函数形参:

形参 1 是 CAN 的控制句柄指针,初始化函数已经介绍过它的结构了。

形参 2 是 CAN 发送的结构体,它的结构如下:

```
typedef struct
{
  uint32_t StdId;      /* 标准标识符 11 位范围:0～0x7FF */
  uint32_t ExtId;      /* 扩展标识符 29 位范围:0～0x1FFFFFFF */
  uint32_t IDE;        /* 标识符类型 CAN_ID_STD / CAN_ID_EXT */
  uint32_t RTR;        /* 帧类型 CAN_RTR_DATA / CAN_RTR_REMOTE */
  uint32_t DLC;        /* 帧长度范围:0～8byte */
  FunctionalState TransmitGlobalTime;    /* 时间戳是否在开始时捕获 */

} CAN_TxHeaderTypeDef;
```

注意,当标识符选择位 IDE 为 CAN_ID_STD 时,表示本报文是标准帧,使用 StdId 成员存储报文 ID;当它的值为 CAN_ID_EXT 时,表示本报文是扩展帧,使用 ExtId 成员存储报文 ID。其他成员可以对照发送邮箱寄存器相关位来理解。

形参 3 是报文的内容。

形参 4 是发送邮箱编号,可选 3 个发送邮箱之一。

6. HAL_CAN_GetRxMessage 函数

HAL_CAN_GetRxMessage 函数是接收消息函数。

```
HAL_StatusTypeDef HAL_CAN_GetRxMessage(CAN_HandleTypeDef * hcan, uint32_t  RxFifo,
                    CAN_RxHeaderTypeDef * pHeader, uint8_t aData[])
```

函数描述:该函数可从接收 FIFO 里面的输出邮箱获取到消息报文。

函数形参:

形参 1 是 CAN 的控制句柄指针,初始化函数已经介绍过它的结构了。

形参 2 是接收 FIFO,具体是 FIFO0/1 须根据过滤器组关联的 FIFO 确定。

形参 3 是 CAN 接收的结构体,它的结构如下:

```
typedef struct
{
  uint32_t StdId;                /* 标准标识符 11 位 范围:0~0x7FF */
  uint32_t ExtId;                /* 扩展标识符 29 位 范围:0~0x1FFFFFFF */
  uint32_t IDE;                  /* 标识符类型 CAN_ID_STD / CAN_ID_EXT */
  uint32_t RTR;                  /* 帧类型 CAN_RTR_DATA / CAN_RTR_REMOTE */
  uint32_t DLC;                  /* 帧长度 范围:0~8 字节 */
  uint32_t Timestamp;            /* 在帧接收开始时开始捕获的时间戳 */
  uint32_t FilterMatchIndex;     /* 过滤器匹配序号 */
} CAN_RxHeaderTypeDef;
```

发送结构体中也通过 IDE 位确认该消息报文的标识符类型,该结构体不同于发送结构体,还有一个过滤器匹配序号成员,可以查看此报文是通过哪组过滤器到达接收 FIFO。其他成员可以对照发送邮箱寄存器相关位进行理解。

形参 4 是接收报文的内容。

CAN 的初始化配置步骤如下:

① CAN 参数初始化(工作模式、波特率等)。

HAL 库通过调用 CAN 初始化函数 HAL_CAN_Init 完成对 CAN 参数初始化。注意,该函数会调用 HAL_CAN_MspInit 函数来完成对 CAN 底层的初始化,包括 CAN 以及 GPIO 时钟使能、GPIO 模式设置、中断设置等。

② 开启 CAN 和对应引脚时钟,配置 CAN_TX 和 CAN_RX 的复用功能输出。

首先开启 CAN 的时钟,然后配置 CAN 相关引脚为复用功能(对应的引脚可查看中文参考手册 P180)。本实验中 CAN_TX 对应的是 PA12,CAN_RX 对应的是 PA11。它们的时钟开启方法如下:

```
__HAL_RCC_CAN1_CLK_ENABLE();          /* 使能 CAN1 */
__HAL_RCC_GPIOA_CLK_ENABLE();         /* 开启 GPIOA 时钟 */
```

I/O 口复用功能是通过函数 HAL_GPIO_Init 来配置的。

③ 设置滤波器。

HAL 库通过调用 HAL_CAN_ConfigFilter 完成 CAN 滤波器相关参数初始化。

④ CAN 数据接收和发送。

通过调用 HAL_CAN_AddTxMessage 函数来发送消息。通过调用 HAL_CAN_GetRxMessage 函数来接收数据。

至此,CAN 就可以开始正常工作了。如果用到中断,则还需要进行中断相关的配置。本实验也提供 CAN 接收中断,详看例程源码,这里就不介绍了。

9.3.2 程序流程图

程序流程如图 9.29 所示。

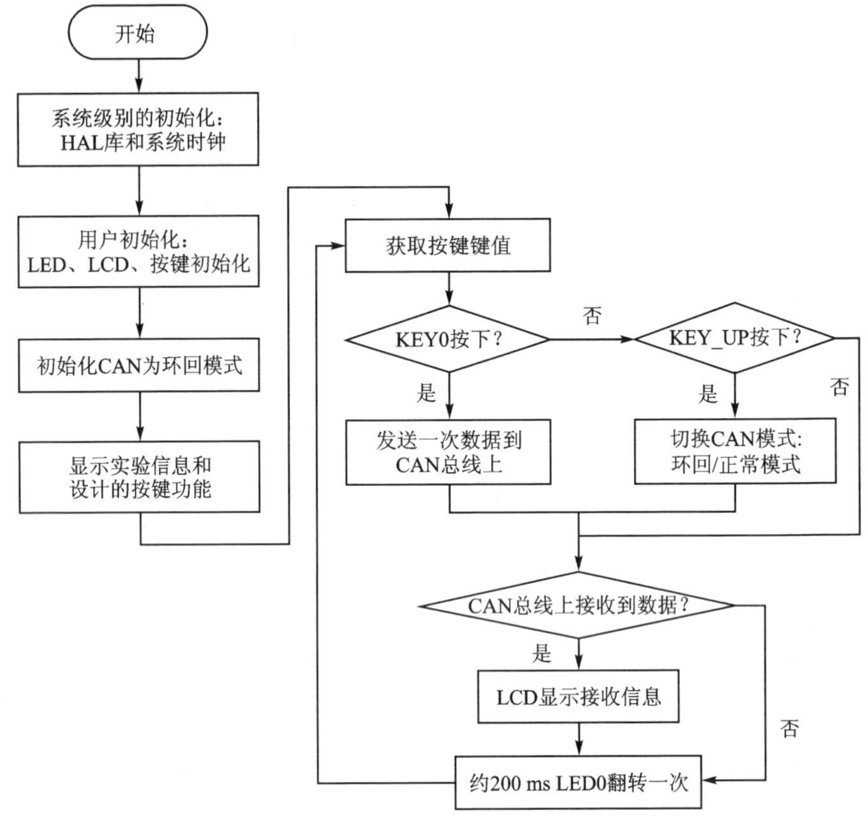

图 9.29 CAN 通信实验程序流程图

9.3.3 程序解析

要使用 LED、LCD、按键这些功能，直接复制 RS485 实验的代码，把 RS485 的代码从工程中移除，并在 Drivers/BSP 目录下新建一个 CAN 文件夹，与之前一样，新建 can.c/can.h 文件并把它们加入到工程中。

1. can.c 函数

这里只讲解核心代码，详细的源码可参考配套资料中本实验对应源码。CAN 驱动相关源码包括两个文件：can.c 和 can.h。

利用前面介绍的 HAL 库函数来配置 CAN 的接收时钟及模式等参数，配置过滤器以使能硬件自动过滤功能，最后使能 CAN 以开始 CAN 控制器的工作。编写 CAN 初始化函数：

```
uint8_t can_init(uint32_t tsjw, uint32_t tbs2, uint32_t tbs1, uint16_t brp, uint32_t mode)
{
    g_canx_handler.Instance = CAN1;
    g_canx_handler.Init.Prescaler = brp;              /* 分频系数(Fdiv)为 brp + 1 */
    g_canx_handler.Init.Mode = mode;                   /* 模式设置 */
```

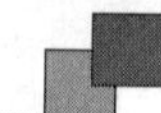

```
    /* 重新同步跳跃宽度(Tsjw)为 tsjw + 1 个时间单位 CAN_SJW_1TQ～CAN_SJW_4TQ */
    g_canx_handler.Init.SyncJumpWidth = tsjw;
    g_canx_handler.Init.TimeSeg1 = tbs1; /* tbs1 范围 CAN_BS1_1TQ～CAN_BS1_16TQ */
    g_canx_handler.Init.TimeSeg2 = tbs2; /* tbs2 范围 CAN_BS2_1TQ～CAN_BS2_8TQ */
    g_canx_handler.Init.TimeTriggeredMode = DISABLE;    /* 非时间触发通信模式 */
    g_canx_handler.Init.AutoBusOff = DISABLE;           /* 软件自动离线管理 */
    g_canx_handler.Init.AutoWakeUp = DISABLE;           /* 通过软件唤醒睡眠模式 */
    g_canx_handler.Init.AutoRetransmission = ENABLE;    /* 禁止报文自动传送 */
    g_canx_handler.Init.ReceiveFifoLocked = DISABLE;    /* 报文不锁定,新的覆盖旧的 */
    g_canx_handler.Init.TransmitFifoPriority = DISABLE; /* 优先级由报文标识符决定 */
    if (HAL_CAN_Init(&g_canx_handler) != HAL_OK)
    {
        return 1;
    }
#if CAN_RX0_INT_ENABLE
    /* 使用中断接收,FIFO0 消息挂号中断允许 */
    __HAL_CAN_ENABLE_IT(&g_canx_handler, CAN_IT_RX_FIFO0_MSG_PENDING);
    HAL_NVIC_EnableIRQ(USB_LP_CAN1_RX0_IRQn);            /* 使能 CAN 中断 */
    HAL_NVIC_SetPriority(USB_LP_CAN1_RX0_IRQn, 1, 0); /* 抢占优先级 1,子优先级 0 */
#endif
    CAN_FilterTypeDef sFilterConfig;                      /* 配置 CAN 过滤器 */
    sFilterConfig.FilterBank = 0;                         /* 过滤器 0 */
    sFilterConfig.FilterMode = CAN_FILTERMODE_IDMASK;
    sFilterConfig.FilterScale = CAN_FILTERSCALE_32BIT;
    sFilterConfig.FilterIdHigh = 0x0000;                  /* 32 位 ID */
    sFilterConfig.FilterIdLow = 0x0000;
    sFilterConfig.FilterMaskIdHigh = 0x0000;              /* 32 位 MASK */
    sFilterConfig.FilterMaskIdLow = 0x0000;
    sFilterConfig.FilterFIFOAssignment = CAN_RX_FIFO0;    /* 过滤器 0 关联到 FIFO0 */
    sFilterConfig.FilterActivation = ENABLE;              /* 激活滤波器 0 */
    sFilterConfig.SlaveStartFilterBank = 14;
    if (HAL_CAN_ConfigFilter(&g_canx_handler, &sFilterConfig) != HAL_OK)
    { /* 过滤器配置 */
        return 2;
    }
    if (HAL_CAN_Start(&g_canx_handler) != HAL_OK)
    { /* 启动 CAN 外围设备 */
        return 3;
    }
    return 0;
}
```

调用 HAL_CAN_Init 后会调用 HAL_CAN_MspInit,这里重定义这个函数,在函数中初始化用于控制 CAN 的收发引脚:

```
void HAL_CAN_MspInit(CAN_HandleTypeDef * hcan)
{
    if (CAN1 == hcan->Instance)
    {
        CAN_RX_GPIO_CLK_ENABLE();               /* CAN_RX 脚时钟使能 */
        CAN_TX_GPIO_CLK_ENABLE();               /* CAN_TX 脚时钟使能 */
```

```
        __HAL_RCC_CAN1_CLK_ENABLE();              /* 使能 CAN1 时钟 */
        GPIO_InitTypeDef gpio_init_struct;
        gpio_init_struct.Pin = CAN_TX_GPIO_PIN;
        gpio_init_struct.Mode = GPIO_MODE_AF_PP;
        gpio_init_struct.Pull = GPIO_PULLUP;
        gpio_init_struct.Speed = GPIO_SPEED_FREQ_HIGH;
        gpio_init_struct.Alternate = GPIO_AF9_CAN1;
        HAL_GPIO_Init(CAN_TX_GPIO_PORT, &gpio_init_struct);/* CAN_TX 脚 模式设置 */
        gpio_init_struct.Pin = CAN_RX_GPIO_PIN;
        /* CAN_RX 脚 必须设置成输入模式 */
        HAL_GPIO_Init(CAN_RX_GPIO_PORT, &gpio_init_struct);
    }
}
```

至此，初始化函数就编写完了，要设置它的工作波特率为 500 kbps，设置工作模式为回环模式，最后用以下配置来完成初始化设置：

```
can_init(CAN_SJW_1TQ, CAN_BS2_6TQ, CAN_BS1_7TQ, 6, CAN_MODE_LOOPBACK);
```

要与其他的 CAN 节点设备通信，还需要编写 CAN 相关的收发函数。利用 HAL 库的发送函数封装一个更方便使用的函数，代码如下：

```
uint8_t can_send_msg(uint32_t id, uint8_t *msg, uint8_t len)
{
    uint32_t TxMailbox = CAN_TX_MAILBOX0;
    g_canx_txheader.StdId = id;                 /* 标准标识符 */
    g_canx_txheader.ExtId = id;                 /* 扩展标识符(29 位) */
    g_canx_txheader.IDE = CAN_ID_STD;           /* 使用标准帧 */
    g_canx_txheader.RTR = CAN_RTR_DATA;         /* 数据帧 */
    g_canx_txheader.DLC = len;
    if (HAL_CAN_AddTxMessage(&g_canx_handler, &g_canx_txheader,
                             msg, &TxMailbox) != HAL_OK) /* 发送消息 */
    {
        return 1;
    }
    /* 等待发送完成,所有邮箱为空(3 个邮箱) */
    while (HAL_CAN_GetTxMailboxesFreeLevel(&g_canx_handler) != 3);
    return 0;
}
```

在 CAN 初始化时，对于过滤器的配置是不过滤任何报文 ID，也就是说可以接收全部报文。但是编写接收函数时，可以使用软件的方式过滤报文 ID，通过形参与接收到的报文 ID 进行匹配。接收函数代码具体如下：

```
uint8_t can_receive_msg(uint32_t id, uint8_t *buf)
{
    if (HAL_CAN_GetRxFifoFillLevel(&g_canx_handler, CAN_RX_FIFO0) != 1)
    {
        return 0;
    }
    if (HAL_CAN_GetRxMessage(&g_canx_handler, CAN_RX_FIFO0, &g_canx_rxheader,
                             buf) != HAL_OK)
```

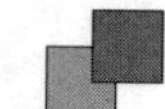

```
    {
        return 0;
    }
    /* 接收到的 ID 不对 / 不是标准帧 / 不是数据帧 */
    if (g_canx_rxheader.StdId! = id || g_canx_rxheader.IDE != CAN_ID_STD ||
        g_canx_rxheader.RTR != CAN_RTR_DATA)
    {
        return 0;
    }
    return g_canx_rxheader.DLC;
}
```

最后，把 can_send_msg 函数加到 USMART 接口中，这样就可以方便地用串口来调试 CAN 接口了。

2. main.c 代码

在 main.c 里面编写如下代码：

```
int main(void)
{
    uint8_t key;
    uint8_t i = 0, t = 0;
    uint8_t cnt = 0;
    uint8_t canbuf[8];
    uint8_t rxlen = 0;
    uint8_t res;
    uint8_t mode = 1; /* CAN 工作模式: 0,正常模式; 1,环回模式 */
    HAL_Init();                                 /* 初始化 HAL 库 */
    sys_stm32_clock_init(336, 8, 2, 7);         /* 设置时钟, 168 MHz */
    delay_init(168);                            /* 延时初始化 */
    usart_init(115200);                         /* 串口初始化为 115 200 */
    usmart_dev.init(84);                        /* 初始化 USMART */
    led_init();                                 /* 初始化 LED */
    lcd_init();                                 /* 初始化 LCD */
    key_init();                                 /* 初始化按键 */
    /* CAN 初始化, 环回模式, 波特率 500 kbps */
    can_init(CAN_SJW_1TQ, CAN_BS2_6TQ, CAN_BS1_7TQ, 6, CAN_MODE_LOOPBACK);
    lcd_show_string(30, 50, 200, 16, 16, "STM32", RED);
    lcd_show_string(30, 70, 200, 16, 16, "CAN TEST", RED);
    lcd_show_string(30, 90, 200, 16, 16, "ATOM@ALIENTEK", RED);
    lcd_show_string(30, 110, 200, 16, 16, "LoopBack Mode", RED);
    lcd_show_string(30, 130, 200, 16, 16, "KEY0:Send KEK_UP:Mode", RED);
    lcd_show_string(30, 150, 200, 16, 16, "Count:", RED);      /* 显示当前计数值 */
    lcd_show_string(30, 170, 200, 16, 16, "Send Data:", RED);  /* 提示发送的数据 */
    lcd_show_string(30, 230, 200, 16, 16, "Receive Data:", RED);/* 提示接收的数据 */
    while (1)
    {
        key = key_scan(0);
        if (key == KEY0_PRES) /* KEY0 按下,发送一次数据 */
        {
            for (i = 0; i < 8; i++)
```

```
        {
            canbuf[i] = cnt + i; /* 填充发送缓冲区 */
            if (i < 4)
            {   /* 显示数据 */
                lcd_show_xnum(30 + i * 32, 190, canbuf[i], 3, 16, 0X80, BLUE);
            }
            else
            {   /* 显示数据 */
                lcd_show_xnum(30 + (i - 4) * 32,210, canbuf[i], 3, 16, 0X80, BLUE);
            }
        }
        res = can_send_msg(0X12, canbuf, 8); /* ID = 0X12, 发送 8 个字节 */
        if (res)
        {   /* 提示发送失败 */
            lcd_show_string(30 + 80, 170, 200, 16, 16, "Failed", BLUE);
        }
        else
        {   /* 提示发送成功 */
            lcd_show_string(30 + 80, 170, 200, 16, 16, "OK    ", BLUE);
        }
    }
    else if (key == WKUP_PRES) /* WK_UP 按下,改变 CAN 的工作模式 */
    {
        mode = ! mode;
        /* CAN 初始化, 普通(0)/回环(1)模式, 波特率 500 kbps */
        can_init(CAN_SJW_1TQ, CAN_BS2_6TQ, CAN_BS1_7TQ, 6,
                 mode ? CAN_MODE_LOOPBACK : CAN_MODE_NORMAL);
        if (mode == 0) /* 正常模式,需要 2 个开发板 */
        {
            lcd_show_string(30, 110, 200, 16, 16, "Nnormal Mode ", RED);
        }
        else /* 回环模式,一个开发板就可以测试了 */
        {
            lcd_show_string(30, 110, 200, 16, 16, "LoopBack Mode", RED);
        }
    }
    rxlen = can_receive_msg(0X12, canbuf); /* CAN ID = 0X12, 接收数据查询 */
    if (rxlen) /* 接收到有数据 */
    {
        lcd_fill(30, 270, 130, 310, WHITE); /* 清除之前的显示 */
        for (i = 0; i < rxlen; i++)
        {
            if (i < 4)
            {/* 显示数据 */
                lcd_show_xnum(30 + i * 32, 250, canbuf[i], 3, 16, 0X80, BLUE);
            }
            else
            {/* 显示数据 */
                lcd_show_xnum(30 + (i - 4) * 32, 270, canbuf[i], 3, 16,0X80, BLUE);
            }
        }
```

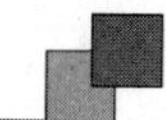

```
        }
        t++;
        delay_ms(10);
        if (t == 20)
        {
            LED0_TOGGLE(); /* 提示系统正在运行 */
            t = 0;
            cnt++;
            lcd_show_xnum(30 + 48, 150, cnt, 3, 16, 0X80, BLUE); /* 显示数据 */
        }
    }
}
```

main 函数的执行过程与程序流程图一致，注意，在选择正常模式的情况下，要使两个开发板通信成功，则必须保持一致的波特率。

9.4　下载验证

代码编译成功之后，下载代码到开发板上，得到界面如图 9.30 所示。

伴随 LED0 的不停闪烁，提示程序在运行。默认设置回环模式，按下 KEY0 就可以在 LCD 模块上面看到自发自收的数据（见图 9.30）。如果选择正常模式（KEY_UP 按键切换），则必须连接两个开发板的 CAN 接口，然后就可以互发数据了，如图 9.31 和图 9.32 所示。

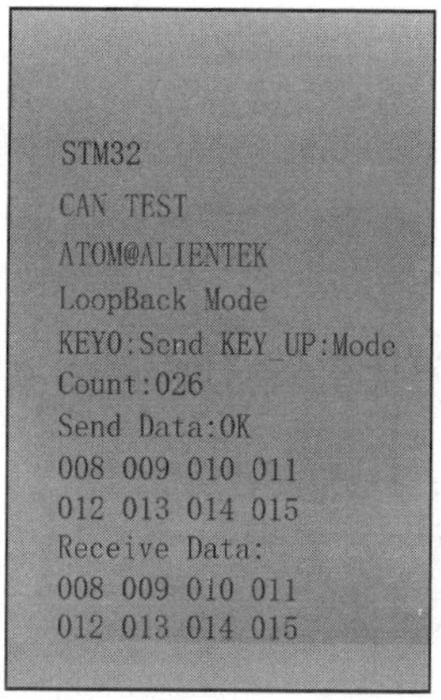

图 9.30　程序运行效果图

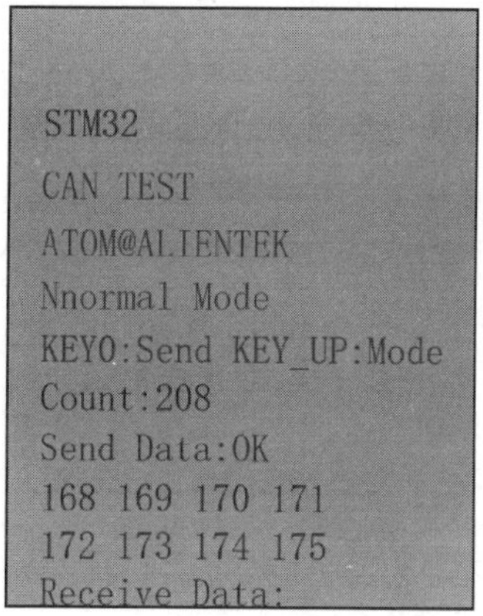

图 9.31　CAN 正常模式发送数据

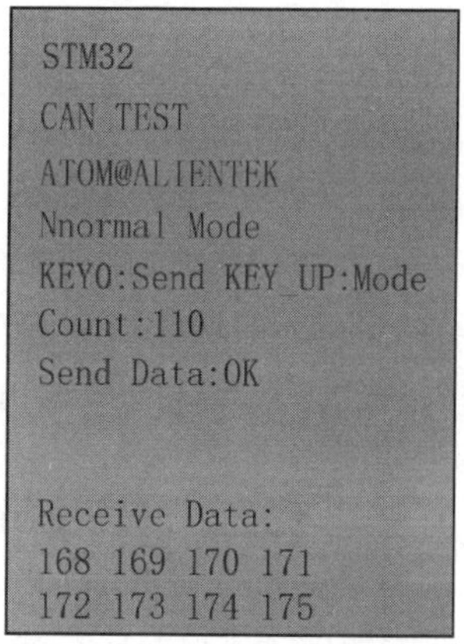

图 9.32　CAN 正常模式接收数据

图 9.31 来自开发板 A，发送了 8 个数据；图 9.32 来自开发板 B，收到了来自开发板 A 的数据。另外，利用 USMART 测试的部分这里就不介绍了，读者可自行验证下。

第 10 章

触摸屏实验

正点原子探索者 STM32F407 本身并没有触摸屏控制器，但是它支持触摸屏，可以通过外接带触摸屏的 LCD 模块（比如正点原子 TFTLCD 模块）来实现触摸屏控制。本章将介绍 STM32 控制正点原子 TFTLCD 模块（包括电阻触摸与电容触摸）实现触摸屏驱动，最终实现一个手写板的功能。

10.1 触摸屏简介

触摸屏是在显示屏的基础上，在屏幕或屏幕上方分布一层与屏幕大小相近的传感器形成的组合器件。触摸和显示功能由软件控制，可以独立也可以组合实现，用户可以通过侦测传感器的触点再配合相应的软件实现触摸效果。目前最常用的触摸屏有两种：电阻式触摸屏与电容式触摸屏。

10.1.1 电阻式触摸屏

正点原子 2.4、2.8、3.5 寸 TFTLCD 模块自带的触摸屏属于电阻式触摸屏，下面简单介绍下电阻式触摸屏的原理。

电阻触摸屏的主要部分是一块与显示器表面非常贴合的电阻薄膜屏，这是一种多层的复合薄膜，具体结构如图 10.1 所示。

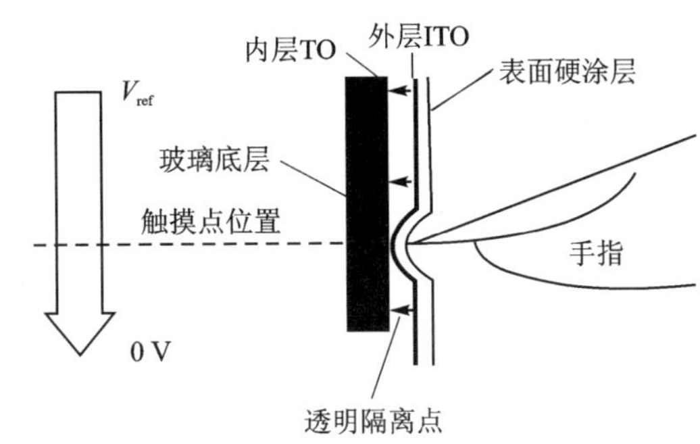

图 10.1 电阻触摸屏多层结构图

表面硬涂层起保护作用，主要是一层外表面硬化处理、光滑防擦的塑料层。玻璃底层用于支撑上面的结构，主要是玻璃或者塑料平板。透明隔离点用来分离开外层 ITO 和内层 ITO。ITO 层是触摸屏关键结构，是涂有铟锡金属氧化物的导电层。还有一个结构没有标出来，就是 PET 层。PET 层是聚酯薄膜，处于外层 ITO 和表面硬涂层之间，很薄、很有弹性，触摸时向下弯曲，使得 PET 层与 ITO 层接触。

当手指触摸屏幕时，两个 ITO 层在触摸点位置就有接触，电阻发生变化，在 X 和 Y 这两个方向上产生电信号，然后送到触摸屏控制器，具体情况如图 10.2 所示。触摸屏

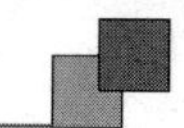

控制器侦测到这一接触并计算出 X 和 Y 方向上的 A/D 值，简单来讲，电阻触摸屏将触摸点(X，Y)的物理位置转换为代表 X 坐标和 Y 坐标的电压值。单片机与触摸屏控制器进行通信获取 A/D 值，通过一定比例关系运算获得 X 和 Y 轴坐标值。

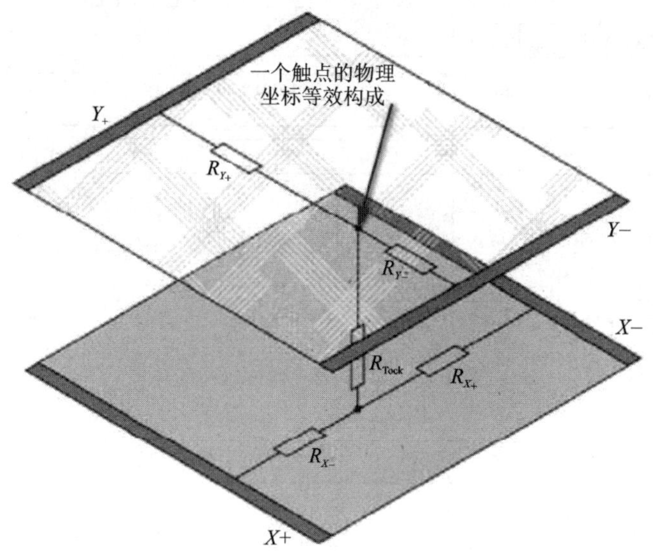

图 10.2　电阻式触摸屏的触点坐标结构

电阻触摸屏的优点：精度高、价格便宜、抗干扰能力强、稳定性好。

电阻触摸屏的缺点：容易被划伤、透光性不太好、不支持多点触摸。

从以上介绍可知，触摸屏需要一个 ADC，或者说是需要一个控制器。正点原子 TFTLCD 模块选择的是 4 线电阻式触摸屏，这种触摸屏的控制芯片有很多，包括 ADS7543、ADS7846、TSC2046、XPT2046 和 HR2046 等。这几款芯片的驱动基本上是一样的，也就是说，只要写出了 XPT2046 的驱动，这个驱动对其他几个芯片也是有效的。而且封装也一样，完全 PIN－TO－PIN 兼容，所以替换起来很方便。

正点原子 TFTLCD 模块自带的触摸屏控制芯片为 XPT2046 或 HR2046。这里以 XPT2046 为例来介绍。XPT2046 是一款 4 导线制触摸屏控制器，使用的是 SPI 通信接口，内含 12 位分辨率、125 kHz 转换速率逐步逼近型 ADC。XPT2046 支持从 1.5～5.25 V 的低电压 I/O 接口。XPT2046 能通过执行两次 ADC(一次获取 X 位置，一次获取 Y 位置)查出被按的屏幕位置，除此之外，还可以测量加在触摸屏上的压力。内部自带 2.5 V 参考电压可以用于辅助输入、温度测量和电池监测模式，电池监测的电压范围可以为 0～6 V。XPT2046 片内集成有一个温度传感器。在 2.7 V 的典型工作状态下，关闭参考电压，功耗可小于 0.75 mW。

XPT2046 的驱动方法也很简单。XPT2046 通信时序如图 10.3 所示，具体过程：拉低片选，选中器件→发送命令字→清除 BUSY→读取 16 位数据(高 12 位数据有效)→拉高片选，结束操作。这里的难点就是需要弄清楚命令字该发送什么？只要弄清楚发送什么数值，就可以获取到 A/D 值。命令字的详情如图 10.4 所示。

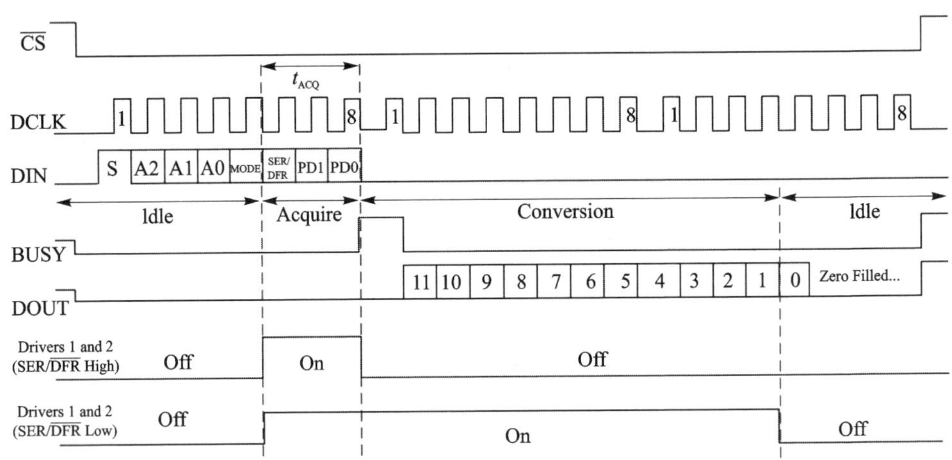

图 10.3 XPT2046 通信时序图

位7(MSB)	位6	位5	位4	位3	位2	位1	位0 (LSB)
S	A2	A1	A0	MODE	SER/$\overline{DFR}$	PD1	PD10

位	名称	功能描述
7	S	开始位。为1表示一个新的控制字节到来，为0则忽略PIN引脚上的数据
6～4	A2~A0	通道选择位
3	MODE	12位或8位转换分辨率选择位。为1选择8位转换分辨率，为0选择12位分辨率
2	SER/$\overline{DFR}$	单端输入方式/差分输入方式选择位。为1是单端输入方式，为0是差分输入方式
1～0	PD1～PD0	低功率模式选择位。若为11，则器件总处于供电状态；若为00，则器件在变换之间处于低功率模式

图 10.4 命令字详情图

位 7 为开始位，置 1 即可。为了提供精度，位 3 即 MODE 位清 0 选择 12 位分辨率。位 2 用于选择工作模式，为了达到最佳性能，首选差分工作模式，即该位清 0。位 1～0 与功耗相关，直接清 0 即可。位 6～4 的值取决于工作模式，确定了差分功能模式后，通道选择位也就确定了，如图 10.5 所示。

A2	A1	A0	+REF	−REF	YN	XP	YP	Y-位置	X-位置	Z_1-位置	Z_2-位置	驱动
0	0	1	YP	YN		+IN		测量				YP，YN
0	1	1	YP	XN		+IN				测量		YP，XN
1	0	0	YP	XN	+N						测量	YP，XN
1	0	1	XP	XN			+IN		测量			XP，XN

图 10.5 差分模式输入配置图(SER/DFR＝0)

可见，需要检测 Y 轴位置时，A2A1A0 赋值为 001；检测 X 轴位置时，A2A1A0 赋值为 101。结合前面对其他位的赋值，在 X、Y 方向与屏幕相同的情况下，命令字 0xD0

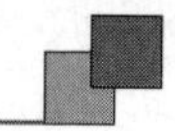

就是读取 X 坐标 A/D 值，0x90 就是读取 Y 坐标的 A/D 值。假如 X、Y 方向与屏幕相反，0x90 就是读取 X 坐标的 A/D 值，而 0xD0 就是读取 Y 坐标的 A/D 值。

10.1.2 电容式触摸屏

现在几乎所有智能手机(包括平板电脑)都采用电容屏作为触摸屏，电容屏利用人体感应进行触点检测控制，不需要直接接触或只需要轻微接触，通过检测感应电流来定位触摸坐标。正点原子 TFTLCD 模块自带的触摸屏采用的是电容式触摸屏，下面简单介绍电容式触摸屏的原理。

电容式触摸屏主要分为两种：

① 表面电容式电容触摸屏。

表面电容式触摸屏技术是利用 ITO(铟锡氧化物，是一种透明的导电材料)导电膜，通过电场感应方式感测屏幕表面的触摸行为。但是表面电容式触摸屏有一些局限性，它只能识别一个手指或者一次触摸。

② 投射式电容触摸屏。

投射式电容触摸屏是传感器利用触摸屏电极发射出静电场线。一般用于投射式电容传感技术的电容类型有两种：自我电容和交互电容。

自我电容又称绝对电容，是最常采用的一种方法，通常是指扫描电极与地构成的电容。玻璃表面有用 ITO 制成的横向与纵向的扫描电极，这些电极和地之间就构成一个电容的两极。用手或触摸笔触摸的时候就会并联一个电容到电路中去，从而使得该条扫描线上的总体电容量有所改变。在扫描的时候，控制 IC 依次扫描纵向和横向电极，并根据扫描前后的电容变化来确定触摸点坐标位置。笔记本电脑触摸输入板就采用这种方式，其输入板采用 XY 的传感电极阵列形成一个传感格子，当手指靠近触摸输入板时，在手指和传感电极之间产生一个小量电荷。采用特定的运算法则处理来自于行、列传感器的信号，从而确定手指的位置。

交互电容又叫跨越电容，它是在玻璃表面的横向和纵向的 ITO 电极的交叉处形成电容。交互电容的扫描方式就是扫描每个交叉处的电容变化，从而判定触摸点的位置。触摸的时候就会影响到相邻电极的耦合，从而改变交叉处的电容量。交互电容的扫描方法可以侦测到每个交叉点的电容值和触摸后电容变化，因而它需要的扫描时间要比自我电容的扫描方式长一些，需要扫描检测 XY 根电极。目前，智能手机或平板电脑等触摸屏都采用交互电容技术。

正点原子选择的电容触摸屏也采用投射式电容屏(交互电容类型)，所以后面仅介绍投射式电容屏。

投射式电容触摸屏采用纵横 2 列电极组成感应矩阵来感应触摸。以两个交叉的电极矩阵，即 X 轴电极和 Y 轴电极，来检测每一个感应单元的电容变化，如图 10.6 所示。图中的电极实际是透明的，这里上色是为了方便理解。图中，X、Y 轴的透明电极电容屏的精度、分辨率与 X 或 Y 轴的通道数有关，通道数越多，精度越高。电容触摸屏的优缺点：

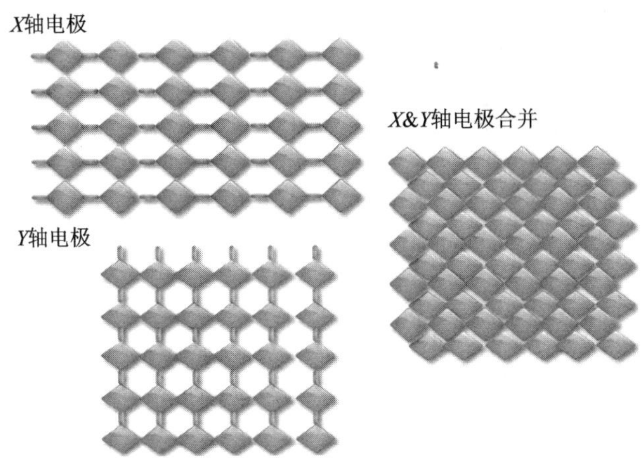

图 10.6 投射式电容屏电极矩阵示意图

➢ 电容触摸屏的优点:手感好、无须校准、支持多点触摸、透光性好。

➢ 电容触摸屏的缺点:成本高、精度不高、抗干扰能力差。

注意,电容触摸屏对工作环境的要求比较高,在潮湿、多尘、高低温环境下都不适用电容屏。

电容触摸屏一般需要一个驱动 IC 来检测电容触摸,正点原子的电容触摸屏使用的是 I^2C 接口输出触摸数据的触摸芯片。正点原子 7 寸 TFTLCD 模块的电容触摸屏采用 15×10 的驱动结构(10 个感应通道,15 个驱动通道),采用 GT911/FT5206 作为驱动 IC。正点原子 4.3 寸 TFTLCD 模块采用的驱动 IC 是 GT9xxx(GT9147/GT917S/GT911/GT1151/GT9271),不同型号感应通道和驱动通道数量都不一样,但是这些驱动 IC 驱动方式都类似,这里以 GT9147 为例介绍。

GT9147 与 MCU 通过 4 根线连接:SDA、SCL、RST 和 INT。GT9147 的 I^2C 地址可以是 0x14 或者 0x5D,在复位结束后的 5 ms 内,如果 INT 是高电平,则使用 0x14 作为地址;否则,使用 0x5D 作为地址,具体的设置过程参见"GT9147 数据手册.pdf"。本章使用 0x14 作为器件地址(不含最低位,换算成读/写命令是读 0x29,写 0x28),接下来介绍 GT9147 的几个重要寄存器。

(1) 控制命令寄存器(0x8040)

该寄存器可以写入不同值来实现不同的控制,一般使用 0 和 2 这两个值,写入 2 即可软复位 GT9147。在硬复位之后,一般要往该寄存器写 2 来实行软复位。然后,写入 0 即可正常读取坐标数据(并且会结束软复位)。

(2) 配置寄存器组(0x8047~0x8100)

这里共 186 个寄存器,用于配置 GT9147 的各个参数。这些配置一般由厂家提供(一个数组),所以我们只需要将厂家配置写入这些寄存器里面即可完成 GT9147 的配置。由于 GT9147 可以保存配置信息(可写入内部 FLASH,不需要每次上电都更新配置),有几点需要注意:① 0x8047 寄存器用于指示配置文件版本号,程序写入的版本号

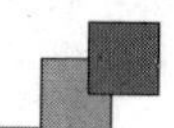

必须大于等于 GT9147 本地保存的版本号才可以更新配置。② 0x80FF 寄存器用于存储校验和，使得 0x8047～0x80FF 之间所有数据之和为 0。③ 0x8100 用于控制是否将配置保存在本地，写 0 不保存配置，写 1 则保存配置。

(3) 产品 ID 寄存器(0x8140～0x8143)

这里由 4 个寄存器组成，用于保存产品 ID。对于 GT9147，这 4 个寄存器读出来就是 9、1、4、7 这 4 个字符(ASCII 码格式)。因此，可以通过这 4 个寄存器的值来判断驱动 IC 的型号，以便执行不同的初始化。

(4) 状态寄存器(0x814E)

该寄存器各位描述如表 10.1 所列。这里仅关心最高位和最低 4 位。最高位用于表示 buffer 状态，如果有数据(坐标/按键)，buffer 就会是 1；最低 4 位用于表示有效触点的个数，范围是 0～5，0 表示没有触摸，5 表示有 5 点触摸。最后，该寄存器在每次读取后，如果 bit7 有效，则必须写 0 清除这个位，否则不会输出下一次数据。这个要特别注意。

表 10.1 状态寄存器各位描述

寄存器	bit7	bit6	bit5	bit4	bit3	bit2	bit1	bit0
0x814E	buffer 状态	最大触摸点个数	接近有效	按键	有效触点个数			

(5) 坐标数据寄存器(共 30 个)

这里共分成 5 组(5 个点)，每组有 6 个寄存器来存储数据，以触点 1 的坐标数据寄存器组为例，如表 10.2 所列。

表 10.2 触点 1 坐标寄存器组描述

寄存器	bit7～0	寄存器	bit7～0
0x8150	触点 1 的 X 坐标低 8 位	0x8151	触点 1 的 X 坐标高 8 位
0x8152	触点 1 的 Y 坐标低 8 位	0x8153	触点 1 的 Y 坐标高 8 位
0x8154	触点 1 触摸尺寸低 8 位	0x8155	触点 1 触摸尺寸高 8 位

一般只用到触点的 X、Y 坐标，所以只需要读取 0x8150～0x8153 的数据即可得到触点坐标。其他 4 组分别由 0x8158、0x8160、0x8168 和 0x8170 开头的 16 个寄存器组成，分别针对触点 2～4 的坐标。同样，GT9147 也支持寄存器地址自增，只需要发送寄存器组的首地址，然后连续读取即可。GT9147 会自动地址自增，从而提高读取速度。

GT9147 相关寄存器的介绍就介绍到这里，更详细的资料可参考“GT9147 编程指南.pdf”文档。GT9147 只需要经过简单的初始化就可以正常使用了，初始化流程：硬复位→延时 10 ms→结束硬复位→设置 I^2C 地址→延时 100 ms→软复位→更新配置(需要时)→结束软复位。此时 GT9147 即可正常使用了。然后，不停地查询 0x814E 寄存器，判断是否有有效触点，如果有，则读取坐标数据寄存器，得到触点坐标。注意，如果 0x814E 读到的值最高位为 1，就必须对该位写 0，否则无法读到下一次坐标数据。

10.1.3 触摸控制原理

前面已经简单介绍了电阻屏和电容屏的原理，并且知道了不同类型的触摸屏其实是屏幕+触摸传感器组成。那么这里就会有两组相互独立的参数：屏幕坐标和触摸坐标。要实现触摸功能，就是要把触摸点和屏幕坐标对应起来。

这里以 LCD 显示屏为例，屏幕的扫描方向是可以编程设定的。而触摸点在触摸传感器安装好后，A/D 值的变化方向则是固定的，这里以最常见的屏幕坐标方向（先从左到右、再从上到下扫描）为例，此时，屏幕坐标和触点 A/D 的坐标有类似的规律：从坐标原点出发，水平方向屏幕坐标增加时，A/D 值的 X 方向也增加；屏幕坐标的 Y 方向坐标增加，A/D 值的 Y 方向也增加；坐标减少时对应的关系也类似，示意图如图 10.7 所示。

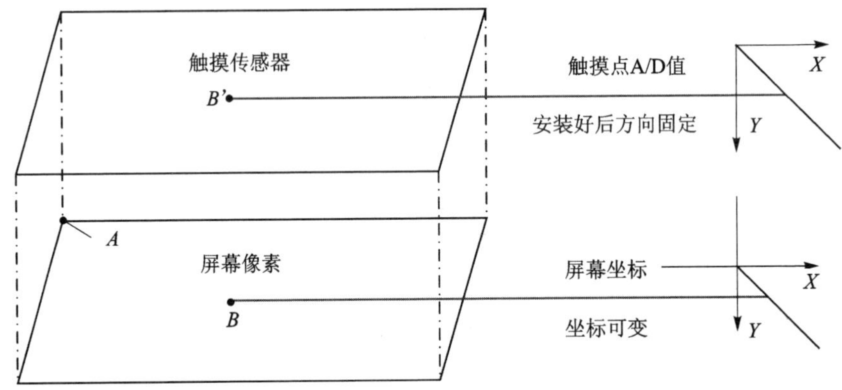

图 10.7 屏幕坐标和触摸坐标的对应关系

这里再引入两个概念，物理坐标和逻辑坐标。物理坐标指触摸屏上点的实际位置，通常以液晶上点的个数来度量。逻辑坐标指这点被触摸时 A/D 转换后的坐标值。仍以图 10.7 为例，假定液晶最左上角为坐标轴原点 A，在液晶上任取一点 B（实际人手比像素点大得多，一次按下会有多个触点，此处取十字线交叉中心），B 在 X 方向与 A 相距 100 个点，在 Y 方向与 A 距离 200 个点，则这点的物理坐标 B 为(100,200)。如果触摸这一点时得到的 X 向 A/D 转换值为 200，Y 向 A/D 转换值为 400，则这点的逻辑坐标 B'为(200,400)。

需要特别说明的是，正点原子的电容屏的参数已经在出厂时由厂家调好，所以无须校准，而且可以直接读到转换后的触点坐标；对于电阻屏，读者须理解并熟记物理坐标和逻辑坐标逻辑上的对应关系，后面编程时需要用到。

10.2 硬件设计

(1) 例程功能

正点原子的触摸屏种类很多，并且设计了规格相对统一的接口。根据屏幕的

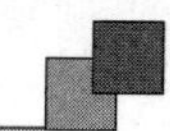

种类不同,设置了相应的硬件 ID(正点原子自编 ID),可以通过软件判断触摸屏的种类。

本章实验功能简介:开机的时候先初始化 LCD,读取 LCD ID,随后,根据 LCD ID 判断是电阻触摸屏还是电容触摸屏。如果是电阻触摸屏,则先读取 24C02 的数据判断触摸屏是否已经校准过,如果没有校准,则执行校准程序,校准过后再进入电阻触摸屏测试程序;如果已经校准了,则直接进入电阻触摸屏测试程序。

如果是 4.3 寸电容触摸屏,则执行 GT9xxx 的初始化代码;如果是 7 寸电容触摸屏(仅支持新款 7 寸屏,使用 SSD1963+FT5206 方案),则执行 FT5206 的初始化代码,在初始化电容触摸屏完成后进入电容触摸屏测试程序(电容触摸屏无须校准)。

电阻触摸屏测试程序和电容触摸屏测试程序基本一样,只是电容触摸屏最多支持 5 点同时触摸,电阻触摸屏只支持一点触摸,其他一模一样。测试界面的右上角会有一个清空的操作区域(RST),单击这个地方就会将输入全部清除,恢复白板状态。使用电阻触摸屏的时候,可以通过按 KEY0 来实现强制触摸屏校准,只要按下 KEY0 就会进入强制校准程序。

(2) 硬件资源

- LED 灯:LED0 - PF9;
- 串口 1(PA9、PA10 连接在板载 USB 转串口芯片 CH340 上面);
- 正点原子 TFTLCD 模块(仅限 MCU 屏,16 位 8080 并口驱动);
- 独立按键:KEY0 - PE4;
- 触摸屏(电阻式、电容式);
- AT24C02。

(3) 原理图

所有这些资源与 STM32F407 的连接图前面都已经介绍了,这里只介绍 TFTLCD 模块与 STM32F407 的连接端口。TFTLCD 模块的触摸屏(电阻触摸屏)总共有 5 根线与 STM32F407 连接,连接电路图如图 10.8 所示。可以看出,T_SCK、T_MISO、T_MOSI、T_PEN 和 T_CS 分别连接在 STM32F407 的 PB0、PB2、PF11、PB1 和 PC13 上。

如果是电容式触摸屏,则接口和电阻式触摸屏一样(图 10.8 的右侧接口),只是没有用到 5 根线了,而是 4 根线,分别是 T_PEN(CT_INT)、T_CS(CT_RST)、T_CLK(CT_SCL)和 T_MOSI(CT_SDA)。其中,CT_INT、CT_RST、CT_SCL 和 CT_SDA 分别是 GT9147/FT5206 的中断输出信号、复位信号,I^2C 的 SCL 和 SDA 信号。用查询的方式读取 GT9147/FT5206 的数据,FT5206 没有用到中断信号(CT_INT),所以同 STM32F4 的连接最少只需要 3 根线即可;GT9147 等 IC 还需要用到 CT_INT 做 I^2C 地址设定,所以需要 4 根线连接。

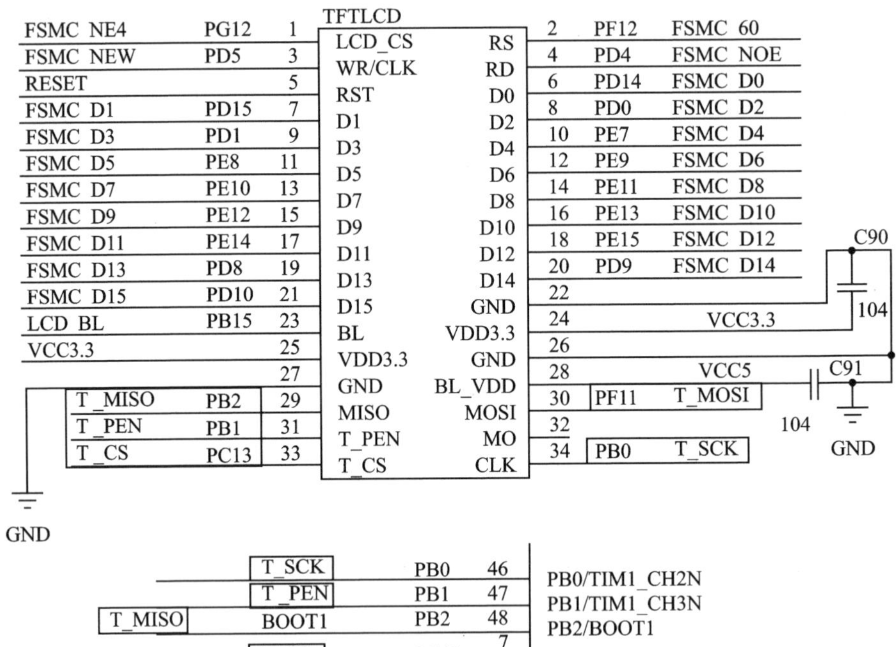

图 10.8　触摸屏与 STM32F407 的连接图

10.3　程序设计

10.3.1　HAL 库驱动

触摸芯片使用到的是 I²C 和 SPI 的驱动，这部分的时序分析可参考之前相应章节，这里直接使用软件模拟的方式，所以只需要使用 HAL 库驱动的 GPIO 操作部分。

触摸 IC 初始化步骤如下：

① 使能触摸 IC 的 GPIO 时钟，以及配置 GPIO 工作模式（速度、上下拉、模式等）。

触摸 IC 用到的 GPIO 口主要是 PB0、PB1、PB2、PC13 和 PF11，因为都用软件模拟的方式，因此这里只须使能 GPIOB、GPIOC 和 GPIOF 时钟即可。参考代码如下：

```
__HAL_RCC_GPIOB_CLK_ENABLE();              /* 使能 GPIOB 时钟 */
__HAL_RCC_GPIOC_CLK_ENABLE();              /* 使能 GPIOC 时钟 */
__HAL_RCC_GPIOF_CLK_ENABLE();              /* 使能 GPIOF 时钟 */
```

GPIO 模式设置通过调用 HAL_GPIO_Init 函数实现。

② 编写读/写函数。

通过参考时序图，在一个时钟周期内发送 1 bit 数据或者读取 1 bit 数据。读/写函

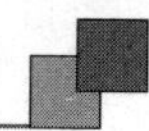

数均以一字节数据进行操作。

③ 参考触摸 IC 时序图,编写触摸 IC 驱动函数(读和写函数)。

在软件模拟 I²C 或者 SPI 的基础上,编写触摸 IC 的读/写函数。

④ 编写测试程序实现触摸效果(电阻触摸和电容触摸)。

对触摸 IC 的寄存器读取坐标并调用 LCD 画点函数进行显示。

10.3.2　程序流程图

程序流程如图 10.9 所示。

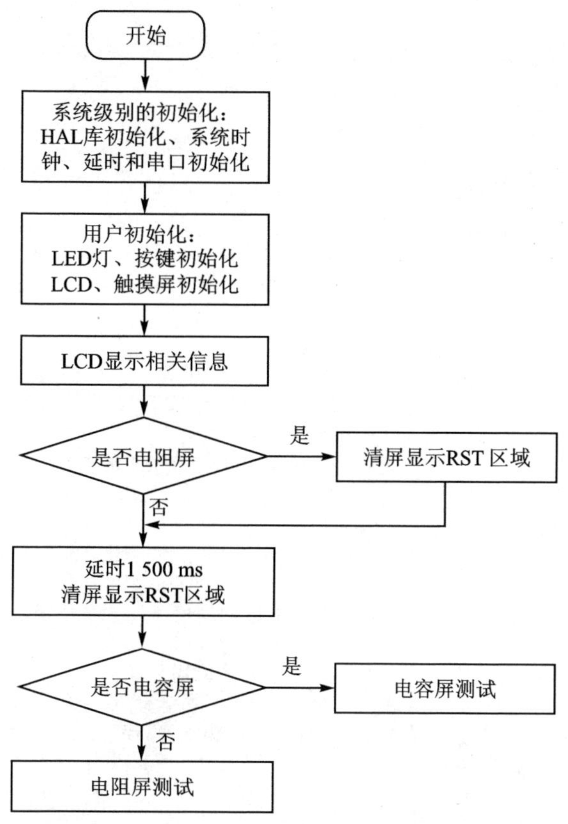

图 10.9　触摸测试实验编写逻辑

10.3.3　程序解析

这里只讲解核心代码,详细的源码可参考配套资料中本实验对应源码。TOUCH 驱动源码包括如下文件:ctiic. c、ctiic. h、ft5206. c、ft5206. h、gt9xxx. c、gt9xxx. h、touch. c 和 touch. h。

由于正点原子的 TFTLCD 的型号很多,触摸控制这部分驱动代码根据不同屏幕搭载的触摸芯片驱动而有不同,这里使用 LCD ID 来帮助软件区分。为了解决多种驱动芯片的问题,这里设计了 touch. c 及 touch. h 这两个文件统一管理各类型的驱动。不同的驱动芯片类型可以在 touch. c 集中添加,并通过 touch. c 中的接口统一调用。不同的触摸芯片各自编写独立的. c/. h 文件,需要时被 touch. c 调用。

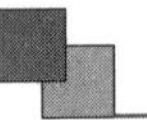

1. 触摸管理驱动代码

因为需要支持的触摸驱动比较多,为了方便管理和添加新的驱动,这里用 touch. c 文件来统一管理这些触摸驱动,然后针对各类触摸芯片编写独立的驱动。为了方便管理触摸,定义一个用于管理触摸信息的结构体类型。前面提到过,触摸芯片正常工作后,能在触摸点采集到本次触摸对应的 A/D 信息,编程时需要用到,所以可以在 touch. h 中定义下面的结构体:

```
/* 触摸屏控制器 */
typedef struct
{
    uint8_t (*init)(void);      /* 初始化触摸屏控制器 */
    uint8_t (*scan)(uint8_t);/* 扫描触摸屏.0,屏幕扫描;1,物理坐标; */
    void (*adjust)(void);       /* 触摸屏校准 */
uint16_t x[CT_MAX_TOUCH];       /* 当前坐标 */
uint16_t y[CT_MAX_TOUCH];       /* 电容屏有最多 10 组坐标,电阻屏则用 x[0],y[0]代表:此
                                   次扫描时触屏的坐标,用 x[9],y[9]存储第一次按下时的
                                   坐标 */
    uint16_t sta;               /* 笔的状态
                                 * b15:按下 1/松开 0
                                 * b14:0,没有按键按下;1,有按键按下
                                 * b13~b10:保留
                                 * b9~b0:电容触摸屏按下的点数(0 表示未按下,1 表示按下)
                                 */
    /* 5 点校准触摸屏校准参数(电容屏不需要校准) */
    float xfac;                 /* 5 点校准法 x 方向比例因子 */
    float yfac;                 /* 5 点校准法 y 方向比例因子 */
    short xc;                   /* 中心 X 坐标物理值(A/D 值) */
    short yc;                   /* 中心 Y 坐标物理值(A/D 值) */
    /* 新增的参数,当触摸屏的左右上下完全颠倒时需要用到
     * b0:     0,竖屏(适合左右为 X 坐标,上下为 Y 坐标的 TP)
     *         1,横屏(适合左右为 Y 坐标,上下为 X 坐标的 TP)
     * b1~6:    保留
     * b7:     0,电阻屏
     *         1,电容屏
     */
    uint8_t touchtype;
} _m_tp_dev;

extern _m_tp_dev tp_dev;          /* 触屏控制器在 touch.c 里面定义 */
```

这里希望能方便地调用不同触摸芯片的坐标扫描函数,所以定义了一个函数指针(*scan)(uint8_t),只要把相应芯片的初始化函数指针赋值给它,就可以使用这个通用接口方便地调用不同芯片的描述函数,从而得到相应的触点坐标参数。

接下来是触摸初始化的核心程序,根据前面介绍的知识点可以知道,触摸的参数与屏幕大小和使用的触摸芯片有关,为了兼容正点原子所有型号的 LCD 屏幕的触摸驱

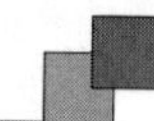

动，这里根据屏幕设计时搭载的触摸芯片(可单独下载 LCD 液晶屏对应型号的说明资料)，调用对应的触摸初始化程序接口。根据前面定义的结构体我们希望坐标扫描函数为 xxx_scan()，对应不同的屏幕：

① 使用 4.3、10.1 寸屏电容屏时，我们使用的是汇顶科技的 GT9xxx 系列触摸屏驱动 IC。这是一个 I^2C 接口的驱动芯片，我们要编写 gt9xxx 系列芯片的初始化程序，并编写一个坐标扫描程序。这里先预留 gt9xxx_init()和 gt9xxx_scan()这两个函数，gt9xxx.c 文件中再专门实现这两个驱动，标记使用的为电容屏。

② 类似地，当使用 SSD1963 7 寸屏、7 寸 800×480 或 1 024×600 RGB 屏时，屏幕搭载的触摸驱动芯片是 FT5206，预留的两个接口分别为 ft5206_init()和 ft5206_scan()；在 ft5206.c 文件中再专门实现这两个驱动，标记使用的为电容屏。

③ 当为其他 ID 时，默认为电阻屏，默认使用的是 SPI 接口驱动的 XPT2046 芯片。因为屏幕尺寸不同，所以需要根据屏幕来校准电阻屏的 A/D 值与实际的屏幕坐标，因此需要一组校准参数；为了避免每次都要进行校准的麻烦，所以使用 AT24C02 来存储校准信息。同样希望编写一个用于扫描电阻屏坐标的函数，程序定义为 tp_scan()。

为了使代码更通用，这里使用软件 I^2C 和软件 SPI 来实现相应的 I/O 控制。touch.c 的触摸初始化函数 tp_init()代码如下：

```
uint8_t tp_init(void)
{
    GPIO_InitTypeDef gpio_init_struct;
    tp_dev.touchtype = 0;                          /* 默认设置(电阻屏 & 竖屏) */
    tp_dev.touchtype |= lcddev.dir & 0X01;         /* 根据 LCD 判定是横屏还是竖屏 */
    if (lcddev.id == 0X5510 || lcddev.id == 0X4342 || lcddev.id == 0X1018)
    {   /* 电容触摸屏,4.3 寸/10.1 寸屏 */
        gt9xxx_init();
        tp_dev.scan = gt9xxx_scan;  /* 扫描函数指向 GT9147 触摸屏扫描 */
        tp_dev.touchtype |= 0X80;   /* 电容屏 */
        return 0;
    }
    else if (lcddev.id == 0X1963 || lcddev.id == 0X7084 || lcddev.id == 0X7016)
    {   /* SSD1963 7 寸屏或者 7 寸 800 * 480/1024 * 600 RGB 屏 */
        ft5206_init();
        tp_dev.scan = ft5206_scan;  /* 扫描函数指向 FT5206 触摸屏扫描 */
        tp_dev.touchtype |= 0X80;   /* 电容屏 */
        return 0;
    }
    else
    {
        T_PEN_GPIO_CLK_ENABLE();            /* T_PEN 脚时钟使能 */
        T_CS_GPIO_CLK_ENABLE();             /* T_CS 脚时钟使能 */
        T_MISO_GPIO_CLK_ENABLE();           /* T_MISO 脚时钟使能 */
        T_MOSI_GPIO_CLK_ENABLE();           /* T_MOSI 脚时钟使能 */
        T_CLK_GPIO_CLK_ENABLE();            /* T_CLK 脚时钟使能 */
        gpio_init_struct.Pin = T_PEN_GPIO_PIN;
        gpio_init_struct.Mode = GPIO_MODE_INPUT;              /* 输入 */
```

```
        gpio_init_struct.Pull = GPIO_PULLUP;                 /* 上拉 */
        gpio_init_struct.Speed = GPIO_SPEED_FREQ_HIGH;       /* 高速 */
        HAL_GPIO_Init(T_PEN_GPIO_PORT, &gpio_init_struct);   /* 初始化 T_PEN 引脚 */
        gpio_init_struct.Pin = T_MISO_GPIO_PIN;
        HAL_GPIO_Init(T_MISO_GPIO_PORT, &gpio_init_struct);  /* 初始化 T_MISO 引脚 */
        gpio_init_struct.Pin = T_MOSI_GPIO_PIN;
        gpio_init_struct.Mode = GPIO_MODE_OUTPUT_PP;         /* 推挽输出 */
        gpio_init_struct.Pull = GPIO_PULLUP;                 /* 上拉 */
        gpio_init_struct.Speed = GPIO_SPEED_FREQ_HIGH;       /* 高速 */
        HAL_GPIO_Init(T_MOSI_GPIO_PORT, &gpio_init_struct);  /* 初始化 T_MOSI 引脚 */
        gpio_init_struct.Pin = T_CLK_GPIO_PIN;
        HAL_GPIO_Init(T_CLK_GPIO_PORT, &gpio_init_struct);   /* 初始化 T_CLK 引脚 */
        gpio_init_struct.Pin = T_CS_GPIO_PIN;
        HAL_GPIO_Init(T_CS_GPIO_PORT, &gpio_init_struct);    /* 初始化 T_CS 引脚 */
        tp_read_xy(&tp_dev.x[0], &tp_dev.y[0]);              /* 第一次读取初始化 */
        at24cxx_init();                                      /* 初始化 24CXX */
        if (tp_get_adjust_data())
        {
            return 0;                /* 已经校准 */
        }
        else                         /* 未校准? */
        {
            lcd_clear(WHITE);        /* 清屏 */
            tp_adjust();             /* 屏幕校准 */
            tp_save_adjust_data();
        }
        tp_get_adjust_data();
    }
    return 1;
}
```

正点原子的电容屏在出厂时已经由厂家校对好参数了，而电阻屏由于工艺和每个屏的线性线有所差异，所以需要先对其进行“校准”。

通过上面的触摸初始化后，就可以读取相关的触点信息用于显示编程了。注意，上面还有很多个函数没有实现，比如读取坐标和校准，接下来的代码会将它补充完整。

2. 电阻屏触摸函数

前面介绍过了电阻式触摸屏的原理，由于电阻屏的驱动代码都类似，这里决定把电阻屏的驱动函数直接添加在 touch.c/touch.h 中实现。

通过前面的电阻式触摸屏的分析，我们大概知道了电阻屏的驱动方法主要是先计算 X、Y 轴的 A/D 值，再换算成对应的屏幕坐标。touch.c 的初始化函数中已经对使用到的 SPI 接口 I/O 进行了初始化。接下来介绍获取触摸点在屏幕上坐标的算法：先获取逻辑坐标(A/D 值)，再转换成屏幕坐标。

在不研究触点压力的情况下，一次触摸会同时产生 X、Y 坐标的 A/D 值，根据 XTP2046 手册的原理可以通过 SPI 时序一次把这两个 A/D 值读出来。由于 XPT2046 采用 8 位控制命令来标记需要转换的地址，为了方便，我们用软件 SPI 编写一个 tp_

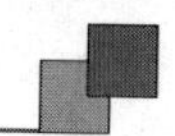

write_byte()函数来发送这8位命令(这部分时序可参考软件SPI的算法和源码);设置命令后需要13个时钟完成A/D转换,第一位为BUZY,最后一位在第13个时钟输出,且只有高12位的数据有效。于是可以得到转换函数tp_read_ad()如下:

```
static uint16_t tp_read_ad(uint8_t cmd)
{
    uint8_t count = 0;
    uint16_t num = 0;
    T_CLK(0);                /* 先拉低时钟 */
    T_MOSI(0);               /* 拉低数据线 */
    T_CS(0);                 /* 选中触摸屏 IC */
    tp_write_byte(cmd);      /* 发送命令字 */
    delay_us(6);             /* ADS7846 的转换时间最长为 6 μs */
    T_CLK(0);
    delay_us(1);
    T_CLK(1);                /* 给一个时钟,清除 BUSY */
    delay_us(1);
    T_CLK(0);
    for (count = 0; count < 16; count ++)      /* 读出 16 位数据,只有高 12 位有效 */
    {
        num <<= 1;
        T_CLK(0);            /* 下降沿有效 */
        delay_us(1);
        T_CLK(1);
        if (T_MISO)num ++ ;
    }
    num >>= 4;               /* 只有高 12 位有效 */
    T_CS(1);                 /* 释放片选 */
    return num;
}
```

一次读取的误差会很大,这里采用平均值滤波的方法;多次读取数据并丢弃波动最大的最大值和最小值,取余下的部分平均值。

```
/* 电阻触摸驱动芯片进行数据采集滤波用到的参数 */
#define TP_READ_TIMES      5          /* 读取次数 */
#define TP_LOST_VAL        1          /* 丢弃值 */
static uint16_t tp_read_xoy(uint8_t cmd)
{
    uint16_t i, j;
    uint16_t buf[TP_READ_TIMES];
    uint16_t sum = 0;
    uint16_t temp;
    for (i = 0; i < TP_READ_TIMES; i ++)          /* 先读取 TP_READ_TIMES 次数据 */
    {
        buf[i] = tp_read_ad(cmd);
    }
    for (i = 0; i < TP_READ_TIMES - 1; i ++)      /* 对数据进行排序 */
    {
        for (j = i + 1; j < TP_READ_TIMES; j ++)
        {
```

```
                if (buf[i] > buf[j])                          /* 升序排列 */
                {
                    temp = buf[i];
                    buf[i] = buf[j];
                    buf[j] = temp;
                }
            }
        }
        sum = 0;
        for (i = TP_LOST_VAL; i < TP_READ_TIMES - TP_LOST_VAL; i++)
        {   /* 去掉两端的丢弃值 */
            sum += buf[i];  /* 累加去掉丢弃值以后的数据. */
        }
        temp = sum / (TP_READ_TIMES - 2 * TP_LOST_VAL); /* 取平均值 */
        return temp;
    }
```

这样就可以通过 tp_read_xoy(uint8_t cmd)接口调取需要的 X 或者 Y 坐标的 A/D 值了。这里加上横屏或者竖屏的处理代码，编写一个可以通过指针一次得到 X 和 Y 的两个 A/D 值的接口，代码如下：

```
static void tp_read_xy(uint16_t *x, uint16_t *y)
{
    uint16_t xval, yval;
    if (tp_dev.touchtype & 0X01)      /* X,Y 方向与屏幕相反 */
    {
        xval = tp_read_xoy(0X90);     /* 读取 X 轴坐标 A/D 值，并进行方向变换 */
        yval = tp_read_xoy(0XD0);     /* 读取 Y 轴坐标 A/D 值 */
    }
    else                              /* X,Y 方向与屏幕相同 */
    {
        xval = tp_read_xoy(0XD0);     /* 读取 X 轴坐标 A/D 值 */
        yval = tp_read_xoy(0X90);     /* 读取 Y 轴坐标 A/D 值 */
    }
    *x = xval;
    *y = yval;
}
```

为了进一步保证参数的精度，连续读两次触摸数据并取平均值作为最后的触摸参数，对这两次滤波值取平均后再传给目标存储区。由于 A/D 的精度为 12 位，故该函数读取坐标的值 0～4 095。tp_read_xy2 的代码如下：

```
/* 连续两次读取 X,Y 坐标的数据误差最大允许值 */
#define TP_ERR_RANGE      50        /* 误差范围 */
static uint8_t tp_read_xy2(uint16_t *x, uint16_t *y)
{
    uint16_t x1, y1;
    uint16_t x2, y2;
    tp_read_xy(&x1, &y1);     /* 读取第一次数据 */
    tp_read_xy(&x2, &y2);     /* 读取第二次数据 */
    /* 前后 2 次采样在 +- TP_ERR_RANGE 内 */
```

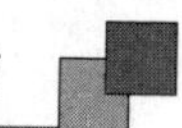

```
    if (((x2 <= x1 && x1 < x2 + TP_ERR_RANGE)||(x1 <= x2 && x2 < x1 + TP_ERR_RANGE))&&
        ((y2 <= y1 && y1 < y2 + TP_ERR_RANGE)||(y1 <= y2 && y2 < y1 + TP_ERR_RANGE)))
    {
        * x = (x1 + x2) / 2;
        * y = (y1 + y2) / 2;
        return 1;
    }
    return 0;
}
```

根据以上的流程可以得到电阻屏触摸点的 A/D 信息。每次触摸屏幕时会对应一组 X、Y 的 A/D 值，由于坐标的 A/D 值在 X、Y 方向都是线性的，很容易想到要把触摸信息的 A/D 值和屏幕坐标联系起来，这里需要编写一个坐标转换函数，前面编写初始化接口时讲到的校准函数这时候就派上用场了。

触摸屏的 A/D 的 X_{AD}、Y_{AD} 可以构成一个逻辑平面，LCD 屏的屏幕坐标 X、Y 也是一个逻辑平面，由于存在误差，这两个平面并不重合，校准的作用就是要将逻辑平面映射到物理平面上，即得到触点在液晶屏上的位置坐标。校准算法的中心思想就是要建立这样一个映射函数。现有的校准算法大多基于线性校准，即首先假定物理平面和逻辑平面之间的误差是线性误差，由旋转和偏移形成。

常用的电阻式触摸屏矫正方法有 2 点校准法和 3 点校准法。这里介绍的是结合了不同的电阻式触摸屏矫正法的优化算法：5 点校正法，其主要的原理是使用 4 点矫正法的比例运算以及 3 点矫正法的基准点运算。5 点校正法优势在于可以更加精确地计算出 X 和 Y 方向的比例缩放系数，同时提供了中心基准点，对于一些线性电阻系数比较差电阻式触摸屏有很好的校正功能。校正相关的变量主要有：

- x[5]、y[5]为 5 点定位的物理坐标(LCD 坐标)；
- xl[5]、yl[5]为 5 点定位的逻辑坐标(触摸 A/D 值)；
- KX、KY 横纵方向伸缩系数；
- XLC、YLC 中心基点逻辑坐标；
- XC、YC 中心基点物理坐标(数值采用 LCD 显示屏的物理长宽分辨率的一半)。

x[5]、y[5]这 5 点定位的物理坐标是已知的，其中 4 点分别设置在 LCD 的角落，一点设置在 LCD 正中心，作为基准矫正点，如图 10.10 所示。

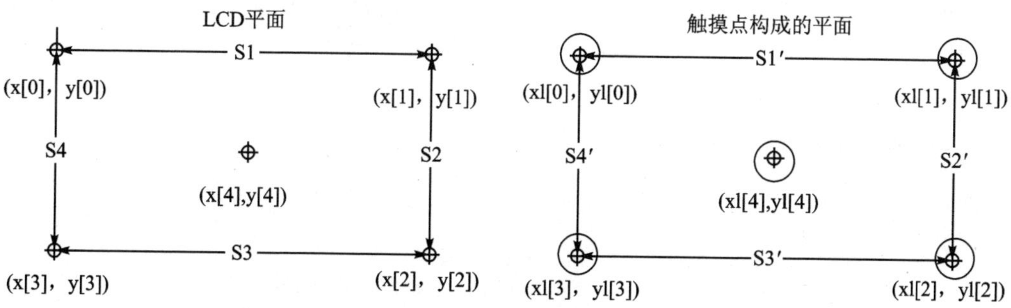

图 10.10 电阻屏 5 点校准法的参考点设定

校正步骤如下:

① 通过先后单击 LCD 的 4 个角落的矫正点,获取 4 个角落的逻辑坐标值。

② 计算屏幕坐标和 4 点间距:

```
S1 = x[1] - x[0]      S3 = x[2] - x[3]
S2 = y[2] - y[1]      S4 = y[3] - y[0]
```

一般,可以人为地设定 S1=S3 和 S2=S4,以方便运算。

计算逻辑坐标的 4 点间距时,由于实际触点肯定存在误差,所以触摸点会落在实际设定点的更大范围内。在图 10.10 中,设定点为 5 个点⊕,但实际采样时触点有时会落在稍大的外圈范围,即图中用每个点外围的圆圈标注,所以有必要设定一个误差范围:

```
S1' = xl[1] - xl[0]     S3' = xl[2] - xl[3]
S2' = yl[2] - yl[1]     S4' = yl[3] -  yl[0]
```

由于触点的误差,逻辑点 S1' 和 S3' 大概率不会相等,同样的,S2' 和 S4' 也很难取到相等的点,那么为了简化计算,强制以(S1'+S3')/2 的线长作一个矩形一边,以(S2'+S4')/2 为矩形另一边,这样构建的矩形在误差范围是可以接受的,也方便计算。于是得到 X 和 Y 方向的近似缩放系数:

```
KX = (S1' + S3') / 2 / S1
KY = (S2' + S4') / 2 / S2
```

③ 单击 LCD 正中心,获取中心点的逻辑坐标,作为矫正的基准点。这里也同样需要限制误差,之后可以得到一个中心点的 A/D 值坐标(xl[4],yl[4])。这个点的 A/D 值作为对比的基准点,即 xl[4]=XLC,yl[4]=YLC。

完成以上步骤则校正完成。下次单击触摸屏的时候获取的逻辑值 XL 和 YL,可以按下以公式转换为物理坐标:

```
X = (XL - XLC) / KX + XC
Y = (YL - YLC) / KY + YC
```

最后一步的转换公式可能不好理解,换个角度,如果求到的缩放比例是正确的,在取新的触摸的时候,这个触摸点的逻辑坐标和物理坐标的转换必然与中心点在两方向上的缩放比例相等,用中学数学直线斜率相等的情况变换便可得到上述公式。

在以后的使用中,把所有得到的物理坐标都按照这个关系式来计算,得到的就是触摸点的屏幕坐标。为了省去每次都需要校准的麻烦,保存这些参数到 AT24Cxx 的指定扇区地址,这样只要校准一次就可以重复使用这些参数了。

根据上面的原理,设计校准函数 tp_adjust 如下:

```
void tp_adjust(void)
{
    uint16_t pxy[5][2];             /* 物理坐标缓存值 */
    uint8_t  cnt = 0;
    short s1, s2, s3, s4;           /* 4 个点的坐标差值 */
    double px, py;                  /* X,Y 轴物理坐标比例,用于判定是否校准成功 */
    uint16_t outtime = 0;
    cnt = 0;
```

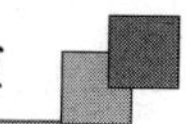

```
        lcd_clear(WHITE);            /* 清屏 */
        lcd_show_string(40, 40, 160, 100, 16, TP_REMIND_MSG_TBL, RED);/* 显示提示信息 */
        tp_draw_touch_point(20, 20, RED);        /* 画点 1 */
        tp_dev.sta = 0;                          /* 消除触发信号 */
        while (1)                                /* 如果连续 10 s 没有按下,则自动退出 */
        {
            tp_dev.scan(1);                      /* 扫描物理坐标 */
            if ((tp_dev.sta & 0xc000) == TP_CATH_PRES)
            {   /* 按键按下了一次(此时按键松开了.) */
                outtime = 0;
                tp_dev.sta &= ~TP_CATH_PRES;  /* 标记按键已经被处理过了 */
                pxy[cnt][0] = tp_dev.x[0];       /* 保存 X 物理坐标 */
                pxy[cnt][1] = tp_dev.y[0];       /* 保存 Y 物理坐标 */
                cnt++;
                switch (cnt)
                {
                    case 1:
                      tp_draw_touch_point(20, 20, WHITE);                 /* 清除点 1 */
                      tp_draw_touch_point(lcddev.width - 20, 20, RED);   /* 画点 2 */
                        break;
                    case 2:
                      tp_draw_touch_point(lcddev.width - 20, 20, WHITE); /* 清除点 2 */
                      tp_draw_touch_point(20, lcddev.height - 20, RED);  /* 画点 3 */
                        break;
                    case 3:
                      tp_draw_touch_point(20, lcddev.height - 20, WHITE);  /* 清除点 3 */
                      /* 画点 4 */
                      tp_draw_touch_point(lcddev.width - 20, lcddev.height - 20, RED);
                        break;
                    case 4:
                      lcd_clear(WHITE);    /* 画第五个点了,直接清屏 */
                      tp_draw_touch_point(lcddev.width / 2, lcddev.height / 2, RED);
                                                                            /* 画点 5 */
                        break;
                    case 5:                          /* 全部 5 个点已经得到 */
                      s1 = pxy[1][0] - pxy[0][0]; /* 第 1,2 个点的 X 轴物理坐标差值(A/D 值) */
                      s3 = pxy[3][0] - pxy[2][0]; /* 第 3,4 个点的 X 轴物理坐标差值(A/D 值) */
                      s2 = pxy[3][1] - pxy[1][1]; /* 第 2,4 个点的 Y 轴物理坐标差值(A/D 值) */
                      s4 = pxy[2][1] - pxy[0][1]; /* 第 1,3 个点的 Y 轴物理坐标差值(A/D 值) */
                      px = (double)s1 / s3;          /* X 轴比例因子 */
                      py = (double)s2 / s4;          /* Y 轴比例因子 */
                      if (px < 0)px = -px;           /* 负数改正数 */
                      if (py < 0)py = -py;           /* 负数改正数 */
                      if (px < 0.95 || px > 1.05 || py < 0.95 || py > 1.05 ||
                        abs(s1) > 4095||abs(s2) > 4095||abs(s3) > 4095||abs(s4) > 4095||
                        abs(s1) == 0 ||abs(s2) == 0||abs(s3) == 0||abs(s4) == 0)
                        { /* 比例不合格,差值大于坐标范围或等于 0,重绘校准图形 */
                         cnt = 0;
                         /* 清除点 5 */
                         tp_draw_touch_point(lcddev.width/2, lcddev.height/2, WHITE);
```

```
                tp_draw_touch_point(20, 20, RED);   /* 重新画点 1 */
                tp_adjust_info_show(pxy, px, py); /* 显示当前信息,方便找问题 */
                continue;
            }
            tp_dev.xfac = (float)(s1 + s3) / (2 * (lcddev.width - 40));
            tp_dev.yfac = (float)(s2 + s4) / (2 * (lcddev.height - 40));
            tp_dev.xc = pxy[4][0];          /* X 轴,物理中心坐标 */
            tp_dev.yc = pxy[4][1];          /* Y 轴,物理中心坐标 */
            lcd_clear(WHITE);    /* 清屏 */
            lcd_show_string(35, 110, lcddev.width, lcddev.height, 16,
                           "Touch Screen Adjust OK!", BLUE); /* 校准完成 */
            delay_ms(1000);
            tp_save_adjust_data();
            lcd_clear(WHITE);/* 清屏 */
            return;/* 校正完成 */
        }
    }
    delay_ms(10);
    outtime++;
    if (outtime > 1000)
    {
        tp_get_adjust_data();
        break;
    }
  }
}
```

注意,该函数里面多次使用了 lcddev.width 和 lcddev.height,用于坐标设置。故在程序调用前需要预先初始化 LCD 来得到 LCD 的一些屏幕信息,主要是为了兼容不同尺寸的 LCD(比如 320×240、480×320 和 800×480 的屏都可以兼容)。

有了校准参数后,由于需要频繁地进行屏幕坐标和物理坐标的转换,这里为电阻屏增加一个 tp_scan(uint8_t mode)用于转换。为了实际使用上更灵活,这里使这个参数支持物理坐标和屏幕坐标。设计的函数如下:

```
uint8_t tp_scan(uint8_t mode)
{
    if (T_PEN == 0)           /* 有按键按下 */
    {
        if (mode)             /* 读取物理坐标, 无须转换 */
        {
            tp_read_xy2(&tp_dev.x[0], &tp_dev.y[0]);
        }
        else if (tp_read_xy2(&tp_dev.x[0],&tp_dev.y[0]))/* 读取屏幕坐标, 需要转换 */
        {
            /* 将 X 轴 物理坐标转换成逻辑坐标(即对应 LCD 屏幕上面的 X 坐标值) */
            tp_dev.x[0] = (signed short)(tp_dev.x[0] - tp_dev.xc)
                                  / tp_dev.xfac + lcddev.width / 2;
            /* 将 Y 轴 物理坐标转换成逻辑坐标(即对应 LCD 屏幕上面的 Y 坐标值) */
            tp_dev.y[0] = (signed short)(tp_dev.y[0] - tp_dev.yc)
                                  / tp_dev.yfac + lcddev.height / 2;
```

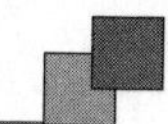

```
        }
        if ((tp_dev.sta & TP_PRES_DOWN) == 0)     /* 之前没有被按下 */
        {
            tp_dev.sta = TP_PRES_DOWN | TP_CATH_PRES;     /* 按键按下 */
            tp_dev.x[CT_MAX_TOUCH - 1] = tp_dev.x[0];     /* 记录第一次按下时的坐标 */
            tp_dev.y[CT_MAX_TOUCH - 1] = tp_dev.y[0];
        }
    }
    else
    {
        if (tp_dev.sta & TP_PRES_DOWN)            /* 之前是被按下的 */
        {
            tp_dev.sta &= ~TP_PRES_DOWN;      /* 标记按键松开 */
        }
        else        /* 之前就没有被按下 */
        {
            tp_dev.x[CT_MAX_TOUCH - 1] = 0;
            tp_dev.y[CT_MAX_TOUCH - 1] = 0;
            tp_dev.x[0] = 0xFFFF;
            tp_dev.y[0] = 0xFFFF;
        }
    }
    return tp_dev.sta & TP_PRES_DOWN; /* 返回当前的触屏状态 */
}
```

只要调取 tp_scan()函数,就能灵活得到我们需要的触摸坐标用于显示交互的编程了。

3. 电容屏触摸驱动代码

电容屏触摸芯片使用的是 I^2C 接口的触摸 IC。I^2C 接口部分代码可以参考 myiic.c 和 myiic.h,为了使代码独立,在 Touch 文件夹下采用软件模拟 I^2C 的方式实现 ctiic.c 和 ctiic.h,这样 I/O 的使用更灵活。

电容触摸芯片除 I^2C 接口相关引脚 CT_SCL 和 CT_SDA,还有 CT_INT 和 CT_RST,接口图如图 10.11 所示。

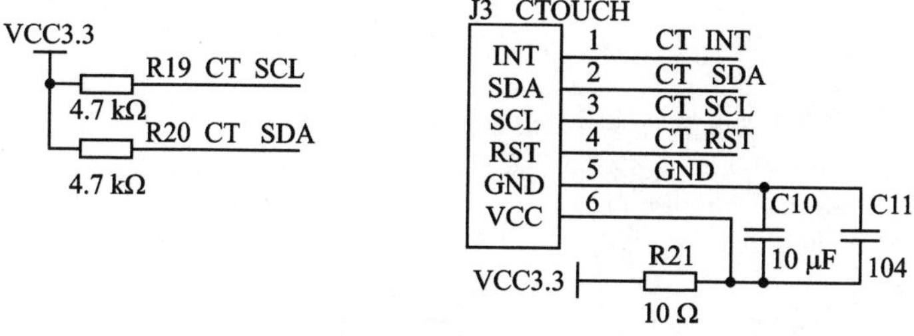

图 10.11 正点原子 LCD 上的 gt9XXX 触摸芯片通信接口

gt9xxx_init 的实现也比较简单,包括实现 CT_INT、CT_RST 引脚初始化。注意,这里使 ctiic.c 及 ctiic.h 的 I/O 对应于 CT_SDA\CT_SCL,调用其 I^2C 初始化接口即可。

同样地,需要通过 I²C 来读取触摸点的物理坐标,由于电容屏在设计时是根据屏幕进行参数设计的,参数已经保存在 gt9xxx 芯片的内部了,我们只需要按手册推荐的 I²C 时序把对应的 *XY* 坐标读出来,转换成 LCD 的像素坐标即可。与电阻屏不同的是,这里是通过 I²C 读取当前是否在触摸状态而非引脚电平。gt9xx 系列可以通过中断或轮询方式读取触摸状态,这里使用的是轮询方式:

① 按读时序先读取寄存器 0x814E,若当前 buffer(buffer status 为 1)数据准备好,则依据有效触点个数到相应坐标数据地址处进行坐标数据读取。

② 若在①中发现 buffer 数据(buffer status 为 0)未准备好,则等待 1 ms 再进行读取。

这样,gt9xxx_scan()函数的实现如下:

```
/* GT9XXX 10 个触摸点(最多) 对应的寄存器表 */
const uint16_t GT9XXX_TPX_TBL[10] =
{
    GT9XXX_TP1_REG,GT9XXX_TP2_REG,GT9XXX_TP3_REG,GT9XXX_TP4_REG,GT9XXX_TP5_REG,
    GT9XXX_TP6_REG,GT9XXX_TP7_REG,GT9XXX_TP8_REG,GT9XXX_TP9_REG,GT9XXX_TP10_REG,
};

uint8_t gt9xxx_scan(uint8_t mode)
{
    uint8_t buf[4];
    uint8_t i = 0;
    uint8_t res = 0;
    uint16_t temp;
    uint16_t tempsta;
    static uint8_t t = 0;    /* 控制查询间隔,从而降低 CPU 占用率 */
    t++;
    if ((t % 10) == 0 || t < 10)
    {/* 空闲时,每进入 10 次 CTP_Scan 函数才检测 1 次,从而节省 CPU 使用率 */
        gt9xxx_rd_reg(GT9XXX_GSTID_REG, &mode, 1); /* 读取触摸点的状态 */
        if ((mode & 0X80) && ((mode & 0XF) <= g_gt_tnum))
        {
            i = 0;
            gt9xxx_wr_reg(GT9XXX_GSTID_REG, &i, 1);    /* 清标志 */
        }
        if ((mode & 0XF) && ((mode & 0XF) <= g_gt_tnum))
        {
            /* 将点的个数转换为 1 的位数,匹配 tp_dev.sta 定义 */
            temp = 0XFFFF << (mode & 0XF);
            tempsta = tp_dev.sta;                       /* 保存当前的 tp_dev.sta 值 */
            tp_dev.sta = (~temp) | TP_PRES_DOWN | TP_CATH_PRES;
            tp_dev.x[g_gt_tnum - 1] = tp_dev.x[0];    /* 保存触点 0 的数据 */
            tp_dev.y[g_gt_tnum - 1] = tp_dev.y[0];
            for (i = 0; i < g_gt_tnum; i++)
            {
                if (tp_dev.sta & (1 << i))              /* 触摸有效吗 */
                {
                    gt9xxx_rd_reg(GT9XXX_TPX_TBL[i], buf, 4);  /* 读取 XY 坐标值 */
```

```
                if (lcddev.id == 0X5510)            /* 4.3 寸 800 * 480 MCU 屏 */
                {
                    if (tp_dev.touchtype & 0X01)    /* 横屏 */
                    {
                        tp_dev.y[i] = ((uint16_t)buf[1] << 8) + buf[0];
                        tp_dev.x[i] = 800 - (((uint16_t)buf[3] << 8) + buf[2]);
                    }
                    else
                    {
                        tp_dev.x[i] = ((uint16_t)buf[1] << 8) + buf[0];
                        tp_dev.y[i] = ((uint16_t)buf[3] << 8) + buf[2];
                    }
                }
                else if (lcddev.id == 0X4342)        /* 4.3 寸 480 * 272 RGB 屏 */
                {
                    if (tp_dev.touchtype & 0X01)     /* 横屏 */
                    {
                        tp_dev.x[i] = (((uint16_t)buf[1] << 8) + buf[0]);
                        tp_dev.y[i] = (((uint16_t)buf[3] << 8) + buf[2]);
                    }
                    else
                    {
                        tp_dev.y[i] = ((uint16_t)buf[1] << 8) + buf[0];
                        tp_dev.x[i] = 272 - (((uint16_t)buf[3] << 8) + buf[2]);
                    }
                }
                else if (lcddev.id == 0X1018)  /* 10.1 寸 1280 * 800 RGB 屏 */
                {
                    if (tp_dev.touchtype & 0X01)     /* 横屏 */
                    {
                        tp_dev.y[i] = ((uint16_t)buf[3] << 8) + buf[2];
                        tp_dev.x[i] = ((uint16_t)buf[1] << 8) + buf[0];
                    }
                    else
                    {
                        tp_dev.x[i] = 800 - (((uint16_t)buf[3] << 8) + buf[2]);
                        tp_dev.y[i] = ((uint16_t)buf[1] << 8) + buf[0];
                    }
                }
            }
        }
        res = 1;
        if (tp_dev.x[0] > lcddev.width || tp_dev.y[0] > lcddev.height)
        {/* 非法数据(坐标超出了) */
            if ((mode & 0XF) > 1)  /* 有其他点有数据,则复制第二个触点的数据到第
                                      一个触点 */
            {
                tp_dev.x[0] = tp_dev.x[1];
                tp_dev.y[0] = tp_dev.y[1];
                t = 0; /* 触发一次,则会最少连续监测 10 次,从而提高命中率 */
            }
```

```
                else        /* 非法数据,则忽略此次数据(还原原来的) */
                {
                    tp_dev.x[0] = tp_dev.x[g_gt_tnum - 1];
                    tp_dev.y[0] = tp_dev.y[g_gt_tnum - 1];
                    mode = 0X80;
                    tp_dev.sta = tempsta;    /* 恢复 tp_dev.sta */
                }
            }
            else
            {
                t = 0;      /* 触发一次,则最少连续监测 10 次,从而提高命中率 */
            }
        }
    }
    if ((mode & 0X8F) == 0X80) /* 无触摸点按下 */
    {
        if (tp_dev.sta & TP_PRES_DOWN)       /* 之前是被按下的 */
        {
            tp_dev.sta &= ~TP_PRES_DOWN;     /* 标记按键松开 */
        }
        else      /* 之前就没有被按下 */
        {
            tp_dev.x[0] = 0xffff;
            tp_dev.y[0] = 0xffff;
            tp_dev.sta &= 0XE000;             /* 清除点有效标记 */
        }
    }
    if (t > 240)t = 10; /* 重新从 10 开始计数 */
    return res;
}
```

打开 gt9xxx 芯片对应的编程手册,对照时序即可理解上述实现过程,只是程序中为了匹配多种屏幕和横屏显示,添加了一些代码。电容屏驱动 ft5206.c/ft5206.h 的驱动实现与 gt9xxx 的实现类似。

4. main 函数和测试代码

打开 main.c,修改部分代码,这里就不全部贴出来了,仅介绍 3 个重要的函数:

```
void rtp_test(void)
{
    uint8_t key;
    uint8_t i = 0;

    while (1)
    {
        key = key_scan(0);
        tp_dev.scan(0);
        if (tp_dev.sta & TP_PRES_DOWN)      /* 触摸屏被按下 */
        {
            if (tp_dev.x[0] < lcddev.width && tp_dev.y[0] < lcddev.height)
```

```
            {
                if (tp_dev.x[0] > (lcddev.width - 24) && tp_dev.y[0] < 16)
                {
                    load_draw_dialog();     /* 清除 */
                }
                else
                {
                    tp_draw_big_point(tp_dev.x[0], tp_dev.y[0], RED);   /* 画点 */
                }
            }
        }
        else
        {
            delay_ms(10);                   /* 没有按键按下的时候 */
        }

        if (key == KEY0_PRES)               /* KEY0 按下,则执行校准程序 */
        {
            lcd_clear(WHITE);               /* 清屏 */
            tp_adjust();                    /* 屏幕校准 */
            tp_save_adjust_data();
            load_draw_dialog();
        }
        i++;
        if (i % 20 == 0)LED0_TOGGLE();
    }
}
/* 10 个触控点的颜色(电容触摸屏用) */
const uint16_t POINT_COLOR_TBL[10] = {RED, GREEN, BLUE, BROWN, YELLOW, MAGENTA, CYAN,
                                      LIGHTBLUE, BRRED, GRAY};

void ctp_test(void)
{
    uint8_t t = 0;
    uint8_t i = 0;
    uint16_t lastpos[10][2];            /* 最后一次的数据 */
    uint8_t maxp = 5;
    if (lcddev.id == 0X1018)maxp = 10;
    while (1)
    {
        tp_dev.scan(0);
        for (t = 0; t < maxp; t++)
        {
            if ((tp_dev.sta) & (1 << t))
            {   /* 坐标在屏幕范围内 */
                if (tp_dev.x[t] < lcddev.width && tp_dev.y[t] < lcddev.height)
                {
                    if (lastpos[t][0] == 0XFFFF)
                    {
                        lastpos[t][0] = tp_dev.x[t];
                        lastpos[t][1] = tp_dev.y[t];
```

```
                    }
                    lcd_draw_bline(lastpos[t][0], lastpos[t][1], tp_dev.x[t],
                                   tp_dev.y[t], 2, POINT_COLOR_TBL[t]);    /* 画线 */
                    lastpos[t][0] = tp_dev.x[t];
                    lastpos[t][1] = tp_dev.y[t];
                    if (tp_dev.x[t] > (lcddev.width - 24) && tp_dev.y[t] < 20)
                    {
                        load_draw_dialog();     /* 清除 */
                    }
                }
            }
            else
            {
                lastpos[t][0] = 0XFFFF;
            }
        }
        delay_ms(5);
        i++;
        if (i % 20 == 0)LED0_TOGGLE();
    }
}
int main(void)
{
    HAL_Init();                                    /* 初始化 HAL 库 */
    sys_stm32_clock_init(336, 8, 2, 7);            /* 设置时钟，168 MHz */
    delay_init(168);                               /* 延时初始化 */
    usart_init(115200);                            /* 串口初始化为 115 200 */
    led_init();                                    /* 初始化 LED */
    lcd_init();                                    /* 初始化 LCD */
    key_init();                                    /* 初始化按键 */
    tp_dev.init();                                 /* 触摸屏初始化 */
    lcd_show_string(30, 50, 200, 16, 16, "STM32", RED);
    lcd_show_string(30, 70, 200, 16, 16, "TOUCH TEST", RED);
    lcd_show_string(30, 90, 200, 16, 16, "ATOM@ALIENTEK", RED);
    if (tp_dev.touchtype != 0XFF)
    {/* 电阻屏才显示 */
        lcd_show_string(30, 110, 200, 16, 16, "Press KEY0 to Adjust", RED);
    }
    delay_ms(1500);
    load_draw_dialog();
    if (tp_dev.touchtype & 0X80)
    {
        ctp_test();     /* 电容屏测试 */
    }
    else
    {
        rtp_test();     /* 电阻屏测试 */
    }
}
```

rtp_test 函数用于电阻触摸屏的测试，代码比较简单，就是扫描按键和触摸屏。如

果触摸屏有按下，则在触摸屏上面划线；如果按中 RST 区域，则执行清屏。如果按键 KEY0 按下，则执行触摸屏校准。

ctp_test 函数用于电容触摸屏的测试。由于采用 tp_dev.sta 来标记当前按下的触摸屏点数，所以判断是否有电容触摸屏按下，也就是判断 tp_dev.sta 的最低 5 位。如果有数据，则划线；没数据则忽略，且 5 个点划线的颜色各不一样，方便区分。另外，电容触摸屏不需要校准，所以没有校准程序。

main 函数比较简单，初始化相关外设，然后根据触摸屏类型选择执行 ctp_test 还是 rtp_test。

10.4　下载验证

代码编译成功之后，下载代码到开发板上，电阻触摸屏测试程序运行效果如图 10.12 所示。

图中电阻屏上画了一些内容，右上角的 RST 可以用来清屏，单击该区域即可清屏重画。另外，按 KEY0 可以进入校准模式，如果发现触摸屏不准，则可以按 KEY0 进入校准，重新校准一下即可正常使用。

如果是电容触摸屏，测试界面如图 10.13 所示。图中同样输入了一些内容。电容屏支持多点触摸，每个点的颜色都不一样，图中的波浪线就是 3 点触摸画出来的，最多可以 5 点触摸。注意，电容触摸屏支持正点原子 4.3 寸和新款 7 寸电容触摸屏模块(SSD1963＋FT5206 方案)，老款的 7 寸电容触摸屏模块(CPLD＋GT811 方案)本例程不支持。

按右上角的 RST 可以清屏。电容屏无须校准，所以按 KEY0 无效。KEY0 校准仅对电阻屏有效。

图 10.12　电阻触摸屏测试程序运行效果

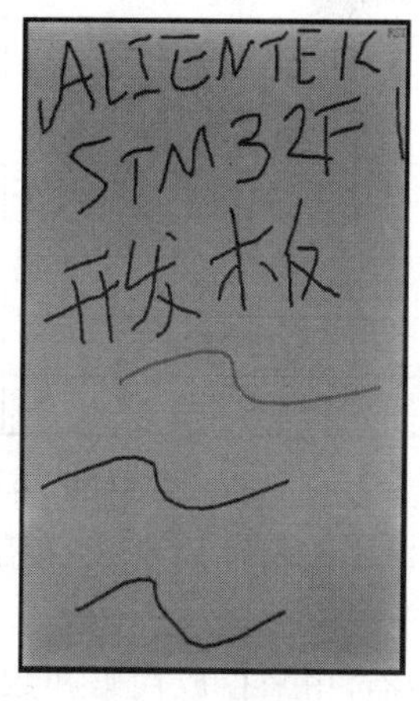

图 10.13　电容触摸屏测试界面

第 11 章

FLASH 模拟 EEPROM 实验

STM32 本身没有自带 EEPROM，但是具有 IAP(在应用编程)功能，所以可以把它的 FLASH 当成 EEPROM 来使用。本章将利用 STM32 内部的 FLASH 来实现 SPI 实验类似的效果，不过这里是将数据直接存放在 STM32 内部，而不是存放在 NOR FLASH。

11.1 STM32 FLASH 简介

不同型号 STM32F40xx/41xx 的 FLASH 容量也有所不同，最小的只有 128 KB，最大的则达到了 1 024 KB。探索者开发板选择 STM32F407ZGT6 的 FLASH 容量为 1 024 KB。STM32F40xx/41xx 的闪存模块组织如图 11.1 所示。

块	名 称	FLASH 起始地址	大 小
主存储器	扇区 0	0x08000000～0x080003FF	16 KB
	扇区 1	0x08004000～0x08007FFF	16 KB
	扇区 2	0x08008000～0x0800BFFF	16 KB
	扇区 3	0x0800C000～0x0800FFFF	16 KB
	扇区 4	0x08010000～0x0801FFFF	64 KB
	扇区 5	0x08020000～0x0803FFFF	128 KB
	扇区 6	0x08040000～0x0805FFFF	128 KB
	……	……	……
	扇区 11	0x080E0000～0x080FFFFF	128 KB
系统存储器		0x1FFF0000～0x1FFF77FF	30 KB
OTP 区域		0x1FFF7800～0x1FFF7A0F	528 字节
选项字节		0x1FFFC000～0x1FFFC00F	16 字节

图 11.1 STM32F40xx/41xx 闪存模块组织表

STM32F4 的闪存模块由主存储器、系统存储器、OPT 区域和选项字节 4 部分组成。

主存储器，用来存放代码和数据常数(如 const 类型的数据)，分为 12 个扇区，前 4 个扇区大小为 16 KB，扇区 4 大小为 64 KB，扇区 5～11 大小为 128 KB。不同容量 STM32F4 拥有的扇区数不一样，比如 STM32F407ZGT6 拥有 12 个扇区。从图 11.1 可以看出，主存储器的起始地址为 0x08000000，B0、B1 都接 GND 的时候就是从

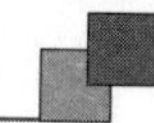

0x08000000 开始运行代码。

系统存储器，用来存放 STM32F4 的 bootloader 代码，此代码在出厂的时候就固化在 STM32F4 里面了，专门用来给主存储器下载代码。当 B0 接 V3.3、B1 接 GND 的时候，从该存储器启动(即进入串口下载模式)。

OTP 区域，即一次性可编程区域，总共 528 字节，被分成两个部分，前面 512 字节(32 字节为 1 块，分成 16 块)，可以用来存储一些用户数据(一次性的，写完一次就永远不可以擦除)；后面 16 字节，用于锁定对应块。

选项字节，用于配置读保护、BOR 级别、软件/硬件看门狗以及器件处于待机或停止模式下的复位。

闪存存储器接口寄存器，用于控制闪存读/写等，是整个闪存模块的控制结构。

在执行闪存写操作时，任何对闪存的读操作都会锁住总线，写操作完成后读操作才能正确进行。也就是说，在进行写或擦除操作时，不能进行代码或数据的读取操作。

1. 闪存的读取

STM32F4 可以通过内部的 I-Code 指令总线或 D-Code 数据总线访问内置闪存模块，本章主要讲解数据读/写，即通过 D-Code 数据总线来访问内部闪存模块。为了准确读取 FLASH 数据，必须根据 CPU 时钟(HCLK)频率和器件电源电压在 FLASH 存取控制寄存器(FLASH_ACR)中正确地设置等待周期数(LATENCY)。当电源电压低于 2.1 V 时，必须关闭预取缓冲器。FLASH 等待周期与 CPU 时钟频率之间的对应关系，如表 11.1 所列。

表 11.1　CPU 时钟频率对应的 FLASH 等待周期表

等待周期(WS) (LATENCY)	HCLK/MHz			
	电压范围 2.7～3.6 V	电压范围 2.4～2.7 V	电压范围 2.1～2.4 V	电压范围 1.8～2.1 V 预取关闭
0 WS (1 个 CPU 周期)	0<HCLK≤30	0<HCLK≤24	0<HCLK≤22	0<HCLK≤201
1 WS (2 个 CPU 周期)	30<HCLK≤60	24<HCLK≤48	22<HCLKS44	20<HCLK≤40
2 WS (3 个 CPU 周期)	60<HCLK≤90	48<HCLK≤72	44<HCLK≤66	40<HCLK≤60
3 WS (4 个 CPU 周期)	90<HCLK≤120	72<HCLK≤96	66<HCLK≤88	60<HCLK≤80
4 WS (5 个 CPU 周期)	120<HCLK≤150	96<HCLK≤120	88<HCLK≤110	80<HCLK≤100
5 WS (6 个 CPU 周期)	150<HCLK≤168	120<HCLK≤144	110<HCLK≤132	100<HCLK≤120

续表 11.1

等待周期(WS)(LATENCY)	HCLK/MHz			
	电压范围 2.7～3.6 V	电压范围 2.4～2.7 V	电压范围 2.1～2.4 V	电压范围 1.8～2.1 V 预取关闭
6 WS (7 个 CPU 周期)		144<HCLK≤168	132<HCLK≤154	120<HCLK≤140
7 WS (8 个 CPU 周期)			154<HCLK≤168	140<HCLK≤160

等待周期通过 FLASH_ACR 寄存器的 LATENCY[2:0]这 3 个位设置。系统复位后，CPU 时钟频率为内部 16 MHz RC 振荡器(HIS)，LATENCY 默认是 0，即一个等待周期。供电电压一般是 3.3 V，所以，在设置 168 MHz 频率作为 CPU 时钟之前，必须先设置 LATENCY 为 5，否则 FLASH 读/写可能出错，导致死机。

正常工作时(168 MHz)，虽然 FLASH 需要 6 个 CPU 等待周期，但是由于 STM32F4 具有自适应实时存储器加速器(ART Accelerator)，通过指令缓存存储器可以预取指令，实现相当于 0 FLASH 等待的运行速度。关于自适应实时存储器的详细介绍可参考"STM32F4xx 参考手册_V4(中文版).pdf"3.4.2 小节。STM23F4 的 FLASH 读取很简单。例如，要从地址 addr 读取一个字(字节为 8 位，半字为 16 位，字为 32 位)，则可以通过如下的语句读取：

```
data = *(volatile uint32_t *)addr;
```

将 addr 强制转换为 volatile uint32_t 指针，然后取该指针指向的地址的值，即得到了 addr 地址的值。类似地，将上面的 volatile uint32_t 改为 volatile uint16_t 即可读取指定地址的一个半字。相对 FLASH 读取来说，STM32F4 FLASH 的写就复杂一点了。

2. 闪存的编程和擦除

执行任何 FLASH 编程操作(擦除或编程)时，CPU 时钟频率(HCLK)不能低于 1 MHz。如果在 FLASH 操作期间发生器件复位，则无法保证 FLASH 中的内容。

在对 STM32F4 的 FLASH 执行写入或擦除操作期间，任何读取 FLASH 的尝试都会导致总线阻塞。只有在完成编程操作后，才能正确处理读操作。这意味着，写/擦除操作进行期间不能从 FLASH 中执行代码或数据获取操作。

STM32F4 用户闪存的编程一般由 6 个 32 位寄存器控制，分别是 FLASH 访问控制寄存器(FLASH_ACR)、FLASH 秘钥寄存器(FLASH_KEYR)、FLASH 选项秘钥寄存器(FLASH_OPTKEYR)、FLASH 状态寄存器(FLASH_SR)、FLASH 控制寄存器(FLASH_CR)及 FLASH 选项控制寄存器(FLASH_OPTCR)。

STM32F4 复位后，FLASH 编程操作是被保护的，不能写入 FLASH_CR 寄存器；通过写入特定的序列(0x45670123 和 0xCDEF89AB)到 FLASH_KEYR 寄存器才可解

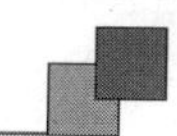

除写保护，只有在写保护被解除后，才能操作相关寄存器。

FLASH_CR 的解锁序列为：

① 写 0x45670123 到 FLASH_KEYR；

② 写 0xCDEF89AB 到 FLASH_KEYR。

通过这两个步骤即可解锁 FLASH_CR，如果写入错误，那么 FLASH_CR 将被锁定，直到下次复位后才可以再次解锁。

STM32F4 闪存的编程位数可以通过 FLASH_CR 的 PSIZE 字段配置，PSIZE 的设置必须和电源电压匹配，如表 11.2 所列。

表 11.2　编程/擦除并行位数与电压关系表

	电压范围 2.7～3.6 V（使用外部 V_{PP}）	电压范围 2.7～3.6 V	电压范围 2.4～2.7 V	电压范围 2.1～2.4 V	电压范围 1.8～2.1 V
并行位数	x64	x32	x16		x8
PSIZE(1:0)	11	10	01		00

由于本书所用开发板的电压是 3.3 V，所以 PSIZE 必须设置为 10，即 32 位并行位数。擦除或者编程都必须以 32 位为基础进行。

STM32F4 的 FLASH 编程时也必须要求其写入地址的 FLASH 是被擦除了的（也就是其值必须是 0xFFFFFFFF），否则无法写入。STM32F4 的标准编程步骤如图 11.2 所示。

从图 11.2 可以得到闪存的编程顺序如下：

① 检查 FLASH_CR 的 LOCK 是否解锁，没有则先解锁；

② 检查 FLASH_SR 寄存器的 BSY 位，以确认没有其他正在进行的编程操作；

③ 设置 FLASH_CR 寄存器的 PG 位为 1；

④ 在指定的地址写入数据（一次写入 32 字节，不能超过 32 字节）；

⑤ 等待 BSY 位变为 0；

⑥ 读出写入地址并验证数据。

在 STM32 的 FLASH 编程的时候，要先判断缩写地址是否被擦出了，所以，有必要再介绍一下 STM32 的闪存擦除。STM32 的闪存擦除分为两种：页擦除和整片擦除。页擦除过程如图 11.3 所示。

① 检查 FLASH_CR 的 LOCK 是否解锁，没有则先解锁；

② 检查 FLASH_SR 寄存器中的 BSY 位，以确保当前未执行任何 FLASH 操作；

③ 在 FLASH_CR 寄存器中，将 SER 位置 1，并设置 SNB=0（只有一个扇区，扇区 0）；

④ 将 FLASH_CR 寄存器中的 START 位置 1，触发擦除操作；

⑤ 等待 BSY 位清零。

这样就可以擦除某个扇区。本章只用到了 STM32F4 的扇区擦除功能。整片擦除功能就不介绍了。

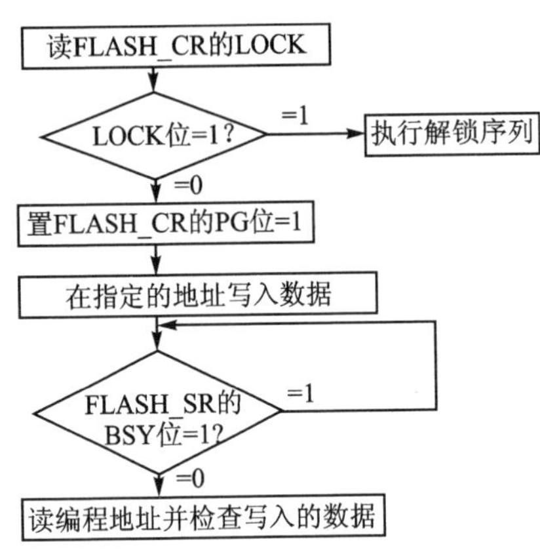

图 11.2　STM32 闪存编程过程

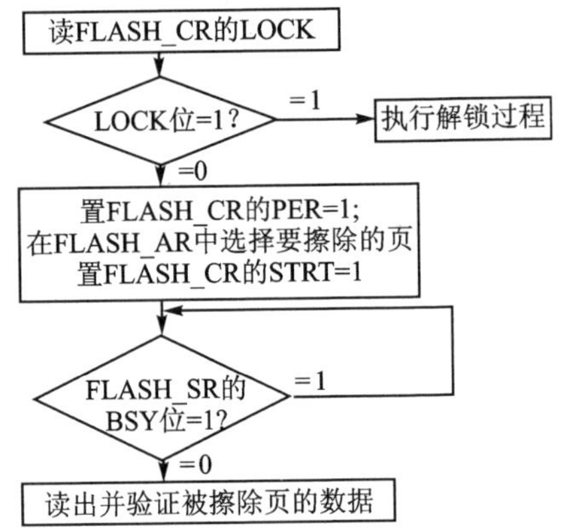

图 11.3　STM32 闪存页擦除过程

3. FLASH 寄存器

(1) FLASH 访问控制寄存器(FLASH_ACR)

FLASH 访问控制寄存器描述如图 11.4 所示。

31	30	29	28	27	26	25	24	23	22	21	20	19	18	17	16
保留															

15	14	13	12	11	10	9	8	7	6	5	4	3	2	1	0
保留			DCRST	ICRST	DCEN	ICEN	PRFTEN	保留					LATENCY		
			rw	w	rw	rw	rw						rw	rw	rw

位	描述
位31:11	保留，必须保持清零
位12	DCRST：数据缓存复位 0：数据缓存不复位　　1：数据缓存复位 只有在关闭数据缓存时才能在该位中写入值
位11	ICRST：指令缓存复位 0：指令缓存不复位　　1：指令缓存复位 只有在关闭指令缓存时才能在该位中写入值
位10	DCEN：数据缓存使能 0：关闭数据缓存　　1：使能数据缓存
位9	ICEN：指令缓存使能 0：关闭指令缓存　　1：使能指令缓存
位8	PRFTEN：预取使能 0：关闭预取　　1：使能预取
位7:3	保留，必须保持清零
位2:0	LATENCY：延迟 这些位表示CPU时钟周期与FLASH访问时间之比。 000：0等待周期　　100：4个等待周期 001：1个等待周期　　101：5个等待周期 010：2个等待周期　　110：6个等待周期 011：3个等待周期　　111：7个等待周期

图 11.4　FLASH_ACR 寄存器

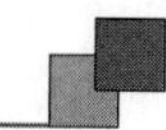

重点介绍LATENCY[2:0]这3个位，它们必须根据MCU的工作电压和频率来设置，否则可能死机。DCEN、ICEN和PRFTEN这3个位也比较重要，为了达到最佳性能，这3个位一般都设置为1即可。

(2) FLASH密钥寄存器(FLASH_KEYR)

FLASH密钥寄存器描述如图11.5所示。该寄存器主要用来解锁FLASH_CR，必须在该寄存器写入特定的序列(KEY1和KEY2)解锁后，才能对FLASH_CR寄存器进行写操作。

31	30	29	28	27	26	25	24	23	22	21	20	19	18	17	16
KEY[31:16]															
w	w	w	w	w	w	w	w	w	w	w	w	w	w	w	w
15	14	13	12	11	10	9	8	7	6	5	4	3	2	1	0
KEY[15:0]															
w	w	w	w	w	w	w	w	w	w	w	w	w	w	w	w

位31:0	FKEYR：FPEC密钥 要将FLASH_CR寄存器解锁并允许对其执行编程/擦除操作，必须顺序编程以下值： a) KEY1=0x45670123 b) KEY2=0xCDEF89AB

图11.5　FLASH_KEYR寄存器

(3) FLASH控制寄存器(FLASH_CR)

FLASH控制寄存器描述如图11.6所示。

31	30	29	28	27	26	25	24	23	22	21	20	19	18	17	16
LOCK	保留					ERRIE	EOPIE	保留							STRT
rs						rw	rw								rs
15	14	13	12	11	10	9	8	7	6	5	4	3	2	1	0
保留						PSIZE[1:0]		Res.	SNB[3:0]				MER	SER	PG
						rw	rw		rw	rw	rw	rw	rw	rw	rw

图11.6　FLASH_CR寄存器

LOCK位，用于指示FLASH_CR寄存器是否被锁住；该位在检测到正确的解锁序列后，硬件将其清零。在一次不成功的解锁操作后，在下次系统复位之前，该位将不再改变。

STRT位，用于开始一次擦除操作。在该位写入1时执行一次擦除操作。

PSIZE[1:0]位，用于设置编程宽度，一般设置PSIZE=2即可(32位)。

SNB[3:0]位，用于选择要擦除的扇区编号，取值范围为0～1。

SER位，用于选择扇区擦除操作，在扇区擦除的时候需要将该位置1。

PG位，用于选择编程操作，在往FLASH写数据的时候，该位需要置1。

(4) FLASH状态寄存器(FLASH_SR)

FLASH状态寄存器描述如图11.7所示。

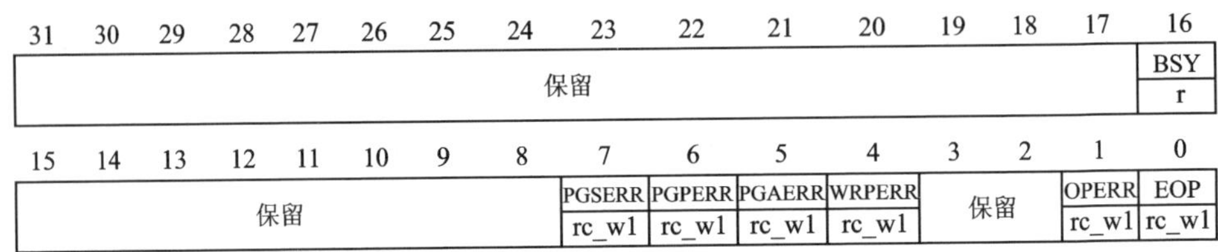

31–17	16
保留	BSY
	r

15–8	7	6	5	4	3–2	1	0
保留	PGSERR	PGPERR	PGAERR	WRPERR	保留	OPERR	EOP
	rc_w1	rc_w1	rc_w1	rc_w1		rc_w1	rc_w1

图 11.7　FLASH_SR 寄存器

该寄存器主要用了 BSY 位，表示 BANK 当前正在执行编程操作，当该位为 1 时，表示正在执行 FLASH 操作；当该位为 0 时，表示当前未执行 FLASH 操作。

STM32F4 FLASH 就介绍到这里，详细可参考"STM32F4xx 参考手册_V4(中文版).pdf"第 3 章。

11.2　硬件设计

(1) 例程功能

按键 KEY1 控制写入 FLASH 的操作，按键 KEY0 控制读出操作，并在 TFTLCD 模块上显示相关信息，还可以借助 USMART 进行读取或者写入操作。LED0 闪烁用于提示程序正在运行。

(2) 硬件资源

- LED 灯：LED0 – PF9；
- 串口 1(PA9、PA10 连接在板载 USB 转串口芯片 CH340 上面)；
- 正点原子 TFTLCD 模块(仅限 MCU 屏，16 位 8080 并口驱动)；
- 独立按键：KEY0 – PE4、KEY1 – PE3。

11.3　程序设计

11.3.1　FLASH 的 HAL 库驱动

FLASH 在 HAL 库中的驱动代码在 stm32f4xx_hal_flash.c 和 stm32f4xx_hal_flash_ex.c 文件(及其头文件)中。

(1) HAL_FLASH_Unlock 函数

解锁闪存控制寄存器访问的函数，其声明如下：

```
HAL_StatusTypeDef HAL_FLASH_Unlock(void);
```

函数描述：用于解锁闪存控制寄存器的访问，在对 FLASH 进行写操作前必须先解锁；解锁操作也就是必须在 FLASH_KEYR 寄存器写入特定的序列(KEY1 和 KEY2)。

函数形参：无。

函数返回值：HAL_StatusTypeDef 枚举类型的值。

(2) HAL_FLASH_Lock 函数

锁定闪存控制寄存器访问的函数，其声明如下：

```
HAL_StatusTypeDef HAL_FLASH_Lock (void);
```

函数描述：用于锁定闪存控制寄存器的访问。

函数形参：无。

函数返回值：HAL_StatusTypeDef 枚举类型的值。

(3) HAL_FLASH_Program 函数

闪存写操作函数，其声明如下：

```
HAL_StatusTypeDef HAL_FLASHEx_Program(uint32_t TypeProgram, uint32_t Address,
                                       uint64_t Data);
```

函数描述：该函数用于 FLASH 的写入。

函数形参：

形参 1 TypeProgram 用来区分要写入的数据类型。

形参 2 Address 用来设置要写入数据的 FLASH 地址。

形参 3 Data 是要写入的数据类型。

函数返回值：HAL_StatusTypeDef 枚举类型的值。

(4) HAL_FLASHEx_Erase 函数

闪存擦除函数，其声明如下：

```
HAL_StatusTypeDef HAL_FLASHEx_Erase(FLASH_EraseInitTypeDef * pEraseInit,
                                     uint32_t * SectorError);
```

函数描述：该函数用于大量擦除或擦除指定的闪存扇区。

函数形参：

形参 1 FLASH_EraseInitTypeDef 是结构体类型指针变量。

```
typedef struct
{
  uint32_t TypeErase;          /* 擦除类型 */
  uint32_t Banks;              /* 擦除的 Bank 编号 */
  uint32_t PageAddress;        /* 擦除页面地址 */
  uint32_t NbPages;            /* 擦除的页面数 */
} FLASH_EraseInitTypeDef;
```

形参 2 是 uint32_t 类型指针变量，存放错误码，0xFFFFFFFF 值表示扇区已被正确擦除，其他值表示擦除过程中的错误扇区。

函数返回值：HAL_StatusTypeDef 枚举类型的值。

(5) FLASH_WaitForLastOperation 函数

等待 FLASH 操作完成函数，其声明如下：

```
HAL_StatusTypeDef FLASH_WaitForLastOperation(uint32_t Timeout);
```

函数描述：该函数用于等待 FLASH 操作完成。

函数形参:形参是 FLASH 操作超时时间。

函数返回值:HAL_StatusTypeDef 枚举类型的值。

11.3.2 程序流程图

程序流程如图 11.8 所示。

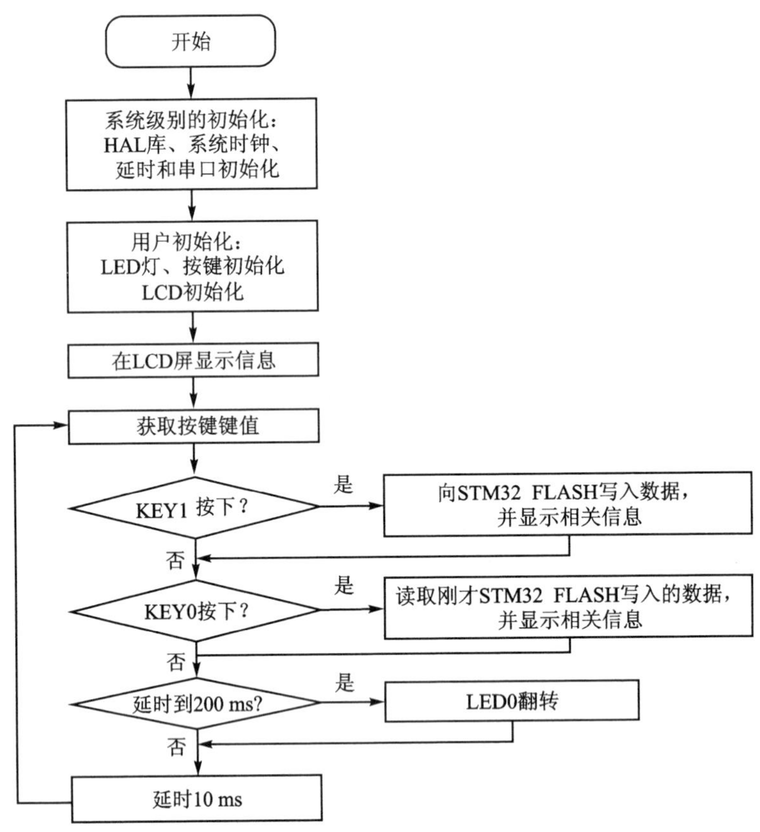

图 11.8　FLASH 模拟 EEPROM 实验程序流程图

11.3.3 程序解析

1. STMFLASH 驱动代码

这里只讲解核心代码,详细的源码可参考配套资料中本实验对应源码。STM FLASH 驱动源码包括两个文件:stmflash.c 和 stmflash.h。

stmflash.h 头文件做了一些比较重要的宏定义,定义如下:

```
/* FLASH 起始地址 */
#define STM32_FLASH_SIZE         0x100000        /* STM32 FLASH 总大小 */
#define STM32_FLASH_BASE         0x08000000      /* STM32 FLASH 起始地址 */
#define FLASH_WAITETIME          50000           /* FLASH 等待超时时间 */
```

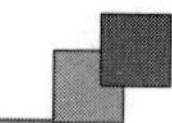

```
/* FLASH 扇区的起始地址 */
/* 扇区 0 起始地址，16 Kbytes */
#define ADDR_FLASH_SECTOR_0     ((uint32_t )0x08000000)
/* 扇区 1 起始地址，16 Kbytes */
#define ADDR_FLASH_SECTOR_1     ((uint32_t )0x08004000)
/* 扇区 2 起始地址，16 Kbytes */
#define ADDR_FLASH_SECTOR_2     ((uint32_t )0x08008000)
/* 扇区 3 起始地址，16 Kbytes */
#define ADDR_FLASH_SECTOR_3     ((uint32_t )0x0800C000)
/* 扇区 4 起始地址，64 Kbytes */
#define ADDR_FLASH_SECTOR_4     ((uint32_t )0x08010000)
/* 扇区 5 起始地址，128 Kbytes */
#define ADDR_FLASH_SECTOR_5     ((uint32_t )0x08020000)
/* 扇区 6 起始地址，128 Kbytes */
#define ADDR_FLASH_SECTOR_6     ((uint32_t )0x08040000)
/* 扇区 7 起始地址，128 Kbytes */
#define ADDR_FLASH_SECTOR_7     ((uint32_t )0x08060000)
/* 扇区 8 起始地址，128 Kbytes */
#define ADDR_FLASH_SECTOR_8     ((uint32_t )0x08080000)
/* 扇区 9 起始地址，128 Kbytes */
#define ADDR_FLASH_SECTOR_9     ((uint32_t )0x080A0000)
/* 扇区 10 起始地址,128 Kbytes */
#define ADDR_FLASH_SECTOR_10    ((uint32_t )0x080C0000)
/* 扇区 11 起始地址,128 Kbytes */
#define ADDR_FLASH_SECTOR_11    ((uint32_t )0x080E0000)
```

STM32_FLASH_BASE 和 STM32_FLASH_SIZE 分别是 FLASH 的起始地址和 FLASH 总大小，这两个宏定义随着芯片是固定的。STM32F407ZGT6 芯片的 FLASH 是 1 024 KB，所以 STM32_FLASH_SIZE 宏定义值为 0x100000。

stmflash.c 的程序源码如下：

```
static uint8_t stmflash_get_error_status(void)
{
    uint32_t res = 0;
    res = FLASH ->SR;
    if (res & (1 << 16)) return 1;     /* BSY = 1, 繁忙 */
    if (res & (1 << 7))  return 2;     /* PGSERR = 1,编程序列错误 */
    if (res & (1 << 6))  return 3;     /* PGPERR = 1,编程并行位数错误 */
    if (res & (1 << 5))  return 4;     /* PGAERR = 1,编程对齐错误 */
    if (res & (1 << 4))  return 5;     /* WRPERR = 1,写保护错误 */
    return 0;   /* 没有任何状态/操作完成 */
}

static uint8_t stmflash_wait_done(uint32_t time)
{
    uint8_t res;
    do
    {
        res = stmflash_get_error_status();
        if (res != 1)
        {
            break;         /* 非忙，无须等待了，直接退出 */
```

```
        }
        time--;
    } while (time);
    if (time == 0)res = 0XFF;    /* 超时 */
    return res;
}
static uint8_t stmflash_erase_sector(uint32_t saddr)
{
    uint8_t res = 0;
    res = stmflash_wait_done(0XFFFFFFFF);         /* 等待上次操作结束 */
    if (res == 0)
    {
        FLASH->CR &= ~(3 << 8);          /* 清除 PSIZE 原来的设置 */
        FLASH->CR |= 2 << 8;      /* 设置为 32 bit 宽,确保 VCC = 2.7~3.6 V 之间 */
        FLASH->CR &= ~(0X1F << 3);    /* 清除原来的设置 */
        FLASH->CR |= saddr << 3;         /* 设置要擦除的扇区 */
        FLASH->CR |= 1 << 1;             /* 扇区擦除 */
        FLASH->CR |= 1 << 16;            /* 开始擦除 */
        res = stmflash_wait_done(0XFFFFFFFF);         /* 等待操作结束 */
        if (res != 1)                    /* 非忙 */
        {
            FLASH->CR &= ~(1 << 1);   /* 清除扇区擦除标志 */
        }
    }
    return res;
}
static uint8_t stmflash_write_word(uint32_t faddr, uint32_t data)
{
    uint8_t res;
    res = stmflash_wait_done(0XFFFFF);
    if (res == 0)    /* OK */
    {
        FLASH->CR &= ~(3 << 8);                 /* 清除 PSIZE 原来的设置 */
        FLASH->CR |= 2 << 8;      /* 设置为 32 bit 宽,确保 VCC = 2.7~3.6 V 之间 */
        FLASH->CR |= 1 << 0;                    /* 编程使能 */
        *(volatile uint32_t *)faddr = data;     /* 写入数据 */
        res = stmflash_wait_done(0XFFFFF);      /* 等待操作完成,一个字编程 */
        if (res != 1)                           /* 操作成功 */
        {
            FLASH->CR &= ~(1 << 0);             /* 清除 PG 位 */
        }
    }
    return res;
}
uint32_t stmflash_read_word(uint32_t faddr)
{
    return *(volatile uint32_t *)faddr;
}
uint8_t  stmflash_get_flash_sector(uint32_t addr)
```

```
{
    if (addr < ADDR_FLASH_SECTOR_1) return FLASH_SECTOR_0;
    else if (addr < ADDR_FLASH_SECTOR_2) return FLASH_SECTOR_1;
    else if (addr < ADDR_FLASH_SECTOR_3) return FLASH_SECTOR_2;
    else if (addr < ADDR_FLASH_SECTOR_4) return FLASH_SECTOR_3;
    else if (addr < ADDR_FLASH_SECTOR_5) return FLASH_SECTOR_4;
    else if (addr < ADDR_FLASH_SECTOR_6) return FLASH_SECTOR_5;
    else if (addr < ADDR_FLASH_SECTOR_7) return FLASH_SECTOR_6;
    else if (addr < ADDR_FLASH_SECTOR_8) return FLASH_SECTOR_7;
    else if (addr < ADDR_FLASH_SECTOR_9) return FLASH_SECTOR_8;
    else if (addr < ADDR_FLASH_SECTOR_10) return FLASH_SECTOR_9;
    else if (addr < ADDR_FLASH_SECTOR_11) return FLASH_SECTOR_10;
    return FLASH_SECTOR_11;
}

void stmflash_write(uint32_t waddr, uint32_t *pbuf, uint32_t length)
{
    uint8_t status = 0;
    uint32_t addrx = 0;
    uint32_t endaddr = 0;
    /* 写入地址小于 STM32_FLASH_BASE，或不是 4 的整数倍，非法 */
    /* 写入地址大于 STM32_FLASH_BASE + STM32_FLASH_SIZE，非法 */
    if (waddr < STM32_FLASH_BASE || waddr % 4 ||
        waddr > (STM32_FLASH_BASE + STM32_FLASH_SIZE))
    {
        return;
    }
    HAL_FLASH_Unlock();                     /* 解锁 */
    FLASH->ACR &= ~(1 << 10);               /* FLASH 擦除期间,必须禁止数据缓存 */
    addrx = waddr;                          /* 写入的起始地址 */
    endaddr = waddr + length * 4;           /* 写入的结束地址 */
    if (addrx < 0X1FFF0000)                 /* 只有主存储区,才需要执行擦除操作 */
    {
        while (addrx < endaddr)     /* 扫清一切障碍.(对非 FFFFFFFF 的地方,先擦除) */
        {   /* 有非 0XFFFFFFFF 的地方,要擦除这个扇区 */
            if (stmflash_read_word(addrx) != 0XFFFFFFFF)
            {
                status = stmflash_erase_sector(stmflash_get_flash_sector(addrx));
                if (status)break;        /* 发生错误了 */
            }
            else
            {
                addrx += 4;
            }
        }
    }
    if (status == 0)
    {
        while (waddr < endaddr)             /* 写数据 */
        {
            if (stmflash_write_word(waddr, *pbuf))      /* 写入数据 */
            {
```

```
                break;              /* 写入异常 */
            }
            waddr += 4;
            pbuf ++ ;
        }
    }

    FLASH->ACR |= 1 << 10;          /* FLASH 擦除结束,开启数据 fetch */
    HAL_FLASH_Lock();               /* 上锁 */
}
void stmflash_read(uint32_t raddr, uint32_t *pbuf, uint32_t length)
{
    uint32_t i;
    for (i = 0; i < length; i++ )
    {
        pbuf[i] = stmflash_read_word(raddr);     /* 读取 4 个字节 */
        raddr += 4; /* 偏移 4 个字节 */
    }
}
void test_write(uint32_t WriteAddr, uint32_t WriteData)
{
    stmflash_write(WriteAddr, &WriteData, 1);/* 写入一个字 */
}
```

stmflash_write 函数用于在 STM32F4 的指定地址写入指定长度的数据,有几个要注意的点:

① 写入地址必须是用户代码区以外的地址。

② 写入地址必须是 4 的倍数。

第①点比较好理解,如果把用户代码给擦了,则运行的程序就被废了,从而很可能出现死机的情况。不过,因为 STM32F4 的扇区都较大(最少 16 KB,大的 128 KB),所以本函数不缓存要擦除的扇区内容,也就是如果要擦除,那就是整个扇区擦除,建议读者使用该函数的时候,写入地址定位到用户代码占用扇区以外的扇区,比较保险。

第②点则是 STM32 FLASH 的要求,每次必须写入 32 位,即 4 字节;如果写的地址不是 4 的倍数,那么写入的数据可能就不是写在要写的地址了。

2. main.c 代码

在 main.c 里面编写如下代码:

```
/* 要写入到 STM32 FLASH 的字符串数组 */
const uint8_t g_text_buf[] = {"STM32 FLASH TEST"};
#define TEXT_LENTH sizeof(g_text_buf) /* 数组长度 */
/* SIZE 表示半字长(4 字节), 大小必须是 4 的整数倍, 如果不是, 则强制对齐到 4 的整数倍 */
#define SIZE TEXT_LENTH / 4 + ((TEXT_LENTH % 4) ? 1 : 0)
/* 设置 FLASH 保存地址(必须为偶数,且其值要大于本代码所占用 FLASH 的大小 + 0X08000000) */
#define FLASH_SAVE_ADDR 0X08070000
int main(void)
{
```

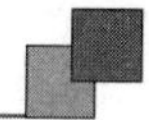

```
    uint8_t key = 0;
    uint16_t i = 0;
    uint8_t datatemp[SIZE];
    HAL_Init();                                     /* 初始化 HAL 库 */
    sys_stm32_clock_init(336, 8, 2, 7);             /* 设置时钟, 168 MHz */
    delay_init(168);                                /* 延时初始化 */
    usart_init(115200);                             /* 串口初始化为 115 200 */
    usmart_dev.init(84);                            /* 初始化 USMART */
    led_init();                                     /* 初始化 LED */
    lcd_init();                                     /* 初始化 LCD */
    key_init();                                     /* 初始化按键 */
    lcd_show_string(30,  50, 200, 16, 16, "STM32", RED);
    lcd_show_string(30,  70, 200, 16, 16, "FLASH EEPROM TEST", RED);
    lcd_show_string(30,  90, 200, 16, 16, "ATOM@ALIENTEK", RED);
    lcd_show_string(30, 110, 200, 16, 16, "KEY1:Write  KEY0:Read", RED);
    while (1)
    {
        key = key_scan(0);
        if (key == KEY1_PRES) /* KEY1 按下,写入 STM32 FLASH */
        {
            lcd_fill(0, 150, 239, 319, WHITE); /* 清除半屏 */
            lcd_show_string(30, 160, 200, 16, 16, "Start Write FLASH....", RED);
            stmflash_write(FLASH_SAVE_ADDR, (uint16_t *)g_text_buf, SIZE);
            /* 提示传送完成 */
            lcd_show_string(30, 150, 200, 16, 16, "FLASH Write Finished!", RED);
        }
        if (key == KEY0_PRES) /* KEY0 按下,读取字符串并显示 */
        {
            lcd_show_string(30, 150, 200, 16, 16, "Start Read FLASH.... ", RED);
            stmflash_read(FLASH_SAVE_ADDR, (uint16_t *)datatemp, SIZE);
            /* 提示传送完成 */
            lcd_show_string(30, 150, 200, 16, 16, "The Data Readed Is:  ", RED);
            /* 显示读到的字符串 */
            lcd_show_string(30, 170, 200, 16, 16, (char *)datatemp, BLUE);
        }
        i++;
        delay_ms(10);
        if (i == 20)
        {
            LED0_TOGGLE(); /* 提示系统正在运行 */
            i = 0;
        }
    }
}
```

主函数代码逻辑比较简单,检测到按键 KEY1 按下后,则往 FLASH 指定地址开始的连续地址空间写入一段数据;当检测到按键 KEY0 按下后,则读取 FLASH 指定地址开始的连续空间数据。

最后,将 stmflash_read_word 和 test_write 函数加入 USMART 控制,这样就可以通过串口调试助手调用 STM32F4 的 FLASH 读/写函数,方便测试。

11.4 下载验证

将程序下载到开发板后，可以看到 LED0 不停地闪烁，提示程序已经在运行了。LCD 显示的内容如图 11.9 所示。

先按 KEY1 按键写入数据，然后按 KEY0 读取数据，得到界面如图 11.10 所示。

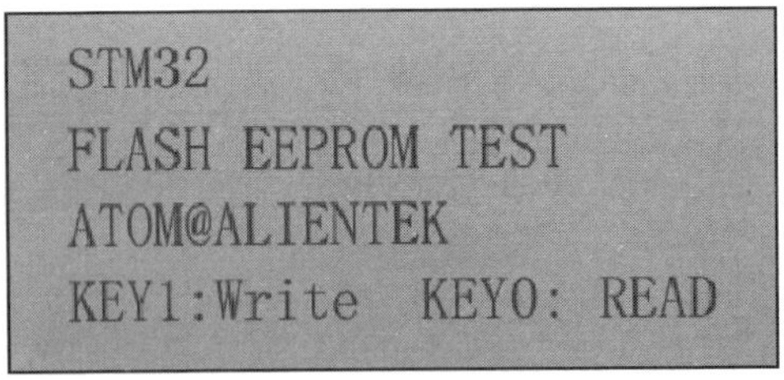

图 11.9　程序运行效果图

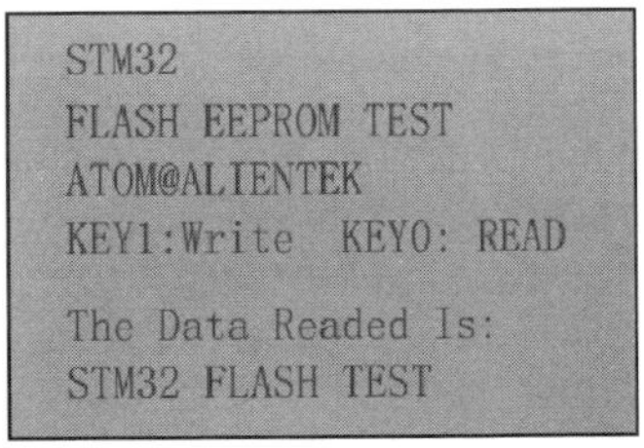

图 11.10　操作后的显示效果图

本实验的测试还可以借助 USMART，调用 stmflash_read_word 和 test_write 函数进行测试。

第 12 章 摄像头实验

STM32F407 具有 DCMI 接口，所以探索者 STM32F407 开发板板载了一个摄像头接口(P3)，用来连接正点原子 OV5640、OV2640、OV7725 等摄像头模块。本章将使用 STM32 驱动正点原子 OV2640 摄像头模块，实现摄像头功能。

12.1 OV2640 和 DCMI 简介

12.1.1 OV2640 简介

OV2640 是 OV(OmniVision)公司生产的一颗 1/4 寸的 CMOS UXGA(1 632×1 232)图像传感器，该传感器体积小、工作电压低，提供单片 UXGA 摄像头和影像处理器的所有功能。通过 SCCB 总线控制，可以输出整帧、子采样、缩放和取窗口等方式的各种分辨率 8 或 10 位影像数据。该产品 UXGA 图像最高达到 15 帧/秒(SVGA 可达 30 帧，CIF 可达 60 帧)。用户可以完全控制图像质量、数据格式和传输方式。所有图像处理功能过程，包括伽玛曲线、白平衡、对比度、色度等，都可以通过 SCCB 接口编程。OmmiVision 图像传感器应用独有的传感器技术，通过减少或消除光学或电子缺陷(如固定图案噪声、拖尾、浮散等)，提高图像质量，得到清晰的稳定的彩色图像。

OV2640 的特点有：

- 高灵敏度、低电压，适合嵌入式应用；
- 标准的 SCCB 接口，兼容 I^2C 接口；
- 支持 RawRGB、RGB(RGB565 或 RGB555)、GRB422、YUV(422 或 420)和 YCbCr(422)输出格式；
- 支持 UXGA、SXGA、SVGA 以及按比例缩小到从 SXGA 到 40×30 的任何尺寸；
- 支持自动曝光控制、自动增益控制、自动白平衡、自动消除灯光条纹、自动黑电平校准等自动控制功能，同时支持色饱和度、色相、伽马、锐度等设置；
- 支持闪光灯；
- 支持图像缩放、平移和窗口设置；
- 支持图像压缩，即可输出 JPEG 图像数据；
- 自带嵌入式微处理器。

OV2640 的功能框图如图 12.1 所示。

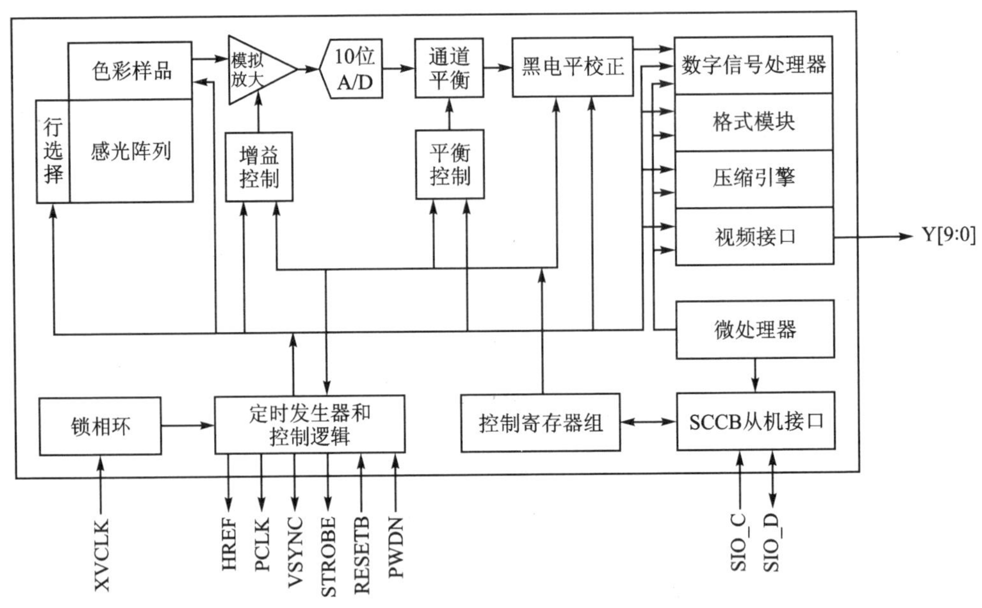

图 12.1　OV2640 功能框图

OV2640 传感器包括如下一些功能模块。

1) 感光阵列(Image Array)

OV2640 总共有 1 632×1 232 个像素,最大输出尺寸为 UXGA(1 600×1 200),即 200 万像素。

2) 模拟信号处理(Analog Processing)

模拟信号处理所有模拟功能,并包括模拟放大(AMP)、增益控制、通道平衡和平衡控制等。

3) 10 位 A/D 转换

原始的信号经过模拟放大后,分 G 和 BR 两路进入一个 10 位的 ADC;ADC 工作频率高达 20 MHz,与像素频率完全同步(转换的频率和帧率有关)。除 ADC 外,该模块还有黑电平校正(BLC)功能。

4) 数字信号处理器(DSP)

这个部分控制由原始信号插值到 RGB 信号的过程,并控制一些图像质量:

- 边缘锐化(二维高通滤波器);
- 颜色空间转换(原始信号到 RGB 或者 YUV/YCbYCr);
- RGB 色彩矩阵以消除串扰;
- 色相和饱和度的控制;
- 黑/白点补偿;
- 降噪;
- 镜头补偿;

- 可编程的伽玛；
- 10位到8位数据转换。

5）输出格式模块(Output Formatter)

该模块按设定优先级控制图像的所有输出数据及其格式。

6）压缩引擎(Compression Engine)

压缩引擎框图如图12.2所示。可以看出，压缩引擎主要包括三部分：DCT、QZ和熵编码器，将原始的数据流压缩成jpeg数据输出。

7）微处理器(Microcontroller)

OV2640自带了一个8位微处理器，该处理器有512字节SRAM、4 KB的ROM，它提供了一个灵活的主机到控制系统的指令接口，同时也具有细调图像质量的功能。

8）SCCB接口(SCCB Interface)

SCCB接口控制图像传感器芯片的运行，详细使用方法可参考配套资料中的《OmniVision Technologies Seril Camera Control Bus(SCCB) Specification》文档。

9）数字视频接口(Digital Video Port)

OV2640拥有一个10位数字视频接口(支持8位接法)，其MSB和LSB可以程序设置先后顺序。正点原子OV2640模块采用默认的8位连接方式，如图12.3所示。

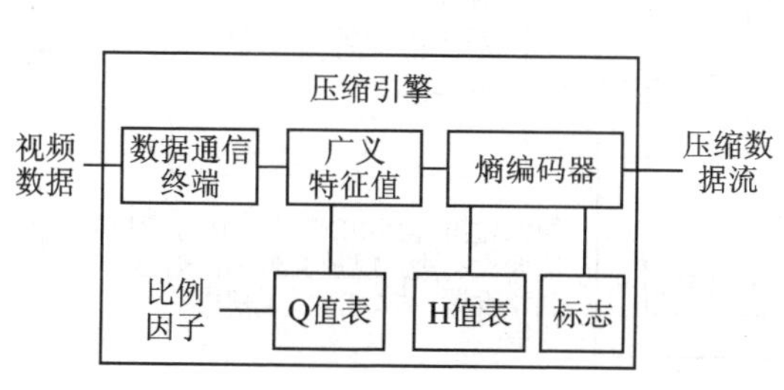

图12.2 压缩引擎框图

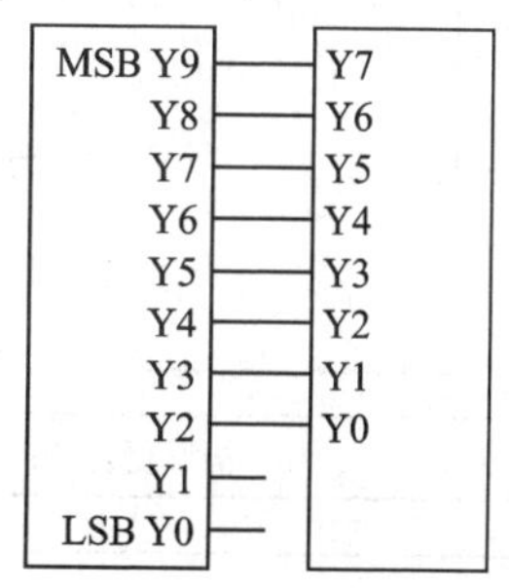

图12.3 OV2640默认8位连接方式

OV2640的寄存器通过SCCB时序访问并设置，SCCB时序和I^2C时序类似。

接下来介绍OV2640的传感器窗口设置、图像尺寸设置、图像窗口设置和图像输出大小设置。其中，除了传感器窗口设置是直接针对传感器阵列的设置，其他都是DSP部分的设置了。

传感器窗口设置：该功能允许用户设置整个传感器区域(1 632×1 220)的感兴趣部分，也就是在传感器里面开窗，开窗范围从2×2～1 632×1 220都可以设置，不过要求这个窗口必须大于等于随后设置的图像尺寸。传感器窗口通过0x03、0x19、0x1A、0x07、0x17、0x18等寄存器设置，寄存器定义可参考“OV2640_DS(1.6).pdf”文档(下同)。

图像尺寸设置：也就是DSP输出(最终输出到LCD)图像的最大尺寸，该尺寸要小于等于前面传感器窗口所设定的窗口尺寸。图像尺寸通过0xC0、0xC1、0x8C等寄存器设置。

图像窗口设置:与传感器窗口设置类似,只是这个窗口是在前面设置的图像尺寸里再一次设置窗口大小,所以该窗口必须小于等于前面设置的图像尺寸。该窗口设置后的图像范围将输出到外部。图像窗口设置通过 0x51、0x52、0x53、0x54、0x55、0x57 等寄存器设置。

图像输出大小设置:这是最终输出到外部的图像尺寸。该设置将图像窗口所决定的窗口大小通过内部 DSP 处理,缩放成外部图像大小。该设置将会对图像进行缩放处理,如果设置的图像输出大小不等于图像窗口设置的图像大小,那么图像就会被缩放处理,只有这两者一样大时,输出比例才是 1:1的。

因为 OmniVision 公司公开的文档里没有详细介绍,这些设置只能从其提供的初始化代码(还得去 Linux 源码里面移植过来)里面去分析规律,所以,这几个设置都是作者根据 OV2640 的调试经验以及相关文档总结出来的,有错误的地方请读者指正。

以上几个设置光看文字不太清楚,这里画一个简图有助于大家理解,如图 12.4 所示。

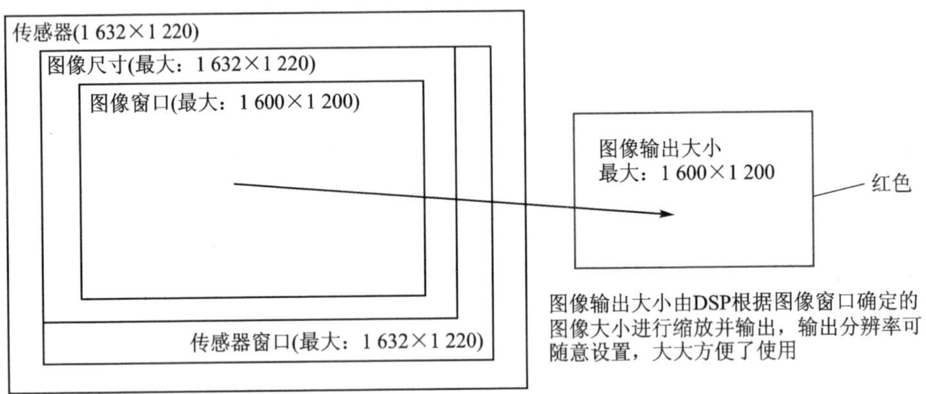

图 12.4 OV2640 图像窗口设置简图

图中右侧红色框所示的图像输出大小才是 OV2640 输出给外部的图像尺寸,也就是显示在 LCD 上面的图像大小。当图像输出大小与图像窗口不等时,则进行缩放处理,在 LCD 上面看到的图像将会变形。

最后介绍 OV2640 的图像数据输出格式。首先简单介绍一些定义:

UXGA,即分辨率为 1 600×1 200 的输出格式,类似的还有 SXGA(1 280×1 024)、WXGA(1 440×900)、XVGA(1 280×960)、WXGA(1 280×800)、XGA(1 024×768)、SVGA(800×600)、VGA(640×480)、CIF(352×288)、WQVGA(400×240)、QCIF(176×144)和 QQVGA(160×120)等。

PCLK,即像素时钟,一个 PCLK 时钟,输出一个像素(或半个像素)。

VSYNC,即帧同步信号。

HREF/HSYNC,即行同步信号。

OV2640 的图像数据输出(通过 Y[9:0])就是在 PCLK、VSYNC 和 HREF/

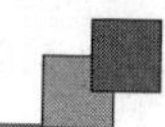

HSYNC 的控制下进行的。行输出时序如图 12.5 所示。

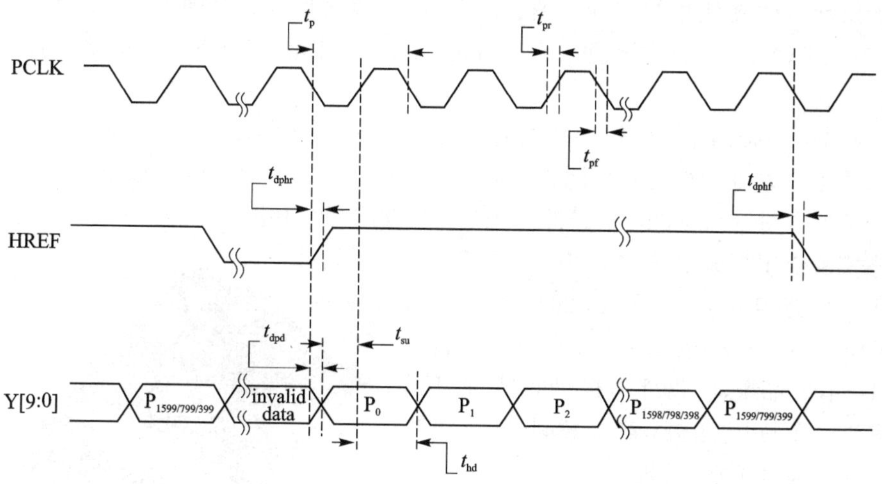

图 12.5　OV2640 行输出时序

可以看出,图像数据在 HREF 为高的时候输出,当 HREF 变高后,每一个 PCLK 时钟输出一个 8 位或 10 位数据。这里采用 8 位接口,所以每个 PCLK 输出一个字节,且在 RGB/YUV 输出格式下,每个 t_p=两个 T_{pclk};如果是 Raw 格式,则一个 t_p=一个 T_{pclk}。比如采用 UXGA 时序,RGB565 格式输出,每两个字节组成一个像素的颜色(高低字节顺序可通过 0xDA 寄存器设置),这样每行输出总共有 1 600×2 个 PCLK 周期,输出 1 600×2 个字节。

帧时序(UXGA 模式)如图 12.6 所示。图中清楚地表示了 OV2640 在 UXGA 模式下的数据输出,按照这个时序去读取 OV2640 的数据就可以得到图像数据。

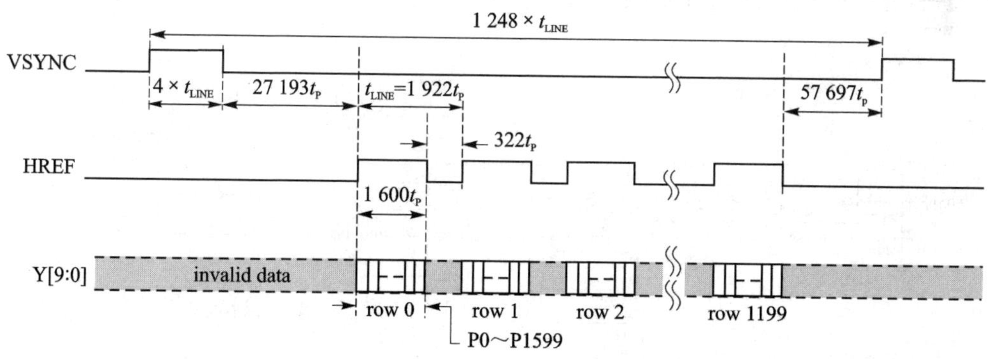

图 12.6　OV2640 帧时序

OV2640 的图像数据格式一般用两种输出方式:RGB565 和 JPEG。当输出 RGB565 格式数据的时候,时序完全就是图 12.5 和图 12.6 介绍的关系,以满足不同需要。当输出数据是 JPEG 数据的时候,同样也是这种方式输出(所以数据读取方法一模一样),不过 PCLK 数目大大减少了,且不连续,输出的数据是压缩后的 JPEG 数据,以

0xFF,0xD8 开头,以 0xFF,0xD9 结尾,且在 0xFF,0xD8 之前或者 0xFF,0xD9 之后,会有不定数量的其他数据存在(一般是 0);这些数据直接忽略即可,将得到的 0xFF,0xD8～0xFF,0xD9 之间的数据保存为.jpg/.jpeg 文件,就可以直接在电脑上打开并看到图像了。

OV2640 自带的 JPEG 输出功能大大减少了图像的数据量,使其在网络摄像头、无线视频传输等方面具有很大的优势。关于 OV2640 更详细的介绍可参考配套资料的 A 盘→7,硬件资料→4,OV2640 资料→OV2640_DS(1.6).pdf。

本实验使用探索者 STM32F407 开发板的 DCMI 接口连接正点原子 OV2640 摄像头模块,该模块采用 8 位数据输出接口,自带 24 MHz 有源晶振,无需外部提供时钟,百万高清镜头,且支持闪光灯,整个模块只须提供 3.3 V 供电即可正常使用。

正点原子 OV2640 摄像头模块外观如图 12.7 所示。

图 12.7　正点原子 OV2640 摄像头模块外观

模块原理图如图 12.8 所示。可以看出,ATK－OV2640 摄像头模块自带了有源晶振,用于产生 24 MHz 时钟作为 OV2640 的 XVCLK 输入,模块的闪光灯(LED1&LED2)可由 OV2640 的 STROBE 脚控制(可编程控制)或外部引脚控制,只须焊接 R2 或 R3 的电阻进行切换控制。同时自带了稳压芯片,用于提供 OV2640 稳定的 2.8 V 和 1.3 V 电压。模块通过一个 2×9 的双排排针(P1)与外部通信,通信信号如表 12.1 所列。

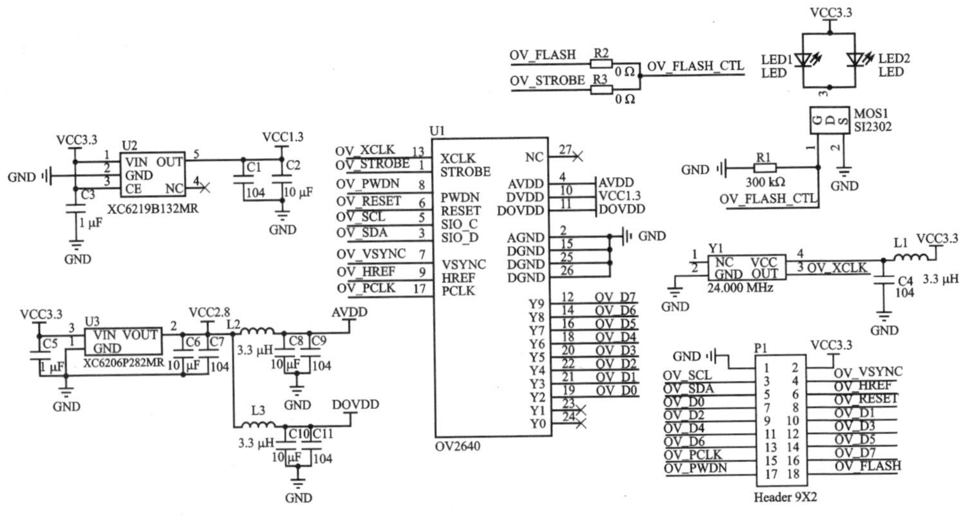

图 12.8　正点原子 OV2640 摄像头模块原理图

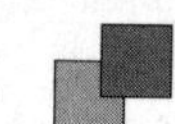

表 12.1　OV2640 模块信号及其作用描述

信　号	作用描述	信　号	作用描述
VCC3.3	模块供电脚，接 3.3 V 电源	OV_PCLK	像素时钟输出
GND	模块地线	OV_PWDN	掉电使能（高有效）
OV_SCL	SCCB 通信时钟信号	OV_VSYNC	帧同步信号输出
OV_SDA	SCCB 通信数据信号	OV_HREF	行同步信号输出
OV_D[7:0]	8 位数据输出	OV_RESET	复位信号（低有效）
OV_FLASH	外部控制闪光灯[1]（高有效）		

注 1：当 OV2640 硬件 R2 电阻焊接时，OV_FLASH 引脚控制才有效。默认 R2 电阻没有焊接，R3 电阻焊接，闪光灯默认通过 STROBE 脚编程控制。

12.1.2　STM32F407 DCMI 接口

STM32F407 自带了一个数字摄像头（DCMI）接口，该接口是一个同步并行接口，能够接收外部 8 位、10 位、12 位或 14 位 CMOS 摄像头模块发出的高速数据流，可支持不同的数据格式（YCbCr4:2:2或 RGB565）逐行视频和压缩数据（JPEG）。

STM32F407 DCM 接口特点：

- 8 位、10 位、12 位或 14 位并行接口；
- 内嵌码/外部行同步和帧同步；
- 连续模式或快照模式；
- 裁减功能；
- 支持以下数据格式：
  - 8、10、12、14 位逐行视频：单色或原始拜尔（Bayer）格式；
  - YCbCr 4:2:2逐行视频；
  - RGB565 逐行视频；
  - 压缩数据：JPEG。

DCMI 接口包括如下信号：

- 数据输入（D[0:13]），用于接摄像头的数据输出，接 OV2640 时只用了 8 位数据。
- 水平同步（行同步）输入（HSYNC），用于接摄像头的 HSYNC/HREF 信号。
- 垂直同步（场同步）输入（VSYNC），用于接摄像头的 VSYNC 信号。
- 像素时钟输入（PIXCLK），用于接摄像头的 PCLK 信号。

DCMI 接口是一个同步并行接口，可接收高速（可达 54 MB/s）数据流。该接口包含 14 条数据线（D13～D0）和一条像素时钟线（PIXCLK）。像素时钟的极性可以编程，因此可以在像素时钟的上升沿或下降沿捕获数据。

DCMI 接收到的摄像头数据被放到一个 32 位数据寄存器（DCMI_DR）中，然后通过通用 DMA 进行传输。图像缓冲区由 DMA 管理，而不是由摄像头接口管理。

从摄像头接收的数据可以按行/帧来组织(原始 YUV/RGB/拜尔模式)，也可以是一系列 JPEG 图像。要使能 JPEG 图像接收，则必须将 JPEG 位(DCMI_CR 寄存器的位 3)置 1。

数据流由可选的 HSYNC(水平同步)信号和 VSYNC(垂直同步)信号硬件同步，或者通过数据流中嵌入的同步码同步。

1. DCMI 接口功能

STM32F407 DCMI 接口的框图如图 12.9 所示。

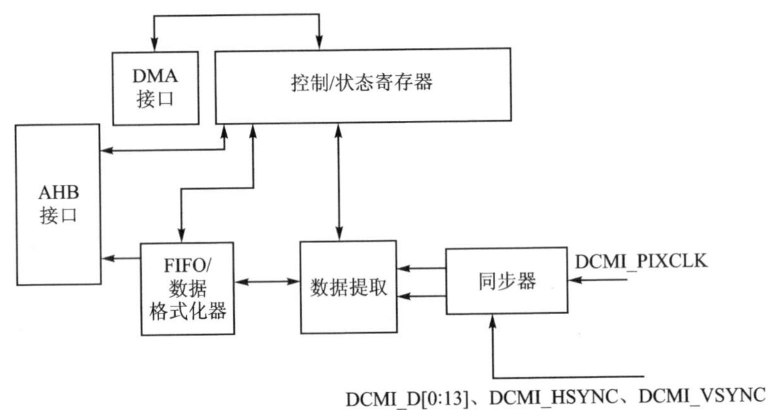

图 12.9　DCMI 接口框图

DCMI 接口的数据与 PIXCLK(即 PCLK)保持同步，并根据像素时钟的极性在像素时钟上升沿/下降沿发生变化。HSYNC(HREF)信号指示行的开始/结束，VSYNC 信号指示帧的开始/结束。DCMI 信号波形如图 12.10 所示。

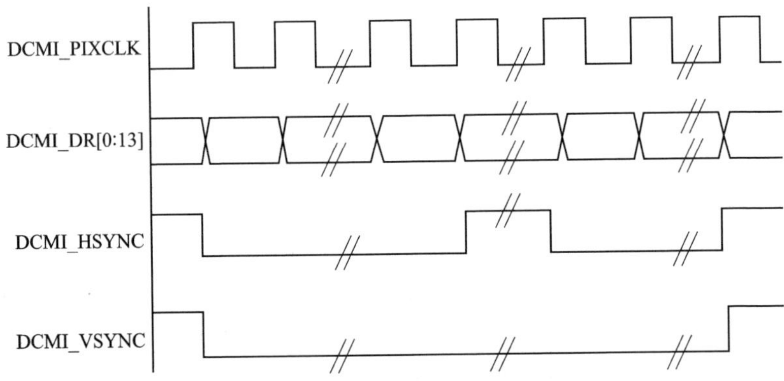

图 12.10　DCMI 信号波形

图中，DCMI_PIXCLK 的捕获沿为下降沿，DCMI_HSYNC 和 DCMI_VSYNC 的有效状态为 1。注意，这里的有效状态实际上对应的是指示数据在并行接口上无效时，HSYNC/VSYNC 引脚上面的引脚电平。

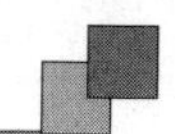

本实验用到 DCMI 的 8 位数据宽度，通过 DCMI_CR 中的 EDM[1:0]=00 设置。此时 DCMI_D0～D7 有效，DCMI_D8～D13 上的数据忽略，这个时候，每次需要 4 个像素时钟来捕获一个 32 位数据。捕获的第一个数据存放在 32 位字的 LSB 位置，第四个数据存放在 32 位字的 MSB 位置。捕获数据字节在 32 位字中的排布如表 12.2 所列。可以看出，STM32F407 的 DCMI 接口接收的数据是低字节在前、高字节在后的，所以，要求摄像头输出数据也是低字节在前、高字节在后才可以，否则还得程序上处理字节顺序，比较麻烦。

表 12.2　8 位捕获数据在 32 位字中的排布

字节地址	31:24	23:16	15:8	7:0
0	D_{n+3}[7:0]	D_{n+2}[7:0]	D_{n+1}[7:0]	D_n[7:0]
4	D_{n+7}[7:0]	D_{n+6}[7:0]	D_{n+5}[7:0]	D_{n+4}[7:0]

DCMI 接口支持两种同步方式：内嵌码同步和硬件(HSYNC 和 VSYNC)同步。这里使用硬件同步，硬件同步模式下将使用两个同步信号(HSYNC/VSYNC)。根据摄像头模块/模式的不同，可能在水平/垂直同步期间内发送数据。由于系统会忽略 HSYNC/VSYNC 信号有效电平期间接收的所有数据，HSYNC/VSYNC 信号相当于消隐信号。

为了正确地将图像传输到 DMA/RAM 缓冲区，数据传输将与 VSYNC 信号同步。选择硬件同步模式并启用捕获(DCMI_CR 中的 CAPTURE 位置 1)时，数据传输将与 VSYNC 信号的无效电平同步(开始下一帧时)。之后传输便可以连续执行，由 DMA 将连续帧传输到多个连续的缓冲区或一个具有循环特性的缓冲区。为了允许 DMA 管理连续帧，每一帧结束时都将激活 VSIF(垂直同步中断标志，即帧中断)，可以利用这个帧中断来判断是否有一帧数据采集完成，方便处理数据。

DCMI 接口的捕获模式支持快照模式和连续采集模式，一般使用连续采集模式，通过 DCMI_CR 中的 CM 位设置。另外，DCMI 接口还支持实现了 4 个字深度的 FIFO，配有一个简单的 FIFO 控制器，每次摄像头接口从 AHB 读取数据时读指针递增，每次摄像头接口向 FIFO 写入数据时写指针递增。因为没有溢出保护，如果数据传输率超过 AHB 接口能够承受的速率，则 FIFO 中的数据就会被覆盖。如果同步信号出错，或者 FIFO 发生溢出，则 FIFO 将复位，DCMI 接口将等待新的数据帧开始。

关于 DCMI 接口的其他特性，可参考“STM32F4xx 参考手册_V4(中文版).pdf”第 13 章相关内容。

2. DCMI 寄存器

本实验将 OV2640 默认配置为 UXGA 输出，也就是 1 600×1 200 的分辨率，输出信号设置为 VSYNC 高电平有效、HREF 高电平有效、输出数据在 PCLK 的下降沿输出(即上升沿的时候，MCU 才可以采集)。这样，STM32F407 的 DCMI 接口就必须设置为 VSYNC 低电平有效、HSYNC 低电平有效和 PIXCLK 上升沿有效，这些设置都通过 DCMI_CR 寄存器控制。

DCMI 控制寄存器(DCMI_CR)描述如图 12.11 所示。

31 30 29 28 27 26 25 24 23 22 21 20 19 18 17 16 15	14	13 12	11	10	9	8	7	6	5	4	3	2	1	0
保留	ENABLE	保留	EDM		FCRC		VSPOL	HSPOL	PCKPOL	ESS	JPEG	CROP	CM	CAPTURE
	rw		rw	rw	rw	rw	rw	rw	rw	rw	rw	rw	rw	rw

位	描述
位31:15	保留，必须保持复位值
位14	ENABLE: DCMI使能 0：禁止DCMI　1：使能DCMI 注意：使能此位之前，应对DCMI配置寄存器进行适当设置
位13:12	保留，必须保持复位值
位11:10	EDM[1:0]：扩展数据模式 00：接口每个像素时钟捕获8位数据　01：接口每个像素时钟捕获10位数据 10：接口每个像素时钟捕获12位数据　11：接口每个像素时钟捕获14位数据
位9:8	FCRC[1:0]：帧捕获率控制 这些位定义了帧捕获频率，仅在连续采集模式下有效，快照模式下将被忽略 00：捕获所有帧　01：每隔一帧捕获一次(带宽降低50%) 10：每隔3帧捕获一次(带宽降低75%)　11：保留
位7	VSPOL：垂直同步极性 此位指示数据在并行接口上无效时VSYNC引脚的电平 0：VSYNC 低电平有效　1：VSYNC高电平有效
位6	HSPOL：水平同步极性 此位指示数据在并行接口上无效时HSYNC引脚的电平 0：HSYNC 低电平有效　1：HSYNC高电平有效
位5	PCKPOL：像素时钟极性 此位用来配置像素时钟的捕获沿 0：下降沿有效　1：上升沿有效
位4	ESS：内嵌码同步选择 0：硬件同步，数据捕获(帧/行开始/停止)由HSYNC/VSYNC信号同步。 1：内嵌码同步，数据捕获由数据流中嵌入的同步码同步。 注意：仅对8位并行数据有效。ESS位置1时，将忽略HSPOL/VSPOL。 JPEG模式下会禁止此位
位3	JPEG：JPEG格式 0：未经压缩的视频格式 1：此位用于JPEG数据传输。HSYNC信号用作数据使能信号。此模式下无法使用裁减和内嵌码同步功能(ESS位)
位2	CROP：裁减功能 0：捕获完整图像。这种情况下，图像帧包含的字节总数应该为4的倍数 1：仅捕获裁减寄存器所指定的窗口中的数据。如果窗口大小超出图片大小，则仅捕获图片大小
位1	CM：捕获模式 0：连续采集模式，即收到的数据将通过DMA传输到目标存储区。缓冲区位置和模式(线性或循环缓冲区)由系统DMA控制。 1：快照模式(单帧)，即一旦激活，接口将等待帧开始，然后通过DMA传输单帧。帧结束时将自动复位CAPTURE位
位0	CAPTURE：使能捕获 0：禁止捕获　1：使能捕获 摄像头接口等待第一帧开始，然后生成一个DMA请求以将收到的数据传输到目标存储器中。 在快照模式下，收到的第一帧结束时将自动使CAPTURE位清零。 在连续采集模式下，如果在执行捕获操作时通过软件将此位清零，则帧结束后此位的清零才生效。 注意：使能此位之前，应对DMA控制器和所有DCMI配置寄存器进行适当编程

图 12.11　DCMI_CR 寄存器

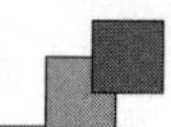

ENABLE,用于设置是否使能DCMI,不过,使能之前必须将其他配置设置好。

EDM[1:0],用于设置扩展数据模式,选择00表示接口每个像素时钟捕获8位数据。

FCRC[1:0],用于帧率控制,这里捕获所有帧,所以设置为00即可。

VSPOL,用于设置垂直同步极性,也就是VSYNC引脚上面数据无效时的电平状态,这里应该设置为0。

HSPOL,用于设置水平同步极性,也就是HSYNC引脚上面数据无效时的电平状态,同样应该设置为0。

PCKPOL,用于设置像素时钟极性,这里用上升沿捕获,所以设置为1。

ESS,内嵌码同步选择,这里选择硬件同步,默认置0。

CM,用于设置捕获模式,这里用连续采集模式,所以设置为0即可。

CAPTURE,用于使能捕获,这里设置为1。该位使能后将激活DMA,DCMI等待第一帧开始,然后生成DMA请求并将收到的数据传输到目标存储器中。注意,该位必须在DCMI的其他配置(包括DMA)都设置好了之后才设置。

DCMI_CR寄存器的其他位及DCMI的其他寄存器这里不再介绍,读者可参考"STM32F4xx参考手册_V4(中文版).pdf"13.8节。

12.2 硬件设计

(1) 例程功能

① 本实验开机后,初始化摄像头模块(OV2640),如果初始化成功,则提示选择RGB565模式或者JPEG模式。KEY0用于选择RGB565模式,KEY1用于选择JPEG模式。

② 当使用RGB565时,输出图像(固定为UXGA)将经过缩放处理(完全由OV5640的DSP控制),显示在LCD上面(默认开启连续自动对焦)。可以通过KEY_UP按键选择1:1显示,即不缩放,图片不变形,但是显示区域小(液晶分辨率大小),或者缩放显示,即将1 280×800的图像压缩到液晶分辨率尺寸显示,图片变形,但是显示了整个图片内容。按键KEY_UP设置输出图片的尺寸,按键KEY0设置对比度,按键KEY1设置饱和度,按键KEY2设置特效。

③ 当使用JPEG模式时,图像可以设置默认是QVGA 320×240尺寸,采集到的JPEG数据将先存放到STM32的RAM内存里面。每当采集到一帧数据,就会关闭DMA传输,然后将采集到的数据发送到串口2(此时可以通过上位机软件ATK-CAM.exe接收,并显示图片),之后再重新启动DMA传输。按键KEY_UP设置输出图片的尺寸,按键KEY0设置对比度,按键KEY1设置饱和度,按键KEY2设置特效。

④ 可以通过串口1,借助USMART设置、读取OV2640的寄存器,方便调试。

⑤ LED0闪烁,提示程序运行。LED1用于指示帧中断。

(2) 硬件资源

- RGB 灯:LED0 - PF9;
- 串口 1(PA9、PA10 连接在板载 USB 转串口芯片 CH340 上面);
- 正点原子 TFTLCD 模块(仅限 MCU 屏,16 位 8080 并口驱动);
- 独立按键:KEY0 - PE4、KEY1 - PE3、KEY2 - PE2、KEY_UP - PA0;
- 串口 2 (PA2、PA3 通过 USB 转 RS232 线连接在板载 RS232 上);
- DCMI 接口(用于驱动 OV5640 摄像头模块);
- 定时器 6(用于打印摄像头帧率等信息);
- 正点原子 OV2640 摄像头模块。

(3) 原理图

开发板板载的摄像头与 MCU 的连接关系如图 12.12 所示。

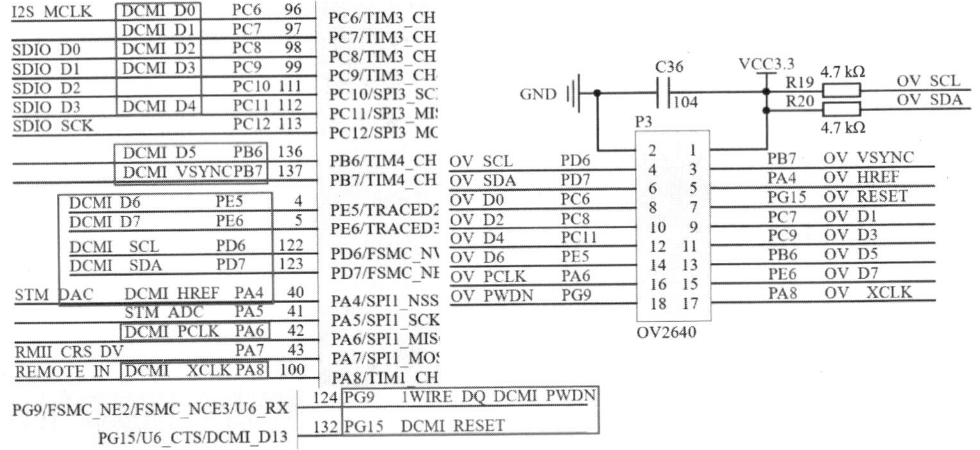

图 12.12 OV2640 摄像头与 STM32F407 连接示意图

这些 GPIO 口的线都在开发板上连接到 P3 端口,所以只需要将 OV2640 摄像头模块插上开发板的连接座就好了(摄像头模块正面往外插),如图 12.13 所示。

图 12.13 OV2640 摄像头模块与开发板的连接座

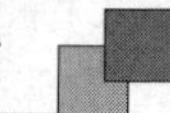

12.3 程序设计

12.3.1 DCMI 的 HAL 库驱动

DCMI 在 HAL 库中的驱动代码在 stm32f4xx_hal_dcmi.c 文件(及其头文件)中。

HAL_DCMI_Init 函数是 DCMI 初始化函数,其声明如下:

```
HAL_StatusTypeDef HAL_DCMI_Init(DCMI_HandleTypeDef *hdcmi);
```

函数描述:用于初始化 DCMI。

函数形参:形参 DCMI_HandleTypeDef 是结构体类型指针变量,其定义如下:

```
typedef struct
{
  DCMI_TypeDef                    *Instance;              /*DCMI 外设寄存器基地址*/
  DCMI_InitTypeDef                Init;                   /*DCMI 初始化结构体*/
  HAL_LockTypeDef                 Lock;                   /*锁对象*/
  __IO HAL_DCMI_StateTypeDef      State;                  /*DCMI 工作状态*/
  __IO uint32_t                   XferCount;              /*DMA 传输计数器*/
  __IO uint32_t                   XferSize;               /*DMA 传输数据的大小*/
  uint32_t                        XferTransferNumber;     /*DMA 数据的个数*/
  uint32_t                        pBuffPtr;               /*DMA 输出缓冲区地址*/
  DMA_HandleTypeDef               *DMA_Handle;            /*DMA 配置结构体指针*/
  __IO uint32_t                   ErrorCode;              /*DCMI 错误代码*/
}DCMI_HandleTypeDef;
```

DCMI_InitTypeDef 结构体定义如下:

```
typedef struct {
uint32_t SynchroMode;                    /*同步方式选择硬件同步模式还是内嵌码模式*/
uint32_t PCKPolarity;                    /*设置像素时钟的有效边沿*/
uint32_t VSPolarity;                     /*设置垂直同步的有效电平*/
uint32_t HSPolarity;                     /*设置水平同步的有效边沿*/
uint32_t CaptureRate;                    /*设置图像的帧捕获率*/
uint32_t ExtendedDataMode;               /*设置数据线的宽度(扩展数据模式)*/
DCMI_CodesInitTypeDef SyncroCode;        /*分隔符设置*/
uint32_t JPEGMode;                       /*JPEG 模式选择*/
} DCMI_InitTypeDef;
```

函数返回值:HAL_StatusTypeDef 枚举类型的值。

以 DMA 方式传输 DCMI 数据配置步骤如下:

① 配置 OV2640 控制引脚,并配置 OV2640 工作模式。

启动 DCMI 之前,先设置好 OV2640。OV2640 通过 OV_SCL 和 OV_SDA 进行寄存器配置,OV_PWDN、OV_RESET 等信号也需要配置对应 I/O 状态,先设置 OV_PWDN 为 0,退出掉电模式,然后拉低 OV_RESET 复位 OV2640,之后再设置 OV_RESET 为 1,结束复位,然后就是对 OV2640 的寄存器进行配置了。最后,可以根据需要设置成 RGB565 输出模式或 JPEG 输出模式。

② 配置相关引脚的模式和复用功能(AF13),使能时钟。

OV2640 配置好之后,再设置 DCMI 接口与摄像头模块连接的 I/O 口,使能 I/O 和 DCMI 时钟,然后设置相关 I/O 口为复用功能模式,复用功能选择 AF13(DCMI 复用)。

DCMI 时钟使能方法:

```
__HAL_RCC_DCMI_CLK_ENABLE();           /* 使能 DCMI 时钟 */
```

引脚模式通过 HAL_GPIO_Init 函数来配置。

③ 配置 DCMI 相关设置,初始化 DCMI 接口。

这一步主要通过 DCMI_CR 寄存器设置,包括 VSPOL、HSPOL、PCKPOL、数据宽度等重要参数的设置。HAL 库提供了 DCMI 初始化函数 HAL_DCMI_Init,函数声明如下:

```
HAL_StatusTypeDef HAL_DCMI_Init(DCMI_HandleTypeDef * hdcmi);
```

该结构体第一个成员变量 Instance 用来指向寄存器基地址,设置为 DCMI 即可。

成员变量 XferCount、XferSize、XferTransferNumber、pBuffPtr 和 DMA_Handle 是与 HAL 库中 DMA 处理相关的中间变量。由于使用 HAL 库配置的 DCMI DMA 非常复杂,而且灵活性不高,所以本实验独立配置 DMA。

同样,HAL 库也提供了 DCMI 接口的 MSP 初始化回调函数:

```
void HAL_DCMI_MspInit(DCMI_HandleTypeDef * hdcmi);
```

一般情况下,该函数内部编写时钟使能、I/O 初始化以及 NVIC 相关程序。

④ 配置 DMA。

本实验采用连续模式采集,并将采集到的数据输出到 LCD(RGB565 模式)或内存(JPEG 模式),所以源地址都是 DCMI_DR,而目的地址可能是 LCD→RAM 或者 SDRAM 的地址。DCMI 的 DMA 传输采用 DMA1 数据流 1 的通道 1 来实现。

⑤ 设置 OV2640 的图像输出大小,使能 DCMI 捕获。

图像输出大小设置分两种情况:在 RGB565 模式下,根据 LCD 的尺寸设置输出图像大小,以实现全屏显示(图像可能因缩放而变形);在 JPEG 模式下,可以自由设置输出图像大小(可不缩放);最后,开启 DCMI 捕获即可正常工作了。

12.3.2 程序流程图

程序流程如图 12.14 所示。

12.3.3 程序解析

1. DCMI 驱动代码

这里只讲解核心代码,详细的源码可参考配套资料中本实验对应源码。DCMI 驱动源码包括两个文件:dcmi.c 和 dcmi.h。

dcmi.h 头文件只是一些声明,下面直接开始介绍 dcmi.c 文件,首先是 DCMI 初始

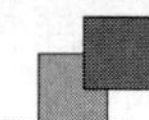

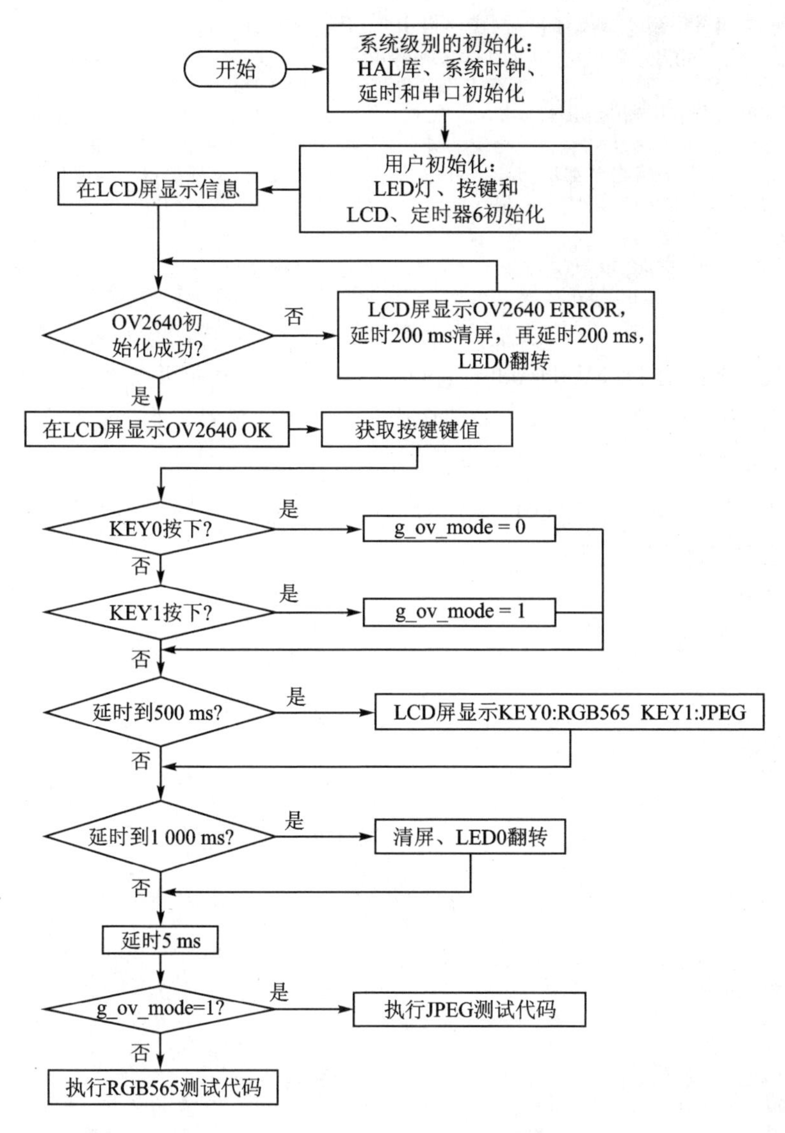

图 12.14　摄像头实验程序流程图

化函数，其定义如下：

```
void dcmi_init(void)
{
    g_dcmi_handle.Instance = DCMI;
    g_dcmi_handle.Init.SynchroMode = DCMI_SYNCHRO_HARDWARE;/* 硬件同步 HSYNC,VSYNC */
    g_dcmi_handle.Init.PCKPolarity = DCMI_PCKPOLARITY_RISING;/* PCLK 上升沿有效 */
    g_dcmi_handle.Init.VSPolarity = DCMI_VSPOLARITY_LOW;       /* VSYNC 低电平有效 */
    g_dcmi_handle.Init.HSPolarity = DCMI_HSPOLARITY_LOW;       /* HSYNC 低电平有效 */
    g_dcmi_handle.Init.CaptureRate = DCMI_CR_ALL_FRAME;        /* 全帧捕获 */
    g_dcmi_handle.Init.ExtendedDataMode = DCMI_EXTEND_DATA_8B;/* 8 位数据格式 */
    HAL_DCMI_Init(&g_dcmi_handle);      /* 初始化 DCMI,此函数会开启帧中断 */
```

```
    /* 关闭行中断、VSYNC 中断、同步错误中断和溢出中断 */
    //__HAL_DCMI_DISABLE_IT(&g_dcmi_handle,DCMI_IT_LINE|DCMI_IT_VSYNC
                                        |DCMI_IT_ERR|DCMI_IT_OVR);
    /* 关闭所有中断,函数 HAL_DCMI_Init()会默认打开很多中断,开启这些中断
      以后就需要对这些中断做相应的处理,否则就会导致各种各样的问题
      但是这些中断很多都不需要,所以这里将其全部关闭,也就是将 IER 寄存器清零
      关闭完所有中断以后再根据实际需求来使能相应的中断 */
    DCMI->IER = 0x0;
    __HAL_DCMI_ENABLE_IT(&g_dcmi_handle,DCMI_IT_FRAME);      /* 使能帧中断 */
    __HAL_DCMI_ENABLE(&g_dcmi_handle);                       /* 使能 DCMI */
}
```

该函数主要是对 DCMI_HandleTypeDef 结构体成员赋值并初始化,最后关闭所有中断,只开启帧中断,使能 DCMI。DCMI 接口的 GPIO 口的初始化是在 HAL_DCMI_MspInit 回调函数中完成的,其定义如下:

```
void HAL_DCMI_MspInit(DCMI_HandleTypeDef * hdcmi)
{
    GPIO_InitTypeDef gpio_init_struct;
    __HAL_RCC_DCMI_CLK_ENABLE();                  /* 使能 DCMI 时钟 */
    __HAL_RCC_GPIOA_CLK_ENABLE();                 /* 使能 GPIOA 时钟 */
    __HAL_RCC_GPIOB_CLK_ENABLE();                 /* 使能 GPIOB 时钟 */
    __HAL_RCC_GPIOC_CLK_ENABLE();                 /* 使能 GPIOC 时钟 */
    __HAL_RCC_GPIOE_CLK_ENABLE();                 /* 使能 GPIOE 时钟 */
    gpio_init_struct.Pin = GPIO_PIN_4 | GPIO_PIN_6;
    gpio_init_struct.Mode = GPIO_MODE_AF_PP;                 /* 推挽复用 */
    gpio_init_struct.Pull = GPIO_PULLUP;                     /* 上拉 */
    gpio_init_struct.Speed = GPIO_SPEED_FREQ_VERY_HIGH;      /* 高速 */
    gpio_init_struct.Alternate = GPIO_AF13_DCMI;             /* 复用为 DCMI */
    HAL_GPIO_Init(GPIOA, &gpio_init_struct);                 /* 初始化 PA4,6 引脚 */
    gpio_init_struct.Pin = GPIO_PIN_6 | GPIO_PIN_7;
    HAL_GPIO_Init(GPIOB, &gpio_init_struct);                 /* 初始化 PB6,7 引脚 */
    gpio_init_struct.Pin = GPIO_PIN_6 | GPIO_PIN_7 | GPIO_PIN_8
                         | GPIO_PIN_9 | GPIO_PIN_11;
    HAL_GPIO_Init(GPIOC, &gpio_init_struct);        /* 初始化 PC6,7,8,9,11 引脚 */
    gpio_init_struct.Pin = GPIO_PIN_5 | GPIO_PIN_6;
    HAL_GPIO_Init(GPIOE, &gpio_init_struct);                 /* 初始化 PE5,6 引脚 */
    HAL_NVIC_SetPriority(DCMI_IRQn, 2, 2);                   /* 抢占优先级 2,子优先级 2 */
    HAL_NVIC_EnableIRQ(DCMI_IRQn);                           /* 使能 DCMI 中断 */
}
```

DCMI 接口的 GPIO 口前面介绍过了,该函数最后设置了 DCMI 中断抢占优先级为 2,子优先级为 2,并且使能 DCMI 中断。

接下来介绍 DCMI DMA 配置初始化函数,其定义如下:

```
void dcmi_dma_init(uint32_t mem0addr,uint32_t mem1addr,
                   uint16_t memsize,uint32_t memblen,uint32_t meminc)
{
    __HAL_RCC_DMA1_CLK_ENABLE();                             /* 使能 DMA1 时钟 */
    /* 将 DMA 与 DCMI 联系起来 */
    __HAL_LINKDMA(&g_dcmi_handle, DMA_Handle, g_dma_dcmi_handle);
```

```
    /* 先关闭 DMA 传输完成中断(否则使用 MCU 屏的时候会出现花屏的情况) */
    __HAL_DMA_DISABLE_IT(&g_dma_dcmi_handle, DMA_IT_TC);
    g_dma_dcmi_handle.Instance = DMA1_Stream1;                      /* DMA1 数据流 1 */
    g_dma_dcmi_handle.Init. Channel = DMA_CHANNEL_1;                /* DCMI 的 DMA 请求 */
    g_dma_dcmi_handle.Init.Direction = DMA_PERIPH_TO_MEMORY;        /* 外设到存储器 */
    g_dma_dcmi_handle.Init.PeriphInc = DMA_PINC_DISABLE;            /* 外设非增量模式 */
    g_dma_dcmi_handle.Init.MemInc = meminc;                         /* 存储器增量模式 */
    /* 外设数据长度:32 位 */
    g_dma_dcmi_handle.Init.PeriphDataAlignment = DMA_PDATAALIGN_WORD;
    g_dma_dcmi_handle.Init.MemDataAlignment = memblen;/* 存储器数据长度:8/16/32 位 */
    g_dma_dcmi_handle.Init.Mode = DMA_CIRCULAR;                     /* 使用循环模式 */
    g_dma_dcmi_handle.Init.Priority = DMA_PRIORITY_HIGH;            /* 高优先级 */
    g_dma_dcmi_handle.Init.FIFOMode = DMA_FIFOMODE_ENABLE;          /* 使能 FIFO */
    /* 使用 1/2 的 FIFO */
    g_dma_dcmi_handle.Init.FIFOThreshold = DMA_FIFO_THRESHOLD_HALFFULL;
    g_dma_dcmi_handle.Init.MemBurst = DMA_MBURST_SINGLE;            /* 存储器突发传输 */
    g_dma_dcmi_handle.Init.PeriphBurst = DMA_PBURST_SINGLE;         /* 外设突发单次传输 */
    HAL_DMA_DeInit(&g_dma_dcmi_handle);                             /* 先清除以前的设置 */
    HAL_DMA_Init(&g_dma_dcmi_handle);                               /* 初始化 DMA */
    __HAL_UNLOCK(&g_dma_dcmi_handle);
    if (mem1addr == 0)    /* 开启 DMA,不使用双缓冲 */
    {
        HAL_DMA_Start(&g_dma_dcmi_handle, (uint32_t)&DCMI->DR,
                      mem0addr, memsize);
    }
    else                      /* 使用双缓冲 */
    {
        HAL_DMAEx_MultiBufferStart(&g_dma_dcmi_handle, (uint32_t)&DCMI->DR,
mem0addr, mem1addr, memsize);     /* 开启双缓冲 */
        __HAL_DMA_ENABLE_IT(&g_dma_dcmi_handle, DMA_IT_TC);   /* 开启传输完成中断 */
        HAL_NVIC_SetPriority(DMA2_Stream1_IRQn, 2, 3);        /* DMA 中断优先级 */
        HAL_NVIC_EnableIRQ(DMA2_Stream1_IRQn);
    }
}
```

该函数用于配置 DCMI 的 DMA 传输，其外设地址固定为 DCMI→DR，而存储器地址可变(LCD 或者 SRAM)。DMA 被配置为循环模式，一旦开启，DMA 将不停地循环传输数据。

DCMI 启动传输和关闭传输函数的定义分别如下：

```
void dcmi_start(void)
{
    lcd_set_cursor(0,0);                            /* 设置坐标到原点 */
    lcd_write_ram_prepare();                        /* 开始写入 GRAM */
    __HAL_DMA_ENABLE(&g_dma_dcmi_handle);           /* 使能 DMA */
    DCMI->CR |= DCMI_CR_CAPTURE;                    /* DCMI 捕获使能 */
}
void dcmi_stop(void)
{
    DCMI->CR &= ~(DCMI_CR_CAPTURE);                 /* DCMI 捕获关闭 */
```

```
    while (DCMI->CR & 0X01);                          /* 等待传输结束 */
    __HAL_DMA_DISABLE(&g_dma_dcmi_handle);            /* 关闭 DMA */
}
```

DCMI 中断服务函数(及其回调函数)、DCMI DMA 接收回调函数和 DMA2 数据流 1 中断服务函数的定义分别如下：

```
void DCMI_IRQHandler(void)
{
    HAL_DCMI_IRQHandler(&g_dcmi_handle);
}

void HAL_DCMI_FrameEventCallback(DCMI_HandleTypeDef *hdcmi)
{
    jpeg_data_process();            /* jpeg 数据处理 */
    LED1_TOGGLE();                  /* LED1 闪烁 */
    g_ov_frame++;
    /* 重新使能帧中断,因为 HAL_DCMI_IRQHandler()函数会关闭帧中断 */
    __HAL_DCMI_ENABLE_IT(&g_dcmi_handle, DCMI_IT_FRAME);
}
void (*dcmi_rx_callback)(void);     /* DCMI DMA 接收回调函数 */

void DMA2_Stream1_IRQHandler(void)
{
    /* DMA 传输完成 */
    if (__HAL_DMA_GET_FLAG(&g_dma_dcmi_handle, DMA_FLAG_TCIF1_5) != RESET)
    {
        /* 清除 DMA 传输完成中断标志位 */
        __HAL_DMA_CLEAR_FLAG(&g_dma_dcmi_handle, DMA_FLAG_TCIF1_5);
        dcmi_rx_callback();/* 执行摄像头接收回调函数,读取数据等操作在这里面处理 */
    }
}
```

其中,DCMI_IRQHandler 函数用于处理帧中断,可以实现帧率统计(需要定时器支持)和 JPEG 数据处理等;实际上当捕获到一帧数据后,调用的是 HAL 库回调函数 HAL_DCMI_FrameEventCallback 进行处理。DMA2_Stream1_IRQHandler 函数仅用于在使用 RGB 屏的时候,双缓冲存储时数据的搬运处理(通过 dcmi_rx_callback 函数实现)。

最后还定义两个可以通过 usmart 调试、辅助测试使用的函数 dcmi_set_window 和 dcmi_cr_set 函数。dcmi_set_window 函数用于调节屏幕显示的范围,本实验 LCD 的起始坐标要设置为(0,0),LCD 显示范围要设置为屏幕最大像素点范围内。dcmi_cr_set 函数用于设置 pclk、hsync、vsync 这 3 个信号的有效电平。

2. OV2640 驱动代码

这里只讲解核心代码,详细的源码可参考配套资料中本实验对应源码。OV2640 驱动源码包括 6 个文件:ov2640.c、ov2640.h、ov2640af.h、ov2640cfg.h、sccb.c 和 sccb.h。

其中,sccb.c 和 sccb.h 是 SCCB 通信接口的驱动代码。OV2640 的寄存器通过

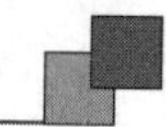

SCCB时序访问并设置，SCCB时序和I^2C时序类似，这里也用软件模拟SCCB时序。

首先介绍sccb.h头文件中SCCB的I/O口宏定义，其定义情况如下：

```
/******************************************************************/
/* 引脚 定义 */
#define SCCB_SCL_GPIO_PORT                GPIOD
#define SCCB_SCL_GPIO_PIN                 GPIO_PIN_6
#define SCCB_SCL_GPIO_CLK_ENABLE()
        do{ __HAL_RCC_GPIOD_CLK_ENABLE(); }while(0)     /* PD口时钟使能 */
#define SCCB_SDA_GPIO_PORT                GPIOD
#define SCCB_SDA_GPIO_PIN                 GPIO_PIN_7
#define SCCB_SDA_GPIO_CLK_ENABLE()
        do{ __HAL_RCC_GPIOD_CLK_ENABLE(); }while(0)     /* PD口时钟使能 */
/* 如果不用开漏模式或SCCB上无上拉电阻，则需要推挽和输入切换的方式 */
#define OV_SCCB_TYPE_NOD      1
#if OV_SCCB_TYPE_NOD
#define SCCB_SDA_IN()  { GPIOD->MODER &= ~(3 << (7 * 2)); GPIOD->MODER |= \
                                 0 << (7 * 2); }          /* PD7 输入 */
#define SCCB_SDA_OUT() { GPIOD->MODER &= ~(3 << (7 * 2)); GPIOD->MODER |= \
                                 1 << (7 * 2); }          /* PD7 输出 */
#endif

/******************************************************************/
/* I/O操作函数 */
#define SCCB_SCL(x)    do{ x ? \
    HAL_GPIO_WritePin(SCCB_SCL_GPIO_PORT, SCCB_SCL_GPIO_PIN, GPIO_PIN_SET) : \
    HAL_GPIO_WritePin(SCCB_SCL_GPIO_PORT, SCCB_SCL_GPIO_PIN, GPIO_PIN_RESET); \
                  }while(0)        /* SCL */
#define SCCB_SDA(x)   do{ x ? \
    HAL_GPIO_WritePin(SCCB_SDA_GPIO_PORT, SCCB_SDA_GPIO_PIN, GPIO_PIN_SET) : \
    HAL_GPIO_WritePin(SCCB_SDA_GPIO_PORT, SCCB_SDA_GPIO_PIN, GPIO_PIN_RESET); \
                  }while(0)        /* SDA */

#define SCCB_READ_SDA      HAL_GPIO_ReadPin(SCCB_SDA_GPIO_PORT, \
                                 SCCB_SDA_GPIO_PIN) /* 读取SDA */
```

SCCB时序有两根信号线（SCCB_SCL和SCCB_SDA），所以这里定义了两个I/O口（PD6和PD7）来控制。I/O操作函数有3个，包括SCCB_SCL用于控制时钟、SCCB_SDA是写I/O口输出的值为逻辑1或者逻辑0、SCCB_READ_SDA是读取I/O口的值为逻辑1或者逻辑0。

接下来介绍sccb.c文件的代码，首先是SCCB接口初始化函数，该函数主要就是初始化PD6和PD7这两个I/O口，其定义如下：

```
void sccb_init(void)
{
    GPIO_InitTypeDef gpio_init_struct;
    SCCB_SCL_GPIO_CLK_ENABLE();            /* SCL引脚时钟使能 */
    SCCB_SDA_GPIO_CLK_ENABLE();            /* SDA引脚时钟使能 */
    gpio_init_struct.Pin = SCCB_SCL_GPIO_PIN;
    gpio_init_struct.Mode = GPIO_MODE_OUTPUT_OD;                /* 开漏输出 */
```

```
    gpio_init_struct.Pull = GPIO_PULLUP;                        /* 上拉 */
    gpio_init_struct.Speed = GPIO_SPEED_FREQ_VERY_HIGH;         /* 高速 */
    HAL_GPIO_Init(SCCB_SCL_GPIO_PORT, &gpio_init_struct);       /* 初始化 SCL 引脚 */
    /* SDA 引脚模式设置,开漏输出,上拉, 这样就不用再设置 I/O 方向了
       开漏输出的时候(=1), 也可以读取外部信号的高低电平 */
    gpio_init_struct.Pin = SCCB_SDA_GPIO_PIN;
    gpio_initure.Mode = GPIO_MODE_OUTPUT_OD;
    HAL_GPIO_Init(SCCB_SDA_GPIO_PORT, &gpio_init_struct);       /* 初始化 SDA 引脚 */
    sccb_stop();      /* 停止总线上所有设备 */
}
```

PD6 和 PD7 都设置为带上拉的开漏输出,这样设置的好处是:SDA 引脚不用再设置 I/O 口方向了,因为开漏输出模式下,STM32 的 I/O 口可以读取外部信号的高低电平。初始化 I/O 口后,调用 sccb_stop 函数停止总线上的所有设备,防止误操作。

sccb.c 文件的其他函数就不再介绍了,主要都是 I/O 口模拟 SCCB 时序的相关函数,详细可参见源码。

ov2640.c、ov2640.h 和 ov2640cfg.h 这 3 个文件用于 OV2640 摄像头的初始化,当然也要用到 SCCB 的驱动代码。

ov2640cfg.h 文件存放的是 OV2640 初始化数组,总共有 5 个数组。大概了解下数组结构,每个数组条目的第一个字节为寄存器号(也就是寄存器地址),第二个字节为要设置的值,比如{0x04, 0xA8}表示在 0x04 地址写入 0xA8 这个值。

5 个数组中,ov2640_uxga_init_reg_tbl 和 ov2640_svga_init_reg_tbl 数组分别用于配置 OV2640 输出 UXGA 和 SVGA 分辨率的图像,这里只用了 ov2640_uxga_init_reg_tbl 完成对 OV2640 的初始化(设置为 UXGA)。最后,OV2640 要输出数据是 RGB565 还是 JPEG,就得通过其他数组设置,输出 RGB565 时,通过数组 ov2640_rgb565_reg_tbl 设置即可;输出 JPEG 时,则要通过 ov2640_yuv422_reg_tbl 和 ov2640_jpeg_reg_tbl 这两个数组设置。

下面开始介绍 ov2640.h 文件,主要是 OV2640 的 PWDN 和 RESET 引脚定义和控制函数,以及 OV2640 的 ID、访问地址,其定义如下:

```
/******************************************************************************/
/* PWDN 引脚定义 */
#define OV_PWDN_GPIO_PORT                GPIOG
#define OV_PWDN_GPIO_PIN                 GPIO_PIN_9
/* PG 口时钟使能 */
#define OV_PWDN_GPIO_CLK_ENABLE()        do{ __HAL_RCC_GPIOG_CLK_ENABLE(); }while(0)
/* RESET 引脚定义 */
#define OV_RESET_GPIO_PORT               GPIOG
#define OV_RESET_GPIO_PIN                GPIO_PIN_15、
/* PG 口时钟使能 */
#define OV_RESET_GPIO_CLK_ENABLE()       do{ __HAL_RCC_GPIOG_CLK_ENABLE(); }while(0)
/* FLASH 引脚定义 */
#define OV_FLASH_GPIO_PORT               GPIOA
#define OV_FLASH_GPIO_PIN                GPIO_PIN_8
/* PA 口时钟使能 */
```

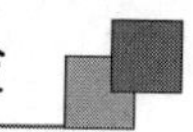

```
#define OV_FLASH_GPIO_CLK_ENABLE()     do{ __HAL_RCC_GPIOA_CLK_ENABLE(); }while(0)
/**************************************************************************/
/* I/O 控制函数 */
#define OV2640_PWDN(x)     do{ x ? \
        HAL_GPIO_WritePin(OV_PWDN_GPIO_PORT, OV_PWDN_GPIO_PIN, PIO_PIN_SET) : \
        HAL_GPIO_WritePin(OV_PWDN_GPIO_PORT, OV_PWDN_GPIO_PIN, GPIO_PIN_RESET); \
                       }while(0)          /* POWER DOWN 控制信号 */
#define OV2640_RST(x)      do{ x ? \
    HAL_GPIO_WritePin(OV_RESET_GPIO_PORT, OV_RESET_GPIO_PIN, GPIO_PIN_SET) : \
    HAL_GPIO_WritePin(OV_RESET_GPIO_PORT,  OV_RESET_GPIO_PIN, GPIO_PIN_RESET); \
                    }while(0)             /* 复位控制信号 */
#define OV2640_FLASH(x)      do{ x ? \
     HAL_GPIO_WritePin(OV_FLASH_GPIO_PORT, OV_FLASH_GPIO_PIN, GPIO_PIN_SET) : \
     HAL_GPIO_WritePin(OV_FLASH_GPIO_PORT, OV_FLASH_GPIO_PIN, GPIO_PIN_RESET); \
                     }while(0)            /* 闪光灯控制信号 */
/* 图像垂直翻转使能 1;使能 0:失能(使用 ATK - OV2640 模组版本必须使能) */
#define Image_FlipVer            1
/* OV2640 的 ID 和访问地址 */
#define OV2640_MID               0x7FA2
#define OV2640_PID               0x2642
#define OV2640_ADDR              0x60           /* OV2640 的 IIC 地址 */
```

OV2640 其他相关寄存器定义较多,这里不过多介绍,可参考例程源码。下面开始介绍 ov2640.c 文件,首先是 OV2640 初始化函数,其定义如下:

```
uint8_t ov2640_init(void)
{
    uint16_t i = 0;
    uint16_t reg;
    GPIO_InitTypeDef gpio_init_struct;
    OV_PWDN_GPIO_CLK_ENABLE();          /* 使能 OV_PWDN 脚时钟 */
    OV_RESET_GPIO_CLK_ENABLE();         /* 使能 OV_RESET 脚时钟 */
    gpio_init_struct.Pin = OV_PWDN_GPIO_PIN;
    gpio_init_struct.Mode = GPIO_MODE_OUTPUT_PP;          /* 推挽输出 */
    gpio_init_struct.Pull = GPIO_PULLUP;                  /* 上拉 */
    gpio_init_struct.Speed = GPIO_SPEED_FREQ_VERY_HIGH;   /* 高速 */
    HAL_GPIO_Init(OV_PWDN_GPIO_PORT, &gpio_init_struct); /* 初始化 OV_PWDN 引脚 */
    gpio_init_struct.Pin = OV_RESET_GPIO_PIN;
    HAL_GPIO_Init(OV_RESET_GPIO_PORT, &gpio_init_struct);/* 初始化 OV_RESET 引脚 */
    OV2640_PWDN(0);         /* POWER ON */
    delay_ms(10);
    OV2640_RST(0);          /* 必须先拉低 OV2640 的 RST 脚,再上电 */
    delay_ms(20);
    OV2640_RST(1);          /* 结束复位 */
    delay_ms(20);
    sccb_init();            /* 初始化 SCCB 的 IO 口 */
    delay_ms(5);
    ov2640_write_reg(OV2640_DSP_RA_DLMT, 0x01);       /* 操作 sensor 寄存器 */
    ov2640_write_reg(OV2640_SENSOR_COM7, 0x80);       /* 软复位 OV2640 */
    delay_ms(50);
    reg = ov2640_read_reg(OV2640_SENSOR_MIDH);        /* 读取厂家 ID 高 8 位 */
```

```
    reg <<= 8;
    reg |= ov2640_read_reg(OV2640_SENSOR_MIDL);        /* 读取厂家 ID 低 8 位 */
    if (reg != OV2640_MID)          /* ID 是否正常 */
    {
        printf("MID: %d\r\n", reg);
        return 1;      /* 失败 */
    }
    reg = ov2640_read_reg(OV2640_SENSOR_PIDH);         /* 读取厂家 ID 高 8 位 */
    reg <<= 8;
    reg |= ov2640_read_reg(OV2640_SENSOR_PIDL);        /* 读取厂家 ID 低 8 位 */
    if (reg != OV2640_PID)          /* ID 是否正常 */
    {
        printf("HID: %d\r\n", reg);
        return 1;      /* 失败 */
    }
    /* 初始化 OV2640 */
    for (i = 0; i < sizeof(ov2640_uxga_init_reg_tbl) / 2; i++)
    {
        ov2640_write_reg(ov2640_uxga_init_reg_tbl[i][0],
                         ov2640_uxga_init_reg_tbl[i][1]);
    }
    return 0;          /* OV2640 初始化完成 */
}
```

该函数除了初始化 OV2640 相关的 I/O 口,最主要就是完成 OV2640 的寄存器序列初始化。OV2640 的寄存器很多,配置繁琐,通过厂家提供的参考配置序列可以更方便地完成 OV2640 寄存器初始化,配置序列存放在前面介绍的 ov2640_uxga_init_reg_tbl 和 ov2640_svag_init_reg_tbl 这两个数组里面。

另外,ov2640.c 里面还有几个函数比较重要,这里不贴代码了,只介绍功能:

➢ ov2640_outsize_set 函数,用于设置图像输出大小;
➢ ov2640_window_set 函数,用于设置传感器输出窗口;
➢ ov2640_image_win_set 函数,用于设置图像开窗大小;
➢ ov2640_imagesize_set 函数,用于设置图像尺寸大小;

其中,ov2640_outsize_set 和 ov2640_image_win_set 函数就是前面介绍的 3 个窗口的设置,它们共同决定了图像的输出。

3. TIMER 驱动代码

TIMER 驱动代码主要用到定时器 6,在定时器 6 更新中断回调函数中打印帧率。更新中断回调函数定义如下:

```
void HAL_TIM_PeriodElapsedCallback(TIM_HandleTypeDef *htim)
{
    if (htim == (&g_timx_handle))
    {
        printf("frame: %d\r\n", g_ov_frame);
        g_ov_frame = 0;
    }
}
```

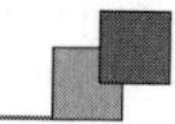

g_ov_frame 变量在 dcmi.c 中被定义,用于存放帧率。

4. USART2 驱动代码

这里只讲解核心代码,详细的源码可参考配套资料中本实验对应源码。USART2 驱动源码包括两个文件:usart2.c 和 usart2.h。

usart2.h 头文件对 usart2 的 I/O 口做了宏定义,具体如下:

```
/*******************************************************************/
/* 串口 2 引脚 定义 */
#define USART2_TX_GPIO_PORT                  GPIOA
#define USART2_TX_GPIO_PIN                   GPIO_PIN_2
#define USART2_TX_GPIO_AF                    GPIO_AF7_USART2       /* AF 功能选择 */
/* PA 口时钟使能 */
#define USART2_TX_GPIO_CLK_ENABLE()  do{ __HAL_RCC_GPIOA_CLK_ENABLE(); }while(0)

#define USART2_RX_GPIO_PORT                  GPIOA
#define USART2_RX_GPIO_PIN                   GPIO_PIN_3
#define USART2_RX_GPIO_AF                    GPIO_AF7_USART2       /* AF 功能选择 */
/* PA 口时钟使能 */
#define USART2_RX_GPIO_CLK_ENABLE()  do{ __HAL_RCC_GPIOA_CLK_ENABLE(); }while(0)
/*******************************************************************/
```

PA2 和 PA3 复用为串口 2 的发送和接收引脚。

usart2.c 文件的串口 2 初始化函数定义如下:

```
void usart2_init(uint32_t baudrate)
{
    GPIO_InitTypeDef gpio_init_struct;
    _USART2_UX_CLK_ENABLE();               /* USART2 时钟使能 */
    USART2_TX_GPIO_CLK_ENABLE();           /* 串口 TX 脚时钟使能 */
    USART2_RX_GPIO_CLK_ENABLE();           /* 串口 RX 脚时钟使能 */
    gpio_init_struct.Pin = USART2_TX_GPIO_PIN;
    gpio_init_struct.Mode = GPIO_MODE_AF_PP;                        /* 复用推挽输出 */
    gpio_init_struct.Pull = GPIO_PULLUP;                            /* 上拉 */
    gpio_init_struct.Speed = GPIO_SPEED_FREQ_VERY_HIGH;             /* 高速 */
    gpio_init_struct.Alternate = USART2_TX_GPIO_AF;                 /* 复用为 USART2 */
    HAL_GPIO_Init(USART2_TX_GPIO_PORT, &gpio_init_struct);          /* 初始化串口 TX 引脚 */
    gpio_init_struct.Pin = USART2_RX_GPIO_PIN;
    gpio_init_struct.Alternate = USART2_RX_GPIO_AF;                 /* 复用为 USART2 */
    HAL_GPIO_Init(USART2_RX_GPIO_PORT, &gpio_init_struct);          /* 初始化串口 RX 引脚 */
    g_uart2_handle.Instance = USART2;                               /* USART2 */
    g_uart2_handle.Init.BaudRate = baudrate;                        /* 波特率 */
    g_uart2_handle.Init.WordLength = UART_WORDLENGTH_8B;            /* 字长为 8 位数据格式 */
    g_uart2_handle.Init.StopBits = UART_STOPBITS_1;                 /* 一个停止位 */
    g_uart2_handle.Init.Parity = UART_PARITY_NONE;                  /* 无奇偶校验位 */
    g_uart2_handle.Init.HwFlowCtl = UART_HWCONTROL_NONE;            /* 无硬件流控 */
    g_uart2_handle.Init.Mode = UART_MODE_TX;                        /* 发模式 */
    HAL_UART_Init(&g_uart2_handle);                                 /* 使能 USART2 */
}
```

注意,串口 2 的时钟源频率在 sys_stm32_clock_init 函数中已经设置了。其他的代码基本 usart_init 函数是一样的。

5. main.c 代码

main.c 前面定义了一些变量和数组,具体如下:

```
uint8_t g_ov_mode = 0;                /* bit0: 0, RGB565 模式;  1, JPEG 模式 */
#define jpeg_buf_size   29 * 1024    /* 定义 JPEG 数据缓存 jpeg_buf 的大小(*4 字节) */
#define jpeg_line_size   1 * 1024    /* 定义 DMA 接收数据时,一行数据的最大值 */
__ALIGNED(4) uint32_t g_jpeg_data_buf[jpeg_buf_size];     /* JPEG 数据缓存 buf */
/* JPEG 数据 DMA 双缓存 buf */
__ALIGNED(4) uint32_t g_dcmi_line_buf[2][jpeg_line_size];
volatile uint32_t g_jpeg_data_len = 0;          /* buf 中的 JPEG 有效数据长度 */
/**
 * 0,数据没有采集完;
 * 1,数据采集完了,但是还没处理
 * 2,数据已经处理完成了,可以开始下一帧接收
 */
volatile uint8_t g_jpeg_data_ok = 0;            /* JPEG 数据采集完成标志 */
/* JPEG 尺寸支持列表 */
const uint16_t jpeg_img_size_tbl[][2] =
{
    160, 120,        /* QQVGA */
    176, 144,        /* QCIF */
    320, 240,        /* QVGA */
    400,240,         /* WGVGA */
    352,288,         /* CIF */
    640, 480,        /* VGA */
    800, 600,        /* SVGA */
    1024, 768,       /* XGA */
    1280, 800,       /* WXGA */
    1280, 960,       /* XVGA */
    1440, 900,       /* WXGA+ */
    1280, 1024,      /* SXGA */
    1600, 1200,      /* UXGA */
};
const char *EFFECTS_TBL[7] = {"Normal", "Negative", "B&W", "Redish",
                              "Greenish", "Bluish", "Antique"};    /* 7 种特效 */
const char *JPEG_SIZE_TBL[13] = {"QQVGA", "QCIF", "QVGA", "WGVGA", "CIF",
                                 "VGA", "SVGA", "XGA", "WXGA", "SVGA", "WXGA+",
                                 "SXGA", "UXGA"};     /* JPEG 图片 13 种尺寸 */
```

其中,定义的 g_jpeg_data_buf 数组大小为 116 KB,用来存储 JPEG 数据。

main.c 里面总共有 5 个函数,接下来分别介绍。首先是处理 JPEG 数据函数,其定义如下:

```
void jpeg_data_process(void)
{
    uint16_t i;
    uint16_t rlen;              /* 剩余数据长度 */
    uint32_t *pbuf;
    if (g_ov_mode)              /* 只有在 JPEG 格式下,才需要处理 */
```

```
    {
        if (g_jpeg_data_ok == 0)    /* jpeg 数据还未采集完吗 */
        {
            __HAL_DMA_DISABLE(&g_dma_dcmi_handle);   /* 关闭 DMA */
            while(DMA2_Stream1 ->CR & 0x01);            /* 等待 DMA2_Stream1 可配置 */
            /* 得到剩余数据长度 */
            rlen = jpeg_line_size - __HAL_DMA_GET_COUNTER(&g_dma_dcmi_handle);
            pbuf = g_jpeg_data_buf + g_jpeg_data_len;/* 偏移到有效数据末尾,继续添加 */
            if (DMA2_Stream1 ->CR & (1 << 19))
            {
                for (i = 0; i < rlen; i++ )
                {
                    pbuf[i] = g_dcmi_line_buf[1][i];  /* 读取 buf1 里面的剩余数据 */
                }
            }
            else
            {
                for (i = 0; i < rlen; i++ )
                {
                    pbuf[i] = g_dcmi_line_buf[0][i];  /* 读取 buf0 里面的剩余数据 */
                }
            }
            g_jpeg_data_len += rlen;  /* 加上剩余长度 */
            g_jpeg_data_ok = 1;       /* 标记 JPEG 数据采集完成,等待其他函数处理 */
        }
        if (g_jpeg_data_ok == 2)              /* 上一次的 jpeg 数据已经被处理了 */
        {
            /* 传输长度为 jpeg_buf_size * 4 字节 */
            __HAL_DMA_SET_COUNTER(&g_dma_dcmi_handle, jpeg_line_size);
            __HAL_DMA_ENABLE(&g_dma_dcmi_handle);         /* 重新传输 */
            g_jpeg_data_ok = 0;             /* 标记数据未采集 */
            g_jpeg_data_len = 0;            /* 数据重新开始 */
        }
    }
    else
    {
        lcd_set_cursor(0, 0);
        lcd_write_ram_prepare();          /* 开始写入 GRAM */
    }
}
```

该函数用于处理 JPEG 数据的接收,在 DCMI_IRQHandler 函数(在 dcmi.c 里面)里面被调用,它与 jpeg_dcmi_rx_callback 函数和 jpeg_test 函数共同控制 JPEG 的数据传送。JPEG 数据的接收采用 DMA 双缓冲机制,缓冲数组为 dcmi_line_buf(u32 类型,RGB 屏接收 RGB565 数据时,也是用这个数组);数组大小为 jpeg_line_size,这里定义为 1×1 024,即数组大小为 4 KB(数组大小不能小于存储摄像头一行输出数据的大小)。JPEG 数据接收处理流程如图 12.15 所示。

JPEG 数据采集流程:当 JPEG 数据流传输给 MCU 的时候,首先由 M0AR 存储,此时如果 M1AR 有数据,则可以读取 M1AR 里面的数据;当 M0AR 数据满时,由

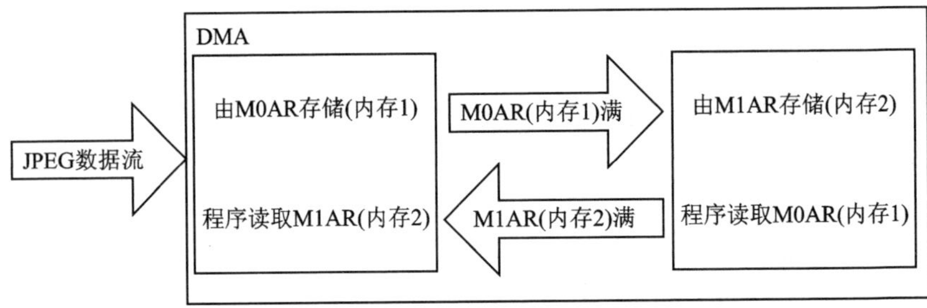

图 12.15　JPEG 数据接收处理流程

M1AR 存储,此时程序可以读取 M0AR 里面存储的数据;当 M1AR 数据满时,由 M0AR 存储。这个存储数据的操作绝大部分是由 DMA 传输完成中断服务函数,调用 jpeg_dcmi_rx_callback 函数实现的;当一帧数据传输完成时,则进入 DCMI 帧中断服务函数,调用 jpeg_data_process 函数对最后的剩余数据进行存储,完成一帧 JPEG 数据的采集。

接下来介绍的是 JPEG 数据接收回调函数,其定义如下:

```
void jpeg_dcmi_rx_callback(void)
{
    uint16_t i;
    volatile uint32_t * pbuf;
    pbuf = g_jpeg_data_buf + g_jpeg_data_len;        /* 偏移到有效数据末尾 */
    if (DMA2_Stream1 ->CR & (1 << 19))               /* buf0 已满,正常处理 buf1 */
    {
        for (i = 0; i < jpeg_line_size; i ++ )
        {
            pbuf[i] = g_dcmi_line_buf[0][i];         /* 读取 buf0 里面的数据 */
        }
        g_jpeg_data_len += jpeg_line_size;           /* 偏移 */
    }
    else      /* buf1 已满,正常处理 buf0 */
    {
        for (i = 0; i < jpeg_line_size; i ++ )
        {
            pbuf[i] = g_dcmi_line_buf[1][i];         /* 读取 buf1 里面的数据 */
        }
        g_jpeg_data_len += jpeg_line_size;           /* 偏移 */
    }
}
```

该函数是 JPEG 数据接收的主要函数,通过判断 DMA2_Stream1→CR 寄存器读取不同 buf 里面的数据,并存储到 g_jpeg_data_buf 里面。该函数由 DMA 的传输完成中断服务函数 DMA2_Stream1_IRQHandler 的调用。

接下来介绍的是 JPEG 测试函数,其定义如下:

```
void jpeg_test(void)
{
    uint32_t i, jpgstart, jpglen;
```

```
    uint8_t *p;
    uint8_t key, headok = 0;
    uint8_t effect = 0, saturation = 2, contrast = 2;
    uint8_t size = 2;           /* 默认是 QVGA 320 * 240 尺寸 */
    uint8_t msgbuf[15];         /* 消息缓存区 */
    lcd_clear(WHITE);
    lcd_show_string(30, 50, 200, 16, 16, "STM32", RED);
    lcd_show_string(30, 70, 200, 16, 16, "OV2640 JPEG Mode", RED);
    lcd_show_string(30, 100, 200, 16, 16, "KEY0:Contrast", RED);    /* 对比度 */
    lcd_show_string(30, 120, 200, 16, 16, "KEY1:Saturation", RED);/* 色彩饱和度 */
    lcd_show_string(30, 140, 200, 16, 16, "KEY2:Effect", RED);      /* 特效 */
    lcd_show_string(30, 160, 200, 16, 16, "KEY_UP:Size", RED);      /* 分辨率设置 */
    sprintf((char *)msgbuf, "JPEG Size: %s", JPEG_SIZE_TBL[size]);
    /* 显示当前 JPEG 分辨率 */
    lcd_show_string(30, 180, 200, 16, 16, (char *)msgbuf, RED);
    ov2640_jpeg_mode();         /* JPEG 模式 */
    dcmi_init();                /* DCMI 配置 */
    dcmi_rx_callback = jpeg_dcmi_rx_callback;   /* JPEG 接收数据回调函数 */
    dcmi_dma_init((uint32_t)&g_dcmi_line_buf[0], (uint32_t)&g_dcmi_line_buf[1],
    jpeg_line_size, DMA_MDATAALIGN_WORD, DMA_MINC_ENABLE);    /* DCMI DMA 配置 */
    /* 设置输出尺寸 */
    ov2640_outsize_set(jpeg_img_size_tbl[size][0], jpeg_img_size_tbl[size][1]);
    dcmi_start();               /* 启动传输 */
    while (1)
    {
        if (g_jpeg_data_ok == 1)    /* 已经采集完一帧图像了 */
        {
            p = (uint8_t *)g_jpeg_data_buf;
            /* 打印数据长度 */
            printf("g_jpeg_data_len: %d\r\n", g_jpeg_data_len * 4);
            /* 提示正在传输数据 */
            lcd_show_string(30, 210, 210, 16, 16, "Sending JPEG data...", RED);
            jpglen = 0;     /* 设置 jpg 文件大小为 0 */
            headok = 0;     /* 清除 jpg 头标记 */
            /* 查找 0XFF,0XD8 和 0XFF,0XD9,获取 jpg 文件大小 */
            for (i = 0; i < g_jpeg_data_len * 4; i++)
            {
                if ((p[i] == 0XFF) && (p[i + 1] == 0XD8))    /* 找到 FF D8 */
                {
                    jpgstart = i;
                    headok = 1;     /* 标记找到 jpg 头(FF D8) */
                }
                /* 找到头以后,再找 FF D9 */
                if ((p[i] == 0XFF) && (p[i + 1] == 0XD9) && headok)
                {
                    jpglen = i - jpgstart + 2;
                    break;
                }
            }
            if (jpglen)             /* 正常的 jpeg 数据 */
            {
```

```
        p += jpgstart;        /* 偏移到 0XFF,0XD8 处 */
        for (i = 0; i < jpglen; i++)                /* 发送整个 jpg 文件 */
        {
            USART2->DR = p[i];
            while ((USART2->SR & 0X40) == 0); /* 循环发送,直到发送完毕 */
            key = key_scan(0);
            if (key)break;
        }
    }
    if (key != 0)      /* 有按键按下,需要处理 */
    {
        /* 提示退出数据传输 */
        lcd_show_string(30, 210, 210, 16, 16, "Quit Sending data   ", RED);
        switch (key)
        {
            case KEY0_PRES: /* 对比度设置 */
                contrast++;
                if( contrast > 4)contrast = 0;
                ov2640_contrast(contrast);
                sprintf((char *)msgbuf, "Constrast: %d", (signed char)
                        contrast - 2);
                break;
            case KEY1_PRES: /* 饱和度设置 */
                saturation++;
                if (saturation > 4)saturation = 0;
                ov2640_color_saturation(saturation);
                sprintf((char *)msgbuf, "Saturation: %d", saturation);
                break;
            case KEY2_PRES: /* 特效设置 */
                effect++;
                if (effect > 6) effect = 0;
                ov2640_special_effects(effect);
                sprintf((char *)msgbuf, "Effect: %s", EFFECTS_TBL[effect]);
                break;
            case WKUP_PRES: /* 特效设置 */
                size++;
                /* 最大只支持 WXGA 的 JPEG 数据保存,再大分辨率就不够内存用了 */
                if (size > 12)size = 0;
                ov2640_outsize_set(jpeg_img_size_tbl[size][0],
                jpeg_img_size_tbl[size][1]);       /* 设置输出尺寸 */
                sprintf((char *)msgbuf, "JPEG Size: %s",
                JPEG_SIZE_TBL[size]);
                break;
            default : break;
        }
        lcd_fill(30, 180, 239, 190 + 16, WHITE);
        /* 显示提示内容 */
        lcd_show_string(30, 180, 210, 16, 16, (char *)msgbuf, RED);
        delay_ms(800);
    }
    else
```

```
            {
                /* 提示传输结束设置 */
                lcd_show_string(30, 210, 210, 16, 16,"Send data complete!!", RED);
            }
            g_jpeg_data_ok = 2; /* 标记 jpeg 数据处理完了,可以让 DMA 去采集下一帧了 */
        }
    }
}
```

该函数将 OV2640 设置为 JPEG 模式,并开启持续自动对焦、实现 OV2640 的 JPEG 数据接收,通过串口 2 发送给上位机软件。

接下来介绍 RGB565 测试函数,其定义如下:

```
void rgb565_test(void)
{
    uint8_t key;
    uint8_t effect = 0, saturation = 3, contrast = 2;
    uint8_t scale = 1;          /* 默认是全尺寸缩放 */
    uint8_t msgbuf[15];         /* 消息缓存区 */
    lcd_clear(WHITE);
    lcd_show_string(30, 50, 200, 16, 16, "STM32", RED);
    lcd_show_string(30, 70, 200, 16, 16, "OV2640 RGB565 Mode", RED);
    lcd_show_string(30, 100, 200, 16, 16, "KEY0:Contrast", RED);         /* 对比度 */
    /* 执行自动对焦 */
    lcd_show_string(30, 120, 200, 16, 16, "KEY1:Saturation", RED);
    lcd_show_string(30, 140, 200, 16, 16, "KEY2:Effects", RED);          /* 特效 */
    /* 1:1 尺寸(显示真实尺寸)/全尺寸缩放 */
    lcd_show_string(30, 160, 200, 16, 16, "KEY_UP:FullSize/Scale", RED);
    ov2640_rgb565_mode();       /* RGB565 模式 */
    dcmi_init();                /* DCMI 配置 */
    dcmi_dma_init((uint32_t)&LCD->LCD_RAM, 0, 1, DMA_MDATAALIGN_HALFWORD,
                  DMA_MINC_DISABLE);    /* DCMI DMA 配置,MCU 屏,竖屏 */
    ov2640_outsize_set(lcddev.width, lcddev.height);    /* 满屏缩放显示 */
    dcmi_start();               /* 启动传输 */
    while (1)
    {
        key = key_scan(0);
        if (key)
        {
            dcmi_stop();            /* 停止显示 */
            switch (key)
            {
                case KEY0_PRES:     /* 对比度设置 */
                    contrast ++ ;
                    if (contrast > 4)contrast = 0;
                    ov2640_contrast(contrast);
                    sprintf((char *)msgbuf, "Contrast: %d", (signed char)contrast - 2);
                    break;
                case KEY1_PRES:     /* 饱和度设置 */
                    saturation ++ ;
                    if (saturation > 4)saturation = 0;
```

```
                    ov2640_color_saturation(saturation);      /* 饱和度设置 */
                    sprintf((char *)msgbuf, "Saturation: %d", (signed char)
                                        saturation - 2);
                    break;
                case KEY2_PRES:     /* 特效设置 */
                    effect ++ ;
                    if (effect > 6)effect = 0;
                    ov2640_special_effects(effect);           /* 设置特效 */
                    sprintf((char *)msgbuf, "%s", EFFECTS_TBL[effect]);
                    break;
                case WKUP_PRES:     /* 1:1 尺寸(显示真实尺寸)/缩放 */
                    scale = !scale;
                    if (scale == 0)
                    {
                        ov2640_image_win_set((1600 - lcddev.width) / 2, (1200 -
                                    lcddev.height) / 2, lcddev.width, lcddev.height);
                        ov2640_outsize_set(lcddev.width, lcddev.height);
                        sprintf((char *)msgbuf, "Full Size 1:1");
                    }
                    else
                    {
                        ov2640_image_win_set(0, 0, 1600, 1200);
                        ov2640_outsize_set(lcddev.width, lcddev.height);
                        sprintf((char *)msgbuf, "Scale");
                    }
                    break;
                default : break;
            }
            /* 显示提示内容 */
            lcd_show_string(30, 50, 210, 16, 16, (char *)msgbuf, RED);
            delay_ms(800);
            dcmi_start();           /* 重新开始传输 */
        }
        delay_ms(10);
    }
}
```

该函数将 OV2640 设置为 RGB565 模式，并将接收到的数据传送给 LCD。当使用 MCU 屏的时候，完全由硬件 DMA 传输给 LCD，CPU 不用处理。

接下来介绍 main 函数，其定义如下：

```
int main(void)
{
    uint8_t key, t;
    HAL_Init();                             /* 初始化 HAL 库 */
    sys_stm32_clock_init(336, 8, 2, 7);     /* 设置时钟, 168 MHz */
    delay_init(168);                        /* 延时初始化 */
    usart_init(115200);                     /* 串口初始化为 115 200 */
    usmart_dev.init(84);                    /* 初始化 USMART */
    usart2_init(912600);                    /* 初始化串口 2 波特率为 912 600 */
    led_init();                             /* 初始化 LED */
```

```
    lcd_init();                                        /* 初始化 LCD */
    key_init();                                        /* 初始化按键 */
    /* 10 kHz 计数,1 s 中断一次,用于统计帧率 */
    btim_timx_int_init(10000 - 1, 8400 - 1);
    lcd_show_string(30, 50, 200, 16, 16, "STM32", RED);
    lcd_show_string(30, 70, 200, 16, 16, "OV2640 TEST", RED);
    lcd_show_string(30, 90, 200, 16, 16, "ATOM@ALIENTEK", RED);
    while (ov2640_init())              /* 初始化 OV2640 */
    {
        lcd_show_string(30, 130, 240, 16, 16, "OV2640 ERROR", RED);
        delay_ms(200);
        lcd_fill(30, 130, 239, 170, WHITE);
        delay_ms(200);
        LED0_TOGGLE();
    }
    lcd_show_string(30, 130, 200, 16, 16, "OV2640 OK", RED);
    ov2640_flash_intctrl();             /* 闪光灯控制 */
    while (1)
    {
        key = key_scan(0);
        if (key == KEY0_PRES)
        {
            g_ov_mode = 0;             /* RGB565 模式 */
            break;
        }
        else if (key == KEY1_PRES)
        {
            g_ov_mode = 1;             /* JPEG 模式 */
            break;
        }
        t++;
        if (t == 100)lcd_show_string(30, 150, 230, 16, 16,
                        "KEY0:RGB565  KEY1:JPEG", RED);   /* 闪烁显示提示信息 */
        if (t == 200)
        {
            lcd_fill(30, 150, 210, 150 + 16, WHITE);
            t = 0;
            LED0_TOGGLE();
        }
        delay_ms(5);
    }
    if (g_ov_mode == 1)
    {
        jpeg_test();
    }
    else
    {
        rgb565_test();
    }
}
```

该函数完成对各相关硬件的初始化,然后检测 OV2640,最后通过按键选择来调用 jpeg_test 还是 rgb565_test,实现 JPEG 测试和 RGB565 测试。

前面提到过,要用 USMART 来设置摄像头的参数,则只需要在 usmart_nametab 里面添加 ov2640_write_reg 和 ov2640_read_reg 等相关函数,就可以轻松调试摄像头了。

12.4 下载验证

将程序下载到开发板后,可以看到 LED0 不停地闪烁,提示程序已经在运行了。LCD 显示的运行效果如图 12.16 所示。该图是摄像头已经正确插上开发板的运行结果,如果没有插上摄像头,则会有错误的报错信息。OV2640 初始化成功后,屏幕提示选择测试模式,此时可以按 KEY0 进入 RGB565 模式测试,也可以按 KEY1 进入 JPEG 模式测试。

按 KEY0 后,选择 RGB565 模式,LCD 满屏显示缩放后的图像(有变形),如图 12.17 所示。

此时,可以按 KEY_UP 切换为 1:1显示(不变形)。同时还可以通过 KEY0 按键设置对比度,通过 KEY1 按键设置饱和度,通过 KEY2 按键设置特效。按 KEY1 后,选择 JPEG 模式,此时屏幕显示 JPEG 数据传输进程,如图 12.18 所示。

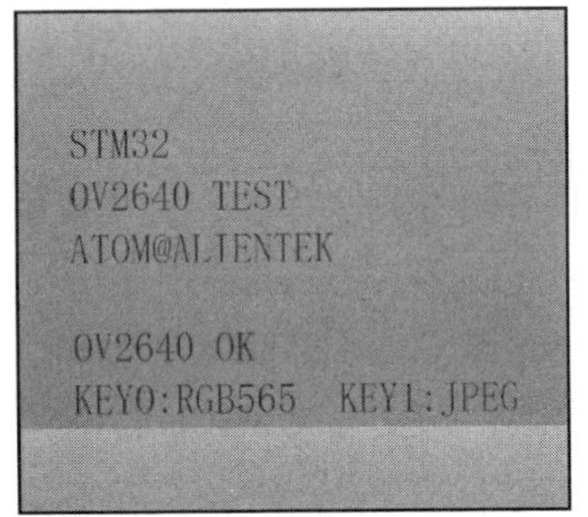

图 12.16 摄像头实验程序运行效果图

图 12.17 RGB565 模式测试图片

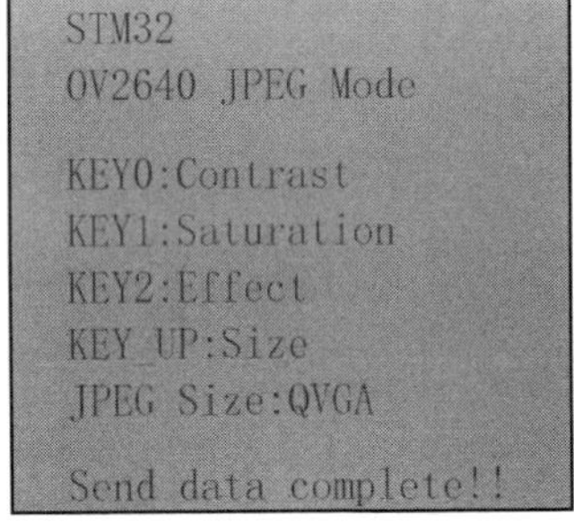

图 12.18 JPEG 模式测试图

默认条件下,图像分辨率是 QVGA(320×240),硬件上需要用一根杜邦线连接开发板的 PA2 排针到 RXD 排针端。

打开上位机软件 XCAM V1.3.exe(路径是配套资料中的 6,软件资料→软件→串口 & 网络摄像头软件→XCAM V1.3.exe),选择正确的串口,然后波特率设置为 921 600,打开即可收到下位机传过来的图片,如图 12.19 所示。

可以通过 KEY_UP 设置输出图像的尺寸(QQVGA～WXGA)。同时,还可以通过 KEY0 按键设置对比度,通过 KEY1 按键设置饱和度,通过 KEY2 按键设置特效。

还可以在串口(开发板的串口 1)通过 USMART 调用 ov2640_write_reg 等函数,

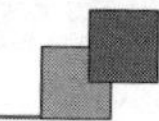

从而设置 OV2640 的各寄存器，达到调试测试 OV2640 的目的，如图 12.20 所示。

从图 12.19 可以看出，QVGA 模式下，帧率为 5 帧，传输速度 31.1 KB/s。从图 12.20 可以看出，UXGA 模式下，帧率为 15 帧，并且可以通过 USMART 调试OV2640。

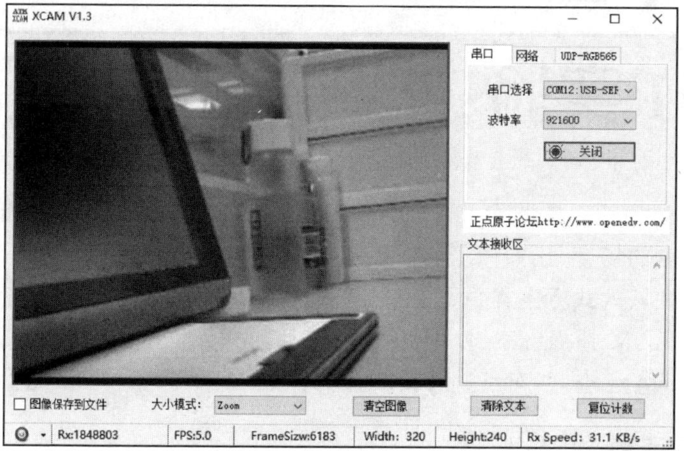

图 12.19　XCAM V1.3.exe 软件接收并显示 JPEG 图片

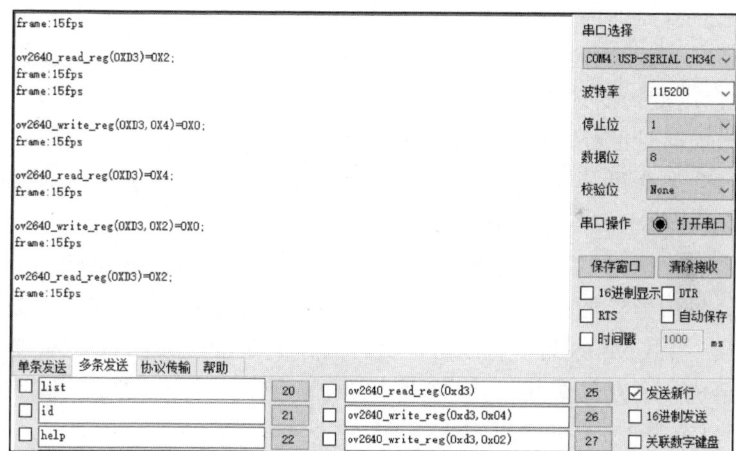

图 12.20　USMART 调试 OV2640

第 13 章

SRAM 实验

STM32F407ZGT6 自带了 192 KB 的 RAM，对一般应用来说已经足够了，但在一些对内存要求高的场合，比如做华丽效果的 GUI、处理大量数据的应用等，这些内存就不够用了。好在嵌入式方案提供了扩展芯片 RAM 的使用方法，本章将介绍探索者开发板上使用的 RAM 拓展方案：使用 SRAM 芯片，并驱动这个外部 SRAM 来提供程序需要的一部分 RAM 空间，对其进行读/写测试。

13.1 存储器简介

使用电脑时会提到内存和内存条的概念，电脑维修的朋友有时候会说“加个内存条电脑就不卡了”。实际上对于 PC 来说，一些情况下卡顿就是电脑同时运行的程序太多了，电脑处理速度变慢的现象。程序是动态加载到内存中的，一种解决方法就是增加电脑的内存来增加同时可处理的程序的数量。对于单片机也是一样的，高性能有时候需要通过增加内存来获得。内存是存储器的一种，微机架构设计了不同的存储器放置不同的数据，这里简单了解一下存储器。

存储器实际上是时序逻辑电路的一种，用来存放程序和数据信息。构成存储器的存储介质主要采用半导体器件和磁性材料。存储器中最小的存储单位就是一个双稳态半导体电路或一个 CMOS 晶体管或磁性材料的存储元，可存储一个二进制代码。由若干个存储元组成一个存储单元，再由许多存储单元组成一个存储器。按不同的分类方式，存储器可以有表 13.1 所列的分类。

表 13.1 存储器的分类

分类方式	类　别	描　述
按存储介质分类	半导体存储器	用半导体器件组成的存储器
	磁表面存储器	用磁性材料做成的存储器
按存储方式分类	随机存储器	任意存储单元的内容都能被随机存取，且存取时间和存储单元的物理位置无关
	顺序存储器	只能按某种顺序来存取，存取时间与存储单元的物理位置有关

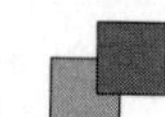

续表 13.1

分类方式	类　别	描　述
按存储器的读/写功能分类	只读存储器(ROM)	ROM原来是只能读而不能写的存储器,现在一般指掉电非易失性半导体存储器,如STM32的内部FLASH
	随机存储器(RAM)	通电状态下,能通过地址线在任意地址读/写数据的半导体存储器,读/写速度极快。当电源关闭时,存于RAM中的数据会丢失
按信息的可保存性分类	非永久记忆的存储器	断电后信息即消失的存储器
	永久记忆性存储器	断电后仍能保存信息的存储器

STM32编程时常常只关心按读/写功能分类的ROM和RAM这两种,因为嵌入式程序主要对应这两种存储器。对于RAM,目前常见的是SRAM和DRAM,因工作方式不同而得名,主要特性如表13.2所列。

表13.2 SRAM和DRAM特性

分　类	SRAM	DRAM
描　述	静态存储器/Static RAM,存储单元一般为锁存器,只要不掉电,信息就不会丢失	动态存储器/Dynamic RAM,利用MOS(金属氧化物半导体)电容存储电荷来储存信息,保留数据的时间很短,速度也比SRAM慢,每隔一段时间要刷新充电一次,否则内部的数据会消失
特　点	存取速度快,工作稳定,不需要刷新电路,集成度不高,集成度较低且价格较高	DRAM的成本、集成度、功耗等明显优于SRAM
常见应用	CPU与主存间的高速缓冲、CPU内部的一级/二级缓存、外部的高速缓存、SSRAM	DRAM分为很多种,按内存技术标准可分为FPRAM/FastPage、EDO DRAM、SDRAM、DDR/DDR2/DDR3/DDR4/…、RDRAM、SGRAM以及WRAM等

对于STM32上编译的程序,编译器一般会根据对应硬件的结构把程序中不同功能的数据段分为ZI、RW、RO这样的数据块,执行程序时分别放到不同的存储器上,这部分参考《精通STM32F4(HAL库版)(上)》第9章中关于map文件的描述。对于STM32程序中的变量,默认配置下加载到STM32的RAM区中执行。而程序代码和常量等编译后就固定不变的,则放到ROM区。

13.2 SRAM方案

RAM的功能已经介绍过了,SRAM更稳定,但因为结构更复杂且造价更高,所以有更大片上SRAM的STM32芯片造价也更高。而且由于SRAM集成度低,MCU也不会把片上SRAM做得特别大。基于以上原因,计算机/微机系统中都允许采用外扩RAM的方式提高性能。

1. IS62WV51216 方案

IS62WV51216 是 ISSI(Integrated Silicon Solution, Inc)公司生产的一颗 512K (512×16 bit,即 1 MB)容量的 CMOS 静态内存芯片,具有如下特点:

- 高速,具有 45 ns、55 ns 访问速度。
- 低功耗。
- TTL 电平兼容。
- 全静态操作,不需要刷新和时钟电路。
- 三态输出。
- 字节控制功能,支持高/低字节控制。

IS62WV51216 的功能框图如图 13.1 所示。图中 A0~18 为地址线,总共 19 根地址线(即 2^{19}=512K,1K=1 024);IO0~15 为数据线,总共 16 根数据线。CS2 和 $\overline{\text{CS1}}$ 都是片选信号,不过 CS2 是高电平有效,$\overline{\text{CS1}}$ 是低电平有效;$\overline{\text{OE}}$ 是输出使能信号(读信号);$\overline{\text{WE}}$ 为写使能信号;$\overline{\text{UB}}$ 和 $\overline{\text{LB}}$ 分别是高字节控制和低字节控制信号。

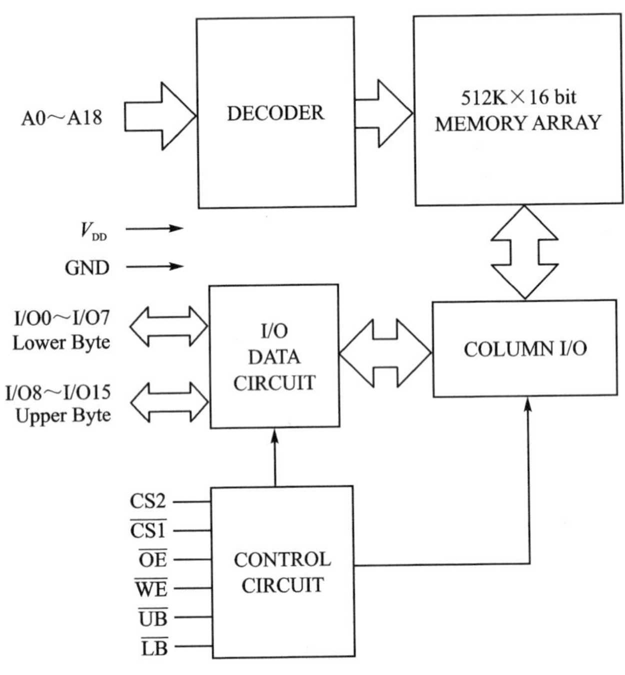

图 13.1 IS62WV51216 功能框图

2. XM8A51216 方案

国产替代一直是国内嵌入式领域的一个话题,优势一般是货源稳定,售价更低,也有专门研发对某款芯片做 Pin to Pin 兼容的厂家,使用时无须修改 PCB,直接更换元件即可,十分方便。

正点原子开发板目前使用的一款替代 IS62WV51216 的芯片是 XM8A5121,它与

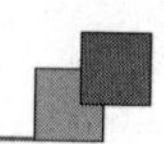

IS62WV51216 一样采用 TSOP44 封装，引脚顺序也与前者完全一致。

XM8A51216 是星忆存储生产的一颗 16 位宽 512K(512×16 bit，即 1 MB)容量的 CMOS 静态内存芯片。它采用异步 SRAM 接口，并结合独有的 XRAM 免刷新专利技术，在大容量、高性能、高可靠及品质方面完全可以匹敌同类 SRAM，具有较低功耗和低成本优势，可以与市面上同类型 SRAM 产品硬件完全兼容，并且满足各种应用系统对高性能和低成本的要求。XM8A51216 也可以用作异步 SRAM，特点如下：

- ➢ 高速，具有最高访问速度 10、12、15 ns。
- ➢ 低功耗。
- ➢ TTL 电平兼容。
- ➢ 全静态操作，不需要刷新和时钟电路。
- ➢ 三态输出。
- ➢ 字节控制功能，支持高/低字节控制。

该芯片与 IS62WV51216 引脚完全兼容，控制时序也类似，读者可以方便地直接替换。

本章使用 FSMC 的 BANK1 区域 3 来控制 SRAM 芯片，可以采用读/写不同的时序来操作 TFTLCD 模块(因为 TFTLCD 模块读的速度比写的速度慢很多)，但是本章 IS62WV51216/XM8A51216 的读/写时间基本一致，所以设置读/写相同的时序来访问 FSMC。FSMC 的详细介绍可参考《精通 STM32F4(HAL 库版)(上)》TFTLCD 实验和"STM32F4xx 参考手册_V4(中文版).pdf"。

13.3　硬件设计

(1) 例程功能

开机后显示提示信息，然后按下 KEY0 按键，即测试外部 SRAM 容量大小并显示在 LCD 上。按下 KEY1 按键即显示预存在外部 SRAM 的数据。LED0 指示程序运行状态。

(2) 硬件资源

- ➢ LED 灯：LED0 - PF9；
- ➢ 按键：KEY0 - PE4、KEY1 - PE3；
- ➢ 开发板板载的 SRAM 芯片：XM8A51216、IS62WV51216，由 FSMC 控制；
- ➢ 串口 1(USMART 使用)；
- ➢ 正点原子 TFTLCD 模块(仅限 MCU 屏，16 位 8080 并口驱动)。

(3) 原理图

探索者 STM32F407 使用的是 TSOP44 封装的 XM8A51216/IS62WV51216 芯片，该芯片直接接在 STM32F4 的 FSMC 上。这里考虑把 STM32 与 SRAM 的引脚进行连接，如表 13.3 所列。据此设计出的原理图连接方式如图 13.2 所示。可以看出 SRAM 同 STM32F4 的连接关系。

表 13.3　STM32 和 SRAM 芯片的连接原理图

SRAM	STM32
A[0:18]	FMSC_A[0:18] (为了布线方便交换了部分 I/O)
D[0:15]	FSMC_D[0:15]
$\overline{UB}$	FSMC_NBL1
$\overline{LB}$	FSMC_NBL0
$\overline{OE}$	FSMC_NOE
$\overline{WE}$	FSMC_NWE
$\overline{CS}$	FSMC_NE3

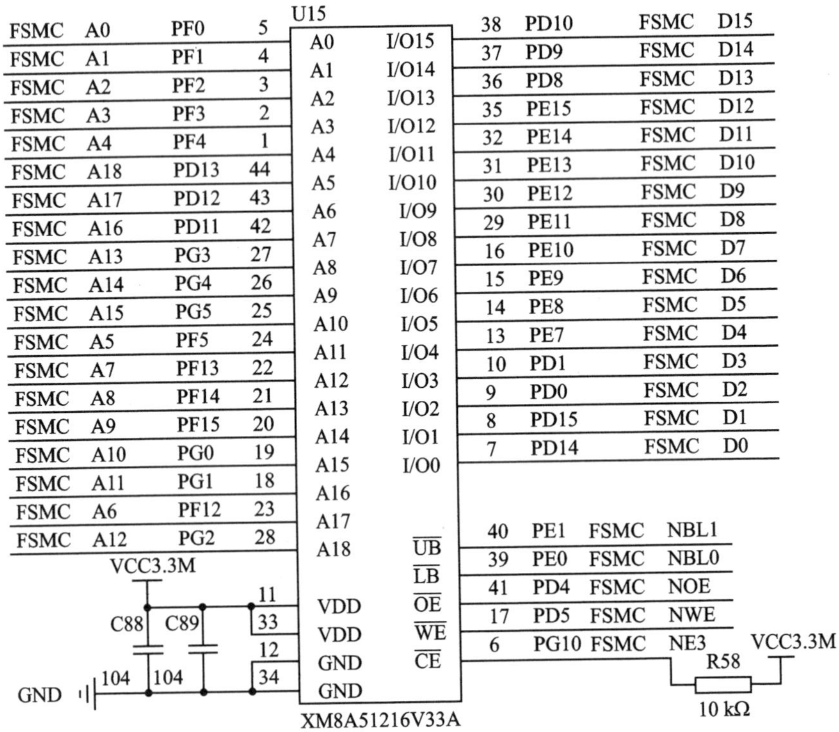

图 13.2　SRAM 原理图(XM8A51216/IS62WV51216 封装相同)

这里 IS62WV51216 的 A[0:18]并不是按顺序连接 STM32F4 的 FMSC_A[0:18]的,这样设计的好处就是可以方便 PCB 布线。不过这并不影响正常使用外部 SRAM,因为地址具有唯一性,只要地址线不和数据线混淆,就可以正常使用外部 SRAM。

13.4　程序设计

操作 SRAM 时要通过多个地址线寻址,然后才可以读/写数据,在 STM32 上可以

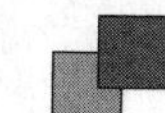

使用 FSMC 来实现。

使用 SRAM 的配置步骤如下：

① 使能 FSMC 时钟，并配置 FSMC 相关的 I/O 及其时钟使能。

要使用 FSMC，当然首先得开启其时钟。然后需要把 FSMC_D0～15、FSMCA0～18 等相关 I/O 口全部配置为复用输出，并使能各 I/O 组的时钟。

② 设置 FSMC BANK1 区域 3 的相关寄存器。

此部分包括设置区域 3 的存储器的工作模式、位宽和读/写时序等。本章使用模式 A、16 位宽，读/写共用一个时序寄存器。

③ 使能 BANK1 区域 3。

最后需要通过 FSMC_BCR 寄存器使能 BANK1 的区域 3，使 FSMC 工作起来。

这样就完成了 FSMC 的配置，初始化 FSMC 后就可以访问 SRAM 芯片实现读/写操作了。注意，因为这里使用的是 BANK1 的区域 3，所以 HADDR[27:26]＝10，故外部内存的首地址为 0x68000000。

13.4.1　程序流程图

程序流程如图 13.3 所示。

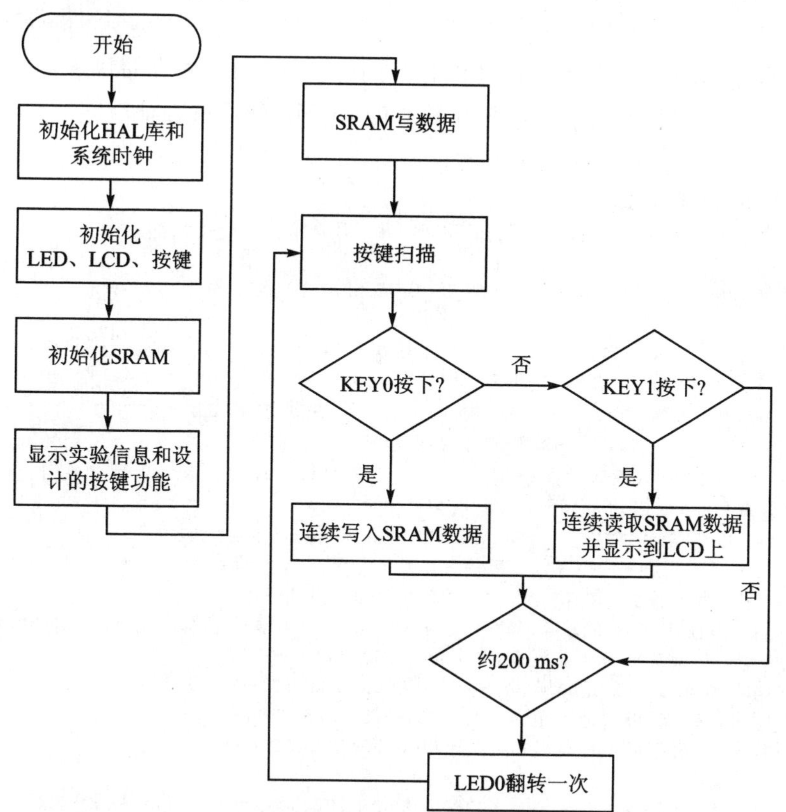

图 13.3　SRAM 实验程序流程图

13.4.2 程序解析

1. SRAM 驱动

这里只讲解核心代码，详细的源码可参考配套资料中本实验对应源码。SRAM 驱动源码包括两个文件：sram.c 和 sram.h。

为方便修改，在 sram.h 中使用宏定义 SRAM 的读/写控制和片选引脚，它们定义如下：

```
#define SRAM_WR_GPIO_PORT              GPIOD
#define SRAM_WR_GPIO_PIN               GPIO_PIN_5
/* 所在 I/O 口时钟使能 */
#define SRAM_WR_GPIO_CLK_ENABLE()      do{ __HAL_RCC_GPIOD_CLK_ENABLE();}while(0)
#define SRAM_RD_GPIO_PORT              GPIOD
#define SRAM_RD_GPIO_PIN               GPIO_PIN_4
/* 所在 I/O 口时钟使能 */
#define SRAM_RD_GPIO_CLK_ENABLE()      do{ __HAL_RCC_GPIOD_CLK_ENABLE(); }while(0)
/* SRAM_CS(需要根据 SRAM_FSMC_NEX 设置正确的 I/O 口) 引脚 定义 */
#define SRAM_CS_GPIO_PORT              GPIOG
#define SRAM_CS_GPIO_PIN               GPIO_PIN_10
/* 所在 I/O 口时钟使能 */
#define SRAM_CS_GPIO_CLK_ENABLE()      do{ __HAL_RCC_GPIOG_CLK_ENABLE();}while(0)
```

根据 STM32F4 参考手册，SRAM 可以选择 FSMC 对应的存储块 1 上的 4 个区域之一作为访问地址，它上面有 4 块相互独立的 64 MB 的连续寻址空间，为了能灵活计算出使用的地址空间，定义了以下的宏：

```
/* FSMC 相关参数 定义
 * 注意：默认通过 FSMC 块 3 来连接 SRAM，块 1 有 4 个片选：FSMC_NE1～4
 *
 * 修改 SRAM_FSMC_NEX，对应的 SRAM_CS_GPIO 相关设置也得改
 */
#define SRAM_FSMC_NEX        3      /* 使用 FSMC_NE3 接 SRAM_CS,取值范围只能是 1～4 */
/* BCR 寄存器,根据 SRAM_FSMC_NEX 自动计算 */
#define SRAM_FSMC_BCRX       FSMC_Bank1->BTCR[(SRAM_FSMC_NEX - 1) * 2]
/* BTR 寄存器,根据 SRAM_FSMC_NEX 自动计算 */
#define SRAM_FSMC_BTRX       FSMC_Bank1->BTCR[(SRAM_FSMC_NEX - 1) * 2 + 1]
/* BWTR 寄存器,根据 SRAM_FSMC_NEX 自动计算 */
#define SRAM_FSMC_BWTRX      FSMC_Bank1E->BWTR[(SRAM_FSMC_NEX - 1) * 2]
/******************************************************************/
/* SRAM 基地址，根据 SRAM_FSMC_NEX 的设置来决定基址地址
 * 我们一般使用 FSMC 的块 1(BANK1)来驱动 SRAM，块 1 地址范围总大小为 256 MB,均分成 4 块
 * 存储块 1(FSMC_NE1)地址范围：0X6000 0000～0X63FF FFFF
 * 存储块 2(FSMC_NE2)地址范围：0X6400 0000～0X67FF FFFF
 * 存储块 3(FSMC_NE3)地址范围：0X6800 0000～0X6BFF FFFF
 * 存储块 4(FSMC_NE4)地址范围：0X6C00 0000～0X6FFF FFFF
 */
#define SRAM_BASE_ADDR         (0X60000000 + (0X4000000 * (SRAM_FSMC_NEX - 1)))
```

这里定义 SRAM_FSMC_NEX 的值为 3，即使用 FSMC 存储块 1 的第 3 个地址范

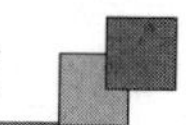

围;SRAM_BASE_ADDR 则根据使用的存储块计算出 SRAM 空间的首地址,存储块 3 对应的是 0x68000000～0x6BFFFFFF 的地址空间。

sram_init 类似于 LCD,需要根据原理图配置 SRAM 的控制引脚,复用连接到 SRAM 芯片上的 I/O 作为 FSMC 的地址线。根据 SRAM 芯片上的时序设置地址线宽度、等待时间、信号极性等,则 SRAM 的初始化函数如下:

```
void sram_init(void)
{
    GPIO_InitTypeDef GPIO_Initure;
    FSMC_NORSRAM_TimingTypeDef fsmc_readwritetim;
    SRAM_CS_GPIO_CLK_ENABLE();          /* SRAM_CS 脚时钟使能 */
    SRAM_WR_GPIO_CLK_ENABLE();          /* SRAM_WR 脚时钟使能 */
    SRAM_RD_GPIO_CLK_ENABLE();          /* SRAM_RD 脚时钟使能 */
    __HAL_RCC_FSMC_CLK_ENABLE();        /* 使能 FSMC 时钟 */
    __HAL_RCC_GPIOD_CLK_ENABLE();       /* 使能 GPIOD 时钟 */
    __HAL_RCC_GPIOE_CLK_ENABLE();       /* 使能 GPIOE 时钟 */
    __HAL_RCC_GPIOF_CLK_ENABLE();       /* 使能 GPIOF 时钟 */
    __HAL_RCC_GPIOG_CLK_ENABLE();       /* 使能 GPIOG 时钟 */
    GPIO_Initure.Pin = SRAM_CS_GPIO_PIN;
    GPIO_Initure.Mode = GPIO_MODE_AF_PP;
    GPIO_Initure.Pull = GPIO_PULLUP;
    GPIO_Initure.Speed = GPIO_SPEED_FREQ_HIGH;
    HAL_GPIO_Init(SRAM_CS_GPIO_PORT, &GPIO_Initure); /* SRAM_CS 引脚模式设置 */
    GPIO_Initure.Pin = SRAM_WR_GPIO_PIN;
    HAL_GPIO_Init(SRAM_WR_GPIO_PORT, &GPIO_Initure); /* SRAM_WR 引脚模式设置 */
    GPIO_Initure.Pin = SRAM_RD_GPIO_PIN;
    HAL_GPIO_Init(SRAM_RD_GPIO_PORT, &GPIO_Initure); /* SRAM_CS 引脚模式设置 */
    /* PD0,1,4,5,8～15 */
    GPIO_Initure.Pin = GPIO_PIN_0 | GPIO_PIN_1 | GPIO_PIN_8 | GPIO_PIN_9 |
                       GPIO_PIN_10 | GPIO_PIN_11 | GPIO_PIN_12 | GPIO_PIN_13
                       GPIO_PIN_14 | GPIO_PIN_15;
    GPIO_Initure.Mode = GPIO_MODE_AF_PP;                /* 推挽复用 */
    GPIO_Initure.Pull = GPIO_PULLUP;                    /* 上拉 */
    GPIO_Initure.Speed = GPIO_SPEED_FREQ_HIGH;          /* 高速 */
    HAL_GPIO_Init(GPIOD, &GPIO_Initure);
    /* PE0,1,7～15 */
    GPIO_Initure.Pin = GPIO_PIN_0 | GPIO_PIN_1 | GPIO_PIN_7 | GPIO_PIN_8 |
                       GPIO_PIN_9 | GPIO_PIN_10 | GPIO_PIN_11 | GPIO_PIN_12 |
                       GPIO_PIN_13 | GPIO_PIN_14 | GPIO_PIN_15;
                           HAL_GPIO_Init(GPIOE, &GPIO_Initure);
    /* PF0～5,12～15 */
    GPIO_Initure.Pin = GPIO_PIN_0 | GPIO_PIN_1 | GPIO_PIN_2 | GPIO_PIN_3 |
                       GPIO_PIN_4 | GPIO_PIN_5 | GPIO_PIN_12 | GPIO_PIN_13 |
                       GPIO_PIN_14 | GPIO_PIN_15;
    HAL_GPIO_Init(GPIOF, &GPIO_Initure);
    /* PG0～5,10 */
    GPIO_Initure.Pin = GPIO_PIN_0 | GPIO_PIN_1 |
                       GPIO_PIN_2 | GPIO_PIN_3 | GPIO_PIN_4 | GPIO_PIN_5;
    HAL_GPIO_Init(GPIOG, &GPIO_Initure);
    g_sram_handler.Instance = FSMC_NORSRAM_DEVICE;
```

```
    g_sram_handler.Extended = FSMC_NORSRAM_EXTENDED_DEVICE;
    g_sram_handler.Init.NSBank = (SRAM_FSMC_NEX == 1) ? FSMC_NORSRAM_BANK1 : \
                                 (SRAM_FSMC_NEX == 2) ? FSMC_NORSRAM_BANK2:\
                                 (SRAM_FSMC_NEX == 3) ? FSMC_NORSRAM_BANK3:\
                                 FSMC_NORSRAM_BANK4; /* 根据配置选择 FSMC_NE1～4 */
    /* 地址/数据线不复用 */
    g_sram_handler.Init.DataAddressMux = FSMC_DATA_ADDRESS_MUX_DISABLE;
    g_sram_handler.Init.MemoryType = FSMC_MEMORY_TYPE_SRAM;    /* SRAM */
    /* 16 位数据宽度 */
    g_sram_handler.Init.MemoryDataWidth = SMC_NORSRAM_MEM_BUS_WIDTH_16;
    /* 是否使能突发访问,仅对同步突发存储器有效,此处未用到 */
    g_sram_handler.Init.BurstAccessMode = FSMC_BURST_ACCESS_MODE_DISABLE;
    /* 等待信号的极性,仅在突发模式访问下有用 */
    g_sram_handler.Init.WaitSignalPolarity = FSMC_WAIT_SIGNAL_POLARITY_LOW;
    /* 存储器是在等待周期之前的一个时钟周期还是等待周期期间使能 NWAIT */
    g_sram_handler.Init.WaitSignalActive = FSMC_WAIT_TIMING_BEFORE_WS;
    /* 存储器写使能 */
    g_sram_handler.Init.WriteOperation = FSMC_WRITE_OPERATION_ENABLE;
    /* 等待使能位,此处未用到 */
    g_sram_handler.Init.WaitSignal = FSMC_WAIT_SIGNAL_DISABLE;
    /* 读写使用相同的时序 */
    g_sram_handler.Init.ExtendedMode = FSMC_EXTENDED_MODE_DISABLE;
    /* 是否使能同步传输模式下的等待信号,此处未用到 */
    g_sram_handler.Init.AsynchronousWait = FSMC_ASYNCHRONOUS_WAIT_DISABLE;
    g_sram_handler.Init.WriteBurst = FSMC_WRITE_BURST_DISABLE; /* 禁止突发写 */
    /* FSMC 读时序控制寄存器 */
    /* 地址建立时间(ADDSET)为 2 个 HCLK 1/168M = 6ns * 2 = 12ns */
    fsmc_readwritetim.AddressSetupTime = 0x02;
    fsmc_readwritetim.AddressHoldTime = 0x00;/* 地址保持时间(ADDHLD)模式 A 未用到 */
    fsmc_readwritetim.DataSetupTime = 0x08; /* 数据保存时间为 8 个 HCLK = 6ns * 8 = 48ns */
    fsmc_readwritetim.BusTurnAroundDuration = 0X00;
    fsmc_readwritetim.AccessMode = FSMC_ACCESS_MODE_A;        /* 模式 A */
    HAL_SRAM_Init(&g_sram_handler,&fsmc_readwritetim,&fsmc_readwritetim);
}
```

初始化成功后,FSMC 控制器就能根据扩展的地址线访问 SRAM 的数据,于是可以直接根据地址指针来访问 SRAM。定义 SRAM 的写函数如下:

```
void sram_write(uint8_t *pbuf, uint32_t addr, uint32_t datalen)
{
    for (; datalen != 0; datalen--)
    {
        *(volatile uint8_t *)(SRAM_BASE_ADDR + addr) = *pbuf;
        addr++;
        pbuf++;
    }
}
```

同样地,利用地址可以构造出一个 SRAM 的连续读函数:

```
void sram_read(uint8_t *pbuf, uint32_t addr, uint32_t datalen)
{
    for (; datalen != 0; datalen--)
```

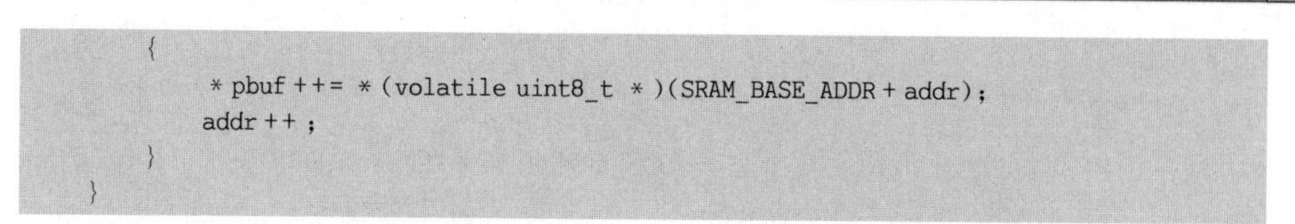

```
    {
        *pbuf++= *(volatile uint8_t *)(SRAM_BASE_ADDR + addr);
        addr++;
    }
}
```

注意，以上两个函数是操作 unsigned char 类型的指针，使用其他类型的指针时需要注意指针的偏移量。难点主要是根据 SRAM 芯片上的时序来初始化 FSMC 控制器，读者可参考芯片手册上的时序并结合代码来理解这部分初始化的过程。

2. main.c 代码

初始化好了 SRAM 就可以使用 SRAM 中的存储器进行编程了，这里利用 ARM 编译器的特性——可以在某一绝对地址定义变量。为方便测试，直接定义一个与 SRAM 容量大小类似的数组。由于是 1 MB 的 RAM，定义了 uint32_t 类型后，大小要除以 4，故定义的测试数组如下：

```
/* 测试用数组，起始地址为：SRAM_BASE_ADDR */
#if (__ARMCC_VERSION >= 6010050)
uint32_t g_test_buffer[250000] __attribute__((section(".bss.ARM.__at_0x6800000")));
#else
uint32_t g_test_buffer[250000] __attribute__((at(SRAM_BASE_ADDR)));
#endif
```

这里的__attribute__(())是 ARM 编译器的一种关键字，它有很多种用法，可以通过特殊修饰来指定变量或者函数的属性。读者可以去 MDK 的帮助文件里查找这个关键字的其他用法。这里要用这个关键字把变量放到指定的位置，而且用了条件编译，因为 MDK 的 AC5 和 AC6 下的语法不同。

通过前面的描述可知，SRAM 的访问基地址是 0x68000000，如果定义一个与 SRAM 空间大小相同的数组，而且数组指向的位置就是 0x68000000，则通过数组就可以很方便地直接操作这块存储空间。所以回来前面所说的__attribute__关键字。对于 AC5，它可以用__attribute__((at(地址)))的方法来修饰变量，而且这个地址可以是一个算式，这样编译器在编译时就会通过这个关键字判断并把这个数组放到我们定义的空间，在硬件支持的情况下，就可以访问这些指定空间的变量或常量了。但是对于 AC6，指定地址时需要用__attribute__((section(".bss.ARM.__at_地址")))的方法指定一个绝对地址，才能把变量或者常量放到需要定义的位置。这里这个地址就不支持算式了，但是这个语法更加通用，其他平台的编译器如 gcc 也有类似的语法，而且 AC5 下也可以用 AC6 的这种语法来达到相同效果。

完成 SRAM 部分的代码，main 函数只要实现对 SRAM 的读/写测试即可。这里加入按键和 LCD 来辅助显示，在 main 函数中编写代码如下：

```
int main(void)
{
    uint8_t key;
    uint8_t i = 0;
    uint32_t ts = 0;
```

```
    HAL_Init();                                    /* 初始化 HAL 库 */
    sys_stm32_clock_init(336, 8, 2, 7);            /* 设置时钟, 168 MHz */
    delay_init(168);                               /* 延时初始化 */
    usart_init(115200);                            /* 串口初始化为 115 200 */
    usmart_dev.init(84);                           /* 初始化 USMART */
    led_init();                                    /* 初始化 LED */
    lcd_init();                                    /* 初始化 LCD */
    key_init();                                    /* 初始化按键 */
    sram_init();                                   /* SRAM 初始化 */
    lcd_show_string(30, 50, 200, 16, 16, "STM32", RED);
    lcd_show_string(30, 70, 200, 16, 16, "SRAM TEST", RED);
    lcd_show_string(30, 90, 200, 16, 16, "ATOM@ALIENTEK", RED);
    lcd_show_string(30, 110, 200, 16, 16, "KEY0:Test Sram", RED);
    lcd_show_string(30, 130, 200, 16, 16, "KEY1:TEST Data", RED);
    for (ts = 0; ts < 250000; ts++)
    {
        g_test_buffer[ts] = ts;                    /* 预存测试数据 */
    }
    while (1)
    {
        key = key_scan(0);                         /* 不支持连按 */
        if (key == KEY0_PRES)
        {
            fsmc_sram_test(30, 150);               /* 测试 SRAM 容量 */
        }
        else if (key == KEY1_PRES)                 /* 打印预存测试数据 */
        {
            for (ts = 0; ts < 250000; ts++)
            {   /* 显示测试数据 */
                lcd_show_xnum(30, 170, g_test_buffer[ts], 6, 16, 0, BLUE);
            }
        }
        else
        {
            delay_ms(10);
        }
        i++;
        if (i == 20)
        {
            i = 0;
            LED0_TOGGLE();  /* LED0 闪烁 */
        }
    }
}
```

13.5 下载验证

代码编译成功之后，下载代码到开发板上，得到如图 13.4 所示界面。

此时，按下 KEY0 就可以在 LCD 上看到内存测试的界面。同样，按下 KEY1 就可以看到 LCD 显示存放在数组 g_test_buffer 里面的测试数据。把数组的下标直接写到

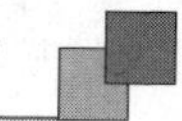

SRAM 中，可以看到这个数据在不断更新，SRAM 读/写操作成功了，如图 13.5 所示。

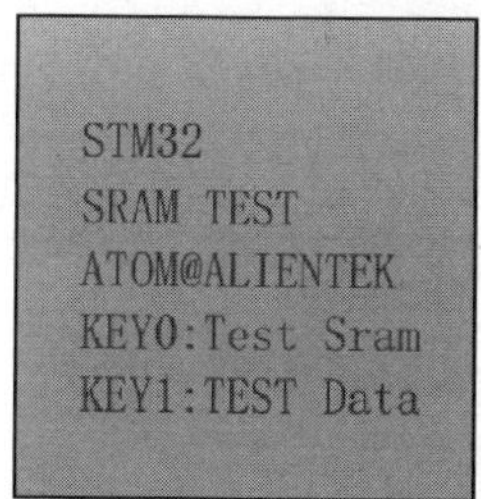

图 13.4 程序运行效果图

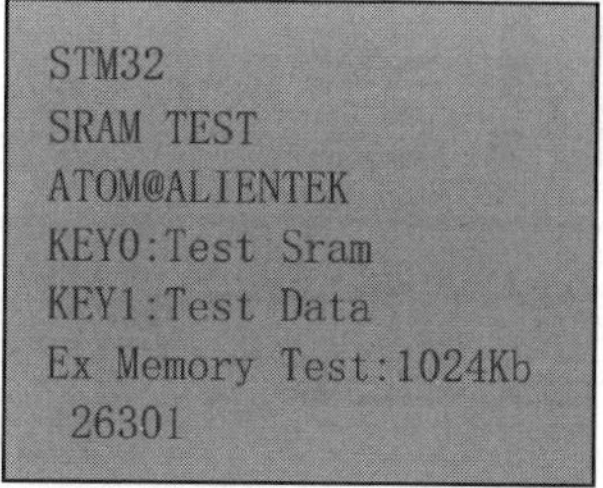

图 13.5 外部 SRAM 测试界面

该实验还可以借助 USMART 来测试，如图 13.6 所示。

```
XCOM
----------------函数清单----------------
uint32_t read_addr(uint32_t addr)
void write_addr(uint32_t addr,uint32_t val)
void delay_ms(uint16_t nms)
void delay_us(uint32_t nus)
uint8_t sram_test_read(uint32_t addr)
void sram_test_write(uint32_t addr, uint8_t data)


sram_test_read(0X4D2)=0X0;

sram_test_write(0X4D2,0X20);

sram_test_read(0X4D2)=0X20;

list
sram_test_read(1234)
sram_test_write(1234, 32)

串口选择 COM4:USB-SERIAL CH34C
波特率 115200
停止位 1
数据位 8
校验位 None
串口操作 关闭串口
www.openedv.com  S:77  R:388  CTS=0 DSR=0 DCD=0
```

图 13.6 借助 USMART 测试外部 SRAM 读/写

第 14 章

内存管理实验

本章介绍内存管理，并使用内存的动态管理减少对内存的浪费。

14.1 内存管理简介

内存管理是指软件运行时对计算机内存资源的分配和使用的技术，其最主要的目的是如何高效、快速地分配，并且在适当的时候释放和回收内存资源。内存管理的实现方法有很多种，其实最终都是要实现两个函数：malloc 和 free。malloc 函数用来内存申请，free 函数用于内存释放。

本章介绍一种比较简单的办法来实现内存管理，即分块式内存管理，如图 14.1 所示。可以看出，分块式内存管理由内存池和内存管理表 2 部分组成。内存池被等分为 n 块，对应的内存管理表，大小也为 n，内存管理表的每一个项对应内存池的一块内存。

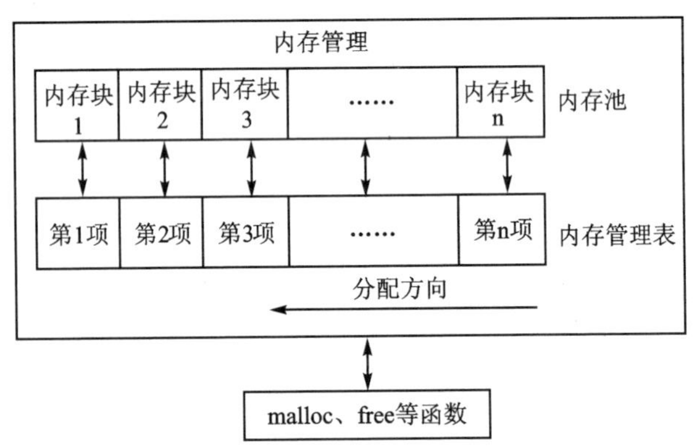

图 14.1　分块式内存管理原理

内存管理表的项值代表的意义为：当该项值为 0 的时候，代表对应的内存块未被占用；当该项值非 0 的时候，代表该项对应的内存块已经被占用，其数值则代表被连续占用的内存块数。比如某项值为 10，那么说明包括本项对应的内存块在内，总共分配了 10 个内存块给外部的某个指针。

内存分配方向如图 14.1 所示，是从顶→底的分配方向。即首先从最末端开始找空内存，当内存管理刚初始化的时候，内存表全部清零，表示没有任何内存块被占用。

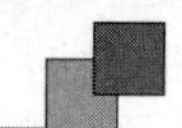

(1) 分配原理

当指针 p 调用 malloc 申请内存的时候，先判断 p 要分配的内存块数(m)，然后从第 n 开始向下查找，直到找到 m 块连续的空内存块(即对应内存管理表项为 0)，然后将这 m 个内存管理表项的值都设置为 m(标记被占用)，最后，把这个空内存块的地址返回指针 p，完成一次分配。注意，当内存不够的时候(找到最后也没有找到连续 m 块空闲内存)，则返回 NULL 给 p，表示分配失败。

(2) 释放原理

当 p 申请的内存用完、需要释放的时候，调用 free 函数实现。free 函数先判断 p 指向的内存地址所对应的内存块，然后找到对应的内存管理表项目，得到 p 所占用的内存块数目 m(内存管理表项目的值就是所分配内存块的数目)，将这 m 个内存管理表项目的值都清零，标记释放，完成一次内存释放。

14.2　硬件设计

(1) 例程功能

按下按键 KEY0 就申请 2 KB 内存，按下 KEY1 就写数据到申请到的内存里，按下 WK_UP 按键用于释放内存。LED0 闪烁用于提示程序正在运行。

(2) 硬件资源

- LED 灯：LED0 - PF9；
- 独立按键：KEY0 - PE4、KEY1 - PE3、WK_UP - PA0；
- 串口 1(USMART 使用)；
- 正点原子 TFTLCD 模块(仅限 MCU 屏，16 位 8080 并口驱动)；
- STM32 自带的 SRAM；
- 开发板板载的 SRAM。

14.3　程序设计

14.3.1　程序流程图

程序流程如图 14.2 所示。

14.3.2　程序解析

1. 内存管理代码

这里只讲解核心代码，详细的源码可参考配套资料中本实验对应源码。内存管理驱动源码包括两个文件：malloc.c 和 malloc.h，这两个文件放在 Middlewares 文件夹下面的 MALLOC 文件夹。

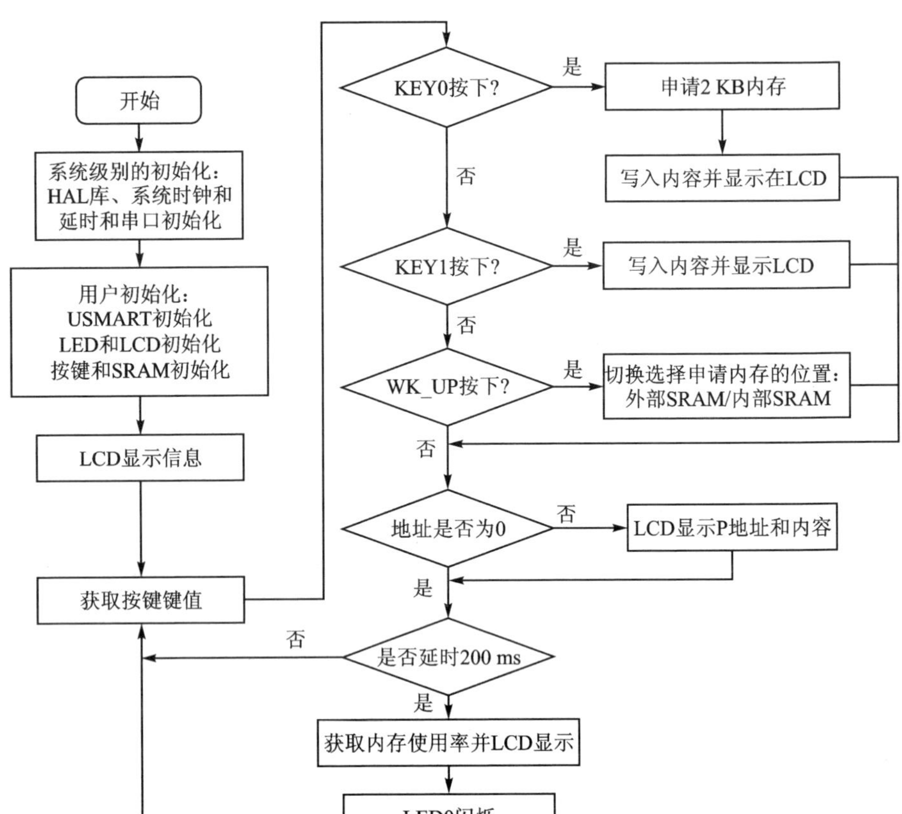

图 14.2　内存管理实验程序流程图

下面直接介绍 malloc.h 中比较重要的一个结构体和内存参数宏定义，其定义如下：

```
/* mem1 内存参数设定.mem1 完全处于内部 SRAM */
#define MEM1_BLOCK_SIZE     32              /* 内存块大小为 32 字节 */
#define MEM1_MAX_SIZE       100 * 1024 /* 最大管理内存 100 KB */
#define MEM1_ALLOC_TABLE_SIZE    MEM1_MAX_SIZE/MEM1_BLOCK_SIZE    /* 内存表大小 */
/* mem2 内存参数设定.mem2 处于 CCM,用于管理 CCM(特别注意,这部分 SRAM,仅 CPU 可以访问 */
#define MEM2_BLOCK_SIZE     32              /* 内存块大小为 32 字节 */
#define MEM2_MAX_SIZE       60 *1024    /* 最大管理内存 60 KB */
#define MEM2_ALLOC_TABLE_SIZE    MEM2_MAX_SIZE/MEM2_BLOCK_SIZE    /* 内存表大小 */
/* mem3 内存参数设定.mem3 是外扩 SRAM. */
#define MEM3_BLOCK_SIZE     32              /* 内存块大小为 32 字节 */
#define MEM3_MAX_SIZE       963 * 1024 /* 最大管理内存 100 KB */
#define MEM3_ALLOC_TABLE_SIZE    MEM3_MAX_SIZE/MEM3_BLOCK_SIZE    /* 内存表大小 */
/* 如果没有定义 NULL,定义 NULL */
#ifndef NULL
#define NULL 0
#endif
/* 内存管理控制器 */
```

```
struct _m_mallco_dev
{
    void ( * init)(uint8_t);                  /* 初始化 */
    uint16_t ( * perused)(uint8_t);           /* 内存使用率 */
    uint8_t * membase[SRAMBANK];              /* 内存池 管理 SRAMBANK 个区域的内存 */
    MT_TYPE * memmap[SRAMBANK];               /* 内存管理状态表 */
    uint8_t  memrdy[SRAMBANK];                /* 内存管理是否就绪 */
};
```

可以定义几个不同的内存管理表，再分配相应的指针到管理控制器即可。程序中用宏定义 MEM1_BLOCK_SIZE 来定义 malloc 可以管理的内部内存池总大小，实际上定义了一个大小为 MEM1_BLOCK_SIZE 的数组，这样编译后就能获得一块实际的连续内存区域，这里是 100 KB，MEM1_ALLOC_TABLE_SIZE 代表内存池的内存管理表大小。可以定义多个内存管理表，这样就可以同时管理多块内存。

从这里可以看出，内存分块越小，那么内存管理表就越大。当分块为 4 字节一个块的时候，内存管理表就和内存池一样大了（管理表的每项都是 uint16_t 类型）。显然是不合适。这里取 64 字节，比例为 1∶16，内存管理表就相对比较小了。

通过这个内存管理控制器_m_malloc_dev 结构体，我们把分块式内存管理的相关信息，如初始化函数、获取使用率、内存池、内存管理表以及内存管理的状态保存下来，实现对内存池的管理控制。

下面介绍 malloc.c 文件，内存池、内存管理表、内存管理参数和内存管理控制器的定义如下：

```
#if !(__ARMCC_VERSION >= 6010050)    /* 不是 AC6 编译器，即使用 AC5 编译器时 */
/* 内存池(64 字节对齐) */
static __align(64) uint8_t mem1base[MEM1_MAX_SIZE];         /* 内部 SRAM 内存池 */
static __align(64) uint8_t mem2base[MEM2_MAX_SIZE] __attribute__((at
(0x10000000)));       /* 内部 CCM 内存池 */
static __align(64) uint8_t mem3base[MEM3_MAX_SIZE] __attribute__((at
(0x68000000)));       /* 外部 SRAM 内存池 */
/* 内存管理表 */
static MT_TYPE mem1mapbase[MEM1_ALLOC_TABLE_SIZE];          /* 内部 SRAM 内存池 MAP */
static MT_TYPE mem2mapbase[MEM2_ALLOC_TABLE_SIZE] __attribute__((at(0x10000000 + MEM2_
MAX_SIZE)));  /* 内部 CCM 内存池 MAP */
static MT_TYPE mem3mapbase[MEM3_ALLOC_TABLE_SIZE] __attribute__((at(0x68000000 + MEM3_
MAX_SIZE)));  /* 外部 SRAM 内存池 MAP */
#else       /* 使用 AC6 编译器时 */
/* 内存池(64 字节对齐) */
static __ALIGNED(64) uint8_t mem1base[MEM1_MAX_SIZE];      /* 内部 SRAM 内存池 */
static __ALIGNED(64) uint8_t mem2base[MEM2_MAX_SIZE] __attribute__((section(".bss.ARM.
__at_0x10000000")));     /* 内部 CCM 内存池 */
static __ALIGNED(64) uint8_t mem3base[MEM3_MAX_SIZE] __attribute__((section(".bss.ARM.
__at_0x68000000")));     /* 外部 SRAM 内存池 */
/* 内存管理表 */
static MT_TYPE mem1mapbase[MEM1_ALLOC_TABLE_SIZE];       /* 内部 SRAM 内存池 MAP */
static MT_TYPE mem2mapbase[MEM2_ALLOC_TABLE_SIZE] __attribute__((section(".bss.ARM.__
at_0x1000F000")));     /* 内部 CCM 内存池 MAP */
```

```
    static MT_TYPE mem3mapbase[MEM3_ALLOC_TABLE_SIZE] __attribute__((section(".bss.ARM.__
at_0x680F0C00")));     /* 外部 SRAM 内存池 MAP */
    #endif
    /* 内存管理参数 */
    const uint32_t memtblsize[SRAMBANK] = {MEM1_ALLOC_TABLE_SIZE, MEM2_ALLOC_TABLE_SIZE,
MEM3_ALLOC_TABLE_SIZE};                  /* 内存表大小 */
    const uint32_t memblksize[SRAMBANK] = {MEM1_BLOCK_SIZE, MEM2_BLOCK_SIZE, MEM3_BLOCK_
SIZE};                                            /* 内存分块大小 */
    const uint32_t memsize[SRAMBANK] = {MEM1_MAX_SIZE, MEM2_MAX_SIZE, MEM3_MAX_
SIZE};                                                /* 内存总大小 */
    /* 内存管理控制器 */
    struct _m_mallco_dev mallco_dev =
    {
        my_mem_init,                                  /* 内存初始化 */
        my_mem_perused,                               /* 内存使用率 */
        mem1base, mem2base, mem3base,                 /* 内存池 */
        mem1mapbase, mem2mapbase, mem3mapbase,        /* 内存管理状态表 */
        0, 0, 0,                                      /* 内存管理未就绪 */
    };
```

MDK 支持用__attirbute__((at(地址)))的方法把变量定义到指定的区域,而且这个变量支持算式。读者可以去 MKD 的帮助文件中查找__attribute__关键字的相关信息。

通过判断编译器的版本来执行不同方式的定义,对于 AC5 来说,使用的是__attribute__((at(地址))),但是如果想换成 AC6 编译器,则指定变量位置的函数变成__attribute__((section(".bss.ARM.__at_地址")))的方式。其中,.bss 表示初始化值为 0。这个方式不支持算式,所以采用上面的方法直接用宏计算出 SRAM 地址的方法就不可行了,需要直接手动算出 SRAM 对应的内存地址。同样地,__align(64)在 AC6 下的写法也变成了__ALIGNED(64)。其他差异的部分可参考 MDK 官方提供的 AC5 到 AC6 的迁移方法的文档,这里主要介绍 AC5 编译器。

通过内存管理控制器 mallco_dev 结构体,实现对 3 个内存池的管理控制。

第一个是内部 SRAM 内存池,定义为:

```
static __align(64) uint8_t  mem1base[MEM1_MAX_SIZE];         /* 内部 SRAM 内存池 */
```

第二个是内部 CCM 内存池,定义为:

```
static __align(64) uint8_t mem2base[MEM2_MAX_SIZE]
                        __attribute__((at(0x10000000))); /* 内部 CCM 内存池 */
```

第三个是外部 SRAM 内存池,定义为:

```
static __align(64) uint8_t mem3base[MEM3_MAX_SIZE]
                        __attribute__((at(0x68000000))); /* 外部 SRAM 内存池 */
```

这里定义成 3 个,是因为这 3 个内存区域的地址不一样,STM32F4 内部内存分为两大块:① 普通内存(又分为主要内存和辅助内存,地址从 0x20000000 开始,共 128 KB),这部分内存任何外设都可以访问。② CCM 内存(地址从 0x10000000 开始,共 64 KB),这部分内存仅 CPU 可以访问,DMA 之类不可以直接访问,使用时得特别注

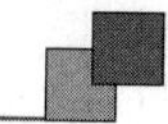

意！最后就是外部 SRAM(地址从 0x68000000 开始，共 963 KB)，这部分内存任何外设都可以访问。

其他的 malloc 代码如下：

```
void my_mem_copy(void * des, void * src, uint32_t n)
{
    uint8_t  * xdes = des;
    uint8_t  * xsrc = src;
    while (n--) * xdes++ = * xsrc++;
}

void my_mem_set(void * s, uint8_t c, uint32_t count)
{
    uint8_t * xs = s;
    while (count--) * xs++ = c;
}

void my_mem_init(uint8_t memx)
{
    /* 内存状态表数据清零 */
    mymemset(mallco_dev.memmap[memx], 0, memtblsize[memx] * 2);
    mymemset(mallco_dev.membase[memx], 0, memsize[memx]); /* 内存池所有数据清零 */
    mallco_dev.memrdy[memx] = 1;                          /* 内存管理初始化 OK */
}

uint16_t my_mem_perused(uint8_t memx)
{
    uint32_t used = 0;
    uint32_t i;
    for (i = 0; i < memtblsize[memx]; i++)
    {
        if (mallco_dev.memmap[memx][i]) used++;
    }
    return (used * 1000) / (memtblsize[memx]);
}

static uint32_t my_mem_malloc(uint8_t memx, uint32_t size)
{
    signed long offset = 0;
    uint32_t nmemb;           /* 需要的内存块数 */
    uint32_t cmemb = 0;       /* 连续空内存块数 */
    uint32_t i;
    if (!mallco_dev.memrdy[memx])
    {
        mallco_dev.init(memx);                 /* 未初始化,先执行初始化 */
    }
    if (size == 0) return 0xFFFFFFFF;          /* 不需要分配 */
    nmemb = size / memblksize[memx];           /* 获取需要分配的连续内存块数 */
    if (size % memblksize[memx]) nmemb++;
    /* 搜索整个内存控制区 */
    for (offset = memtblsize[memx] - 1; offset >= 0; offset--)
    {
        if (!mallco_dev.memmap[memx][offset])
```

```
        {
            cmemb++;                        /* 连续空内存块数增加 */
        }
        else
        {
            cmemb = 0;                  /* 连续内存块清零 */
        }
        if (cmemb == nmemb)       /* 找到了连续 nmemb 个空内存块 */
        {
            for (i = 0; i < nmemb; i++) /* 标注内存块非空 */
            {
                mallco_dev.memmap[memx][offset + i] = nmemb;
            }
            return (offset * memblksize[memx]); /* 返回偏移地址 */
        }
    }
    return 0xFFFFFFFF;              /* 未找到符合分配条件的内存块 */
}
static uint8_t my_mem_free(uint8_t memx, uint32_t offset)
{
    int i;
    if (!mallco_dev.memrdy[memx])          /* 未初始化,先执行初始化 */
    {
        mallco_dev.init(memx);
        return 1;                                  /* 未初始化 */
    }
    if (offset < memsize[memx])            /* 偏移在内存池内 */
    {
        int index = offset / memblksize[memx];              /* 偏移所在内存块号码 */
        int nmemb = mallco_dev.memmap[memx][index];      /* 内存块数量 */
        for (i = 0; i < nmemb; i++)                        /* 内存块清零 */
        {
            mallco_dev.memmap[memx][index + i] = 0;
        }
        return 0;
    }
    else
    {
        return 2;     /* 偏移超区了 */
    }
}
void myfree(uint8_t memx, void *ptr)
{
    uint32_t offset;
    if (ptr == NULL)return;          /* 地址为 0 */
    offset = (uint32_t)ptr - (uint32_t)mallco_dev.membase[memx];
    my_mem_free(memx, offset);     /* 释放内存 */
}
void *mymalloc(uint8_t memx, uint32_t size)
{
```

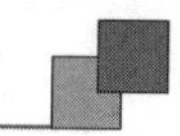

```
    uint32_t offset;
    offset = my_mem_malloc(memx, size);
    if (offset == 0xFFFFFFFF)                  /* 申请出错 */
    {
        return NULL;                           /* 返回空(0) */
    }
    else    /* 申请没问题,返回首地址 */
    {
        return (void *)((uint32_t)mallco_dev.membase[memx] + offset);
    }
}

void *myrealloc(uint8_t memx, void *ptr, uint32_t size)
{
    uint32_t offset;
    offset = my_mem_malloc(memx, size);
    if (offset == 0xFFFFFFFF)                  /* 申请出错 */
    {
        return NULL;                           /* 返回空(0) */
    }
    else    /* 申请没问题,返回首地址 */
    {
        my_mem_copy((void *)((uint32_t)mallco_dev.membase[memx] + offset),
                          ptr, size);          /* 复制旧内存内容到新内存 */
        myfree(memx, ptr);                     /* 释放旧内存 */
        /* 返回新内存首地址 */
        return (void *)((uint32_t)mallco_dev.membase[memx] + offset);
    }
}
```

my_mem_malloc 和 my_mem_free 函数分别用于内存申请和内存释放,但只是内部调用,外部调用时另外定义了 mymalloc 和 myfree 这两个函数。

2. main.c 代码

main.c 代码如下:

```
const char *SRAM_NAME_BUF[SRAMBANK] = {" SRAMIN ", " SRAMCCM ", " SRAMEX "};
int main(void)
{
    uint8_t paddr[20];  /* 存放 P Addr: + p 地址的 ASCII 值 */
    uint16_t memused = 0;
    uint8_t key;
    uint8_t i = 0;
    uint8_t *p = 0;
    uint8_t *tp = 0;
    uint8_t sramx = 0;                          /* 默认为内部 SRAM */
    HAL_Init();                                 /* 初始化 HAL 库 */
    sys_stm32_clock_init(336, 8, 2, 7);         /* 设置时钟,168 MHz */
    delay_init(168);                            /* 延时初始化 */
    usart_init(115200);                         /* 串口初始化为 115 200 */
    usmart_dev.init(84);                        /* 初始化 USMART */
```

```
    led_init();                                     /* 初始化 LED */
    lcd_init();                                     /* 初始化 LCD */
    key_init();                                     /* 初始化按键 */
    sram_init();                                    /* SRAM 初始化 */
    my_mem_init(SRAMIN);                            /* 初始化内部 SRAM 内存池 */
    my_mem_init(SRAMEX);                            /* 初始化外部 SRAM 内存池 */
    lcd_show_string(30,  50, 200, 16, 16, "STM32", RED);
    lcd_show_string(30,  70, 200, 16, 16, "MALLOC TEST", RED);
    lcd_show_string(30,  90, 200, 16, 16, "ATOM@ALIENTEK", RED);
    lcd_show_string(30, 110, 200, 16, 16, "KEY0:Malloc & WR & Show", RED);
    lcd_show_string(30, 130, 200, 16, 16, "KEY_UP:SRAMx KEY1:Free", RED);
    lcd_show_string(60, 160, 200, 16, 16, " SRAMIN ", BLUE);
    lcd_show_string(30, 176, 200, 16, 16, "SRAMIN   USED:", BLUE);
    lcd_show_string(30, 192, 200, 16, 16, "SRAMCCM  USED:", BLUE);
    lcd_show_string(30, 208, 200, 16, 16, "SRAMEX   USED:", BLUE);
    while (1)
    {
        key = key_scan(0);                  /* 不支持连按 */
        switch (key)
        {
            case KEY0_PRES:                 /* KEY0 按下 */
                /* 申请 2 KB,并写入内容,显示在 LCD 屏幕上面 */
                p = mymalloc(sramx, 2048);
                if (p != NULL)
                {/* 向 p 写入一些内容 */
                    sprintf((char *)p, "Memory Malloc Test %03d", i);
                    /* 显示 P 的内容 */
                    lcd_show_string(30, 260, 209, 16, 16, (char *)p, BLUE);
                }
                break;
            case KEY1_PRES:                 /* KEY1 按下 */
                myfree(sramx, p);           /* 释放内存 */
                p = 0;                      /* 指向空地址 */
                break;
            case WKUP_PRES:                 /* KEY UP 按下 */
                sramx++;
                if (sramx > SRAMBANK)sramx = 0;
                lcd_show_string(60, 160, 200, 16, 16,
                                (char *)SRAM_NAME_BUF[sramx], BLUE);
                break;
        }
        if (tp != p)
        {
            tp = p;
            sprintf((char *)paddr, "P Addr:0X%08X", (uint32_t)tp);
            /* 显示 p 的地址 */
            lcd_show_string(30, 240, 209, 16, 16, (char *)paddr, BLUE);
            if (p)
            {/* 显示 P 的内容 */
                lcd_show_string(30, 260, 280, 16, 16, (char *)p, BLUE);
            }
```

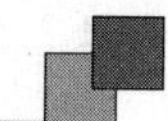

```
            else
            {
                lcd_fill(30, 260, 209, 296, WHITE); /* p=0,清除显示 */
            }
        }
        delay_ms(10);
        i++;
        if ((i % 20) == 0)      /* DS0 闪烁 */
        {
            memused = my_mem_perused(SRAMIN);
            sprintf((char *)paddr, "%d.%01d%%", memused / 10, memused % 10);
            /* 显示内部内存使用率 */
            lcd_show_string(30 + 112, 176, 200, 16, 16, (char *)paddr, BLUE);
            memused = my_mem_perused(SRAMEX);
            sprintf((char *)paddr, "%d.%01d%%", memused / 10, memused % 10);
            /* 显示 TCM 内存使用率 */
            lcd_show_string(30 + 112, 192, 200, 16, 16, (char *)paddr, BLUE);
            LED0_TOGGLE();      /* LED0 闪烁 */
        }
    }
}
```

该部分代码比较简单，主要是对 mymalloc 和 myfree 的应用。注意，如果对一个指针进行多次内存申请，而之前的申请又没释放，那么将造成内存泄漏。这是内存管理不希望发生的，久而久之，可能导致无内存可用的情况。所以，在使用的时候一定记得，申请的内存在用完以后一定要释放。

另外，本章希望利用 USMART 调试内存管理，所以在 USMART 里面添加了 mymalloc 和 myfree 函数，用于测试内存分配和内存释放。

14.4　下载验证

将程序下载到开发板后，可以看到 LED0 不停闪烁，提示程序已经在运行了。LCD 显示的内容如图 14.3 所示。

可以看到，内存的使用率均为 0%，说明还没有任何内存被使用。可以通过 KEY_UP 选择申请内存的位置：SRAMIN 为内部，SRAMCCM 为内部，SRAMEX 为外部。此时选择从内部申请内存，按下 KEY0 就可以看到申请了 2%的一个内存块，同时下面提示了指针 p 所指向的地址（其实就是被分配到的内存地址）和内容。效果如图 14.4 所示。

KEY0 键用来更新 p 的内容，更新后的内容将重新显示在 LCD 模块上。多按几次 KEY0，可以看到内存使用率持续上升（注意比对 p 的值，可以发现是递减的，说明是从顶部开始分配内存）。每次申请一个内存块后，可以通过按下 KEY0 释放本次申请的内存，如果每次申请完内存不再使用却不及时释放掉，再按 KEY1 就无法释放之前的内存了。这样重复多次就会造成内存泄漏。我们程序就是模拟这样一个情况，读者在实际使用的时候要注意到这种做法的危险性,必须在编程时严格避免内存泄漏的情况发生。

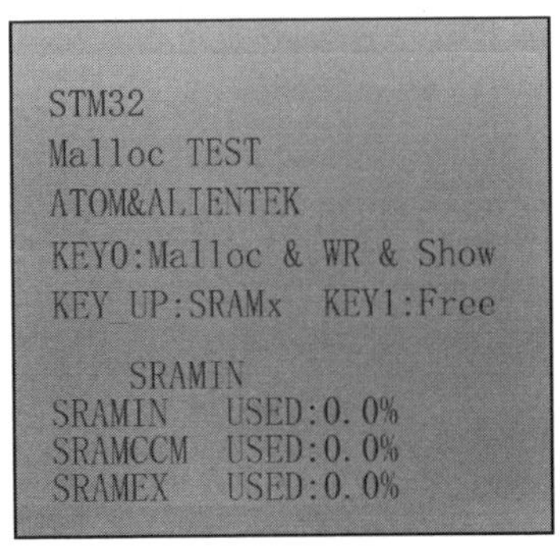

图 14.3 内存管理实验测试图

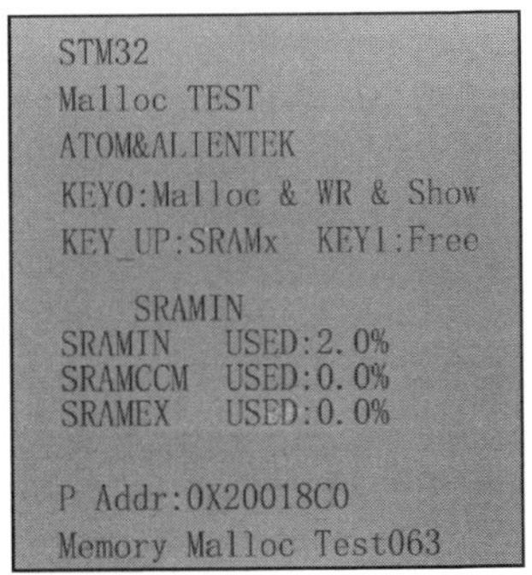

图 14.4 按下 KEY0 申请了部分内存

本章还可以借助 USMART 测试内存的分配和释放,有兴趣的读者可以动手试试。如图 14.5 所示。

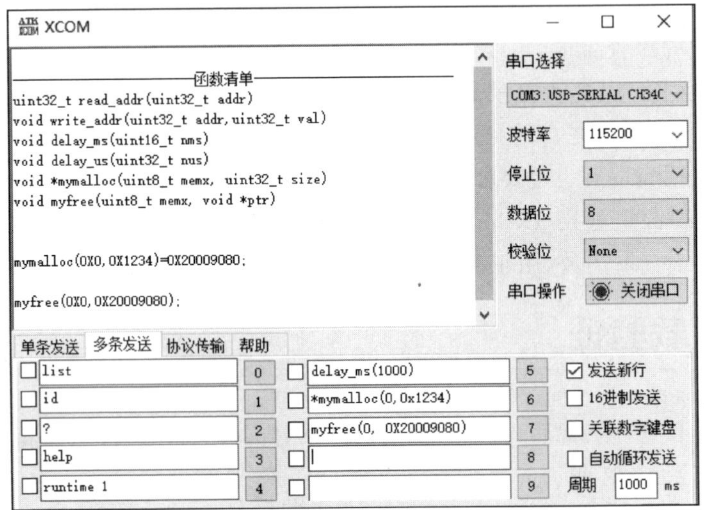

图 14.5 USMART 测试内存管理图

图 14.5 中先申请了 4 660 字节的内存,申请到的内存首地址为 0x20009080,说明申请内存成功(如果不成功,则会收到 0);然后释放内存的时候,参数是指针的地址,即执行 myfree(0x200097FC)就可以释放申请到的内存。其他情况可以自行测试并分析。

第 15 章 SD 卡实验

很多单片机系统都需要大容量存储设备来存储数据，目前常用的有 U 盘、FLASH 芯片、SD 卡等。它们各有优点，综合比较，最适合单片机系统的莫过于 SD 卡了，它不仅容量可以做到很大(32 GB 以上)、支持 SPI/SDIO 驱动，而且有多种体积的尺寸可供选择(标准的 SD 卡尺寸及 micorSD 卡尺寸等)，能满足不同应用的要求。

只需要少数几个 I/O 口即可外扩一个高达 32 GB 或以上的外部存储器，容量从几十 M 到几十 G 选择范围很大，更换也很方便，编程也简单，是单片机大容量外部存储器的首选。

探索者 F407 开发板 V3 版本以后使用的接口是 microSD 卡接口，卡座带自锁功能，可使用 STM32F4 自带的 SDIO 接口驱动，4 位模式，最高通信速度可达 48 MHz(分频器旁路时)，最高每秒可传输数据 24 MB，对于一般应用足够了。本章将介绍如何在开发板上实现 microSD 卡的读取。

15.1 SD 卡简介

15.1.1 SD 物理结构

SD 卡的规范由 SD 卡协会明确，可以访问 https://www.sdcard.org 查阅更多标准。SD 卡主要有 SD、miniSD 和 microSD(原名 TF 卡，2004 年正式更名为 Micro SD Card，为方便本文用 microSD 表示)3 种类型。miniSD 已经被 microSD 取代，使用得不多，根据最新的 SD 卡规格列出的参数如表 15.1 所列。

表中的脚位数对应于实卡上的“金手指”数，不同类型的卡的触点数量不同，访问的速度也不相同。SD 卡允许不同的接口来访问它的内部存储单元。最常见的是 SDIO 模式和 SPI 模式。根据这两种接口模式，这里列出 SD 卡引脚对应于这两种不同的电路模式的引脚功能定义，如表 15.2 所列。

对比着来看一下 microSD 引脚，如表 15.3 所列，可见只比 SD 卡少了一个电源引脚 VSS2，其他引脚的功能类似。

SD 卡和 microSD 只有引脚和形状大小不同，内部结构类似，操作时序完全相同，可以使用完全相同的代码驱动。下面以 9′Pin SD 卡的内部结构为例，展示 SD 卡的存储结构，如图 15.1 所示。

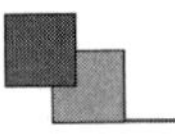

表 15.1　SD 卡的主要规格参数

形　状		SD	microSD
尺寸		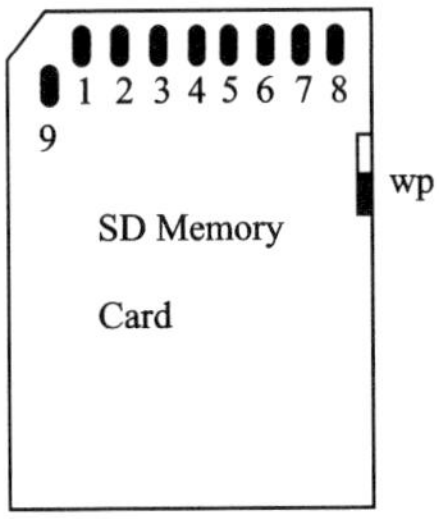 32×24×2.1 mm， 32×24×1.4 mm， 重 1.2～2.5 g	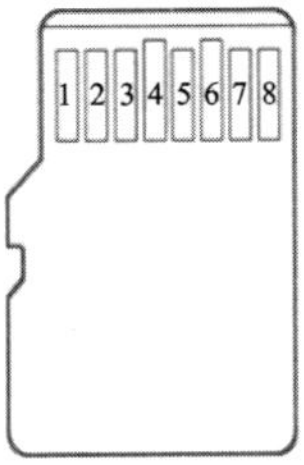 11×15×1.0 mm，重 0.5 g
卡片种类(容量范围)		SD(≤2 GB)、SDHC(2～32 GB)、SDXC(32 GB～2 TB)、SDUC(2～128 TB)	
硬件规格	脚位数	High Speed and UHS－I：9 pin	High Speed and UHS－I：8 pin
		UHS－II and UHS－III：17 pin	UHS－II and UHS－III：16 pin
		SD Express 1－lane：17～19 pin	SD Express 1－lane：17 pin
		SD Express 2－lane：25～27 pin	
	电压范围	3.3 V 版本：2.7～3.6 V	
		1.8 V 低电压版：1.70～1.95 V	
	防写开关	是	否

表 15.2　SD 卡引脚编号

SD 卡	SD 模式			SPI 模式		
引脚编号	引脚名	引脚类型	功能描述	引脚名	引脚类型	功能描述
1	CD/DAT3	I/O/PP	卡识别/数据线位 3	CS	I3	片选，低电平有效
2	CMD	I/O/PP	命令/响应	DI	I	数据输入
3	VSS1	S	电源地	VSS	S	电源地
4	VDD	S	DC 电源正极	VDD	S	DC 电源正极
5	CLK	I	Clock	SCLK	I	时钟
6	VSS2	S	电源地	VSS2	S	电源地
7	DAT0	I/O/PP	数据线位 0	DO	O/PP	数据输出
8	DAT1	I/O/PP	数据线位 1	RSV		
9	DAT2	I/O/PP	数据线位 2	RSV		

注：S 表示电源，I 表示输入，O 表示推挽输出，PP 表示推挽。

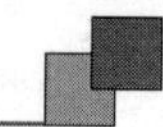

表 15.3 microSD 卡引脚编号

microSD	SD 模式			SPI 模式		
引脚编号	引脚名	引脚类型	功能描述	引脚名	引脚类型	功能描述
1	DAT2	I/O/PP	数据线位 2	RSV		
2	CD/DAT3	I/O/PP	卡识别/数据线位 3	CS	I	片选低电平有效
3	CMD	PP	命令/响应	DI	I	数据输入
4	VDD	S	DC 电源正极	VDD	S	DC 电源正极
5	CLK	I	时钟	SCLK	I	时钟
6	VSS	S	电源地	VSS	S	电源地
7	DAT0	I/O/PP	数据线位 0	DO	O/PP	数据输出
8	DAT1	I/O/PP	数据线位 1	RSV		

注：S 表示电源，I 表示输入，O 表示推挽输出，PP 表示推挽。

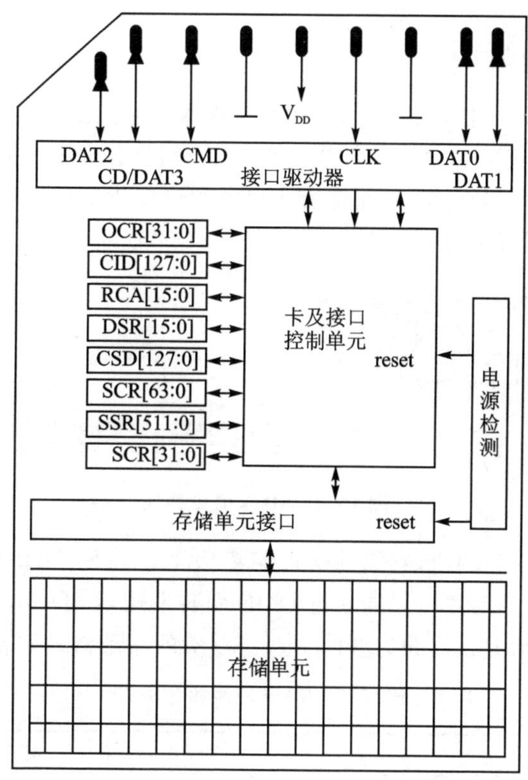

图 15.1 SD 卡内部物理结构（RCA 寄存器在 SPI 模式下不可访问）

SD 卡有自己的寄存器，但它不能直接进行读/写操作，需要通过命令来控制。SDIO 协议定义了一些命令用于实现某一特定功能，SD 卡根据收到的命令要求对内部寄存器进行修改。表 15.4 描述了 SD 卡的寄存器与 SD 卡进行数据通信的主要通道。

表 15.4　SD 卡寄存器信息

名　称	位　宽	描　述
CID	128	卡标识(Card Identification):每个卡都是唯一的
RCA	16	相对地址(Relative Card Address):卡的本地系统地址,初始化时,动态地由卡建议,经主机核准(SPI 模式下无 RCA)
DSR	16	驱动级寄存器(Driver Stage Register):配置卡的输出驱动
CSD	128	卡的特定数据(Card Specific Data):卡的操作条件信息
SCR	64	SD 配置寄存器(SD Configuration Register):SD 卡特殊特性信息
OCR	32	操作条件寄存器(Operation Conditions Register):卡电源和状态标识
SSR	512	SD 状态(SD Status):SD 卡专有特征的信息
CSR	32	卡状态(Card Status):卡状态信息

关于 SD 卡的更多信息和硬件设计规范可以参考 SD 卡协议《Physical Layer Simplified Specification Version 2.00》的相关章节。

15.1.2　命令和响应

一个完整的 SD 卡操作过程是:主机(单片机等)发起命令,SD 卡根据命令的内容决定是否发送响应信息及数据等。如果是数据读/写操作,则主机还需要发送停止读/写数据的命令来结束本次操作;这意味着主机发起命令指令后,SD 卡可以没有响应、数据等过程,这取决于命令的含义。这一过程如图 15.2 所示。

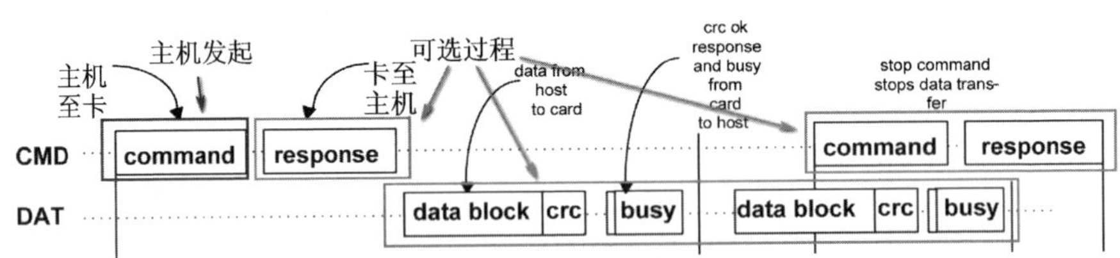

图 15.2　SD 卡命令格式

SD 卡有多种命令和响应,它们的格式定义及含义在《SD 卡协议 V2.0》的第 3、4 章有详细介绍。发送命令时主机只能通过 CMD 引脚发送给 SD 卡,串行逐位发送时先发送最高位(MSB),然后是次高位,这样类推。SD 卡的命令格式如表 15.5 所列。

表 15.5　SD 卡控制命令格式

字　节	字节 1			字节 2:5	字节 6	
位	47	46	45:40	39:8	7:1	0
描　述	0	1	command	命令参数	CRC7	1

SD 卡的命令总共有 12 类,分为 Class0～Class11,本章仅介绍几个比较重要的命令,如表 15.6 所列。表中大部分的命令是初始化时用的,而表 R1、R1b、R2、R3、R6 和 R7 等则是 SD 卡的应答信号。

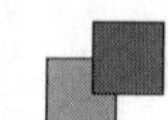

表 15.6 SD 卡部分命令

命 令	参 数	响 应	描 述
CMD0(0x00)	NONE	无	复位 SD 卡
CMD8(0x08)	VHS+Checkpattern	R7	发送接口状态命令
ACMD41(0x29)	HCS+VDD 电压	R3	主机发送容量支持信息和 OCR 寄存器内容
CMD2(0x02)	NONE	R2	读取 SD 卡的 CID 寄存器值
CMD3(0x03)	NONE	R6	要求 SD 卡发布新的相对地址
CMD9(0x09)	RCA	R2	获得选定卡的 CSD 寄存器的内容
CMD7(0x07)	RCA	R1b	选中 SD 卡
CMD16(0x10)	块大小	R1	设置块大小(字节数)
CMD17(0x11)	地址	R1	读取一个块的数据
CMD13(0x0D)	RCA	R1	被选中的卡返回其状态
CMD24(0x18)	地址	R1	写入一个块的数据
CMD55(0x37)	NONE	R1	告诉 SD 卡,下一个是特定应用命令

在主机发送有响应的命令后,SD 卡会给出对应的应答,以告知主机该命令的执行情况,或者返回主机需要获取的数据,如图 15.3 所示。

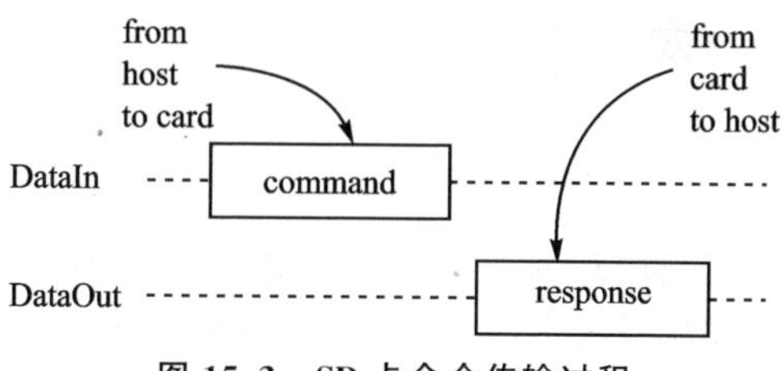

图 15.3 SD 卡命令传输过程

SD 的响应大体分为短响应 48 bit 和长响应 136 bit,每个响应也有规定好的格式。R1、R1b、R3、R6 和 R7 属于短响应,R2 属于长响应,具体作用如表 15.7 所列。

表 15.7 各响应作用

响 应	长度/bit	描 述
R1	48	正常响应命令,获知卡状态
R1b	48	格式与 R1 相同,可选增加忙信号(数据线 0 上传输)
R2	136	根据命令可返回 CID/CSD 寄存器值
R3	48	ACMD41 命令的响应,返回 OCR 寄存器值
R6	48	已发布的 RCA 响应
R7	48t	CMD8 命令的响应(卡支持电压信息)

SD 卡的响应因使用接口不同,比如 SDIO 和 SPI 接口,它们的响应种类以及响应格式也不同。这里以 SDIO 接口下的 R1 响应为例,其内容格式如表 15.8 所列。

表 15.8 R1 响应

描 述	起始位	传输位	命令号	卡状态	CRC7	终止位
bit	47	46	[45:40]	[39:8]	[7:1]	0
位宽	1	1	6	32	7	1
值	"0"	"0"	x	x	x	"1"

限于篇幅,R2～R7 的响应就不介绍了。需要注意的是,除了 R2 响应是 128 位外,其他响应都是 48 位,详细可参考 SD 卡 2.0 协议。

15.1.3 卡模式

SD 卡系统(包括主机和 SD 卡)定义了 SD 卡的工作模式,在每个操作模式下,SD 卡都有几种状态,如表 15.9 所列,状态之间通过命令控制实现卡状态的切换。

表 15.9　SD 卡状态与操作模式

无效模式(Inactive)	无效状态(Inactive State)
卡识别模(Card identification mode)	空闲状态(Idle State)
	准备状态(Ready State)
	识别状态(Identification State)
数据传输模式(Data transfer mode)	待机状态(Stand-by State)
	传输状态(Transfer State)
	发送数据状态(Sending-data State)
	接收数据状态(Receive-data State)
	编程状态(Programming State)
	断开连接状态(Disconnect State)

这里用到两种有效操作模式:卡识别模式和数据传输模式。在系统复位后,主机处于卡识别模式,寻找总线上可用的 SDIO 设备。对 SD 卡进行数据读/写之前需要识别卡的种类:V1.0 标准卡、V2.0 标准卡、V2.0 高容量卡或者不被识别卡。同时,SD 卡也处于卡识别模式,直到被主机识别到,即当 SD 卡在卡识别状态接收到 CMD3(SEND_RCA)命令后,SD 卡就进入数据传输模式,而主机在总线上所有卡被识别后也进入数据传输模式。

在卡识别模式下,主机会复位所有处于卡识别模式的 SD 卡,确认其工作电压范围,识别 SD 卡类型,并且获取 SD 卡的相对地址(卡相对地址较短,便于寻址)。在卡识别过程中,要求 SD 卡工作在识别时钟频率 FOD 的状态下。卡识别模式下 SD 卡状态转换如图 15.4 所示。

主机上电后,所有卡处于空闲状态,包括当前处于无效状态的卡。主机也可以发送 GO_IDLE_STATE(CMD0)让所有卡软复位从而进入空闲状态,但当前处于无效状态的卡并不会复位。

主机在开始与卡通信前,需要先确定双方在互相支持的电压范围内。SD 卡有一个电压支持范围,主机当前电压必须在该范围与卡正常通信。SEND_IF_COND(CMD8)命令用于验证卡接口操作条件(主要是电压支持)。卡会根据命令的参数来检测操作条件匹配性,如果卡支持主机电压,则产生响应,否则不响应。而主机则根据响应内容确定卡的电压匹配性。CMD8 是 SD 卡标准 V2.0 版本才有的新命令,所以如果主机有接收到响应,则可以判断卡为 V2.0 或更高版本 SD 卡。

SD_SEND_OP_COND(ACMD41)命令可以识别或拒绝不匹配它的电压范围的

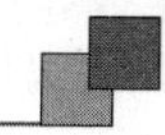

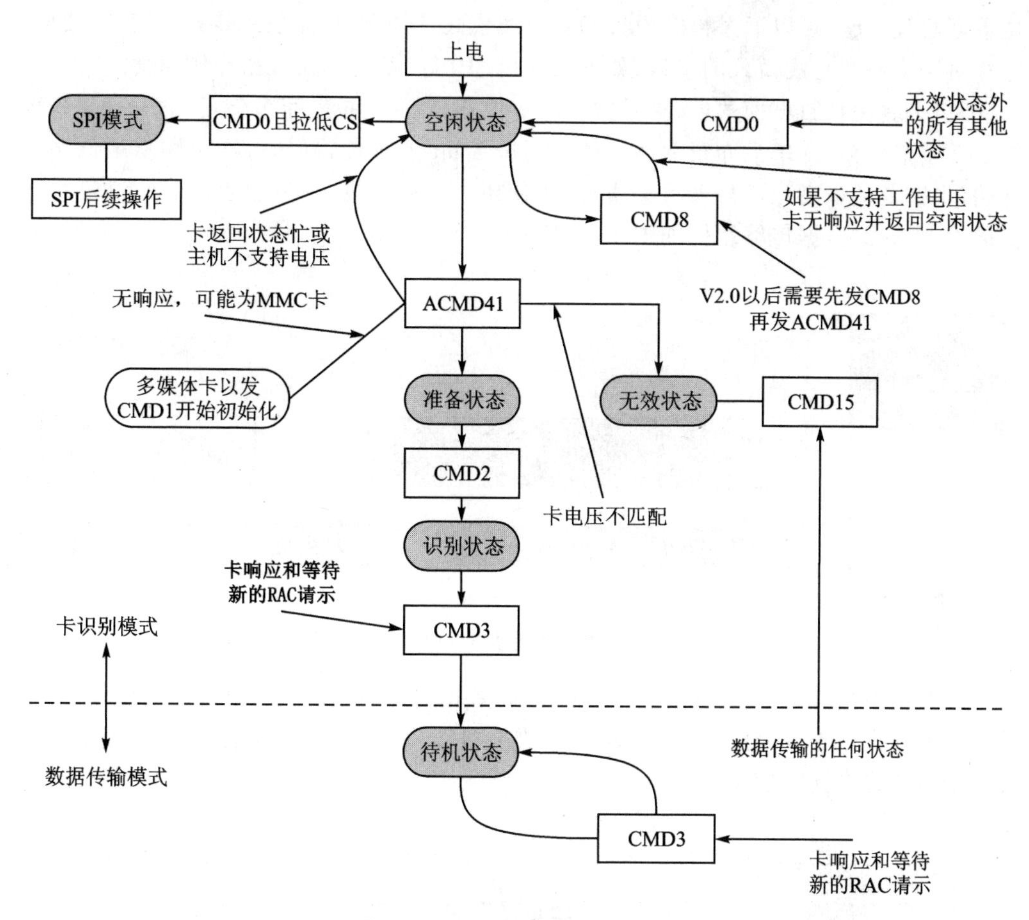

图 15.4　卡识别模式状态转换图

卡。ACMD41 命令的 VDD 电压参数用于设置主机支持电压范围，卡响应会返回卡支持的电压范围。对于对 CMD8 有响应的卡，将 ACMD41 命令的 HCS 位设置为 1，可以测试卡的容量类型；如果卡响应的 CCS 位为 1，说明为高容量 SD 卡，否则为标准卡。卡在响应 ACMD41 之后进入准备状态，不响应 ACMD41 的卡为不可用卡，进入无效状态。ACMD41 是应用特定命令，发送该命令之前必须先发 CMD55。

ALL_SEND_CID(CMD2)用来控制所有卡返回它们的卡识别号(CID)，处于准备状态的卡在发送 CID 之后就进入识别状态。之后主机就发送 SEND_RELATIVE_ADDR(CMD3)命令，让卡自己推荐一个相对地址(RCA)并响应命令。这个 RCA 是 16 bit 地址，而 CID 是 128 bit 地址，使用 RCA 简化通信。卡在接收到 CMD3 并发出响应后就进入数据传输模式，并处于待机状态，主机在获取所有卡 RCA 之后也进入数据传输模式。

15.1.4　数据模式

在数据模式下可以对 SD 卡的存储块进行读/写访问操作。SD 卡上电后默认以一位数据总线访问,可以通过指令设置为宽总线模式,同时使用 4 位总线并行读/写数据,这样对于支持宽总线模式的接口(如 SDIO 和 SPI 等)都能加快数据操作速度。

SD 卡有两种数据模式,一种是常规的 8 位宽,即一次按一字节传输,另一种是一次按 512 字节传输,这里只介绍前面一种。当按 8 bit 连续传输时,每次传输从最低字节开始,每字节从最高位(MSB)开始发送;当使用一条数据线时,只能通过 DAT0 进行数据传输,那它的数据传输结构如图 15.5 所示。

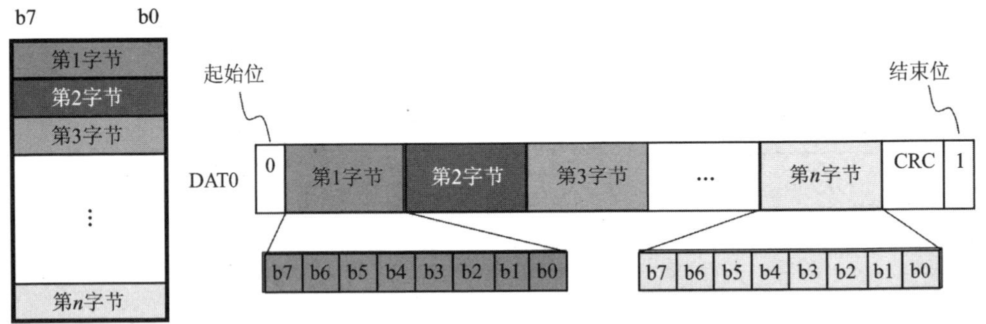

图 15.5 一位数据线传输 8 bit 的数据流格式

当使用 4 线模式传输 8 bit 结构的数据时,数据仍按 MSB 先发送的原则,DAT[3:0]的高位发送高数据位,低位发送低数据位,如图 15.6 所示。硬件支持的情况下,使用 4 线传输可以提升传输速率。

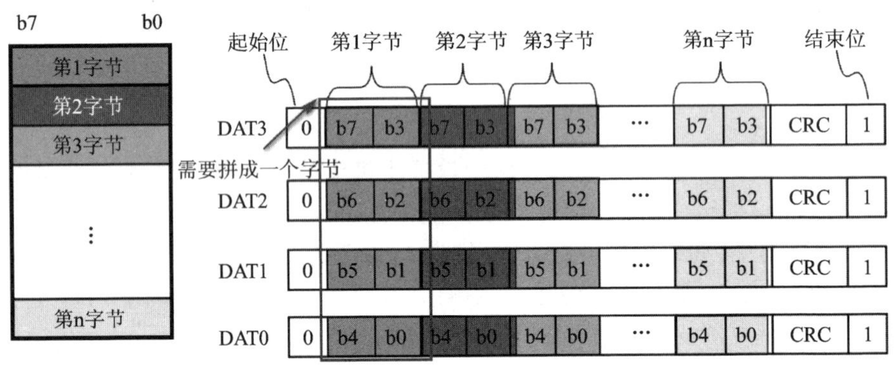

图 15.6 4 位数据线传输 8 bit 格式的数据流格式

只有 SD 卡系统处于数据传输模式时,才可以进行数据读/写操作。数据传输模式下可以将主机 SD 时钟频率设置为 FPP,默认最高为 25 MHz,频率切换可以通过 CMD4 命令来实现。数据传输模式下,SD 卡状态转换过程如图 15.7 所示。

CMD7 用来选定和取消指定的卡。卡在待机状态下还不能进行数据通信,因为总线上可能有多个卡处于待机状态,必须选择一个 RCA 地址目标卡使其进入传输状态才可以进行数据通信。同时,通过 CMD7 命令也可以让已经被选择的目标卡返回到待机状态。

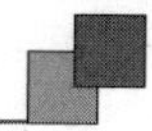

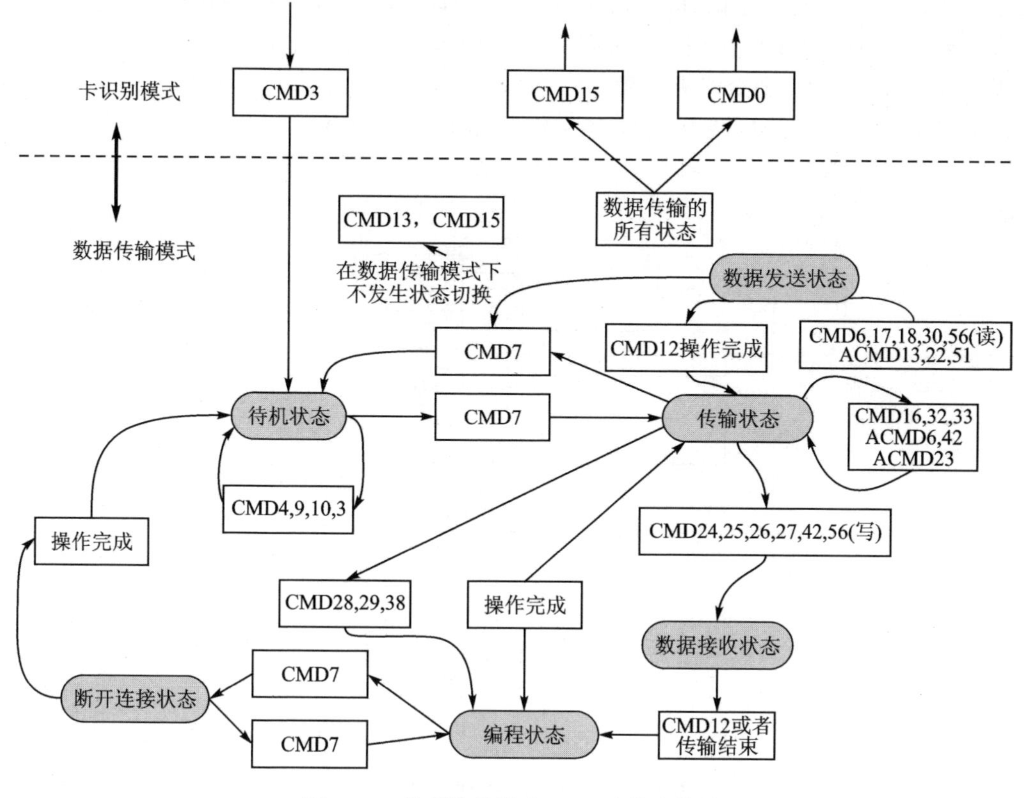

图 15.7　数据传输模式下 SD 卡状态转换

数据传输模式下的数据通信都是主机和目标卡之间通过寻址命令点对点进行的。卡处于传输状态下可以通过命令对卡进行数据读/写、擦除。CMD12 可以中断正在进行的数据通信，让卡返回到传输状态。CMD0 和 CMD15 会中止任何数据编程操作，返回卡识别模式，注意谨慎使用，不当操作可能导致卡数据被损坏。

15.2　SDIO 接口简介

前面提到 SD 卡的驱动方式之一是用 SDIO 接口通信，正点原子探索者 STM32F407 自带 SDIO 接口，本节简单介绍 STM32F4 的 SDIO 接口，包括主要功能及框图、时钟、命令与响应和相关寄存器简介等。

15.2.1　SDIO 主要功能及框图

SDIO 于 2001 年推出，SD 总线连接多样设备的特性使得 SDIO 逐渐用于连接各种嵌入式 I/O 设备。SD 总线简单的连接特性与支持更高的总线速度模式，使得 SDIO 越来越普及。嵌入式解决方案让主机能在任何时间存取 SDIO 装置，而 SD 卡插槽则可让用户使用 SD 存储卡。

SDIO 本来是记忆卡的标准,由于 SD 卡方便即插即用的特性,现在也可以把 SDIO 拿来插上一些外围接口使用,如 SDIO 的 WIFI 卡、Bluetooth 卡、Radio/TV card 等。这些卡使用的 SDIO 命令略有差异。

STM32F4 的 SDIO 控制器支持多媒体卡(MMC 卡)、SD 存储卡、SDI/O 卡和 CE-ATA 设备等。SDIO 接口的设备整体结构如图 15.8 所示。SDIO 的主要功能如下:

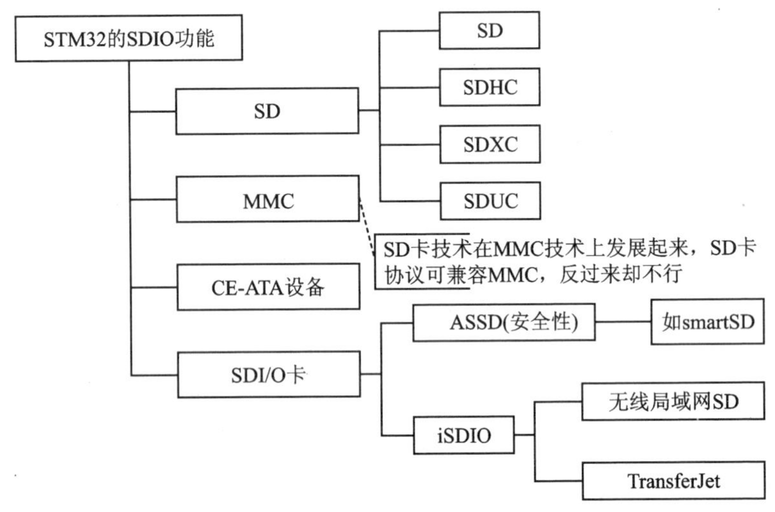

图 15.8　SDIO 接口的设备整体结构

- 与多媒体卡系统规格书版本 4.2 全兼容,支持 3 种不同的数据总线模式:1 位(默认)、4 位和 8 位。
- 与较早的多媒体卡系统规格版本全兼容(向前兼容)。
- 与 SD 存储卡规格版本 2.0 全兼容。SD 卡规范版本 2.0 包括 SD 和高容量 SDHC 标准卡,不支持超大容量 SDXC/SDUC 标准卡,所以 STM32F4xx 的 SDIO 可以支持的最高卡容量是 32 GB。
- 与 SDI/O 卡规格版本 2.0 全兼容:支持两种不同的数据总线模式,即 1 位(默认)和 4 位。
- 完全支持 CE-ATA 功能(与 CE-ATA 数字协议版本 1.1 全兼容)。8 位总线模式下数据传输速率可达 48 MHz。
- 数据和命令输出使能信号,用于控制外部双向驱动器。
- SDIO 不具备兼容 SPI 的通信模式。

STM32F4 的 SDIO 控制器包含两个部分:SDIO 适配器模块和 APB2 总线接口,其功能框图如图 15.9 所示。

复位后,默认情况下 SDIO_D0 用于数据传输。初始化后,主机可以改变数据总线的宽度(通过 ACMD6 命令设置)。如果一个多媒体卡接到了总线上,则 SDIO_D0、SDIO_D[3:0]或 SDIO_D[7:0]可以用于数据传输。MMC 版本 V3.31 和之前版本的

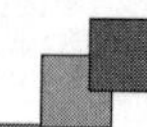

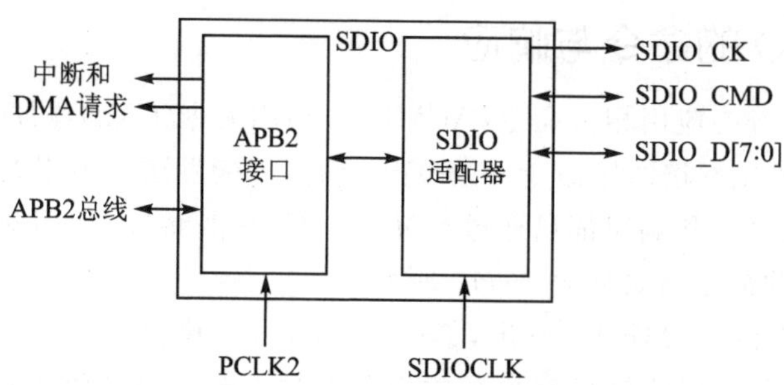

图 15.9　STM32F4 的 SDIO 控制器功能框图

协议只支持一位数据线，所以只能用 SDIO_D0（为了通用性考虑，在程序里面只要检测到是 MMC 卡就设置为一位总线数据）。

如果一个 SD 或 SDI/O 卡接到了总线上，则可以通过主机配置数据传输使用 SDIO_D0 或 SDIO_D[3:0]。所有的数据线都工作在推挽模式。SDIO_CMD 有两种操作模式：

① 用于初始化时的开路模式（仅用于 MMC 版本 V3.31 或之前版本）；

② 用于命令传输的推挽模式（SD/SDI/O 卡和 MMCV4.2 在初始化时也使用推挽驱动）。

15.2.2　SDIO 的时钟

从图 15.9 可以看到 SDIO 总共有 3 个时钟，分别是：

① 卡时钟（SDIO_CK）：每个时钟周期在命令和数据线上传输一位命令或数据。对于多媒体卡 V3.31 协议，时钟频率可以在 0～20 MHz 间变化；对于多媒体卡 V4.0/4.2 协议，时钟频率可以在 0～48 MHz 间变化；对于 SD 或 SDI/O 卡，时钟频率可以在 0～25 MHz 间变化。

② SDIO 适配器时钟（SDIOCLK）：该时钟用于驱动 SDIO 适配器，来自 OLL48CK，其频率一般为 48 MHz，并用于产生 SDIO_CK 时钟。

③ APB2 总线接口时钟（PCLK2）：该时钟用于驱动 SDIO 的 APB2 总线接口，其频率为 HCLK/2，一般为 84 MHz。

前面提到，SD 卡时钟（SDIO_CK）根据卡的不同可能有好几个区间，这就涉及时钟频率的设置。SDIO_CK 与 SDIOCLK 的关系为：

$$\mathrm{SDIO\_CK}=\frac{\mathrm{SDIOCLK}}{(2+\mathrm{CLKDIV})}$$

其中，SDIOCLK 为 PLL48CK，一般是 48 MHz；CLKDIV 是分配系数，可以通过 SDIO 的 SDIO_CLKCR 寄存器进行设置（确保 SDIO_CK 不超过卡的最大操作频率）。

注意，在 SD 卡刚刚初始化的时候，其时钟频率（SDIO_CK）不能超过 400 kHz，否则可能无法完成初始化。初始化以后就可以设置时钟频率到最大了（但不可超过 SD 卡的最大操作时钟频率）。

15.2.3 SDIO 的命令与响应

SDIO 的命令分为应用相关命令(ACMD)和通用命令(CMD)两部分,其中,应用相关命令的发送必须先发送通用命令(CMD55),然后才能发送应用相关命令。

SDIO 的所有命令和响应都只通过 SDIO_CMD 引脚传输,任何命令的长度都固定为 48 位。SDIO 的命令格式如表 15.10 所列。

所有的命令都由 STM32F4 发出,其中,开始位、传输位、CRC7 和结束位由 SDIO 硬件控制,我们需要设置的就只有命令索引和参数部分。命令索引(如 CMD0、CMD1 之类的)在 SDIO_CMD 寄存器里面设置,命令参数则由寄存器 SDIO_ARG 设置。

一般情况下,选中的 SD 卡在接收到命令之后都会回复一个应答(注意,CMD0 是无应答的),这个应答称为响应,响应也是在 CMD 线上串行传输的。STM32F4 的 SDIO 控制器支持两种响应类型,即短响应(48 位)和长响应(136 位),这两种响应类型都带 CRC 错误检测(注意,不带 CRC 的响应应该忽略 CRC 错误标志,如 CMD1 的响应)。短响应的格式如表 15.11 所列。

表 15.10　SDIO 命令格式

位的位置	宽　度	值	说　明
47	1	0	起始位
46	1	1	传输位
[45:40]	6	—	命令索引
[39:8]	32	—	参数
[7:1]	7	—	CRC7
0	1	1	结束位

表 15.11　短响应的格式

位的位置	宽　度	值	说　明
47	1	0	起始位
46	1	0	传输位
[45:40]	6	—	命令索引
[39:8]	32	—	参数
[7:1]	7	—	CRC7(或 1111111)
0	1	1	结束位

长响应的格式如表 15.12 所列。

同样,硬件滤除了开始位、传输位、CRC7 以及结束位等信息。对于短响应,命令索引存放在 SDIO_RESPCMD 寄存器,参数则存放在 SDIO_RESP1 寄存器里面。对于长响应,则仅留 CID/CSD 位域,存放在 SDIO_RESP1～SDIO_RESP4 这 4 个寄存器。

SD 存储卡总共有 5 类响应(R1、R2、R3、R6、R7),这里以 R1 为例简单介绍一下。R1(普通响应命令)响应属于短响应,其长度为 48 位,R1 响应的格式如表 15.13 所列。

表 15.12　长响应的命令格式

位的位置	宽度/位	值	说　明
135	1	0	起始位
134	1	0	传输位
[133:28]	6	111111	保留
[127:1]	127	—	CID 或 CSD (和内部 CRC7)
0	1	1	结束位

表 15.13　R1 响应的格式

位的位置	宽度/位	值	说　明
47	1	0	起始位
46	1	0	传输位
[45:40]	6	×	命令索引
[39:8]	32	×	卡状态
[7:1]	7	×	CRC7
0	1	1	结束位

在收到 R1 响应后,可以从 SDIO_RESPCMD 寄存器和 SDIO_RESP1 寄存器分别读出命令索引和卡状态信息。

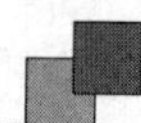

最后看看数据在 SDIO 控制器与 SD 卡之间的传输。对于 SDI/SDIO 存储器，数据是以数据块的形式传输的。而对于 MMC 卡，数据是以数据块或者数据流的形式传输。本节只考虑数据块形式的数据传输。SDIO(多)数据块读操作如图 15.10 所示。

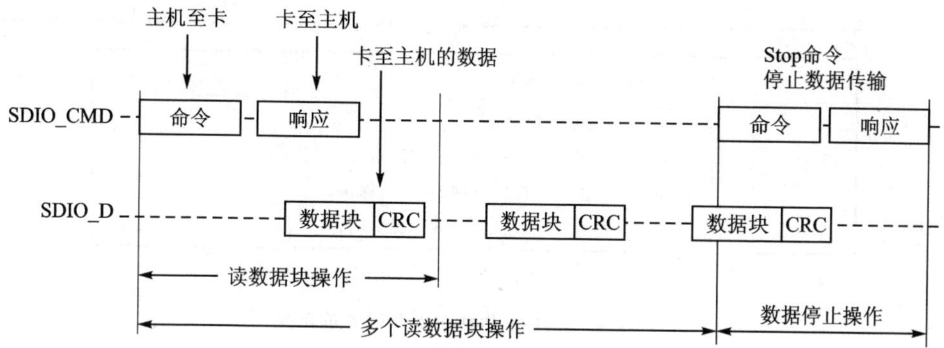

图 15.10　SDIO(多)数据块读操作

可以看出，从机在收到主机相关命令后开始发送数据块给主机，所有数据块都带有 CRC 校验值(CRC 由 SDIO 硬件自动处理)。单个数据块读的时候，在收到一个数据块以后即可以停止了，不需要发送停止命令(CMD12)。但是多块数据读的时候，SD 卡一直发送数据给主机，直到接到主机发送的 STOP 命令(CMD12)。SDIO(多)数据块写操作如图 15.11 所示。

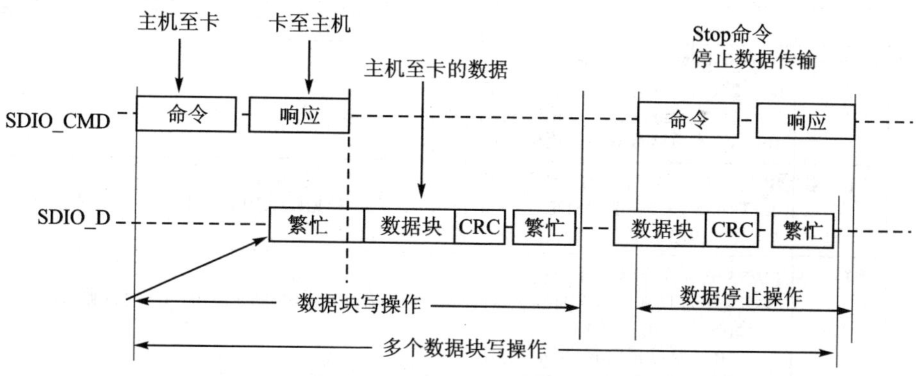

图 15.11　SDIO(多)数据块写操作

数据块写操作同数据块读操作基本类似，只是数据块写的时候多了一个繁忙判断，新的数据块必须在 SD 卡非繁忙的时候发送。这里的繁忙信号由 SD 卡拉低 SDIO_D0，以表示繁忙，SDIO 硬件自动控制，不需要软件处理。

15.2.4　SDIO 相关寄存器介绍

(1) SDIO 电源控制寄存器(SDIO_POWER)

SDIO 电源控制寄存器复位值为 0，所以 SDIO 的电源是关闭的。要启用 SDIO，第一步就是要设置该寄存器最低两个位均为 1，让 SDIO 上电，开启卡时钟。该寄存器定义如图 15.12 所示。

31~2	1	0
保留	PWRCTRL	
	rw	rw

位 31:2	保留,必须保持复位值
位 1:0	PWRCTRL:电源控制位 这些位用于定义卡时钟的当前功能状态: 00:掉电,停止为卡提供时钟。 01:保留。 10:保留,上电。 11:通电,为卡提供时钟

注意,此寄存器的两次写访问至少需要相隔 7 个 HCLK 时钟周期。

图 15.12 SDIO_POWER 寄存器位定义

(2) SDIO 时钟控制寄存器(SDIO_CLKCR)

SDIO 时钟控制寄存器主要用于设置 SDIO_CK 的分配系数、开关等,也可以设置 SDIO 的数据位宽。该寄存器的定义如图 15.13 所示。

31~15	14	13	12~11	10	9	8	7~0
保留	HWFC_EN	NEGEDGE	WIDBUS	BYPASS	PWRSAV	CLKEN	CLKDIV
	rw	rw	rw rw	rw	rw	rw	rw rw rw rw rw rw rw rw

位12:11	WIDBUS:宽总线模式使能位 00:默认总线模式:使用SDIO_D0。 01:4位宽总线模式:使用SDIO_D[3:0] 10:8位宽总线模式:使用SDIO_D[7:0]
位10	BYPASS:时钟分频器旁路使能位 0:禁止旁路:在驱动SDIO_CK输出信号之前,根据CLKDIV值对SDIOCLK进行分频。 1:使能旁路:SDIOCLK直接驱动SDIO_CK输出信号
位9	PWRSAV:节能模式配置位 要实现节能模式,可在总线空闲时通过将PWRSAV置1来禁止SDIO_CK时钟输出: 0:始终使能SDIO_CK时钟; 1:仅在总线激活时使能SDIO_CK
位8	CLKEN:时钟使能位 0:禁止SDIO_CK。1:使能SDIO_CK
位7:0	CLKDIV:时钟分频系数 该字段定义输入时钟(SDIOCLK)与输出时钟(SDIO_CK)之间的分频系数: SDIO_CK频率=SDIOCLK/[CLKDIV+2]

图 15.13 SDIO_CLKCR 寄存器位定义

图中仅列出了部分要用到的位设置,WIDBUS 用于设置 SDIO 总线位宽,正常使用的时候设置为 1,即 4 位宽度。BYPASS 用于设置分频器是否旁路,一般要使用分频器,所以这里设置为 0,禁止旁路。CLKEN 用于设置是否使能 SDIO_CK,这里设置为

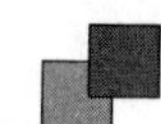

1。最后，CLKDIV 用于控制 SDIO_CK 的分频，设置为 1 即可得到 24 MHz 的 SDIO_CK 频率。

(3) SDIO 参数寄存器(SDIO_ARG)

SDIO 参数寄存器包含一个 32 位命令参数，该参数作为命令消息的一部分发送到卡；如果命令包含参数，则在将命令写入到命令寄存器之前，必须将参数加载到此寄存器中。

(4) SDIO 命令响应寄存器(SDIO_RESPCMD)

SDIO 命令响应寄存器为 32 位，但只有低 6 位有效，比较简单，用于存储最后收到的命令响应中的命令索引。如果传输的命令响应不包含命令索引（长响应或 OCR 响应），则该寄存器的内容不可预知。

(5) SDIO 响应寄存器组(SDIO_RESP1～SDIO_RESP4)

SDIO 响应寄存器组总共由 4 个 32 位寄存器组成，用于存放接收到的卡响应部分信息。如果收到短响应，则数据存放在 SDIO_RESP1 寄存器里面，其他 3 个寄存器没有用到。而如果收到长响应，则依次存放在 SDIO_RESP1～SDIO_RESP4 里面，如表 15.14 所列。

表 15.14 响应类型和 SDIO_RESPx 寄存器

寄存器	短响应	长响应	寄存器	短响应	长响应
SDIO_RESP1	卡状态[31:0]	卡状态[127:96]	SDIO_RESP3	未使用	卡状态[63:32]
SDIO_RESP2	未使用	卡状态[95:64]	SDIO_RESP4	未使用	卡状态[31:1]

(6) SDIO 命令寄存器(SDIO_CMD)

SDIO 命令寄存器各位定义如图 15.14 所示。

31–15	14	13	12	11	10	9	8	7 6	5 4 3 2 1 0
保留	CE_ATACMD	nIEN	ENCMDcompl	SDIOSuspend	CPSMEN	WAITPEND	WAITINT	WAITRESP	CMDINDEX
	rw	rw	rw	rw	rw	rw	rw	rw rw	rw rw rw rw rw rw

位	说明
位10	CPSMEN：命令路径状态机(CPSM)使能位 如果此位置1，则使能CPSM
位7:6	WAITRESP：等待响应位 这些位用于配置CPSM是否等待响应，如果等待，则等待哪种类型的响应。 00：无响应，但CMDSENT标志除外 01：短响应，但CMDREND或CCRCFAIL标志除外 10：无响应，但CMDSENT标志除外 11：长响应，但CMDREND或CCRCFAIL标志除外
位5:0	CMDINDEX：命令索引 命令索引作为命令消息的一部分发送给卡

图 15.14 SDIO_CMD 寄存器位定义

图中只列出了部分位的描述，其中低 6 位为命令索引，也就是要发送的命令索引号(比如发送 CMD1，其值为 1，索引就设置为 1)。位[7:6]用于设置等待响应位，用于指示 CPSM 是否需要等待以及等待类型等。这里的 CPSM，即命令通道状态机，详细可参阅"STM32F4xx 参考手册_V4(中文版).pdf"第 807 页。命令通道状态机一般都是开启的，所以位 10 要设置为 1。

(7) SDIO 数据定时器寄存器(SDIO_DTIMER)

SDIO 数据定时器寄存器用于存储以卡总线时钟(SDIO_CK)为周期的数据超时时间。一个计数器将从 SDIO_DTIMER 寄存器加载数值，并在数据通道状态机(DPSM)进入 Wait_R 或繁忙状态时进行递减计数；当 DPSM 处在这些状态时，如果计数器减为 0，则设置超时标志。DPSM，即数据通道状态机，类似 CPSM，详细可参考"STM32F4xx 参考手册_V4(中文版).pdf"第 809 页。注意，在写入数据控制寄存器之前，必须先写入该寄存器(SDIO_DTIMER)和数据长度寄存器(SDIO_DLEN)。

(8) SDIO 数据长度寄存器(SDIO_DLEN)

SDIO 数据长度寄存器低 25 位有效，用于设置需要传输的数据字节长度。对于块数据传输，该寄存器的数值必须是数据块长度(通过 SDIO_DCTRL 设置)的倍数。

(9) SDIO 数据控制寄存器(SDIO_DCTRL)

SDIO 数据控制寄存器各位定义如图 15.15 所示。

该寄存器用于控制数据通道状态机(DPSM)，包括数据传输使能、传输方向、传输模式、DMA 使能、数据块长度等。需要根据自己的实际情况来配置该寄存器，才可正常实现数据收发。

31 30 29 28 27 26 25 24 23 22 21 20 19 18 17 16 15 14 13 12	11	10	9	8	7 6 5 4	3	2	1	0
保留	SDIOEN	RWMOD	RWSTOP	RWSTART	DBLOCK-SIZE	DMAEN	DTMODE	DTDIR	DTEN
res	rw	rw	rw	rw	rw rw rw rw	rw	rw	rw	rw

位 31:12	保留，必须保持复位值
位 11	SDIOEN:SD I/O 使能功能 如果将该位置 1，则 DPSM 执行特定于 SDI/O 卡的操作
位 10	RWMOD:读取等待模式 0:通过停止 SDIO_D2 进行读取等待控制； 1:使用 SDIO_CK 进行读取等待控制
位 9	RWSTOP:读取等待停止 0:如果将 RWSTART 位置 1，则读取等待正在进行中； 1:如果将 RWSTART 位置 1，则使能读取等待停止
位 8	RWSTART:读取等待开始 如果将该位置 1，则读取等待操作开始

图 15.15　SDIO_DCTRL 寄存器位定义

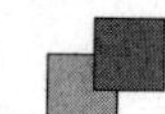

位 7:4	DBLOCKSIZE:数据块大小 定义在选择了块数据传输模式时数据块的长度: 0000:(十进制数 0)块长度=2^0=1 字节;　1000:(十进制数 8)块长度=2^8=256 字节; 0001:(十进制数 1)块长度=2^1=2 字节;　1001:(十进制数 9)块长度=2^9=512 字节; 0010:(十进制数 2)块长度=2^2=4 字节;　1010:(十进制数 10)块长度=2^{10}=1 024 字节; 0011:(十进制数 3)块长度=2^3=8 字节;　1011:(十进制数 11)块长度=2^{11}=2 048 字节; 0100:(十进制数 4)块长度=2^4=16 字节;　1100:(十进制数 12)块长度=2^{12}=4 096 字节; 0101:(十进制值 5)块长度=2^5=32 字节;　1101:(十进制数 13)块长度=2^{13}=8 192 字节; 0110:(十进制数 6)块长度=2^6=64 字节;　1110:(十进制数 14)块长度=2^{14}=16 384 字节; 0111:(十进制数 7)块长度=2^7=128 字节;　1111:(十进制数 15)保留
位 3	DMAEN:DMA 使能位 0:禁止 DMA;　1:使能 DMA
位 2	DTMODE:数据传输模式选择 0:块数据传输;　1:流或 SDIO 多字节数据传输
位 1	DTDIR:数据传输方向选择 0:从控制器到卡;　1:从卡到控制器
位 0	DTEN:数据传输使能位 如果将 1 写入 DTEN 位,则数据传输开始。根据方向位 DTDIR,如果在传输开始时立即将 RW 置 1 开始,则 DPSM 变为 Wait_S 状态、Wait_R 状态或读取等待状态。在数据传输结束后不需要将使能位清零,但必须更新 SDIO_DCTRL 以使能新的数据传输

图 15.15　SDIO_DCTRL 寄存器位定义(续)

接下来介绍几个位定义十分类似的寄存器,它们是状态寄存器(SDIO_STA)、清除中断寄存器(SDIO_ICR)和中断屏蔽寄存器(SDIO_MASK),其每个位的定义都相同,只是功能各有不同。所以可以一起介绍,以状态寄存器(SDIO_STA)为例,该寄存器各位定义如图 15.16 所示。

状态寄存器可以用来查询 SDIO 控制器的当前状态,以便处理各种事务。比如 SDIO_STA 的位 2 表示命令响应超时,说明 SDIO 的命令响应出了问题。通过设置 SDIO_ICR 的位 2 可以清除这个超时标志,而设置 SDIO_MASK 的位 2 可以开启命令响应超时中断,设置为 0 关闭。

SDIO 的数据 FIFO 寄存器(SDIO_FIFO)包括接收和发送 FIFO,它们由一组连续的 32 个地址上的 32 个寄存器组成,CPU 可以使用 FIFO 读/写多个操作数。例如,要从 SD 卡读数据,就必须读 SDIO_FIFO 寄存器;要写数据到 SD 卡,则要写 SDIO_FIFO 寄存器。SDIO 将这 32 个地址分为 16 个一组,发送接收各占一半。每次读/写的时候,最多就是读取发送 FIFO 或写入接收 FIFO 的一半大小的数据,也就是 8 个字(32 字节)。注意,操作 SDIO_FIFO(不论读出还是写入)必须以 4 字节对齐的内存进行操作,否则将出错。

至此,SDIO 的相关寄存器就介绍完了。还有几个不常用的寄存器,可以参考“STM32F4xx 参考手册_V4(中文版).pdf”第 28 章。

31 30 29 28 27 26 25 24	23	22	21	20	19	18	17	16	15	14	13	12	11	10	9	8	7	6	5	4	3	2	1	0
保留	CEATAEND	SDIOIT	RXDAVL	TXDAVL	RXFIFOE	TXFIFOE	RXFIFOF	TXFIFOF	RXFIFOHF	TXFIFOHE	RXACT	TXACT	CMDACT	DBCKEND	STBITERR	DATAEND	CMDSENT	CMDREND	RXOVERR	TXUNDERR	DTIMEOUT	CTIMEOUT	DCRCFAIL	CCFCFAIL
Res	r	r	r	r	r	r	r	r	r	r	r	r	r	r	r	r	r	r	r	r	r	r	r	r

位 31:24	保留,必须保持复位值
位 23	CEATAEND:CMD61 收到了 CE-ATA 命令完成信号
位 22	SDIOIT:收到了 SDIO 中断
位 21	RXDVAL:接收 FIFO 中有数据可用
位 20	TXDVAL:传输 FIFO 中有数据可用
位 19	RXFIFOE:接收 FIFO 为空
位 18	TXFIFOE:发送 FIFO 为空 如果使能了硬件流控制,则 TXFIFOE 信号在 FIFO 包含两个字时激活
位 17	RXFIFOF:接收 FIFO 已满 如果使能了硬件流控制,则 RXFIFOF 信号在 FIFO 差两个字便变满之前激活
位 16	TXFIFOF:传输 FIFO 已满
位 15	RXFIFOHF:接收 FIFO 半满:FIFO 中至少有 8 个字
位 14	TXFIFOHE:传输 FIFO 半空:至少可以写 8 个字到 FIFO
位 13	RXACT:数据接收正在进行中
位 12	TXACT:数据传输正在进行中
位 11	CMDACT:命令传输正在进行中
位 10	DBCKEND:已发送/接收数据块(CRC 校验通过)
位 9	STBITERR:在宽总线模式下,并非在所有数据信号上都检测到了起始位
位 8	DATAEND:数据结束(数据计数器 SDIO COUNT 为零)
位 7	CMDSENT:命令已发送(不需要响应)
位 6	CMDREND:已接收命令响应(CRC 校验通过)
位 5	RXOVERR:收到了 FIFO 上溢错误
位 4	TXUNDERR:传输 FIFO 下溢错误
位 3	DTIMEOUT:数据超时
位 2	CTIMEOUT:命令响应超时 命令超时周期为固定值 64 个 SDIO_CK 时钟周期
位 1	DCRCFAIL:已发送/接收数据块(CRC 校验失败)
位 0	CCRCFAIL:已接收命令响应(CRC 校验失败)

图 15.16 SDIO_STA 寄存器位定义

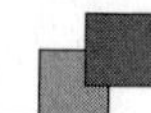

15.3　SD 卡初始化流程

15.3.1　SDIO 模式下的 SD 卡初始化

要实现 SDIO 驱动 SD 卡，最重要的步骤就是 SD 卡的初始化。只要 SD 卡初始化完成了，那么剩下的（读/写操作）就简单了，所以这里重点介绍 SD 卡的初始化。SD 卡初始化流程图如图 15.17 所示。

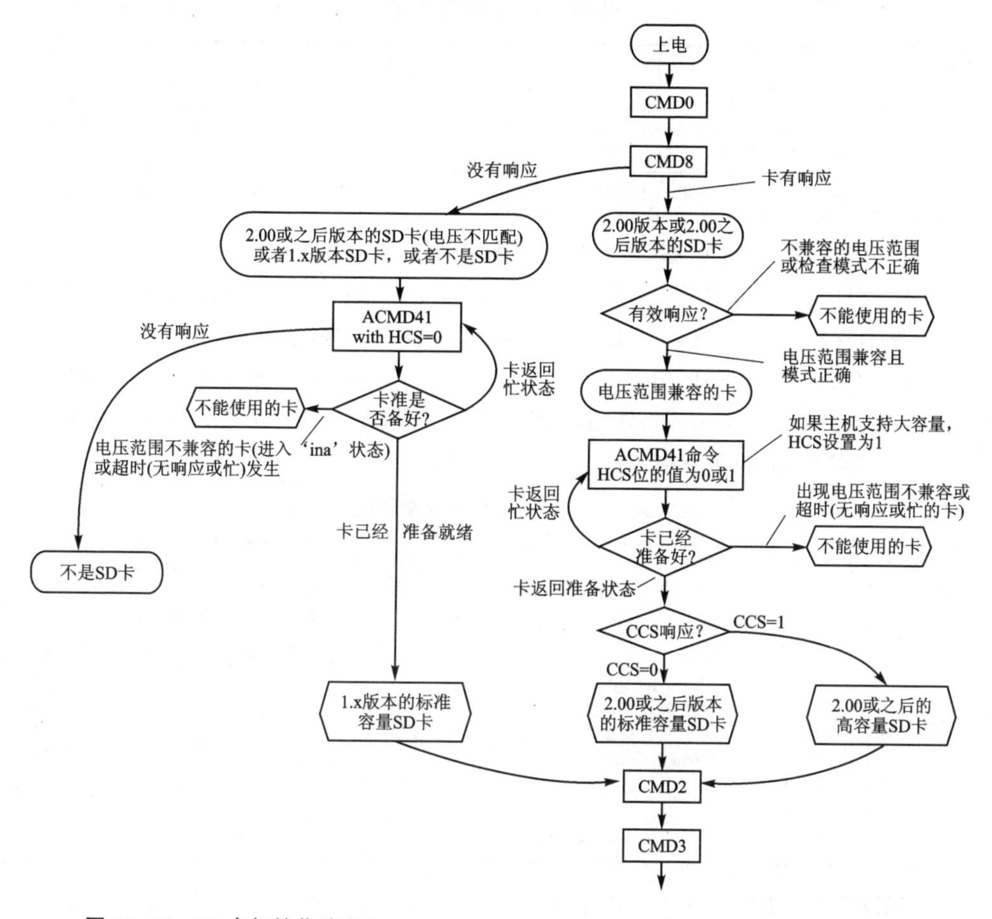

图 15.17　SD 卡初始化流程（Card Initialization and Identification Flow (SD mode)）

可以看到，不管什么卡（这里将卡分为 4 类：SD2.0 高容量卡（SDHC，最大 32G），SDv2.0 标准容量卡（SDSC，最大 2G），SD1.x 卡和 MMC 卡），首先要执行的是卡上电（需要设置 SDIO_POWER[1:0]=11），上电后发送 CMD0，对卡进行软复位；之后发送 CMD8 命令，用于区分 SD 卡 2.0，只有 2.0 及以后的卡才支持 CMD8 命令，MMC 卡和 V1.x 的卡是不支持该命令的。CMD8 的格式如表 15.15 所列。

表 15.15　CMD8 命令格式

位　序	47	46	[45:40]	[39:20]	[19:16]	[15:8]	[7:1]	0
占用位	1	1	6	20	4	8	7	1
命令值	0	1	001000	00000h	x	x	x	1
描　述	起始位	传输位	命令索引	保留位	电源(VHS)	校验	CRC7	结束位

这里需要在发送 CMD8 的时候,通过其带的参数设置 VHS 位,以告诉 SD 卡主机的供电情况。VHS 位定义如表 15.16 所列。

表 15.16　VHS 位定义

供电电压	说　明	供电电压	说　明
0000b	未定义	0100b	保留
0001b	2.7～3.6 V	1000b	保留
0010b	低电压范围保留值	Others	未定义

这里使用参数 0x1AA,即告诉 SD 卡,主机供电为 2.7～3.6 V 之间。如果 SD 卡支持 CMD8,且支持该电压范围,则会通过 CMD8 的响应(R7)将参数部分原本返回给主机;如果不支持 CMD8 或者不支持这个电压范围,则不响应。

在发送 CMD8 后,发送 ACMD41(注意,发送 ACMD41 之前要先发送 CMD55)来进一步确认卡的操作电压范围,并通过 HCS 位来告诉 SD 卡主机是不是支持高容量卡(SDHC)。ACMD41 的命令格式如表 15.17 所列。

表 15.17　ACMD41 命令格式

ACMD 索引	类　型	参　数	响　应	缩　写	指令描述
ACMD41	bcr	[31]保留位 [30]HCS(OCR[30]) [29:24]保留位 [23:0]VDD 电压窗口(OCR[23:0])	R3	SD_SEND_OP_COND	发送主机容量支持信息(HCS)以及要求被访问的卡,在响应时通过 CMD 线发送其操作条件寄存器(OCR)内容给主机。当 SD 卡接收到 SEND_IF_COND 命令时,HCS 有效。保留位必须设置为 0。CCS 位赋值给 OCR[30]

ACMD41 得到的响应(R3)包含 SD 卡 OCR 寄存器内容。OCR 寄存器内容定义如表 15.18 所列。

对于支持 CMD8 指令的卡,主机通过 ACMD41 的参数设置 HCS 位为 1,从而告诉 SD 卡主机支 SDHC 卡;如果设置为 0,则表示主机不支持 SDHC 卡,SDHC 卡如果接收到 HCS 为 0,则永远不会返回卡就绪状态。对于不支持 CMD8 的卡,HCS 位设置为 0 即可。

SD 卡在接收到 ACMD41 后,返回 OCR 寄存器内容。如果是 2.0 的卡,主机可以通过判断 OCR 的 CCS 位来判断是 SDHC 还是 SDSC;如果是 1.x 的卡,则忽略该位。

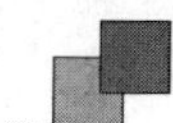

OCR 寄存器的最后一个位用于告诉主机 SD 卡是否上电完成，如果上电完成，该位将会被置 1。

表 15.18　OCR 寄存器定义

OCR 位位置	描　述	OCR 位位置	描　述	OCR 位位置	描　述
0～6	保留	17	2.9～3.0	22	3.4～3.4
7	低电压范围保留位	18	3.0～3.1	23	3.5～3.6
8～14	保留	19	3.1～3.2	24～29	保留
15	2.7～2.8	20	3.2～3.3	30	卡容量状态位(CCS)[1]
16	2.8～2.9	21	3.3～3.4	31	卡上电状态位(busy)[2]

注：1. 仅在卡上电状态位为 1 的时候有效

2. 当卡还未完成上电流程时，此位为 0

3. 位 0～23 为 VDD 电压窗口

MMC 卡不支持 ACMD41，不响应 CMD55；对 MMC 卡，只需要发送 CMD0 后再发送 CMD1(作用同 ACMD41)，检查 MMC 卡的 OCR 寄存器，从而实现 MMC 卡的初始化。

至此，我们便实现了对 SD 卡的类型区分，图 15.17 最后发送了 CMD2 和 CMD3 命令，用于获得卡 CID 寄存器数据和卡相对地址(RCA)。CMD2 用于获得 CID 寄存器的数据。CID 寄存器数据各位定义如表 15.19 所列。

表 15.19　卡 CID 寄存器位定义

名　字	域	宽　度	CID 位划分	名　字	域	宽　度	CID 位划分
制造商 ID	MID	8	[127:120]	保留	—	4	[23:20]
CEM/应用 ID	OID	16	[119:104]	制造日期	MDT	12	[23:20]
产品名称	PNM	40	[103:64]	CRC7 校验值	CRC	7	[7:1]
产品修订	PRV	8	[63:56]	未用到，恒为 1	—	1	[0:0]
产品序列号	PSN	32	[55:24]				

SD 卡收到 CMD2 后返回 R2 长响应(136 位)，其中包含 128 位有效数据(CID 寄存器内容)，存放在 SDIO_RESP1～4 这 4 个寄存器里面。通过读取这 4 个寄存器就可以获得 SD 卡的 CID 信息。

CMD3 用于设置卡相对地址(RCA，必须为非 0)。对于 SD 卡(非 MMC 卡)，在收到 CMD3 后，将返回一个新的 RCA 给主机，方便主机寻址。RCA 的存在允许一个 SDIO 接口挂多个 SD 卡，通过 RCA 来区分主机要操作的是哪个卡。对于 MMC 卡，则不由 SD 卡自动返回 RCA，而是主机主动设置 MMC 卡的 RCA，即通过 CMD3 带参数(高 16 位用于 RCA 设置)实现 RCA 设置。同样，MMC 卡也支持一个 SDIO 接口挂多个 MMC 卡，不同于 SD 卡的是所有的 RCA 都由主机主动设置，而 SD 卡的 RCA 则是 SD 卡发给主机的。

在获得卡 RCA 之后,便可以发送 CMD9(带 RCA 参数),从而获得 SD 卡的 CSD 寄存器内容,从 CSD 寄存器可以得到 SD 卡的容量和扇区大小等十分重要的信息。

至此,SD 卡初始化基本就结束了,最后通过 CMD7 命令选中要操作的 SD 卡,即可开始对 SD 卡的读/写操作了。SD 卡的其他命令和参数这里就不再介绍了,读者可参考“SD 卡 2.0 协议.pdf”。

15.4 硬件设计

(1) 例程功能

开机的时候先初始化 SD 卡,如果 SD 卡初始化完成,则提示 LCD 初始化成功。按下 KEY0,读取 SD 卡扇区 0 的数据,然后通过串口发送到电脑。如果没初始化通过,则在 LCD 上提示初始化失败。用 LED0 来指示程序正在运行。

(2) 硬件资源

- LED 灯:LED0 - PF9;
- 独立按键 KEY0 - PE4;
- 正点原子 TFTLCD 模块(仅限 MCU 屏,16 位 8080 并口驱动);
- 串口 1(PA9、PA10 连接在板载 USB 转串口芯片 CH340 上面);
- SD 卡,通过 SDIO(SDIO_D0~D4(PC8~PC11),SDIO_SCK(PC12),SDIO_CMD(PD2))连接。

(3) 原理图

板载的 SD 卡接口和 STM32 的连接关系如图 15.18 所示。

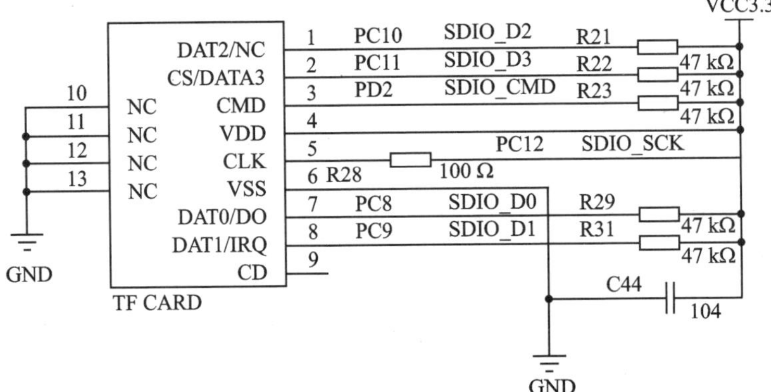

图 15.18 SD 卡接口与 STM32 连接原理图

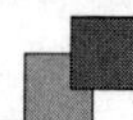

microSD 卡座在开发板正面(老版本探索者在背面),直接连接到 STM32 开发板,硬件上不需要任何改动。

15.5　程序设计

15.5.1　SD 卡的 HAL 库驱动

STM32 的 HAL 库为 SD 卡操作封装了一些函数,主要存放在 stm32f4xx_hal_sd.c/h 下,下面分析使用到的几个函数。

1. HAL_SD_Init 函数

要使用一个外设,首先要对它进行初始化,所以先看 SD 卡的初始化函数,其声明如下:

```
HAL_StatusTypeDef HAL_SD_Init(SD_HandleTypeDef * hsd)
```

函数描述:根据 SD 参数,初始化 SDIO 外设以便后续操作 SD 卡。

函数形参:

形参是 SD 卡的句柄,结构体类型是 SD_HandleTypeDef。这里不使用 USE_HAL_SD_REGISTER_CALLBACKS 宏来拓展 SD 卡的自定义函数,精简后其定义如下:

```
typedef struct
{
  SD_TypeDef                  * Instance;        /* SD 相关寄存器基地址 */
  SD_InitTypeDef              Init;              /* SDIO 初始化变量 */
  HAL_LockTypeDef             Lock;              /* 互斥锁,用于解决外设访问冲突 */
  uint8_t                     * pTxBuffPtr;      /* SD 发送数据指针 */
  uint32_t                    TxXferSize;        /* SD 发送缓存按字节数的大小 */
  uint8_t                     * pRxBuffPtr;      /* SD 接收数据指针 */
  uint32_t                    RxXferSize;        /* SD 接收缓存按字节数的大小 */
  __IO uint32_t               Context;           /* HAL 库对 SD 卡的操作阶段 */
  __IO HAL_SD_StateTypeDef    State;             /* SD 卡操作状态 */
  __IO uint32_t               ErrorCode;         /* SD 卡错误代码 */
  DMA_HandleTypeDef           * hdmatx;          /* SD DMA 数据发送指针 */
  DMA_HandleTypeDef           * hdmarx;          /* SD DMA 数据接收指针 */
  HAL_SD_CardInfoTypeDef      SdCard;            /* SD 卡信息的 */
  uint32_t                    CSD[4];            /* 保存 SD 卡 CSD 寄存器信息 */
  uint32_t                    CID[4];            /* 保存 SD 卡 CID 寄存器信息 */
}SD_HandleTypeDef;
```

HAL_SD_CardInfoTypeDef 用于初始化后提取卡信息,包括卡类型、容量等参数。

```
typedef struct
{
  uint32_t CardType;                 /* 存储卡类型标记:标准卡、高速卡 */
  uint32_t CardVersion;              /* 存储卡版本 */
```

```
    uint32_t Class;                                  /* 卡类型 */
    uint32_t RelCardAdd;                             /* 卡相对地址 */
    uint32_t BlockNbr;                               /* 卡存储块数 */
    uint32_t BlockSize;                              /* SD 卡每个存储块大小 */
    uint32_t LogBlockNbr;                            /* 以块表示的卡逻辑容量 */
    uint32_t LogBlockSize;                           /* 以字节为单位的逻辑块大小 */
}HAL_SD_CardInfoTypeDef;
```

函数返回值:HAL_StatusTypeDef 枚举类型的值,有 4 个,分别是 HAL_OK 表示成功、HAL_ERROR 表示错误、HAL_BUSY 表示忙碌、HAL_TIMEOUT 超时。后续遇到该结构体也是一样的。只有返回 HAL_OK 才是正常的卡初始化状态,遇到其他状态则需要结合硬件分析一下代码。

2. HAL_SD_ConfigWideBusOperation 函数

SD 卡上电后默认使用一位数据总线进行数据传输,如果卡允许,则可以在初始化完成后重新设置 SD 卡的数据位宽,以加快数据传输过程:

```
HAL_StatusTypeDef HAL_SD_ConfigWideBusOperation(SD_HandleTypeDef *hsd,
                                                uint32_t WideMode);
```

函数描述:这个函数用于设置数据总线格式的数据宽度及加快卡的数据访问速度,当然,前提是硬件连接和卡本身能支持这样操作。

函数形参:

形参 1 是 SD 卡的句柄,结构体类型是 SD_HandleTypeDef。此函数需要在 SDIO 初始化结束后才能使用,这里需要通过使用初始化后的 SDIO 结构体的句柄访问外设。

形参 2 是总线宽度,根据函数的形参规则可知它实际上只有 3 个可选值:

```
#define SDIO_BUS_WIDE_1B                          ((uint32_t)0x00000000U)
#define SDIO_BUS_WIDE_4B                          SDIO_CLKCR_WIDBUS_0
#define SDIO_BUS_WIDE_8B                          SDIO_CLKCR_WIDBUS_1
```

函数返回值:HAL_StatusTypeDef 类型的函数,返回值同样需要获取到 HAL_OK 表示成功。

3. HAL_SD_ReadBlocks 函数

SD 卡初始化后从 SD 卡的指定扇区读数据:

```
HAL_StatusTypeDef HAL_SD_ReadBlocks(SD_HandleTypeDef *hsd, uint8_t *pData,
                 uint32_t BlockAdd, uint32_t NumberOfBlocks, uint32_t Timeout);
```

这个函数是直接读取,不使用硬件中断。

函数描述:从 SD 卡的指定扇区读取一定数量的数据。

函数形参:

形参 1 是 SD 卡的句柄,结构体类型是 SD_HandleTypeDef。此函数需要在 SDIO 初始化结束后才能使用,这里需要通过使用初始化后的 SDIO 结构体的句柄访问外设。

形参 2 pData 是一个指向 8 位类型的数据指针缓冲,用于接收需要的数据。

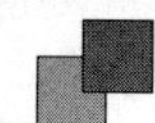

形参 3 BlockAdd 指向需要访问的数据扇区，对于任意的存储都是类似的，像 SD 卡这样的大存储块也同样通过位置标识来访问不同的数据。

形参 4 NumberOfBlocks 对应的是本次要从指定扇区读取的字节数。

形参 5 Timeout 表示读的超时时间。HAL 库驱动在达到超时时间前还没读到数据，则进行重试和等待；达到超时时间后或者本次读取成功，才退出本次操作。

函数返回值：HAL_StatusTypeDef 类型的函数，返回值同样需要获取到 HAL_OK 表示成功。

类似功能的函数还有例程中没有使用 DMA 和中断方式，故不使用以下两个接口：

```
HAL_StatusTypeDef HAL_SD_ReadBlocks_IT(SD_HandleTypeDef * hsd, uint8_t * pData,
                                        uint32_t BlockAdd, uint32_t NumberOfBlocks);
HAL_StatusTypeDef HAL_SD_ReadBlocks_DMA(SD_HandleTypeDef * hsd, uint8_t * pData,
                                        uint32_t BlockAdd, uint32_t NumberOfBlocks);
```

它们分别使用了中断方式和 DMA 方式来实现类似的功能，调用非常相似。

4. HAL_SD_WriteBlocks 函数

SD 卡初始化后，在 SD 卡的指定扇区写入数据：

```
HAL_StatusTypeDef HAL_SD_WriteBlocks(SD_HandleTypeDef * hsd, uint8_t * pData,
                  uint32_t BlockAdd, uint32_t NumberOfBlocks, uint32_t Timeout);
```

函数描述：从 SD 卡的指定扇区读取一定数量的数据。

函数形参：

形参 1 是 SD 卡的句柄，结构体类型是 SD_HandleTypeDef。此函数需要在 SDIO 初始化结束后才能使用，这里需要通过使用初始化后的 SDIO 结构体的句柄访问外设。

形参 2 pData 是一个指向 8 位类型的数据指针缓冲，用于接收需要的数据。

形参 3 BlockAdd 指向需要访问的数据扇区，对于任意的存储都是类似的，像 SD 卡这样的大存储块也同样通过位置标识来访问不同的数据。

形参 4 NumberOfBlocks 对应的是本次要从指定扇区读取的字节数。

形参 5 Timeout 表示写动作的超时时间。HAL 库驱动在达到超时时间前还没读到数据，则进行重试和等待，达到超时时间后或者本次写入成功，才退出本次操作。

函数返回值：HAL_StatusTypeDef 类型的函数，返回值同样需要获取到 HAL_OK 表示成功。

类似于读函数，写函数同样有中断版本，这里的例程没有使用 DMA 和中断方式，故不使用以下两个接口：

```
HAL_StatusTypeDef HAL_SD_WriteBlocks_IT(SD_HandleTypeDef * hsd, uint8_t * pData,
                                         uint32_t BlockAdd, uint32_t NumberOfBlocks);
HAL_StatusTypeDef HAL_SD_WriteBlocks_DMA(SD_HandleTypeDef * hsd, uint8_t * pData,
                                         uint32_t BlockAdd, uint32_t NumberOfBlocks);
```

它们分别使用了中断方式和 DMA 方式来实现类似的功能，调用非常相似，读者查看对应的函数实现即可。

5. HAL_SD_GetCardInfo 函数

SD 卡初始化后,根据设备句柄读 SD 卡的相关状态信息:

```
HAL_StatusTypeDef HAL_SD_GetCardInfo(SD_HandleTypeDef * hsd,
                                     HAL_SD_CardInfoTypeDef * pCardInfo);
```

函数描述:从 SD 卡的指定扇区读取一定数量的数据。

函数形参:

形参 1 是 SD 卡的句柄,结构体类型是 SD_HandleTypeDef,此函数需要在 SDIO 初始化结束后才能使用,需要通过使用初始化后的 SDIO 结构体的句柄访问外设。

形参 2 pData 是一个指向 8 位类型的数据指针缓冲,用于接收需要的数据。

形参 3 BlockAdd 指向需要访问的数据扇区,对于任意的存储都是类似的,像 SD 卡这样的大存储块也同样通过位置标识来访问不同的数据。

形参 4 NumberOfBlocks 对应的是本次要从指定扇区读取的字节数。

形参 5 Timeout 表示读的超时时间。HAL 库驱动在达到超时时间前还没读到数据,则进行重试和等待,达到超时时间后才退出本次操作。

函数返回值:HAL_StatusTypeDef 类型的函数,返回值同样需要获取到 HAL_OK 表示成功。类似的函数还有:

```
HAL_StatusTypeDef HAL_SD_SendSDStatus(SD_HandleTypeDef * hsd, uint32_t * pSDstatus);
HAL_SD_CardStateTypeDef HAL_SD_GetCardState(SD_HandleTypeDef * hsd);
HAL_StatusTypeDef HAL_SD_GetCardCID(SD_HandleTypeDef * hsd, HAL_SD_CardCIDTypeDef
                                    * pCID);
HAL_StatusTypeDef HAL_SD_GetCardCSD(SD_HandleTypeDef * hsd, HAL_SD_CardCSDTypeDef
                                    * pCSD);
HAL_StatusTypeDef HAL_SD_GetCardStatus(SD_HandleTypeDef * hsd,
                                   HAL_SD_CardStatusTypeDef * pStatus);
HAL_StatusTypeDef HAL_SD_GetCardInfo(SD_HandleTypeDef * hsd,
                                   HAL_SD_CardInfoTypeDef * pCardInfo);
```

15.5.2 程序流程图

程序流程如图 15.19 所示。

15.5.3 程序解析

1. SDIO 驱动代码

这里只讲解核心代码,详细的源码可参考配套资料中本实验对应源码。SDIO 驱动源码包括两个文件:sdio_sdcard.c 和 sdio_sdcard.h。

sdio_sdcard.h 文件根据 STM32 的复用功能和硬件设计,把用到的引脚用宏定义,需要更换其他的引脚时也可以通过修改宏实现快速移植,如下:

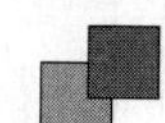

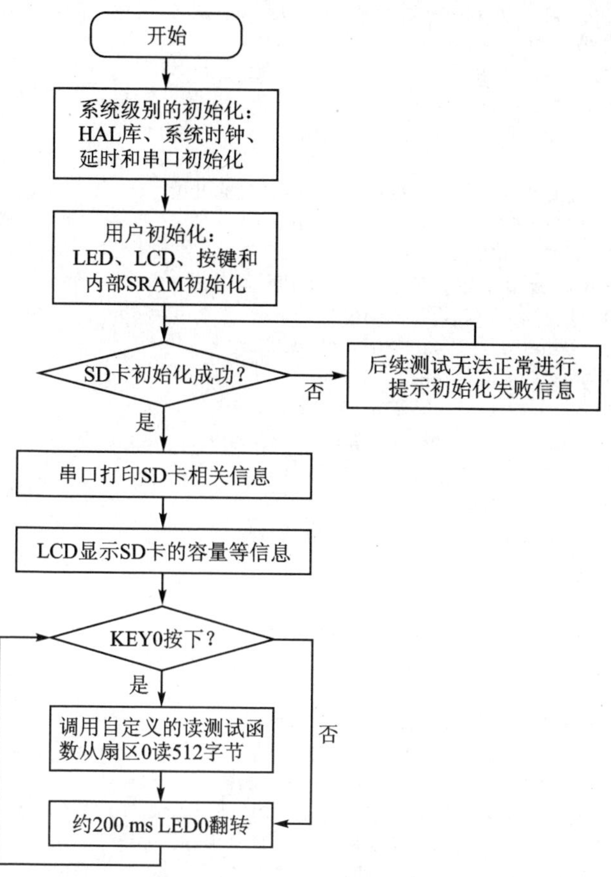

图 15.19　SD 读/写实验程序流程图

```
#define SD1_D0_GPIO_PORT                    GPIOC
#define SD1_D0_GPIO_PIN                     GPIO_PIN_8
#define SD1_D0_GPIO_CLK_ENABLE()
        do{ __HAL_RCC_GPIOC_CLK_ENABLE(); }while(0)    /* 所在 I/O 口时钟使能 */
#define SD1_D1_GPIO_PORT                    GPIOC
#define SD1_D1_GPIO_PIN                     GPIO_PIN_9
#define SD1_D1_GPIO_CLK_ENABLE()
        do{ __HAL_RCC_GPIOC_CLK_ENABLE(); }while(0)    /* 所在 I/O 口时钟使能 */
#define SD1_D2_GPIO_PORT                    GPIOC
#define SD1_D2_GPIO_PIN                     GPIO_PIN_10
#define SD1_D2_GPIO_CLK_ENABLE()
        do{ __HAL_RCC_GPIOC_CLK_ENABLE(); }while(0)    /* 所在 I/O 口时钟使能 */
#define SD1_D3_GPIO_PORT                    GPIOC
#define SD1_D3_GPIO_PIN                     GPIO_PIN_11
#define SD1_D3_GPIO_CLK_ENABLE()
        do{ __HAL_RCC_GPIOC_CLK_ENABLE(); }while(0)    /* 所在 I/O 口时钟使能 */
#define SD1_CLK_GPIO_PORT                   GPIOC
#define SD1_CLK_GPIO_PIN                    GPIO_PIN_12
#define SD1_CLK_GPIO_CLK_ENABLE()
```

```
        do{ __HAL_RCC_GPIOC_CLK_ENABLE(); }while(0)    /* 所在 I/O 口时钟使能 */
#define SD1_CMD_GPIO_PORT                    GPIOD
#define SD1_CMD_GPIO_PIN                     GPIO_PIN_2
#define SD1_CMD_GPIO_CLK_ENABLE()
        do{ __HAL_RCC_GPIOD_CLK_ENABLE(); }while(0)    /* 所在 I/O 口时钟使能 */
/*****************************************************************************/
#define SD_TIMEOUT              ((uint32_t)100000000)          /* 超时时间 */
#define SD_TRANSFER_OK          ((uint8_t)0x00)                /* 传输完成 */
#define SD_TRANSFER_BUSY        ((uint8_t)0x01)                /* 卡正忙 */
/* 根据 SD_HandleTypeDef 定义的宏,用于快速计算容量 */
#define SD_TOTAL_SIZE_BYTE(__Handle__)
(((uint64_t)((__Handle__)->SdCard.LogBlockNbr) *
((__Handle__)->SdCard.LogBlockSize)) >> 0)
#define SD_TOTAL_SIZE_KB(__Handle__)
(((uint64_t)((__Handle__)->SdCard.LogBlockNbr) *
((__Handle__)->SdCard.LogBlockSize)) >> 10)
#define SD_TOTAL_SIZE_MB(__Handle__)
(((uint64_t)((__Handle__)->SdCard.LogBlockNbr) *
((__Handle__)->SdCard.LogBlockSize)) >> 20)
#define SD_TOTAL_SIZE_GB(__Handle__)
(((uint64_t)((__Handle__)->SdCard.LogBlockNbr) *
((__Handle__)->SdCard.LogBlockSize)) >> 30)
/*
 *  SD 传输时钟分频,由于 HAL 库运行效率低,很容易产生上溢(读 SD 卡时)/下溢错误(写 SD 卡时)
 *  使用 4bit 模式时,需降低 SDIO 时钟频率,将该宏改为 1,SDIO 时钟频率:
 *  48/( SDIO_TRANSF_CLK_DIV + 2 ) = 16M * 4bit = 64 Mbps
 *  使用 1bit 模式时,该宏 SDIO_TRANSF_CLK_DIV 改为 0,SDIO 时钟频率:
 *  48/( SDIO_TRANSF_CLK_DIV + 2 ) = 24M * 1bit = 24 Mbps
 */
#define  SDIO_TRANSF_CLK_DIV          1
```

SDIO_TRANSF_CLK_DIV 宏用于设置 SDIO 的传输时钟分频。由于 HAL 库运行效率较低,很容易产生上溢(读 SD 卡时)/下溢错误(写 SD 卡时),所以在使用不同的模式时,该宏的值需要做相应修改。

sdio_sdcard.c 主要介绍 3 个函数:sd_init、sd_read_disk 和 sd_write_disk。

(1) sd_init 函数

sd_init 的设计比较简单,这里只需要填充 SDIO 结构体的控制句柄,然后使用 HAL 库的 HAL_SD_Init 初始化函数即可。在此过程中 HAL_SD_Init 会调用 HAL_SD_MspInit 回调函数,根据外设的情况设置数据总线宽度为 4 位:

```
uint8_t sd_init(void)
{
    uint8_t SD_Error;
    /* 初始化时的时钟不能大于 400 kHz */
    g_sdcard_handler.Instance = SDIO;
    g_sdcard_handler.Init.ClockEdge = SDIO_CLOCK_EDGE_RISING;      /* 上升沿 */
    /* 不使用 bypass 模式,直接用 HCLK 进行分频得到 SDIO_CK */
    g_sdcard_handler.Init.ClockBypass = SDIO_CLOCK_BYPASS_DISABLE;
    /* 空闲时不关闭时钟电源 */
```

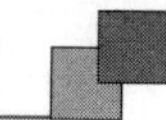

```
    g_sdcard_handler.Init.ClockPowerSave = SDIO_CLOCK_POWER_SAVE_DISABLE;
    g_sdcard_handler.Init.BusWide = SDIO_BUS_WIDE_1B;                /* 1 位数据线 */
    g_sdcard_handler.Init.HardwareFlowControl =
                                SDIO_HARDWARE_FLOW_CONTROL_ENABLE; /* 开启硬件流控 */
    /* SD 传输时钟频率最大 25 MHz */
    g_sdcard_handler.Init.ClockDiv = SDIO_TRANSFER_CLK_DIV;
    SD_Error = HAL_SD_Init(&g_sdcard_handler);
    if (SD_Error != HAL_OK)
    {
        return 1;
    }
    /* 使能宽总线模式,即 4 位总线模式,加快读取速度 */
    SD_Error = HAL_SD_ConfigWideBusOperation(&g_sdcard_handler,SDIO_BUS_WIDE_4B);
    if (SD_Error != HAL_OK)
    {
        return 2;
    }
    return 0;
}

void HAL_SD_MspInit(SD_HandleTypeDef *hsd)
{
    GPIO_InitTypeDef gpio_init_struct;
    __HAL_RCC_SDMMC1_CLK_ENABLE();          /* 使能 SDMMC1 时钟 */
    SD1_D0_GPIO_CLK_ENABLE();               /* D0 引脚 I/O 时钟使能 */
    SD1_D1_GPIO_CLK_ENABLE();               /* D1 引脚 I/O 时钟使能 */
    SD1_D2_GPIO_CLK_ENABLE();               /* D2 引脚 I/O 时钟使能 */
    SD1_D3_GPIO_CLK_ENABLE();               /* D3 引脚 I/O 时钟使能 */
    SD1_CLK_GPIO_CLK_ENABLE();              /* CLK 引脚 I/O 时钟使能 */
    SD1_CMD_GPIO_CLK_ENABLE();              /* CMD 引脚 I/O 时钟使能 */
    gpio_init_struct.Pin = SD1_D0_GPIO_PIN;
    gpio_init_struct.Mode = GPIO_MODE_AF_PP;                      /* 推挽复用 */
    gpio_init_struct.Pull = GPIO_PULLUP;                          /* 上拉 */
    gpio_init_struct.Speed = GPIO_SPEED_FREQ_VERY_HIGH;           /* 高速 */
    gpio_init_struct.Alternate = GPIO_AF12_SDIO1;                 /* 复用为 SDIO */
    HAL_GPIO_Init(SD1_D0_GPIO_PORT, &gpio_init_struct);           /* 初始化 D0 引脚 */
    gpio_init_struct.Pin = SD1_D1_GPIO_PIN;
    HAL_GPIO_Init(SD1_D1_GPIO_PORT, &gpio_init_struct);           /* 初始化 D1 引脚 */
    gpio_init_struct.Pin = SD1_D2_GPIO_PIN;
    HAL_GPIO_Init(SD1_D2_GPIO_PORT, &gpio_init_struct);           /* 初始化 D2 引脚 */
    gpio_init_struct.Pin = SD1_D3_GPIO_PIN;
    HAL_GPIO_Init(SD1_D3_GPIO_PORT, &gpio_init_struct);           /* 初始化 D3 引脚 */
    gpio_init_struct.Pin = SD1_CLK_GPIO_PIN;
    HAL_GPIO_Init(SD1_CLK_GPIO_PORT, &gpio_init_struct);          /* 初始化 CLK 引脚 */
    gpio_init_struct.Pin = SD1_CMD_GPIO_PIN;
    HAL_GPIO_Init(SD1_CMD_GPIO_PORT, &gpio_init_struct);          /* 初始化 CMD 引脚 */
}
```

(2) sd_read_disk 函数

这个函数比较简单,实际上我们使用它来对 HAL 库的读函数 HAL_SD_ReadBlocks 进行二次封装,并在最后加入了状态判断以使后续操作(实际上这部分代码也可以省略)直接根据读函数返回值做其他处理。为了保护 SD 卡的数据操作,在进行操作时暂时关闭了中断以防止数据读过程发生意外。

```
uint8_t sd_read_disk(uint8_t * pbuf, uint32_t saddr, uint32_t cnt)
{
    uint8_t sta = HAL_OK;
    uint32_t timeout = SD_TIMEOUT;
    long long lsector = saddr;
    __disable_irq();  /* 关闭总中断(POLLING 模式,严禁中断打断 SDIO 读写操作!!!) */
    sta = HAL_SD_ReadBlocks(&g_sdcard_handler, (uint8_t *)pbuf, lsector,
                            cnt, SD_TIMEOUT);  /* 多个 sector 的读操作 */
    /* 等待 SD 卡读完 */
    while (get_sd_card_state() != SD_TRANSFER_OK)
    {
        if (timeout -- == 0)
        {
            sta = SD_TRANSFER_BUSY;
        }
    }
    __enable_irq(); /* 开启总中断 */
    return sta;
}
```

(3) sd_write_disk 函数

这个函数比较简单,实际上我们使用它来对 HAL 库的读函数 HAL_SD_WriteBlocks 进行了二次封装,并在最后加入了状态判断以便后续操作(实际上这部分代码也可以省略)直接根据读函数返回值做其他处理。为了保护 SD 卡的数据操作,在进行操作时暂时关闭了中断以防止数据写过程发生意外。

```
uint8_t sd_write_disk(uint8_t * pbuf, uint32_t saddr, uint32_t cnt)
{
    uint8_t sta = HAL_OK;
    uint32_t timeout = SD_TIMEOUT;
    long long lsector = saddr;
    __disable_irq();  /* 关闭总中断(POLLING 模式,严禁中断打断 SDIO 读写操作!!!) */
    sta = HAL_SD_WriteBlocks(&g_sdcard_handler, (uint8_t *)pbuf, lsector,
                            cnt, SD_TIMEOUT);  /* 多个 sector 的写操作 */
    /* 等待 SD 卡写完 */
    while (get_sd_card_state() != SD_TRANSFER_OK)
    {
        if (timeout -- == 0)
        {
            sta = SD_TRANSFER_BUSY;
        }
    }
    __enable_irq(); /* 开启总中断 */
    return sta;
}
```

2. main.c 代码

main.c 就比较简单了,为了方便测试,这里编写了 sd_test_read()、sd_test_write()及

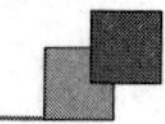

show_sdcard_info()这 3 个函数分别用于读/写测试和卡信息打印，也都是基于对前面 HAL 库的代码进行简单地调用，代码也比较容易看懂。

main.c 编写的程序如下：

```
void show_sdcard_info(void)
{
    HAL_SD_CardCIDTypeDef sd_card_cid;
    HAL_SD_GetCardCID(&g_sd_handle, &sd_card_cid);          /* 获取 CID */
    get_sd_card_info(&g_sd_card_info_handle);               /* 获取 SD 卡信息 */
    switch (g_sd_card_info_handle.CardType)
    {
        case CARD_SDSC:
        {
            if (g_sd_card_info_handle.CardVersion == CARD_V1_X)
            {
                printf("Card Type:SDSC V1\r\n");
            }
            else if (g_sd_card_info_handle.CardVersion == CARD_V2_X)
            {
                printf("Card Type:SDSC V2\r\n");
            }
        }
            break;
        case CARD_SDHC_SDXC:
            printf("Card Type:SDHC\r\n");
            break;
    }
    /* 制造商 ID */
    printf("Card ManufacturerID: %d\r\n", sd_card_cid.ManufacturerID);
    /* 卡相对地址 */
    printf("Card RCA: %d\r\n", g_sd_card_info_handle.RelCardAdd);
    printf("LogBlockNbr: %d \r\n",
        (uint32_t)(g_sd_card_info_handle.LogBlockNbr));        /* 显示逻辑块数量 */
    printf("LogBlockSize: %d \r\n",
        (uint32_t)(g_sd_card_info_handle.LogBlockSize));       /* 显示逻辑块大小 */
    /* 显示容量 */
    printf("Card Capacity: %d MB\r\n",
        (uint32_t)( SD_TOTAL_SIZE_MB(&g_sdcard_handler));
    /* 显示块大小 */
    printf("Card BlockSize: %d\r\n\r\n", g_sd_card_info_handle.BlockSize);
    }

void sd_test_read(uint32_t secaddr, uint32_t seccnt)
{
    uint32_t i;
    uint8_t *buf;
    uint8_t sta = 0;
    buf = mymalloc(SRAMIN, seccnt * 512);        /* 申请内存,从 SDRAM 申请内存 */
    sta = sd_read_disk(buf, secaddr, seccnt);    /* 读取 secaddr 扇区开始的内容 */
    if (sta == 0)
    {
```

```
        lcd_show_string(30, 170, 200, 16, 16, "USART1 Sending Data...", BLUE);
        printf("SECTOR %d DATA:\r\n", secaddr);
        for (i = 0; i < seccnt * 512; i++)
        {
            printf("%x ", buf[i]);              /* 打印 secaddr 开始的扇区数据 */
        }
        printf("\r\nDATA ENDED\r\n");
        lcd_show_string(30, 170, 200, 16, 16, "USART1 Send Data Over!", BLUE);
    }
    else
    {
        printf("err:%d\r\n", sta);
        lcd_show_string(30, 170, 200, 16, 16, "SD read Failure!         ", BLUE);
    }
    myfree(SRAMIN, buf);      /* 释放内存 */
}
void sd_test_write(uint32_t secaddr, uint32_t seccnt)
{
    uint32_t i;
    uint8_t *buf;
    uint8_t sta = 0;
    buf = mymalloc(SRAMIN, seccnt * 512);          /* 从 SDRAM 申请内存 */
    for (i = 0; i < seccnt * 512; i++)            /* 初始化写入的数据,是 3 的倍数 */
    {
        buf[i] = i * 3;
    }
    /* 从 secaddr 扇区开始写入 seccnt 个扇区内容 */
    sta = sd_write_disk(buf, secaddr, seccnt);
    if (sta == 0)
    {
        printf("Write over! \r\n");
    }
    else printf("err:%d\r\n", sta);
    myfree(SRAMIN, buf);     /* 释放内存 */
}
int main(void)
{
    uint8_t key;
    uint32_t sd_size;
    uint8_t t = 0;
    uint8_t *buf;
    uint64_t card_capacity;                     /* SD 卡容量 */
    HAL_Init();                                 /* 初始化 HAL 库 */
    sys_stm32_clock_init(336, 8, 2, 7);         /* 设置时钟,168 MHz */
    delay_init(168);                            /* 延时初始化 */
    usart_init(115200);                         /* 串口初始化为 115 200 */
    usmart_dev.init(84);                        /* 初始化 USMART */
    led_init();                                 /* 初始化 LED */
    lcd_init();                                 /* 初始化 LCD */
    key_init();                                 /* 初始化按键 */
```

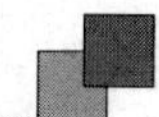

```
        sram_init();                                        /* SRAM 初始化 */
        my_mem_init(SRAMIN);                                /* 初始化内部 SRAM 内存池 */
        my_mem_init(SRAMEX);                                /* 初始化外部 SRAM 内存池) */
        my_mem_init(SRAMCCM);                               /* 初始化 CCM 内存池) */
        lcd_show_string(30, 50, 200, 16, 16, "STM32", RED);
        lcd_show_string(30, 70, 200, 16, 16, "SD  TEST", RED);
        lcd_show_string(30, 90, 200, 16, 16, "ATOM@ALIENTEK", RED);
        lcd_show_string(30, 110, 200, 16, 16, "KEY0:Read Sector 0", RED);
        while (sd_init())           /* 检测不到 SD 卡 */
        {
            lcd_show_string(30, 150, 200, 16, 16, "SD Card Error!", RED);
            delay_ms(500);
            lcd_show_string(30, 150, 200, 16, 16, "Please Check! ", RED);
            delay_ms(500);
            LED0_TOGGLE();          /* 红灯闪烁 */
        }
        /* 打印 SD 卡相关信息 */
        show_sdcard_info();
        /* 检测 SD 卡成功 */
        lcd_show_string(30, 150, 200, 16, 16, "SD Card OK     ", BLUE);
        lcd_show_string(30, 170, 200, 16, 16, "SD Card Size:      MB", BLUE);
        /* 显示 SD 卡容量 */
        lcd_show_num(30 + 13 * 8, 170, SD_TOTAL_SIZE_MB(&g_sdcard_handler),
                    5, 16, BLUE);
        while (1)
        {
            key = key_scan(0);
            if (key == KEY0_PRES)           /* KEY0 按下了 */
            {
                sd_test_read(0, 1);
            }
            t++;
            delay_ms(10);
            if (t == 20)
            {
                LED0_TOGGLE();              /* 红灯闪烁 */
                t = 0;
            }
        }
    }
```

这里总共 4 个函数：

1）show_sdcard_info 函数

该函数用于从串口输出 SD 卡相关信息，包括卡类型、制造商 ID、卡相对地址、容量和块大小等信息。

2）sd_test_read

该函数用于测试 SD 卡的读取，通过 USMART 调用，可以指定 SD 卡的任何地址，读取指定个数的扇区数据，将读到的数据通过串口打印出来，从而验证 SD 卡数据的读取。

3) sd_test_write 函数

该函数用于测试 SD 卡的写入，通过 USMART 调用可以指定 SD 卡的任何地址、写入指定个数的扇区数据、写入数据自动生成(都是 3 的倍数)，写入完成后，在串口打印写入结果。可以通过 sd_test_read 函数来检验写入数据是否正确。注意，千万别乱写，否则可能把卡写成砖头/数据丢失。写之前，先读取该地址的数据，最好全部是 0xFF 才写(全部 0x00 也行)，其他情况最好别写。

4) main 函数

该函数先初始化相关外设和 SD 卡，初始化成功，则调用 show_sdcard_info 函数，输出 SD 卡相关信息，并在 LCD 上面显示 SD 卡容量。然后进入死循环，如果有按键 KEY0 按下，则通过 SD_ReadDisk 读取 SD 卡的扇区 0(物理磁盘，扇区 0)，并将数据通过串口打印出来。这里对上一章学过的内存管理"小试牛刀"，以后尽量使用内存管理来设计。

最后，将 sd_test_read 和 sd_test_write 函数加入 USMART 控制，这样就可以通过串口调试助手测试 SD 卡的读/写了，方便测试。

15.6 下载验证

将程序下载到开发板后，这里测试使用的是 16 GB 标有 SDHC 标志的卡，安装方法如图 15.20 所示。

SD 卡成功初始化后，LCD 显示本程序的一些必要信息，如图 15.21 所示。

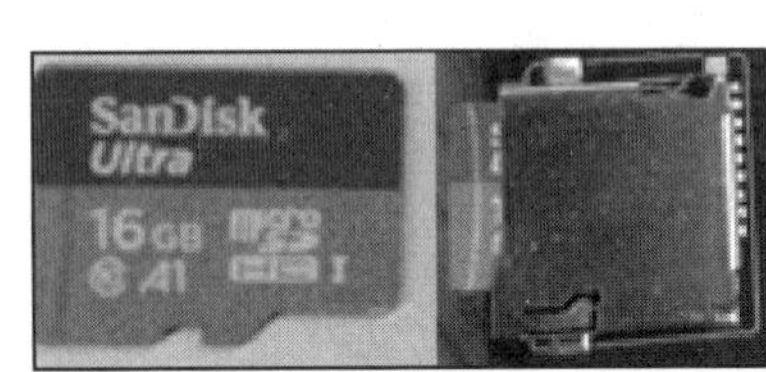

图 15.20 测试用的 microSD 卡与开发板的连接方式

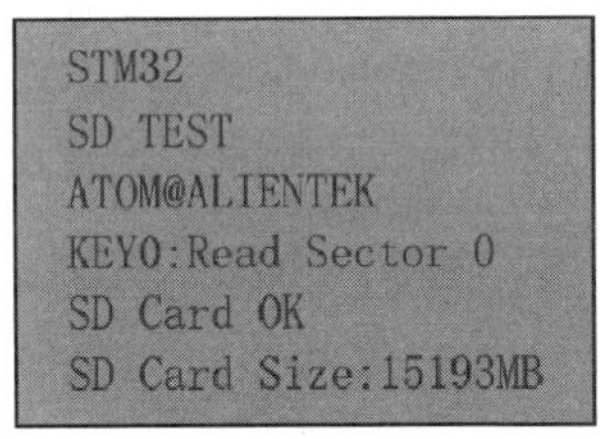

图 15.21 程序运行效果图

在进入测试的主循环前，如果已经通过 USB 连接开发板的串口 1 和电脑，则可以看到串口端打印出 SD 卡的相关信息(也可以在接好 SD 卡后按 Reset 复位开发板)。SD 卡成功初始化后的信息，如图 15.22 所示。

可见，用程序读到的 SD 卡信息与使用的 SD 卡一致。伴随 LED0 的不停闪烁，提示程序在运行。此时，按下 KEY0，调用 SD 卡测试函数。这里只用到了读函数，写函数的测试读者可以添加代码进行演示。按下后 LCD 显示界面如图 15.23 所示，数量较多时使用串口打印，得到的 SD 卡扇区 0 存储的 512 字节的信息如图 15.24 所示。

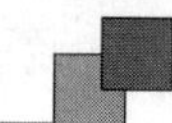

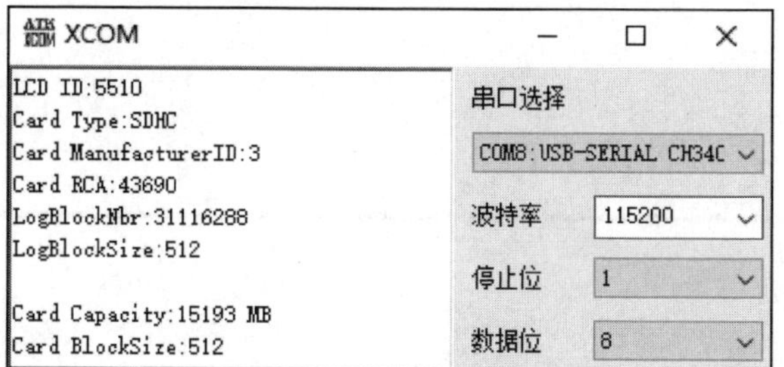

图 15.22 测试用的 microSD 卡

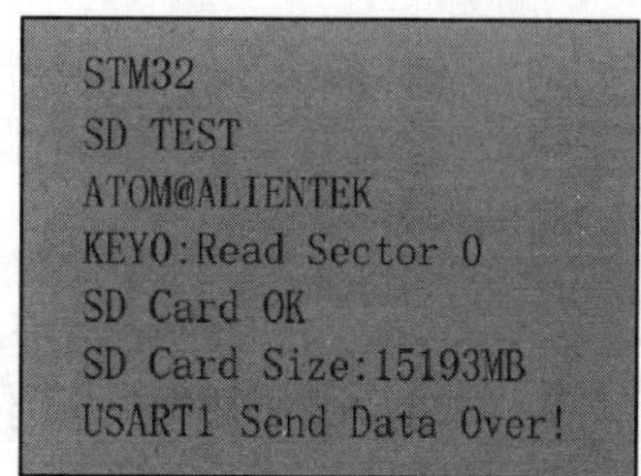

图 15.23 按下 KEY1 的开发板界面

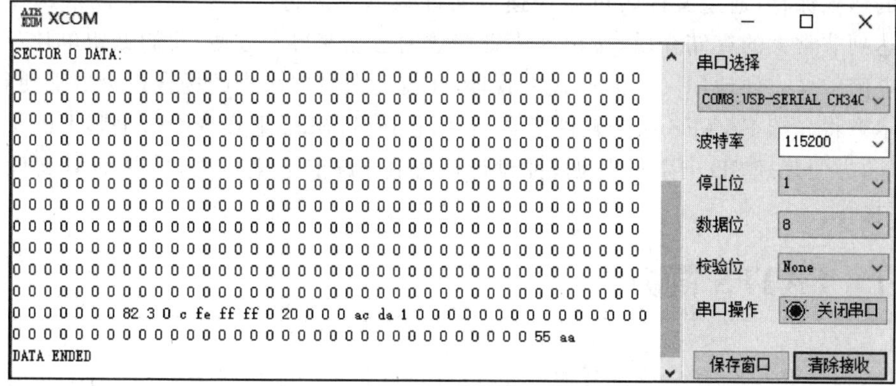

图 15.24 串口调试助手显示按下 KEY0 后读取到的信息

第 16 章

FATFS 实验

上一章介绍了 SD 卡的使用，并实现了简单的读/写扇区功能。电脑上的资料常以文件的形式保存，通过文件名可以快速对文件数据等进行分类。对于 SD 卡这种容量可以达到非常大的存储介质，按扇区去管理数据已经变得不方便，我们希望单片机也可以像电脑一样方便地用文件的形式去管理，在需要做数据采集的场合也会更加便利。

本章将介绍 FATFS 这个软件工具，利用它在 STM32 上实现类似电脑上的文件管理功能，方便管理 SD 卡上的数据，并设计例程在 SD 卡上生成文件，从而对文件实现读/写操作。

16.1 FATFS 简介

FATFS 是一个完全免费开源的 FAT/exFAT 文件系统模块，专门为小型的嵌入式系统而设计。它完全用标准 C 语言（ANSI C C89）编写，所以具有良好的硬件平台独立性，只须做简单的修改就可以移植到 8051、PIC、AVR、ARM、Z80、RX 等系列单片机上。它支持 FAT12、FAT16 和 FAT32，支持多个存储媒介；有独立的缓冲区，可以对多个文件进行读/写，并特别对 8 位单片机和 16 位单片机做了优化。

FATFS 的特点如下：

- Windows、DOS 系统兼容的 FAT、exFAT 文件系统；
- 独立于硬件平台，方便跨硬件平台移植；
- 代码量少、效率高；
- 多种配置选项：
  - 支持多卷（物理驱动器或分区，最多 10 个卷）；
  - 多个 ANSI/OEM 代码页包括 DBCS；
  - 支持长文件名、ANSI/OEM 或 Unicode；
  - 支持 RTOS；
  - 支持多种扇区大小；
  - 只读、最小化的 API 和 I/O 缓冲区等；
  - 新版的 exFAT 文件系统，突破了原来 FAT32 对容量管理 32 GB 的上限，可支持更大容量的存储器。

FATFS 的这些特点，加上免费、开源的原则，使得 FATFS 应用非常广泛。

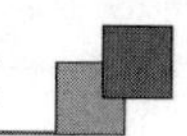

FATFS 模块的层次结构如图 16.1 所示。

最顶层是应用层，使用者无须理会 FATFS 的内部结构和复杂的 FAT 协议，只需要调用 FATFS 模块提供给用户的一系列应用接口函数，如 f_open、f_read、f_write 和 f_close 等，就可以像在 PC 上读/写文件那样简单。

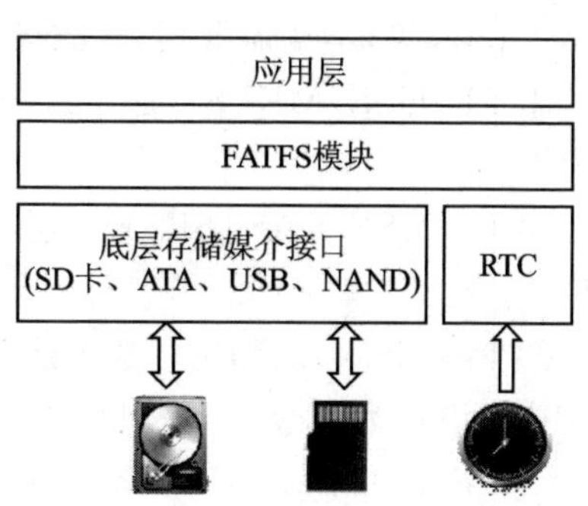

图 16.1　FATFS 层次结构图

中间层 FATFS 模块，实现了 FAT 文件读/写协议。FATFS 模块提供的是 ff.c 和 ff.h。除非有必要，使用者一般不用修改，使用时将头文件直接包含进去即可。

需要我们编写移植代码的是 FATFS 模块提供的底层接口，它包括存储媒介读/写接口（diskI/O）和供给文件创建修改时间的实时时钟。

FATFS 的源码可以在 http://elm-chan.org/fsw/ff/00index_e.html 下载到，目前使用的版本为 R0.14b。本章介绍最新版本的 FATFS，下载解压后可以得到两个文件夹：documents 和 source。documents 里面主要是对 FATFS 的介绍，source 里面才是需要的源码。source 文件夹详情表如表 16.1 所列。

表 16.1　source 文件夹详情表

文件名	作用简述	备　注
diskio.h	FATFS 和 diskI/O 模块公用的包含文件	与硬件平台无关
ff.c	FATFS 模块	
ff.h	FATFS 和应用模块公用的包含文件	
ffconf.h	FATFS 模块配置文件，宏定义对应的功能代码中都有说明，具体的配置范围可以见官方配置说明 http://elm-chan.org/fsw/ff/doc/config.html	
ffsystem.c	根据是否有操作系统来修改这个文件	
ffunicode.c	可选，根据 ffconf.h 的配置进行 Unicode 编码转换	
diskio.c	FATFS 和 diskI/O 模块接口层文件，需要根据硬件修改这部分的代码	硬件平台相关代码

FATFS 模块在移植的时候一般只需要修改两个文件，即 ffconf.h 和 diskio.c。FATFS 模块的所有配置项都存放在 ffconf.h 里面，可以通过配置里面的一些选项来满足需求。接下来介绍几个重要的配置选项。

① FF_FS_TINY。这个选项在 R0.07 版本中开始出现，之前的版本都以独立的 C 文件出现（FATFS 和 TinyFATFS），有了这个选项之后，两者整合在一起了，使用起来更方便。这里使用 FATFS，所以把这个选项定义为 0 即可。

② FF_FS_READONLY。这个选项用来配置是不是只读，本章需要读/写都用，所以这里设置为 0 即可。

③ FF_USE_STRFUNC。这个选项用来设置是否支持字符串类操作，比如 f_putc、f_puts 等，本章需要用到，故设置这里为 1。

④ FF_USE_MKFS。这个选项用来定时是否使能格式化，本章需要用到，所以设置为 1。

⑤ FF_USE_FASTSEEK。这个选项用来使能快速定位，这里设置为 1，使能快速定位。

⑥ FF_USE_LABEL。这个选项用来设置是否支持磁盘盘符（磁盘名字）读取与设置。这里设置为 1，使能，就可以通过相关函数读取或者设置磁盘的名字了。

⑦ FF_CODE_PAGE。这个选项用于设置语言类型，包括很多选项（见 FATFS 官网说明），这里设置为 936，即简体中文（GBK 码，同一个文件夹下的 ffunicode.c 根据这个宏选择对应的语言设置）。

⑧ FF_USE_LFN。该选项用来设置是否支持长文件名（还需要_CODE_PAGE 支持），取值范围为 0～3。0 表示不支持长文件名，1～3 是支持长文件名，但是存储地方不一样，这里选择使用 3，通过 ff_memalloc 函数来动态分配长文件名的存储区域。

⑨ FF_VOLUMES。这个选项用来设置 FATFS 支持的逻辑设备数目，这里设置为 2，即支持两个设备。

⑩ FF_MAX_SS，扇区缓冲的最大值，一般设置为 512。

⑪ FF_FS_EXFAT，新版本增加的功能，使用 exFAT 文件系统，用于支持超过 32 GB 的超大存储。它们使用的是 exFAT 文件系统，使用它时必须要根据设置 FF_USE_LFN 参数的值以决定 exFATs 系统使用的内存来自堆栈还是静态数组。

其他配置项这里就不一一介绍了，读者参考 http://elm-chan.org/fsw/ff/doc/config.html 即可。下面来讲讲 FATFS 的移植，主要分为 3 步：

① 数据类型：在 integer.h 里面去定义好数据的类型。这里需要了解使用的编译器的数据类型，并根据编译器定义好数据类型。

② 配置：通过 ffconf.h 配置 FATFS 的相关功能，以满足自己的需要。

③ 函数编写：打开 diskio.c 进行底层驱动编写，一般需要编写 5 个接口函数，如图 16.2 所示。

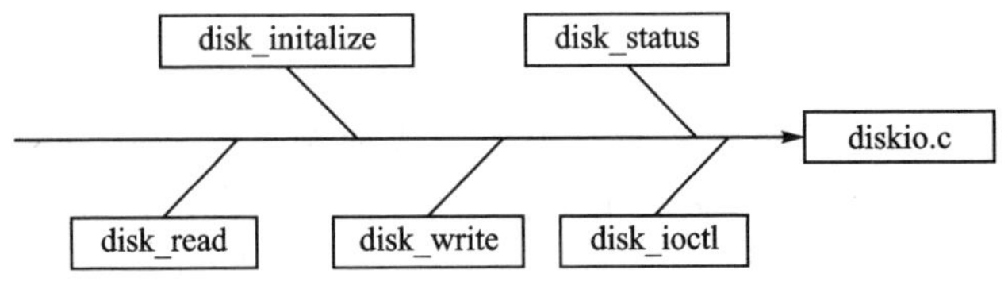

图 16.2　diskio 需要实现的函数

通过以上 3 步即可完成对 FATFS 的移植。注意：

① 这里使用的是 MDK5.34 编译器，数据类型和 integer.h 里面定义的一致，所以此步不需要做任何改动。

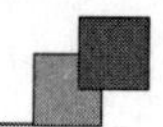

② 关于 ffconf. h 里面的相关配置，前面已经有介绍（之前介绍的 11 个配置），将对应配置修改为我们介绍时候的值即可，其他的配置用默认配置。

③ 因为 FATFS 模块完全与磁盘 I/O 层分开，因此需要下面的函数来实现底层物理磁盘的读/写与获取当前时间。底层磁盘 I/O 模块并不是 FATFS 的一部分，并且必须由用户提供。这些函数一般有 5 个，在 diskio. c 里面。

首先是 disk_initialize 函数，该函数介绍如表 16.2 所列。

表 16.2 disk_initialize 函数介绍

函数名称	disk_initialize
函数原型	DSTATUS disk_initialize(BYTE Drive)
功能描述	初始化磁盘驱动器
函数参数	Drive：指定要初始化的逻辑驱动器号，即盘符，应当取值 0～9
返回值	函数返回一个磁盘状态作为结果，磁盘状态的细节信息可参考 disk_status 函数
所在文件	ff. c
实例	disk_initialize(0)； /＊初始化驱动器 0＊/
注意事项	disk_initialize 函数初始化一个逻辑驱动器为读/写做准备，函数成功时，返回值的 STA_NOINIT 标志被清零； 应用程序不应调用此函数，否则卷上的 FAT 结构可能会损坏； 如果需要重新初始化文件系统，可使用 f_mount 函数； 在 FATFS 模块上卷注册处理时调用该函数可控制设备的改变； 此函数在 FATFS 挂在卷时调用，应用程序不应该在 FATFS 活动时使用此函数

第二个函数是 disk_status 函数，该函数介绍如表 16.3 所列。

表 16.3 disk_status 函数介绍

函数名称	disk_status
函数原型	DRESULT disk_status (BYTE Drive)
功能描述	返回当前磁盘驱动器的状态
函数参数	Drive：指定要确认的逻辑驱动器号，即盘符，应当取值 0～9
返回值	磁盘状态返回下列标志的组合，FATFS 只使用 STA_NOINIT 和 STA_PROTECTED STA_NOINIT：表明磁盘驱动未初始化，下面列出了产生该标志置位或清零的原因： 置位：系统复位，磁盘被移除和磁盘初始化函数失败 清零：磁盘初始化函数成功 STA_NODISK：表明驱动器中没有设备，安装磁盘驱动器后总为 0 STA_PROTECTED：表明设备被写保护，不支持写保护的设备总为 0，当 STA_NODISK 置位时非法
所在文件	ff. c
实例	disk_status(0)； /＊获取驱动器 0 的状态＊/

第三个函数是 disk_read 函数，该函数介绍如表 16.4 所列。

表 16.4　disk_read 函数介绍

函数名称	disk_read
函数原型	DRESULT disk_read (BYTE Drive, BYTE * Buffer, DWORD SectorNumber, BYTE SectorCount)
功能描述	从磁盘驱动器上读取扇区
函数参数	Drive:指定逻辑驱动器号,即盘符,应当取值 0~9 Buffer:指向存储读取数据字节数组的指针,需要为所读取字节数的大小,扇区统计的扇区大小是需要的 (注:FAFTS 指定的内存地址并不总是字对齐的,如果硬件不支持不对齐的数据传输,函数里需要进行处理) SectorNumber:指定起始扇区的逻辑块(LBA)上的地址 SectorCount:指定要读取的扇区数,取值 1~128
返回值	RES_OK(0):函数成功 RES_ERROR:读操作期间产生了任何错误且不能恢复它 RES_PARERR:非法参数 RES_NOTRDY:磁盘驱动器没有初始化
所在文件	ff.c

第四个函数是 disk_write 函数,该函数介绍如表 16.5 所列。

表 16.5　disk_write 函数介绍

函数名称	disk_write
函数原型	DRESULT disk_write (BYTE Drive, const BYTE * Buffer, DWORD SectorNumber, BYTE SectorCount)
功能描述	向磁盘写入一个或多个扇区
函数参数	Drive:指定逻辑驱动器号,即盘符,应当取值 0~9 Buffer:指向要写入字节数组的指针 (注:FAFTS 指定的内存地址并不总是字对齐的,如果硬件不支持不对齐的数据传输,函数里需要进行处理) SectorNumber:指定起始扇区的逻辑块(LBA)上的地址 SectorCount:指定要写入的扇区数,取值 1~128
返回值	RES_OK(0):函数成功 RES_ERROR:写操作期间产生了任何错误且不能恢复它 RES_WRPER:媒体被写保护 RES_PARERR:非法参数 RES_NOTRDY:磁盘驱动器没有初始化
所在文件	ff.c
注意事项	只读配置中不需要此函数

第五个函数是 disk_ioctl 函数,该函数介绍如表 16.6 所列。

以上 5 个函数将在软件设计部分一一实现。通过以上 3 个步骤就完成了对 FATFS 的移植,就可以在我们的代码里面使用 FATFS 了。

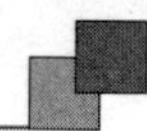

表 16.6 disk_ioctl 函数介绍

函数名称	disk_ioctl
函数原型	DRESULT disk_ioctl (BYTE Drive, BYTE Command, void * Buffer)
功能描述	控制设备指定特性和除了读/写外的杂项功能
函数参数	Drive:指定逻辑驱动器号,即盘符,应当取值 0～9 Command:指定命令代码 Buffer:指向参数缓冲区的指针,取决于命令代码,不使用时,指定一个 NULL 指针
返回值	RES_OK(0):函数成功 RES_ERROR:写操作期间产生了任何错误且不能恢复它 RES_PARERR:非法参数 RES_NOTRDY:磁盘驱动器没有初始化
所在文件	ff.c
注意事项	CTRL_SYNC:确保磁盘驱动器已经完成了写处理,当磁盘 I/O 有一个写回缓存时,立即刷新原扇区,只读配置下不适用此命令 GET_SECTOR_SIZE:返回磁盘的扇区大小,只用于 f_mkfs() GET_SECTOR_COUNT:返回可利用的扇区数,_MAX_SS≥1 024 时可用 GET_BLOCK_SIZE:获得擦除块大小,只用于 f_mkfs() CTRL_ERASE_SECTOR:强制擦除一块的扇区,_USE_ERASE>0 时可用

FATFS 提供了很多 API 函数,在 FATFS 的自带介绍文件里面都有详细的介绍(包括参考代码)。注意,使用 FATFS 时,必须先通过 f_mount 函数注册一个工作区,才能开始后续 API 的使用。读者可以通过 FATFS 自带的介绍文件进一步了解和熟悉 FATFS 的使用。

16.2 硬件设计

(1) 例程功能

开机的时候先初始化 SD 卡,初始化成功之后,注册两个磁盘(一个给 SD 卡用,一个给 SPI FLASH 用)。之所以把 SPI FLASH 当成磁盘来用,一方面是为了演示大容量的 SPI FLASH 也可以用 FATFS 管理,说明 FATFS 的灵活性;另一方面可以展示 FATFS 方式比原来直接按地址管理数据便利性,使板载 SPI FLASH 的使用更具灵活性。挂载成功后获取 SD 卡的容量和剩余空间,并显示在 LCD 模块上,最后定义 USMART 输入指令进行各项测试。通过 DS0 指示程序运行状态。

(2) 硬件资源

- LED 灯:LED0 - PF9;
- 正点原子 TFTLCD 模块(仅限 MCU 屏,16 位 8080 并口驱动);
- 串口 1 (PA9、PA10 连接在板载 USB 转串口芯片 CH340 上面);
- SD 卡,通过 SDIO(SDIO_D0～D4(PC8～PC11), SDIO_SCK(PC12), SDIO_CMD(PD2))连接;

➢ NOR FLASH(SPI FLASH 芯片,连接在 SPI1 上)。

这几个外设原理图在之前的章节已经介绍过了,这里就不重复介绍了。

16.3 程序设计

FATFS 的驱动为一个硬件独立的组件,因此把 FATFS 的移植代码放到 Middlewares 文件夹下。

本章在第 18 章的基础上进行拓展。在 Middlewares 下新建一个 FATFS 的文件夹,然后将 FATFS R0.14b 程序包解压到该文件夹下。同时,在 FATFS 文件夹里面新建一个 exfuns 的文件夹,用于存放针对 FATFS 做的一些扩展代码。操作结果如图 16.3 所示。

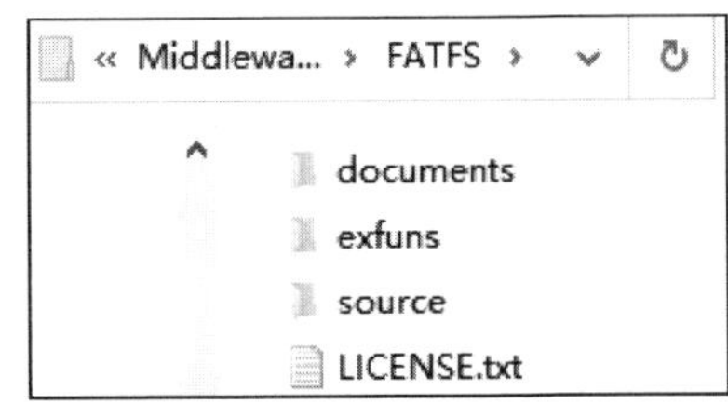

图 16.3　FATFS 文件夹子目录

16.3.1 程序流程图

程序流程如图 16.4 所示。

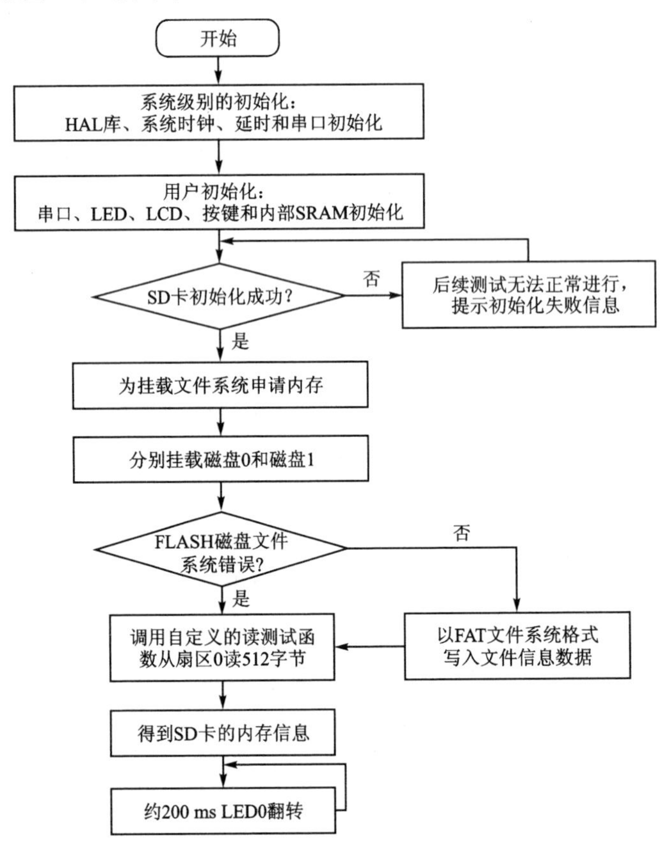

图 16.4　SD 读/写实验程序流程图

16.3.2　程序解析

1. FATFS 驱动代码

这里只讲解核心代码,详细的源码可参考配套资料中本实验对应源码。

diskio.c/.h 提供了规定好的底层驱动接口的返回值。这个函数需要用硬件接口,所以需要把使用到的硬件驱动的头文件包进来。

```
#include "./MALLOC/malloc.h"
#include "./FATFS/source/diskio.h"
#include "./BSP/SDIO/sdio_sdcard.h"
#include "./BSP/NORFLASH/norflash_ex.h"
```

本章用 FATFS 管理了两个磁盘:SD 卡和 SPI FLASH,设置 SD_CARD 为 0,EX_FLASH 位为 1,对应到 disk_read/disk_write 函数里面。SD 卡好说,但是 SPI FLASH 扇区是 4 KB,为了方便设计,强制将其扇区定义为 512 字节,这样带来的好处就是设计使用相对简单;坏处就是擦除次数大增,所以不要随便往 SPI FLASH 里面写数据,非必要最好别写,频繁写很容易将 SPI FLASH 写坏。

```
#define SD_CARD     0          /* SD 卡,卷标为 0 */
#define EX_FLASH    1          /* 外部 SPI FLASH,卷标为 1 */
/**
 * 对于 25Q128 FLASH 芯片,规定前 12 MB 给 FATFS 使用,12 MB 以后
 * 紧跟字库,3 个字库 + UNIGBK.BIN,总大小 3.09 MB,共占用 15.09 MB
 * 15.09 MB 以后的存储空间大家可以随便使用
 */
#define SPI_FLASH_SECTOR_SIZE   512                 /* 扇区大小 */
#define SPI_FLASH_SECTOR_COUNT  12 * 1024 * 2       /* 扇区数目 */
#define SPI_FLASH_BLOCK_SIZE    8          /* 每个 BLOCK 有 8 个扇区 */
#define SPI_FLASH_FATFS_BASE    0          /* FATFS 在外部 FLASH 的起始地址从 0 开始 */
```

另外,diskio.c 里面的函数直接决定了磁盘编号(盘符/卷标)所对应的具体设备。例如,以上代码通过 switch 来判断到底要操作 SD 卡,还是 SPI FLASH,然后,分别执行对应设备的相关操作,以此实现磁盘编号和磁盘的关联。

(1) disk_initialize 函数

要使用一个外设首先要对它进行初始化。SD 卡的初始化函数声明如下:

```
DSTATUS disk_initialize( BYTE pdrv)
```

函数描述:初始化指定编号的磁盘、磁盘所指定的存储区。使用每个磁盘前要进行初始化,在代码中直接根据编号调用硬件的初始化接口即可,这样也能保证代码的扩展性,硬件的顺序可以根据自己的喜好定义。

函数形参:

形参是 FATFS 管理的磁盘编号 pdrv: 磁盘编号 0~9,这里配置 FF_VOLUMES 为 2 来支持两个磁盘,因此可选值为 0 和 1。

代码实现如下:

```
/**
  * @brief       初始化磁盘
  * @param       pdrv：磁盘编号 0～9
  * @retval      无
  */
DSTATUS disk_initialize (
    BYTE pdrv       /* Physical drive nmuber to identify the drive */
)
{
    uint8_t res = 0;
    switch (pdrv)
    {
        case SD_CARD:                   /* SD 卡 */
            res = sd_init();            /* SD 卡初始化 */
            break;
        case EX_FLASH:                  /* 外部 FLASH */
            norflash_init();            /* 外部 FLASH 初始化 */
            break;
        default:
            res = 1;
    }
    if (res)
    {
        return STA_NOINIT;
    }
    else
    {
        return 0; /* 初始化成功 */
    }
}
```

函数返回值:DSTATUS 枚举类型的值。FATFS 规定了自己的返回值来管理各接口函数的操作结果,方便后续函数的操作和判断,定义如下:

```
/* Status of Disk Functions */
typedef BYTE    DSTATUS;
/* Disk Status Bits (DSTATUS) */
#define STA_NOINIT      0x01        /* Drive not initialized */
#define STA_NODISK      0x02        /* No medium in the drive */
#define STA_PROTECT     0x04        /* Write protected */
```

定义时也写出了各个参数的含义,根据 ff.c 中的调用实例可知,操作返回 0 才是正常的状态,其他情况发生时就需要结合硬件进行分析了。

(2) disk_status 函数

要使用一个外设,首先要对它进行初始化,先看 SDIO 的初始化函数,其声明如下:

```
DSTATUS disk_status(BYTE pdrv)
```

函数描述:可以随时查询对应 SD 卡的状态。

函数形参:形参是 FATFS 管理的磁盘编号 pdrv: 磁盘编号 0～9,配置 FF_VOLUMES 为 2 来支持两个磁盘,因此可选值为 0 和 1。

为了简单测试，这里没有加入硬件状态的判断，代码也不贴出来了。

函数返回值：直接返回 RES_OK。

(3) disk_read 函数

disk_read 实现直接从硬件接口读取数据，这个函数接口是给 FATFS 的其他读操作接口函数调用的，其声明如下：

```
DRESULT disk_read(BYTE pdrv, BYTE * buff, DWORD sector, UINT count)
```

函数描述：初始化指定编号的磁盘，磁盘所指定的存储区。

函数形参：

形参 1 是 FATFS 管理的磁盘编号 pdrv：磁盘编号 0～9，这里配置 FF_VOLUMES 为 2 来支持两个磁盘，因此可选值为 0 和 1。

形参 2 buff 指向要保存数据的内存区域指针，为字节类型。

形参 3 sector 为实际物理操作时要访问的扇区地址。

形参 4 count 为本次要读取的数据量，最长为 unsigned int，读到的数量为字节数。

同样要根据定义的设备标号，在 switch - case 中添加对应硬件的驱动，代码如下：

```
DRESULT disk_read (
    BYTE pdrv,          /* Physical drive nmuber to identify the drive */
    BYTE * buff,        /* Data buffer to store read data */
    DWORD sector,       /* Sector address in LBA */
    UINT count          /* Number of sectors to read */
)
{
    uint8_t res = 0;
    if (!count)return RES_PARERR;                /* count 不能等于 0,否则返回参数错误 */
    switch (pdrv)
    {
        case SD_CARD:           /* SD 卡 */
            res = sd_read_disk(buff, sector, count);
            while (res)     /* 读出错 */
            {
                if (res != 2)sd_init();     /* 重新初始化 SD 卡 */
                res = sd_read_disk(buff, sector, count);
                //printf("sd rd error:%d\r\n", res);
            }
            break;
        case EX_FLASH:      /* 外部 flash */
            for (; count > 0; count -- )
            {
                norflash_read(buff, SPI_FLASH_FATFS_BASE + sector *
                                   SPI_FLASH_SECTOR_SIZE, SPI_FLASH_SECTOR_SIZE);
                sector ++ ;
                buff += SPI_FLASH_SECTOR_SIZE;
            }
            res = 0;
            break;
        default:
```

```
            res = 1;
    }
    /* 处理返回值,将返回值转成 ff.c 的返回值 */
    if (res == 0x00)
    {
        return RES_OK;
    }
    else
    {
        return RES_ERROR;
    }
}
```

函数返回值:DRESULT 为枚举类型,diskio.h 中有其定义,引用如下:

```
/* Results of Disk Functions */
typedef enum
{
    RES_OK = 0,            /* 0: 操作成功 */
    RES_ERROR,             /* 1: 读/写错误 */
    RES_WRPRT,             /* 2: 写保护状态 */
    RES_NOTRDY,            /* 3: 设备忙 */
    RES_PARERR             /* 4: 其他情形 */
} DRESULT;
```

根据返回值的含义确认操作结果即可。

(4) disk_write 函数

disk_write 函数实现直接在硬件接口读取数据,这个接口为 FATFS 的其他写操作接口函数调用,其声明如下:

```
DRESULT disk_write( BYTE pdrv, const BYTE * buff, DWORD sector, UINT count)
```

函数描述:向磁盘驱动器写入扇区数据。

函数形参:

形参 1 是 FATFS 管理的磁盘编号 pdrv:磁盘编号 0~9,这里配置 FF_VOLUMES 为 2 来支持两个磁盘,因此可选值为 0 和 1。

形参 2 buff 指向要发送数据的内存区域指针,为字节类型。

形参 3 sector 为实际物理操作时要访问的扇区地址。

形参 4 count 为本次要写入的数据量。

根据定义的设备标号在 switch - case 中添加对应硬件的驱动,代码如下:

```
DRESULT disk_write (
    BYTE pdrv,              /* Physical drive nmuber to identify the drive */
    const BYTE * buff,      /* Data to be written */
    DWORD sector,           /* Sector address in LBA */
    UINT count              /* Number of sectors to write */
)
{
    uint8_t res = 0;
    if (!count)return RES_PARERR;    /* count 不能等于 0,否则返回参数错误 */
```

```
    switch (pdrv)
    {
        case SD_CARD:              /* SD 卡 */
            res = sd_write_disk((uint8_t *)buff, sector, count);
            while (res)            /* 写出错 */
            {
                sd_init();         /* 重新初始化 SD 卡 */
                res = sd_write_disk((uint8_t *)buff, sector, count);
                //printf("sd wr error: %d\r\n", res);
            }
            break;
        case EX_FLASH:             /* 外部 flash */
            for (; count > 0; count--)
            {
                norflash_write((uint8_t *)buff, SPI_FLASH_FATFS_BASE + sector *
                               SPI_FLASH_SECTOR_SIZE, SPI_FLASH_SECTOR_SIZE);
                sector++;
                buff += SPI_FLASH_SECTOR_SIZE;
            }
            res = 0;
            break;
        default:
            res = 1;
    }
    /* 处理返回值,将返回值转成 ff.c 的返回值 */
    if (res == 0x00)
    {
        return RES_OK;
    }
    else
    {
        return RES_ERROR;
    }
}
```

函数返回值：

DRESULT 为枚举类型，diskio.h 中有其定义，编写读函数时已经介绍了，注意要把返回值转成这个枚举类型的参数。

(5) disk_ioctl 函数

disk_ioctl 实现一些控制命令，这个接口为 FATFS 提供了一些硬件操作信息，其声明如下：

```
DRESULT disk_ioctl(BYTE pdrv, BYTE cmd, void *buff)
```

函数描述：初始化指定编号的磁盘、磁盘所指定的存储区。

函数形参：

形参 1 是 FATFS 管理的磁盘编号 pdrv：磁盘编号 0～9，这里配置 FF_VOLUMES 为 2 来支持两个磁盘，因此可选值为 0 和 1。

形参 2 cmd 是 FATFS 定义好的一些宏，用于访问硬盘设备的一些状态。这里实现几个简单的操作接口,用于获取磁盘容量这些基础信息(diskio.h 中已经定义好了)。为了方便,这里先只实现几个标准的应用接口。

```
/ * Command code for disk_ioctrl fucntion * /
/ * Generic command (Used by FatFs) * /
#define CTRL_SYNC           0     / * 完成挂起的写入过程(当 FF_FS_READONLY == 0) * /
#define GET_SECTOR_COUNT    1     / * 获取磁盘扇区数(当 FF_USE_MKFS == 1) * /
#define GET_SECTOR_SIZE     2     / * 获取磁盘存储空间大小(当 FF_MAX_SS ! = FF_MIN_
SS) * /
#define GET_BLOCK_SIZE      3     / * 每个扇区块的大小(当 FF_USE_MKFS == 1) * /
```

下面是从 http://elm-chan.org/fsw/ff/doc/dioctl.html 得到的参数实现效果,也可以参考原有的 disk_ioctl 的实现来理解这几个参数,如表 16.7 所列。

表 16.7　disk_ioctl 函数参数

命　令	说　明
CTRL_SYNC	确保设备已完成挂起的写入过程。如果磁盘 I/O 层或存储设备具有回写缓存,则必须立即将缓存数据提交到介质。如果对介质的每个写入操作都正常完成,则此命令无任何动作
GET_SECTOR_COUNT	返回对应标号的硬盘的可用扇区数。此命令由 f_mkfs\f_fdisk 函数确定要创建的卷/分区的大小。使用时需要设置 FF_USE_MKFS 为 1
GET_SECTOR_SIZE	将用于读/写函数的扇区大小检索到 buff 指向的 WORD 变量中。有效扇区大小为 512、1 024、2 048 和 4 096。只有当 FF_MAX_SS>FF_MIN_SS 时执行此命令。当 FF_MAX_SS=FF_MIN_SS 时,永远不会使用此命令,并且读/写函数必须仅在 FF_MAX_SSbytes/扇区中工作
GET_BLOCK_SIZE	将扇区单位中闪存介质的块大小以 DWORD 指针存到 buff 中。允许的值为 1～32 768。如果擦除块大小未知或非闪存介质,则返回 1。此命令仅由 f_mkfs 函数使用,并尝试对齐擦除块边界上的数据区域。使用时需要设置 FF_USE_MKFS 为 1

形参 3 buff 为 void 形指针,根据命令的格式和需要,把对应的值转成对应的形式传给它。

参考原有的 disk_ioctl 的实现,函数实现如下:

```
DRESULT disk_ioctl (
    BYTE pdrv,          / * Physical drive nmuber (0..) * /
    BYTE cmd,           / * Control code * /
    void * buff         / * Buffer to send/receive control data * /
)
{
    DRESULT res;
    if (pdrv == SD_CARD)           / * SD 卡 * /
    {
        switch (cmd)
        {
            case CTRL_SYNC:
                res = RES_OK;
```

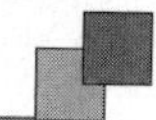

```
                break;
            case GET_SECTOR_SIZE:
                *(DWORD *)buff = 512;
                res = RES_OK;
                break;
            case GET_BLOCK_SIZE:
                *(WORD *)buff = g_sd_card_info_handle.LogBlockSize;
                res = RES_OK;
                break;
            case GET_SECTOR_COUNT:
                *(DWORD *)buff = g_sd_card_info_handle.LogBlockNbr;
                res = RES_OK;
                break;
            default:
                res = RES_PARERR;
                break;
        }
    }
    else if (pdrv == EX_FLASH)        /* 外部 FLASH */
    {
        switch (cmd)
        {
            case CTRL_SYNC:
                res = RES_OK;
                break;
            case GET_SECTOR_SIZE:
                *(WORD *)buff = SPI_FLASH_SECTOR_SIZE;
                res = RES_OK;
                break;
            case GET_BLOCK_SIZE:
                *(WORD *)buff = SPI_FLASH_BLOCK_SIZE;
                res = RES_OK;
                break;
            case GET_SECTOR_COUNT:
                *(DWORD *)buff = SPI_FLASH_SECTOR_COUNT;
                res = RES_OK;
                break;
            default:
                res = RES_PARERR;
                break;
        }
    }
    else
    {
        res = RES_ERROR;      /* 其他的不支持 */
    }
    return res;
}
```

函数返回值：

DRESULT 为枚举类型，diskio.h 中有其定义，编写读函数时已经介绍了，注意要把返回值转成这个枚举类型的参数。

以上实现了 16.1 节提到的 5 个函数，ff.c 中需要实现 get_fattime (void)，同时因为在 ffconf.h 里面设置对长文件名的支持为方法 3，所以必须在 ffsystem.c 中实现 get_fattime、ff_memalloc 和 ff_memfree 这 3 个函数。这部分比较简单，直接参考修改后的 ffsystem.c 的源码。

至此，我们已经可以直接使用 FATFS 的 ff.c 下的 f_mount 的接口挂载磁盘，然后使用类似标准 C 的文件操作函数就可以实现文件操作。但 f_mount 还需要一些文件操作的内存，为了方便操作，我们在 FATFS 文件夹下新建了一个 exfuns 的文件夹，用于保存针对 FATFS 的扩展代码，如刚才提到的 FATFS 相关函数的内存申请方法等。

本章编写了 4 个文件，分别是 exfuns.c、exfuns.h、fattester.c 和 fattester.h。其中，exfuns.c 主要定义了一些全局变量，方便 FATFS 的使用，同时实现了磁盘容量获取等函数。fattester.c 文件主要用于测试 FATFS。因为 FATFS 的很多函数无法直接通过 USMART 调用，所以 fattester.c 里面对这些函数进行了一次再封装，使得可以通过 USMART 调用。

这几个文件的代码可以直接使用本例程源码，这里将 exfuns.c/.h 和 fattester.c/.h 存到 FATFS 组下的 exfuns 文件下，直接使用即可。

(6) exfuns_init 函数

使用文件操作前，需要用 f_mount 函数挂载磁盘。在挂载 SD 卡前需要一些文件系统的内存，为了方便管理，这里定义一个全局的 fs[FF_VOLUMES]指针，定义成数组是因为要管理多个磁盘，而 f_mount 也需要一个 FATFS 类型的指针，定义如下：

```
/* 逻辑磁盘工作区(在调用任何 FATFS 相关函数之前,必须先给 fs 申请内存) */
FATFS *fs[FF_VOLUMES];
```

接下来只要用内存管理部分的知识来实现对 fs 指针的内存申请即可。

```
uint8_t exfuns_init(void)
{
    uint8_t i;
    uint8_t res = 0;
    for (i = 0; i < FF_VOLUMES; i++)
    { /* 为磁盘 i 工作区申请内存 */
        fs[i] = (FATFS *)mymalloc(SRAMIN, sizeof(FATFS));
        if (!fs[i])break;
    }
#if USE_FATTESTER == 1          /* 如果使能了文件系统测试 */
    res = mf_init();             /* 初始化文件系统测试(申请内存) */
#endif

    if (i == FF_VOLUMES && res == 0)
    {
        return 0;                /* 申请有一个失败,即失败 */
    }
    else
    {
```

```
        return 1;
    }
}
```

2. main.c 代码

main.c 就比较简单了，按照流程图的思路编写即可，成功初始化后通过 LCD 显示文件操作的结果。

main 函数如下：

```
int main(void)
{
    uint32_t total, free;
    uint8_t t = 0;
    uint8_t res = 0;
    HAL_Init();                                    /* 初始化 HAL 库 */
    sys_stm32_clock_init(336, 8, 2, 7);            /* 设置时钟，168 MHz */
    delay_init(168);                               /* 延时初始化 */
    usart_init(115200);                            /* 串口初始化为 115 200 */
    usmart_dev.init(84);                           /* 初始化 USMART */
    led_init();                                    /* 初始化 LED */
    lcd_init();                                    /* 初始化 LCD */
    key_init();                                    /* 初始化按键 */
    sram_init();                                   /* SRAM 初始化 */
    my_mem_init(SRAMIN);                           /* 初始化内部 SRAM 内存池 */
    my_mem_init(SRAMEX);                           /* 初始化外部 SRAM 内存池 */
    my_mem_init(SRAMCCM);                          /* 初始化内部 CCM 内存池 */
    lcd_show_string(30, 50, 200, 16, 16, "STM32", RED);
    lcd_show_string(30, 70, 200, 16, 16, "FATFS TEST", RED);
    lcd_show_string(30, 90, 200, 16, 16, "ATOM@ALIENTEK", RED);
    lcd_show_string(30, 110, 200, 16, 16, "Use USMART for test", RED);
    while (sd_init())           /* 检测不到 SD 卡 */
    {
        lcd_show_string(30, 150, 200, 16, 16, "SD Card Error!", RED);
        delay_ms(500);
        lcd_show_string(30, 150, 200, 16, 16, "Please Check! ", RED);
        delay_ms(500);
        LED0_TOGGLE();          /* LED0 闪烁 */
    }
    exfuns_init();                          /* 为 fatfs 相关变量申请内存 */
    f_mount(fs[0], "0:", 1);                /* 挂载 SD 卡 */
    res = f_mount(fs[1], "1:", 1);          /* 挂载 FLASH */
    if (res == 0X0D)         /* FLASH 磁盘,FAT 文件系统错误,重新格式化 FLASH */
    {
        /* 格式化 FLASH */
        lcd_show_string(30, 150, 200, 16, 16, "Flash Disk Formatting...", RED);
        /* 格式化 FLASH,1:,盘符;0,使用默认格式化参数 */
        res = f_mkfs("1:", 0, 0, FF_MAX_SS);
        if (res == 0)
        {
            /* 设置 Flash 磁盘的名字为:ALIENTEK */
```

```
            f_setlabel((const TCHAR *)"1:ALIENTEK");
            lcd_show_string(30, 150, 200, 16, 16, "Flash Disk Format Finish",
                            RED);       /* 格式化完成 */
        }
        else lcd_show_string(30, 150, 200, 16, 16, "Flash Disk Format Error ",
                             RED);     /* 格式化失败 */
        delay_ms(1000);
    }
    lcd_fill(30, 150, 240, 150 + 16, WHITE);      /* 清除显示 */
    while (exfuns_get_free("0", &total, &free))   /* 得到 SD 卡的总容量和剩余容量 */
    {
        lcd_show_string(30, 150, 200, 16, 16, "SD Card Fatfs Error!", RED);
        delay_ms(200);
        lcd_fill(30, 150, 240, 150 + 16, WHITE);     /* 清除显示 */
        delay_ms(200);
        LED0_TOGGLE();   /* LED0 闪烁 */
    }
    lcd_show_string(30, 150, 200, 16, 16, "FATFS OK!", BLUE);
    lcd_show_string(30, 170, 200, 16, 16, "SD Total Size:      MB", BLUE);
    lcd_show_string(30, 190, 200, 16, 16, "SD Free Size:      MB", BLUE);
    /* 显示 SD 卡总容量 MB */
    lcd_show_num(30 + 8 * 14, 170, total >> 10, 5, 16, BLUE);
    /* 显示 SD 卡剩余容量 MB */
    lcd_show_num(30 + 8 * 14, 190, free >> 10, 5, 16, BLUE);
    while (1)
    {
        t++;
        delay_ms(200);
        LED0_TOGGLE();   /* LED0 闪烁 */
    }
}
```

main 函数初始化了 LED 和 LCD 用于显示效果，初始化按键和 ADC 用于辅助显示 ADC。在 usmart_config.c 里面的 usmart_nametab 数组添加如下内容：

```
/* 函数名列表初始化(用户自己添加)
 * 用户直接在这里输入要执行的函数名及其查找串
 */
struct _m_usmart_nametab usmart_nametab[] =
{
#if USMART_USE_WRFUNS == 1         /* 如果使能了读/写操作 */
    (void *)read_addr, "uint32_t read_addr(uint32_t addr)",
    (void *)write_addr, "void write_addr(uint32_t addr,uint32_t val)",
#endif
    (void *)delay_ms, "void delay_ms(uint16_t nms)",
    (void *)delay_us, "void delay_us(uint32_t nus)",
    (void *)mf_mount, "uint8_t mf_mount(uint8_t* path,uint8_t mt)",
    (void *)mf_open, "uint8_t mf_open(uint8_t*path,uint8_t mode)",
    (void *)mf_close, "uint8_t mf_close(void)",
    (void *)mf_read, "uint8_t mf_read(uint16_t len)",
    (void *)mf_write, "uint8_t mf_write(uint8_t*dat,uint16_t len)",
```

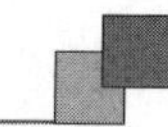

```
        (void *)mf_opendir, "uint8_t mf_opendir(uint8_t* path)",
        (void *)mf_closedir, "uint8_t mf_closedir(void)",
        (void *)mf_readdir, "uint8_t mf_readdir(void)",
        (void *)mf_scan_files, "uint8_t mf_scan_files(uint8_t * path)",
        (void *)mf_showfree, "uint32_t mf_showfree(uint8_t *path)",
        (void *)mf_lseek, "uint8_t mf_lseek(uint32_t offset)",
        (void *)mf_tell, "uint32_t mf_tell(void)",
        (void *)mf_size, "uint32_t mf_size(void)",
        (void *)mf_mkdir, "uint8_t mf_mkdir(uint8_t*path)",
        (void *)mf_fmkfs, "uint8_t mf_fmkfs(uint8_t* path,uint8_t opt,uint16_t au)",
        (void *)mf_unlink, "uint8_t mf_unlink(uint8_t *path)",
        (void *)mf_rename, "uint8_t mf_rename(uint8_t *oldname, uint8_t* newname)",
        (void *)mf_getlabel, "void mf_getlabel(uint8_t *path)",
        (void *)mf_setlabel, "void mf_setlabel(uint8_t *path)",
        (void *)mf_gets, "void mf_gets(uint16_t size)",
        (void *)mf_putc, "uint8_t mf_putc(uint8_t c)",
        (void *)mf_puts, "uint8_t mf_puts(uint8_t *str)",
};
```

16.4　下载验证

将程序下载到开发板后，使用 16 GB 标有 SDHC 标志的 micorSD 卡，可以看到 LCD 显示界面如图 16.5 所示。

打开串口调试助手，就可以串口调用前面添加的各种 FATFS 测试函数了。例如，输入 mf_scan_files("0:")即可扫描 SD 卡根目录的所有文件，如图 16.6 所示。

其他函数的测试用类似的办法即可实现。注意，这里 0 代表 SD 卡，1 代表 SPI FLASH。注意，mf_unlink 函数在删除文件夹的时候必须保证文件夹是空的才可以正常删除，否则不能删除。

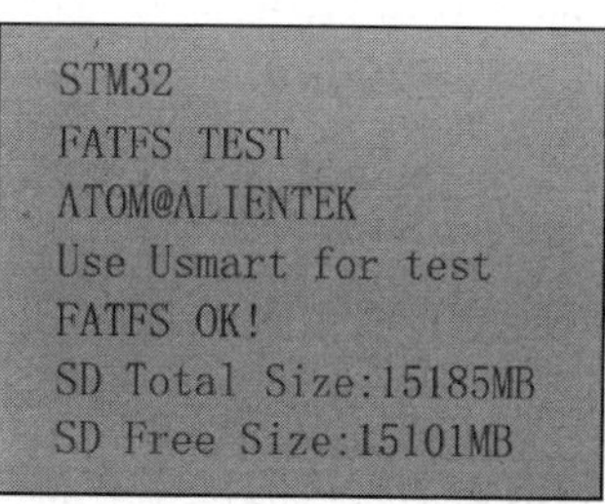

图 16.5　程序运行效果图

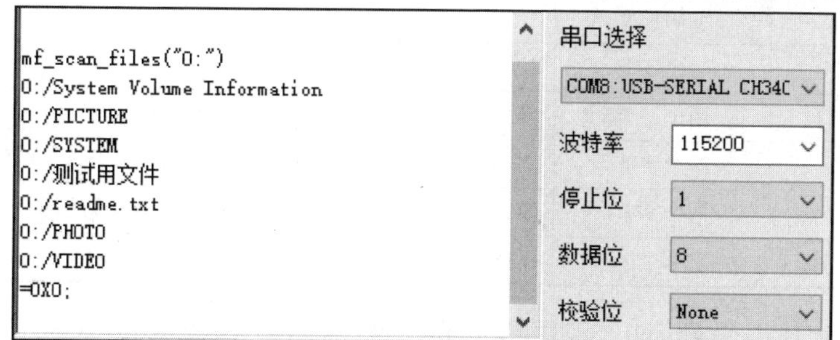

图 16.6　扫描 SD 卡根目录所有文件

第17章

汉字显示实验

本章将介绍如何使用STM32控制LCD显示汉字，将使用外部SPI FLASH来存储字库，并可以通过SD卡更新字库。STM32读取存在SPI FLASH里面的字库，然后将汉字显示在LCD上面。

17.1 汉字显示原理简介

汉字的显示和ASCII显示其实是一样的原理，如图17.1所示。单片机（MCU）先根据汉字编码（①和②）从字库里面找到该汉字的点阵数据（③），然后通过描点函数，按字库取模方式，将点阵数据在LCD上画出来（④），就可以实现一个汉字的显示。

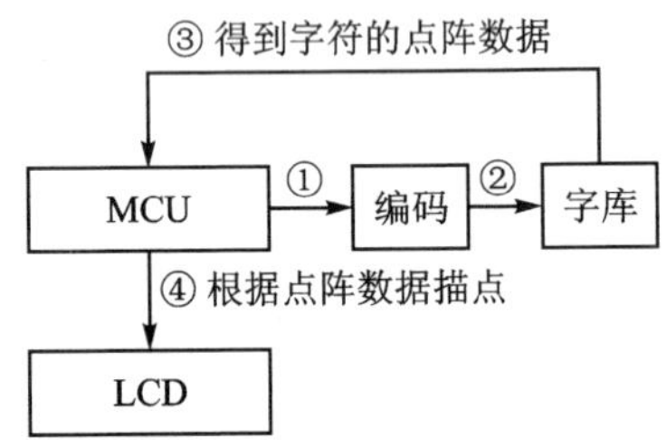

图17.1 单个汉字显示原理框图

17.1.1 字符编码简介

单片机只能识别0和1（所有信息都是以0和1的形式存储的），其本身并不能识别字符，所以需要对字符进行编码（也叫内码，特定的编码对应特定的字符）。单片机通过编码来识别具体的汉字。常见的字符集编码如表17.1所列。

表17.1 常见字符集编码

字符集	编码长度	说　明
ASCII	一个字节	拉丁字母编码，仅128个编码，最简单
GB2312	两个字节	简体中文字符编码，包含约6 000个汉字编码
GBK	两个字节	对GB2312的扩充，支持繁体中文，约2万个汉字编码
BIG5	两个字节	繁体中文字符编码，在中国台湾、中国香港用得多
UNICODE	一般两个字节	国际标准编码，支持各国文字

其中，ASCII编码最简单，采用单字节编码，前面的OLED和LCD实验已经有接触。ASCII是基于拉丁字母的一套电脑编码系统，仅包括128个编码，其中95个显示字符。使用一个字节即可编码完所有字符，常见的英文字母和数字就是使用ASCII字符编码。ASCII字符显示所占宽度为汉字宽度的一半，也可以理解成，ASCII字符的宽

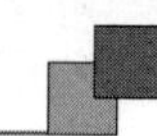

度=高度的一半。

GB2312、GBK 和 BIG5 都是汉字编码,GBK 码是 GB2312 的扩充,是国内计算机系统默认的汉字编码;BIG5 是繁体汉字字符集编码,中国香港和中国台湾的计算机系统汉字编码一般默认使用 BIG5 编码。一般来说,汉字显示所占的宽度等于高度,即宽度和高度相等。UNICODE 是国际标准编码,支持各国文字,一般是 2 字节编码(也可以是 3 字节)。

GBK 是一套汉字编码规则,采用双字节编码,共 23 940 个码位,收录汉字和图形符号 21 886 个,其中,汉字(含繁体字和构件)21 003 个,图形符号 883 个。

每个 GBK 码由 2 个字节组成,第一个字节范围为 0x81~0xFE,第二个字节分为两部分,一是 0x40~0x7E,二是 0x80~0xFE。其中,与 GB2312 相同的区域,字完全相同。GBK 编码规则如表 17.2 所列。

表 17.2 GBK 编码规则

字节	范围	说明
第一字节(高)	0x81~0xFE	共 126 个区(不包括 0x00~0x80 以及 0xFF)
第二字节(低)	0x40~0x7E	63 个编码(不包括 0x00~0x39 以及 0x7F)
	0x80~0xFE	127 个编码(不包括 0xFF)

把第一个字节(高字节)代表的意义称为区,那么 GBK 里面总共有 126 个区(0xFE-0x81+1),每个区内有 190 个汉字(0xFE-0x80+0x7E-0x40+2),总共就有 126×190=23 940 个汉字。

第一个编码 0x8140,对应汉字“丂”;

第二个编码 0x8141,对应汉字“丄”;

第三个编码 0x8142,对应汉字“丅”;

第四个编码 0x8143,对应汉字“丆”;

依次对所有汉字进行编码,详见 www.qqxiuzi.cn/zh/hanzi-gbk-bianma.php。

17.1.2 汉字字库简介

光有汉字编码,单片机还是无法在 LCD 上显示这个汉字,必须有对应汉字编码的点阵数据,才可以通过描点的方式将汉字显示在 LCD 上。所有汉字点阵数据的集合就叫汉字字库。不同大小汉字的字库大小也不一样,因此又有不同大小汉字的字库(如 12×12 汉字字库、16×16 汉字字库、24×24 汉字字库等)。

单个汉字的点阵数据也称为字模。汉字在液晶上的显示其实就是一些点的显示与不显示,这就相当于我们的笔,有笔经过的地方就画出来,没经过的地方就不画。为了方便取模和描点,这里一般规定一个取模方向,当取模和描点都按取模方向来操作时,就可以实现一个汉字的点阵数据提取和显示。

以 12×12 大小的“好”字为例,假设规定取模方向为从上到下、从左到右,且高位在前,则其取模原理如图 17.2 所示。取模的时候,从最左上方的点开始取(从上到下,从

左到右),且高位在前(bit7 在表示第一个位),那么:

第一个字节是 0x11(1,表示浅灰色的点,即要画出来的点,0 则表示不要画出来);

第二个字节是 0x10;

第三个字节是 0x1E(到第二列了,每列两个字节);

第四个字节是 0xA0。

依此类推,共 12 列,每列两个字节,总共 24 字节,12×12"好"字完整的字模如下:

```
uint8_t hzm_1212[24] = {
0x11,0x10,0x1E,0xA0,0xF0,0x40,0x11,0xA0,0x1E,0x10,0x42,0x00,
0x42,0x10,0x4F,0xF0,0x52,0x00,0x62,0x00,0x02,0x00,0x00,0x00}; /* 好字字模 */
```

显示时,只需要读取这个汉字的点阵数据(12×12 字体,一个汉字的点阵数据为 24 字节),然后将这些数据按取模方式反向解析出来(坐标要处理好),每个字节是 1 的位就画出来,不是 1 的位就忽略,这样就可以显示出这个汉字了。

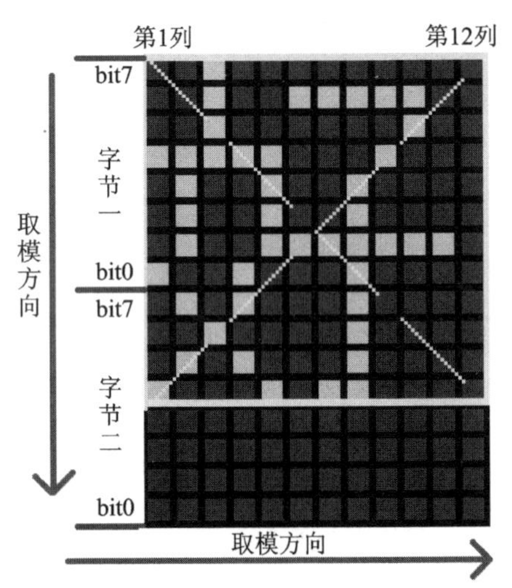

图 17.2 从上到下,从左到右取模原理

知道显示一个汉字的原理就可以推及整个汉字库了。要显示任意汉字,首先要知道该汉字的点阵数据,整个 GBK 字库比较大(2 万多个汉字),这些数据可以由专门的软件来生成。

字库的制作需要用到一款软件,这里介绍由星翼正点原子设计的字模生成软件。该软件可以在 Windows 2000/XP/7/8/10 等操作系统下生成任意点阵大小的 ASCII(GB2312(简体中文)、GBK(简繁体中文)、BIG5(繁体中文)、等共二十几种编码的字库),不但支持生成二进制文件格式的文件可以生成 BDF 文件,还支持生成图片功能,并支持横向、纵向等多种扫描方式,且扫描方式可以根据用户的需求进行增加。软件主界面如图 17.3 所示。

要生成 16×16 的 GBK 字库,则选择中文 GBK,字宽和高均设置为"16",字体大小设置为"0",然后选择存储路径,最后单击"生成字模",至此,便完成了需要的字库了(.BIN 文件,生成后手动修改后缀为.FON)。具体设置如图 17.4 所示。

注意,电脑端的字体大小与生成点阵大小的关系为:

```
fsize = dsize · 6 / 8
```

其中,fsize 是电脑端字体的大小,dsize 是点阵大小(12、16、24 等)。所以,16×16 点阵大小对应的是 12 号字体。

生成完以后,把文件名和后缀改成 GBK16.FON(这里是手动修改后缀)。用类似的方法生成 12×12 的点阵库(GBK12.FON)、24×24 的点阵库(GBK24.FON)和 32×32 的点阵库(GBK24.FON),总共制作 4 个字库。

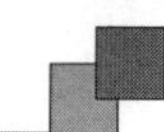

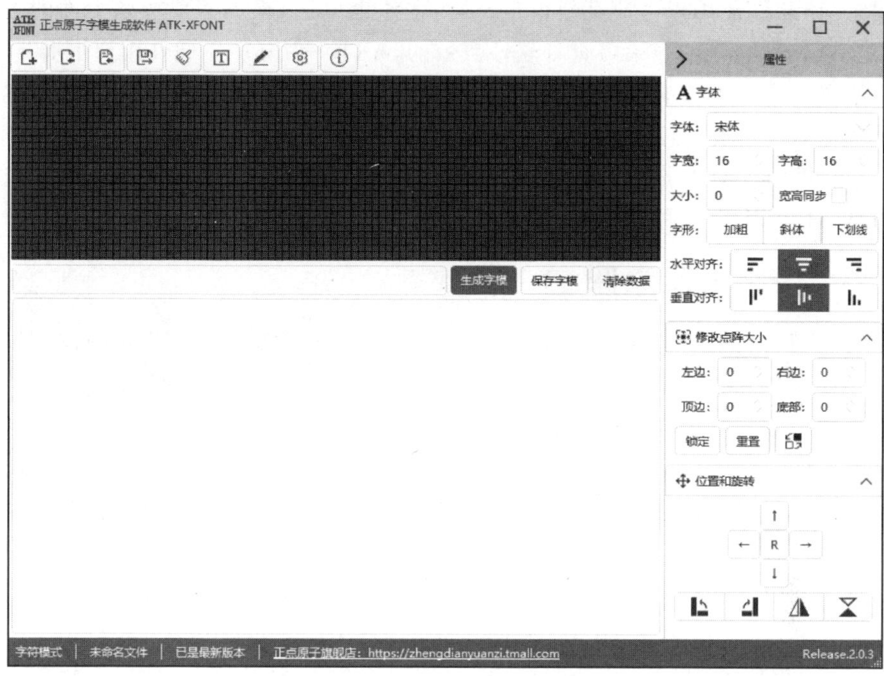

图 17.3　点阵字库生成器默认界面

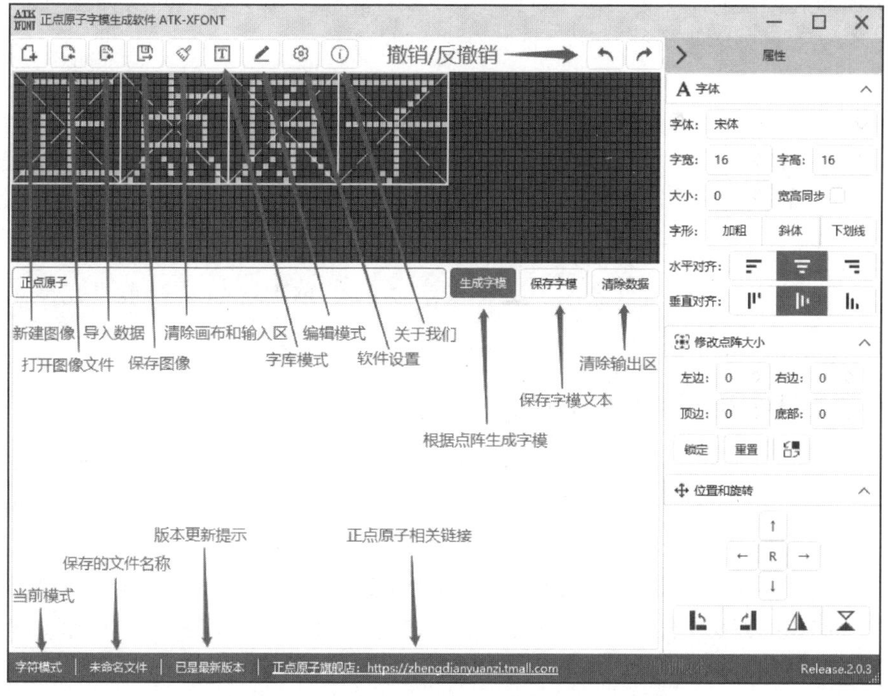

图 17.4　生成 GBK16×16 字库的设置方法

另外，该软件还可以生成其他很多字库，字体也可选，根据需要按照上面的方法生成即可。该软件的详细介绍可查看软件自带的《ATK－XFONT 软件用户手册》。

由于汉字字库比较大，不可能将其烧录在 MCU 内部 FLASH 里面。因此，生成的字库要先放入 TF 卡，然后通过 TF 卡将字库文件复制到单片机外挂的 SPI FLASH 芯片(25Qxx)里面。使用的时候，单片机从 SPI FLASH 里面获取汉字点阵数据，这样，SPI FLASH 就相当于一个汉字字库芯片了。

17.1.3 汉字显示原理

经过学习可以归纳出汉字显示的过程：MCU→汉字编码→汉字字库→汉字点阵数据→描点。编码和字库的制作已经学会了，所以只剩下一个问题：如何通过汉字编码在汉字字库里面查找对应汉字的点阵数据？

根据 GBK 编码规则，汉字点阵字库只要按照这个编码规则从 0x8140 开始，逐一建立，每个区的点阵大小为每个汉字所用的字节数×190。这样，就可以得到在这个字库里面定位汉字的方法：

当 GBKL＜0x7F 时，Hp＝((GBKH－0x81)·190 ＋ GBKL－0x40)·csize；

当 GBKL＞0x80 时，Hp＝((GBKH－0x81)·190 ＋ GBKL－0x41)·csize；

其中，GBKH、GBKL 分别代表 GBK 的第一个字节和第二个字节(也就是高字节和低字节)，csize 代表单个汉字点阵数据的大小(字节数)，Hp 为对应汉字点阵数据在字库里面的起始地址(假设从 0 开始存放，如果是非 0 开始，则加上对应偏移量即可)。

单个汉字点阵数据大小(csize)计算公式如下：

csize＝(size / 8 ＋ ((size % 8) ? 1:0))(size)

其中，size 为汉字点阵长宽尺寸，如 12(对应 12×12 字体)、16(对应 16×16 字体)、24(对应 24×24 字体)。对于 12×12 字体，csize 大小为 24 字节；对于 16×16 字体，csize 大小为 32 字节。

通过以上方法，从字库里面获取到某个汉字点阵数据后，按取模方式(从上到下、从左到右，高位在前)进行描点还原即可将汉字显示在 LCD 上面。这就是汉字显示的原理。

17.1.4 ffunicode.c 优化

本小节内容和汉字显示无关，仅做补充说明，读者可选择性学习。上一章提到要用 ffunicode.c 来支持长文件名，但是 ffunicode.c 文件里面中文转换(中文的页面编码代号为 936)的两个数组太大了(172 KB)，直接刷在单片机里面太占用 FLASH，所以必须把这两个数组存放在外部 FLASH。数组 uni2oem936 和 oem2uni936 存放 UNICODE 和 GBK 的互相转换对照表，这两个数组很大，这里利用正点原子提供的一个 C 语言数组转 BIN(二进制)的软件：C2B 转换助手 V2.0.exe，从而将这两个数组转为 BIN 文件，再将这两个数组复制出来存放为一个新的文本文件，假设为 UNIGBK.TXT，然后用 C2B 转换助手打开这个文本文件，如图 17.5 所示。

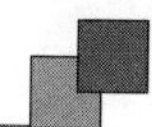

图 17.5　C2B 转换助手

然后单击“转换”就可以在当前目录下(文本文件所在目录下)得到一个 UNIGBK.bin 的文件,这样就可以将 C 语言数组转换为.bin 文件;然后只需要将 UNIGBK.bin 保存到外部 FLASH 就实现了该数组的转移。

在 ffunicode.c 里面,通过 ff_uni2oem 和 ff_oem2uni 调用这两个数组来实现 UNICODE 和 GBK 的互转。该函数源代码如下:

```
WCHAR ff_uni2oem (   /* Returns OEM code character, zero on error */
    DWORD   uni,     /* UTF-16 encoded character to be converted */
    WORD    cp       /* Code page for the conversion */
)
{
    const WCHAR *p;
    WCHAR c = 0, uc;
    UINT i = 0, n, li, hi;
    if (uni < 0x80)      /* ASCII? */
    {
        c = (WCHAR)uni;
    }
    else                      /* Non-ASCII */
    {
        if (uni < 0x10000 && cp == FF_CODE_PAGE)/* in BMP and valid code page? */
        {
            uc = (WCHAR)uni;
            p = CVTBL(uni2oem, FF_CODE_PAGE);
```

```
            hi = sizeof CVTBL(uni2oem, FF_CODE_PAGE) / 4 - 1;
            li = 0;
            for (n = 16; n; n--)
            {
                i = li + (hi - li) / 2;
                if (uc == p[i * 2]) break;
                if (uc > p[i * 2])
                {
                    li = i;
                }
                else
                {
                    hi = i;
                }
            }
            if (n != 0) c = p[i * 2 + 1];
        }
    }
    return c;
}

WCHAR ff_oem2uni (  /* Returns Unicode character in UTF-16, zero on error */
    WCHAR   oem,    /* OEM code to be converted */
    WORD    cp      /* Code page for the conversion */
)
{
    const WCHAR *p;
    WCHAR c = 0;
    UINT i = 0, n, li, hi;
    if (oem < 0x80)     /* ASCII? */
    {
        c = oem;
    }
    else                    /* Extended char */
    {
        if (cp == FF_CODE_PAGE)     /* Is it valid code page? */
        {
            p = CVTBL(oem2uni, FF_CODE_PAGE);
            hi = sizeof CVTBL(oem2uni, FF_CODE_PAGE) / 4 - 1;
            li = 0;
            for (n = 16; n; n--)
            {
                i = li + (hi - li) / 2;
                if (oem == p[i * 2]) break;
                if (oem > p[i * 2])
                {
                    li = i;
                }
                else
                {
                    hi = i;
```

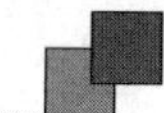

```
                }
            }
            if (n != 0) c = p[i * 2 + 1];
        }
    }
    return c;
}
```

以上两个函数只需要关心对中文的处理,也就是对 936 的处理。这两个函数通过二分法来查找 UNICODE(或 GBK)码对应的 GBK(或 UNICODE)码。将两个数组存放在外部 FLASH 的时候,这两个函数该可以修改为:

```
WCHAR ff_uni2oem (   /* Returns OEM code character, zero on error */
    DWORD   uni,     /* UTF-16 encoded character to be converted */
    WORD    cp       /* Code page for the conversion */
)
{
    WCHAR t[2];
    WCHAR c;
    uint32_t i, li, hi;
    uint16_t n;
    uint32_t gbk2uni_offset = 0;
    if (uni < 0x80)
    {
        c = uni;                                      /* ASCII,直接不用转换 */
    }
    else
    {
        hi = ftinfo.ugbksize / 2;                     /* 对半开 */
        hi = hi / 4 - 1;
        li = 0;
        for (n = 16; n; n--)                          /* 二分法查找 */
        {
            i = li + (hi - li) / 2;
            norflash_read((uint8_t *)&t, ftinfo.ugbkaddr + i * 4 +
                          gbk2uni_offset, 4);        /* 读出 4 字节 */
            if (uni == t[0]) break;
            if (uni > t[0])
            {
                li = i;
            }
            else
            {
                hi = i;
            }
        }
        c = n ? t[1] : 0;
    }
    return c;
}
WCHAR ff_oem2uni (   /* Returns Unicode character, zero on error */
```

```
    WCHAR   oem,          /* OEM code to be converted */
    WORD    cp            /* Code page for the conversion */
)
{
    WCHAR t[2];
    WCHAR c;
    uint32_t i, li, hi;
    uint16_t n;
    uint32_t gbk2uni_offset = ftinfo.ugbksize / 2;
    if (oem < 0x80)
    {
        c = oem;     /* ASCII,直接不用转换 */
    }
    else
    {
        hi = ftinfo.ugbksize / 2;                  /* 对半开 */
        hi = hi / 4 - 1;
        li = 0;
        for (n = 16; n; n-- )                          /* 二分法查找 */
        {
            i = li + (hi - li) / 2;
            norflash_read((uint8_t *)&t, ftinfo.ugbkaddr + i * 4 +
                                gbk2uni_offset, 4);       /* 读出 4 个字节 */
            if (oem == t[0]) break;
            if (oem > t[0])
            {
                li = i;
            }
            else
            {
                hi = i;
            }
        }
        c = n ? t[1] : 0;
    }
    return c;
}
```

代码中的 ftinfo. ugbksize 为刚刚生成的 UNIGBK. bin 的大小,而 ftinfo. ugbkaddr 是存放 UNIGBK. bin 文件的首地址,这里同样采用的是二分法查找。

将修改后的 ffunicode. c 命名为 myffunicode. c,并保存在 exfuns 文件夹下。将工程 FATFS 组下的 ffunicode. c 删除,然后重新添加 myffunicode. c 到 FATFS 组下。myffunicode. c 的源码就不贴出来了,其实就是在 ffunicode. c 的基础上去掉了两个大数组,然后对 ff_uni2oem 和 ff_oem2uni 这两个函数进行了修改,详见本例程源码。

17.2 硬件设计

(1) 例程功能

开机的时候程序通过预设值的标记位检测 NOR FLASH 中是否已经存在字库,如

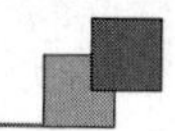

果存在,则按次序显示汉字(3种字体都显示)。如果没有,则检测SD卡和文件系统,并查找SYSTEM文件夹下的FONT文件夹;在该文件夹内查找UNIGBK.BIN、GBK12.FON、GBK16.FON和GBK24.FON这几个文件的由来。检测到这些文件之后就开始更新字库,更新完毕才开始显示汉字。通过按键KEY0可以强制更新字库。LED0闪烁,提示程序运行。

(2) 硬件资源

- LED灯:LED0 - PF9;
- 独立按键:KEY0 - PE4;
- 串口1(PA9、PA10连接在板载USB转串口芯片CH340上面);
- 正点原子TFTLCD模块(仅限MCU屏,16位8080并口驱动);
- SD卡;
- NOR FLASH,通过SPI驱动,这里需要用它来存储汉字库。

17.3　程序设计

17.3.1　程序流程图

程序流程如图17.6所示。

17.3.2　程序解析

1. TEXT代码

这里只讲解核心代码,详细的源码可参考配套资料中本实验对应源码。TEXT驱动源码包括4个文件:text.c、text.h、fonts.c和fonts.h。

汉字显示实验代码主要分为两部分:一部分是对字库的更新,另一部分是对汉字的显示。字库的更新代码放在font.c和font.h文件中,汉字的显示代码就放在text.c和text.h中。

下面介绍有关字库操作的代码,首先看fonts.h文件中字库信息结构体定义,其代码如下:

```
__packed typedef struct
{
    uint8_t   fontok;            /* 字库存在标志,0XAA,字库正常;其他,字库不存在 */
    uint32_t ugbkaddr;           /* unigbk的地址 */
    uint32_t ugbksize;           /* unigbk的大小 */
    uint32_t f12addr;            /* gbk12地址 */
    uint32_t gbk12size;          /* gbk12的大小 */
    uint32_t f16addr;            /* gbk16地址 */
    uint32_t gbk16size;          /* gbk16的大小 */
    uint32_t f24addr;            /* gbk24地址 */
    uint32_t gbk24size;          /* gbk24的大小 */
} _font_info;
```

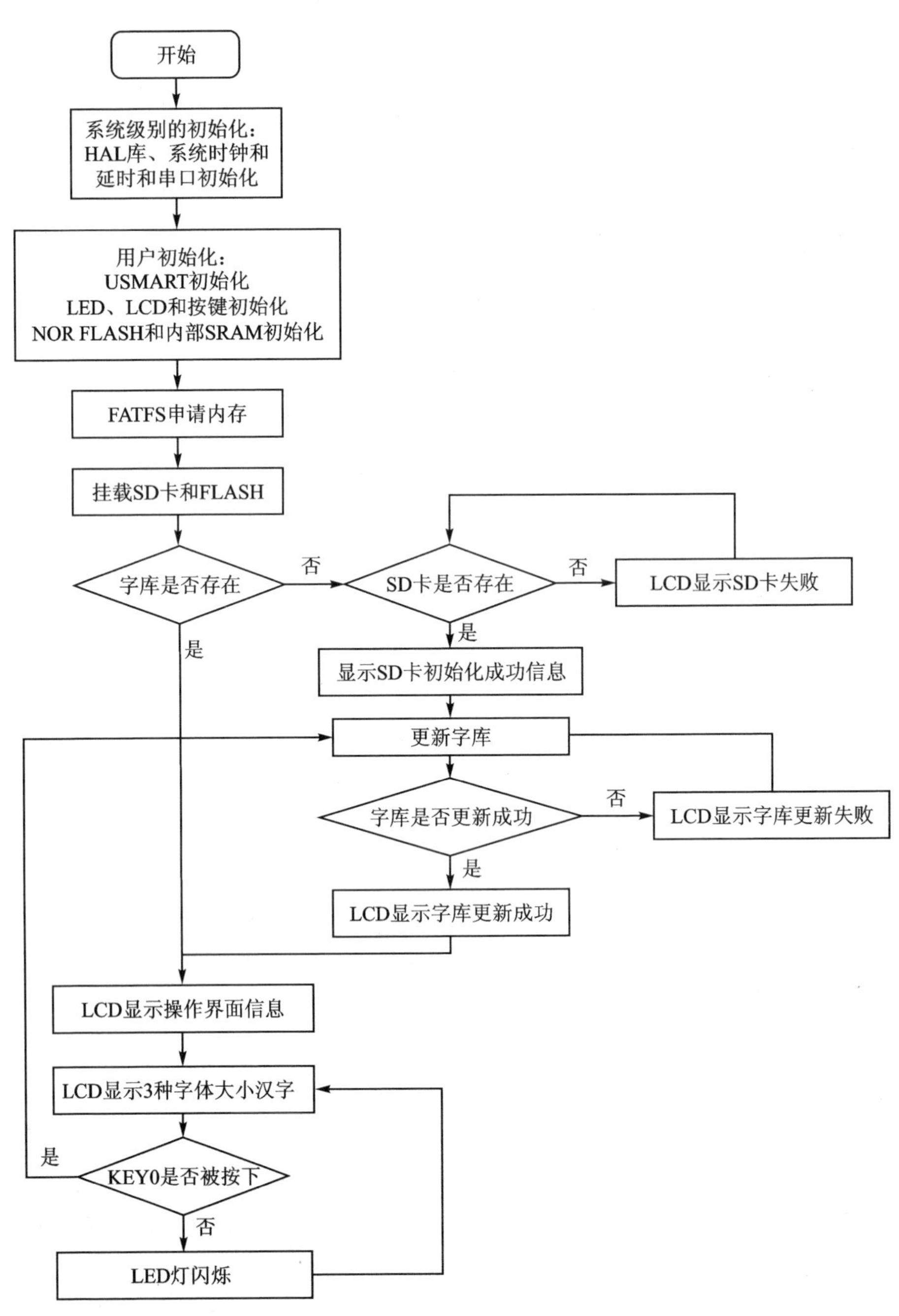

图 17.6　汉字显示实验程序流程图

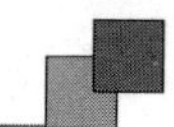

这个结构体用于记录字库的首地址以及字库大小等信息，总共占用33字节，第一个字节用来标识字库是否完整，其他用来记录地址和文件大小。NOR FLASH(25Q128)的前12 MB给了FATFS管理(用作本地磁盘)，之后紧跟3个字库+UNIGBK.BIN，总大小3.09 MB，791个扇区，在15.10 MB后预留了100 KB给用户自己使用。所以，存储地址是从12×1 024×1 024处开始的。最开始的33字节给_font_info用，用于保存_font_info结构体数据，之后是UNIGBK.BIN、GBK12.FON、GBK16.FON和GBK24.FON。

下面介绍font.c文件中几个重要的函数。

字库初始化函数是利用其存储顺序进行检查字库，其定义如下：

```
uint8_t fonts_init(void)
{
    uint8_t t = 0;
    while (t < 10)  /* 连续读取 10 次都是错误，说明确实是有问题，须更新字库了 */
    {
        t++;
        /* 读出 ftinfo 结构体数据 */
        norflash_read((uint8_t *)&ftinfo, FONTINFOADDR, sizeof(ftinfo));
        if (ftinfo.fontok == 0XAA)
        {
            break;
        }
        delay_ms(20);
    }
    if (ftinfo.fontok != 0XAA)
    {
        return 1;
    }
    return 0;
}
```

这里就是把NOR FLASH的12 MB地址的33字节数据读取出来，进而判断字库结构体ftinfo的字库标记fontok是否为AA，确定字库是否完好。

有读者会有疑问，ftinfo.fontok是在哪里赋值AA呢？肯定是字库更新完毕后给该标记赋值的。下面就来看一下是不是这样，字库更新函数定义如下：

```
uint8_t fonts_update_font(uint16_t x, uint16_t y, uint8_t size, uint8_t *src, uint16_
                          t color)
{
    uint8_t *pname;
    uint32_t *buf;
    uint8_t res = 0;
    uint16_t i, j;
    FIL *fftemp;
    uint8_t rval = 0;
    res = 0XFF;
    ftinfo.fontok = 0XFF;
    pname = mymalloc(SRAMIN, 100);  /* 申请 100 字节内存 */
```

```
buf = mymalloc(SRAMIN, 4096);    /* 申请 4 KB 内存 */
fftemp = (FIL *)mymalloc(SRAMIN, sizeof(FIL));   /* 分配内存 */
if (buf == NULL || pname == NULL || fftemp == NULL)
{
    myfree(SRAMIN, fftemp);
    myfree(SRAMIN, pname);
    myfree(SRAMIN, buf);
    return 5;    /* 内存申请失败 */
}
for (i = 0; i < 4; i++) /* 先查找文件 UNIGBK,GBK12,GBK16,GBK24 是否正常 */
{
    strcpy((char *)pname, (char *)src);          /* copy src 内容到 pname */
    strcat((char *)pname, (char *)FONT_GBK_PATH[i]);   /* 追加具体文件路径 */
    res = f_open(fftemp, (const TCHAR *)pname, FA_READ);/* 尝试打开 */
    if (res)
    {
        rval |= 1 << 7; /* 标记打开文件失败 */
        break;          /* 出错了,直接退出 */
    }
}
myfree(SRAMIN, fftemp); /* 释放内存 */
if (rval == 0)                /* 字库文件都存在 */
{   /* 提示正在擦除扇区 */
    lcd_show_string(x, y, 240, 320, size, "Erasing sectors... ", color);
    for (i = 0; i < FONTSECSIZE; i++)    /* 先擦除字库区域,提高写入速度 */
    {
      fonts_progress_show(x + 20 * size/2,y,size,FONTSECSIZE,i,color);/* 进度显示 */
      /* 读出整个扇区的内容 */
      norflash_read((uint8_t *)buf, ((FONTINFOADDR / 4096) + i) * 4096,4096);
        for (j = 0; j < 1024; j++)              /* 校验数据 */
        {
            if (buf[j] != 0XFFFFFFFF)break;   /* 需要擦除 */
        }
        if (j != 1024)
        {
            norflash_erase_sector((FONTINFOADDR/4096) + i); /* 需要擦除的扇区 */
        }
    }
    for (i = 0; i < 4; i++)        /* 依次更新 UNIGBK,GBK12,GBK16,GBK24 */
    {
        lcd_show_string(x,y,240,320,size,FONT_UPDATE_REMIND_TBL[i],color);
        strcpy((char *)pname, (char *)src);       /* copy src 内容到 pname */
        strcat((char *)pname, (char *)FONT_GBK_PATH[i]); /* 追加具体文件路径 */
        res = fonts_update_fontx(x + 20 * size/2,y,size,pname,i,color);/* 更新字库 */
        if (res)
        {
            myfree(SRAMIN, buf);
            myfree(SRAMIN, pname);
            return 1 + i;
        }
    }
```

```
        ftinfo.fontok = 0XAA;       /* 全部更新好了 */
    norflash_write((uint8_t *)&ftinfo,FONTINFOADDR,sizeof(ftinfo));/* 保存字库信息 */
    }
    myfree(SRAMIN, pname);   /* 释放内存 */
    myfree(SRAMIN, buf);
    return rval;              /* 无错误 */
}
```

函数的实现：动态申请内存→尝试打开文件（UNIGBK、GBK12、GBK16 和 GBK24），确定文件是否存在→擦除字库→依次更新 UNIGBK、GBK12、GBK16 和 GBK24→写入 ftinfo 结构体信息。

在字库更新函数中能直接看到的是 ftinfo.fontok 成员被赋值，而其他成员在单个字库更新函数中被赋值。接下来分析一下更新某个字库函数，其代码如下：

```
static uint8_t fonts_update_fontx(uint16_t x, uint16_t y, uint8_t size, uint8_t *
fpath, uint8_t fx, uint16_t color)
{
    uint32_t flashaddr = 0;
    FIL *fftemp;
    uint8_t *tempbuf;
    uint8_t res;
    uint16_t bread;
    uint32_t offx = 0;
    uint8_t rval = 0;
    fftemp = (FIL *)mymalloc(SRAMIN, sizeof(FIL));   /* 分配内存 */
    if (fftemp == NULL)rval = 1;
    tempbuf = mymalloc(SRAMIN, 4096);                  /* 分配 4 096 字节空间 */
    if (tempbuf == NULL)rval = 1;
    res = f_open(fftemp, (const TCHAR *)fpath, FA_READ);
    if (res)rval = 2;    /* 打开文件失败 */
    if (rval == 0)
    {
        switch (fx)
        {
            case 0: /* 更新 UNIGBK.BIN */
                /* 信息头之后，紧跟 UNIGBK 转换码表 */
                ftinfo.ugbkaddr = FONTINFOADDR + sizeof(ftinfo);
                ftinfo.ugbksize = fftemp->obj.objsize;     /* UNIGBK 大小 */
                flashaddr = ftinfo.ugbkaddr;
                break;
            case 1: /* 更新 GBK12.FONT */
                /* UNIGBK 之后，紧跟 GBK12 字库 */
                ftinfo.f12addr = ftinfo.ugbkaddr + ftinfo.ugbksize;
                ftinfo.gbk12size = fftemp->obj.objsize;    /* GBK12 字库大小 */
                flashaddr = ftinfo.f12addr;                /* GBK12 的起始地址 */
                break;
            case 2: /* 更新 GBK16.FONT */
                /* GBK12 之后，紧跟 GBK16 字库 */
                ftinfo.f16addr = ftinfo.f12addr + ftinfo.gbk12size;
                ftinfo.gbk16size = fftemp->obj.objsize;    /* GBK16 字库大小 */
```

```
                flashaddr = ftinfo.f16addr;                    /* GBK16 的起始地址 */
                break;
            case 3: /* 更新 GBK24.FONT */
                /* GBK16 之后,紧跟 GBK24 字库 */
                ftinfo.f24addr = ftinfo.f16addr + ftinfo.gbk16size;
                ftinfo.gbk24size = fftemp->obj.objsize;   /* GBK24 字库大小 */
                flashaddr = ftinfo.f24addr;                /* GBK24 的起始地址 */
                break;
        }
        while (res == FR_OK)    /* 死循环执行 */
        {
            res = f_read(fftemp, tempbuf, 4096, (UINT *)&bread); /* 读取数据 */
            if (res != FR_OK)break;        /* 执行错误 */
            norflash_write(tempbuf,offx + flashaddr,bread); /* 从 0 开始写入 bread 个数据 */
            offx += bread;
           fonts_progress_show(x,y,size,fftemp->obj.objsize,offx,color);/* 进度显示 */
            if (bread != 4096)break;      /* 读完了 */
        }
        f_close(fftemp);
    }
    myfree(SRAMIN, fftemp);        /* 释放内存 */
    myfree(SRAMIN, tempbuf);       /* 释放内存 */
    return res;
}
```

单个字库更新函数主要是把字库从 SD 卡中读取出数据,并写入 NOR FLASH。同时,把字库大小和起始地址保存在 ftinfo 结构体里,前面的整个字库更新函数中使用函数:

```
norflash_write((uint8_t *)&ftinfo,FONTINFOADDR,sizeof(ftinfo)); /* 保存字库信息 */
```

结构体的所有成员一并写入那 33 字节。有了这个字库信息结构体就能很容易定位。结合前面说到的根据地址偏移寻找汉字的点阵数据,就可以开始真正把汉字搬上屏幕中去了。

首先肯定需要获得汉字的 GBK 码,这里 MDK 已经帮我们实现了,例如:

```
char* HZ_str = "正点原子";
printf("正点原子的'正'字GBK高位码: %#x \r\n",*HZ_str);
printf("正点原子的'正'字GBK低位码: %#x \r\n",*(HZ_str+1));

串口打印
    正点原子的'正'字GBK高位码: 0xd5
    正点原子的'正'字GBK低位码: 0xfd
```

可以看出,MDK 识别汉字的方式是 GBK 码,换句话来说就是 MDK 自动把汉字看成是两个字节表示的东西。知道了要表示的汉字及其 GBK 码,那么就可以去找对应的点阵数据。text.c 文件定义了一个获取汉字点阵数据的函数,其定义如下:

```
static void text_get_hz_mat(unsigned char *code, unsigned char *mat,
uint8_t size)
{
```

```
    unsigned char qh, ql;
    unsigned char i;
    unsigned long foffset;
    /* 得到字体一个字符对应点阵集所占的字节数 */
    uint8_t csize = (size / 8 + ((size % 8) ? 1 : 0)) * (size);
    qh = *code;
    ql = *(++code);
    if (qh < 0x81 || ql < 0x40 || ql == 0xff || qh == 0xff)    /* 非常用汉字 */
    {
        for (i = 0; i < csize; i++)
        {
            *mat++ = 0x00;      /* 填充满格 */
        }
        return;                 /* 结束访问 */
    }
    if (ql < 0x7f)
    {
        ql -= 0x40;             /* 注意 */
    }
    else
    {
        ql -= 0x41;
    }
    qh -= 0x81;
    foffset = ((unsigned long)190 * qh + ql) * csize; /* 得到字库中的字节偏移量 */
    switch (size)
    {
        case 12:
            norflash_read(mat, foffset + ftinfo.f12addr, csize);
            break;
        case 16:
            norflash_read(mat, foffset + ftinfo.f16addr, csize);
            break;
        case 24:
            norflash_read(mat, foffset + ftinfo.f24addr, csize);
            break;
    }
}
```

函数实现的依据就是前面讲到的两条公式：

当 GBKL＜0x7F 时，Hp＝((GBKH－0x81)・190＋GBKL－0x40)・csize；

当 GBKL＞0x80 时，Hp＝((GBKH－0x81)・190＋GBKL－0x41)・csize。

目标汉字的 GBK 码满足上面两条公式之一，就会得出与一个 GBK 对应的汉字点阵数据的偏移。在这个基础上，通过汉字点阵的大小就可以从对应的字库提取目标汉字点阵数据。

接下来就可以进行汉字显示了，汉字显示函数定义如下：

```
void text_show_font(uint16_t x, uint16_t y, uint8_t *font, uint8_t size, uint8_
                    t mode, uint16_t color)
{
```

```
    uint8_t temp, t, t1;
    uint16_t y0 = y;
    uint8_t * dzk;
    /* 得到字体一个字符对应点阵集所占的字节数 */
    uint8_t csize = (size / 8 + ((size % 8) ? 1 : 0)) * (size);
    if (size != 12 && size != 16 && size != 24 && size != 32)
    {
        return;                                    /* 不支持的 size */
    }
    dzk = mymalloc(SRAMIN, size);                  /* 申请内存 */
    if (dzk == 0) return;                          /* 内存不够了 */
    text_get_hz_mat(font, dzk, size);              /* 得到相应大小的点阵数据 */
    for (t = 0; t < csize; t++)
    {
        temp = dzk[t];                             /* 得到点阵数据 */
        for (t1 = 0; t1 < 8; t1++)
        {
            if (temp & 0x80)
            {
                lcd_draw_point(x, y, color);  /* 画需要显示的点 */
            }
            else if (mode == 0)   /* 如果非叠加模式,不需要显示的点用背景色填充 */
            {
                lcd_draw_point(x, y, g_back_color);   /* 填充背景色 */
            }
            temp <<= 1;
            y++;
            if ((y - y0) == size)
            {
                y = y0;
                x++;
                break;
            }
        }
    }
    myfree(SRAMIN, dzk);      /* 释放内存 */
}
```

汉字显示函数通过调用获取汉字点阵数据函数 text_get_hz_mat 来获取点阵数据,使用 LCD 画点函数把点阵数据中"1"的点都画出来,最终会在 LCD 显示出要表示的汉字。

2. main.c 代码

main.c 代码如下:

```
int main(void)
{
    uint32_t fontcnt;
    uint8_t i, j;
    uint8_t fontx[2];     /* GBK 码 */
```

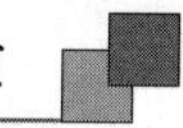

```
    uint8_t key, t;
    HAL_Init();                                 /* 初始化 HAL 库 */
    sys_stm32_clock_init(336, 8, 2, 7);         /* 设置时钟，168 MHz */
    delay_init(168);                            /* 延时初始化 */
    usart_init(115200);                         /* 串口初始化为 115 200 */
    usmart_dev.init(84);                        /* 初始化 USMART */
    led_init();                                 /* 初始化 LED */
    lcd_init();                                 /* 初始化 LCD */
    key_init();                                 /* 初始化按键 */
    my_mem_init(SRAMIN);                        /* 初始化内部 SRAM 内存池 */
    my_mem_init(SRAMEX);                        /* 初始化外部 SRAM4 内存池 */
    my_mem_init(SRAMCCM);                       /* 初始化 CCM 内存池 */
    exfuns_init();                              /* 为 FATFS 相关变量申请内存 */
    f_mount(fs[0], "0:", 1);                    /* 挂载 SD 卡 */
    f_mount(fs[1], "1:", 1);                    /* 挂载 FLASH */
    while (fonts_init())                        /* 检查字库 */
    {
UPD:
        lcd_clear(WHITE);                       /* 清屏 */
        lcd_show_string(30, 30, 200, 16, 16, "STM32", RED);
        while (sd_init())                       /* 检测 SD 卡 */
        {
            lcd_show_string(30, 50, 200, 16, 16, "SD Card Failed!", RED);
            delay_ms(200);
            lcd_fill(30, 50, 200 + 30, 50 + 16, WHITE);
            delay_ms(200);
        }
        lcd_show_string(30, 50, 200, 16, 16, "SD Card OK", RED);
        lcd_show_string(30, 70, 200, 16, 16, "Font Updating...", RED);
        key = fonts_update_font(20, 90, 16, (uint8_t *)"0:", RED);   /* 更新字库 */
        while (key)    /* 更新失败 */
        {
            lcd_show_string(30, 90, 200, 16, 16, "Font Update Failed!", RED);
            delay_ms(200);
            lcd_fill(20, 90, 200 + 20, 90 + 16, WHITE);
            delay_ms(200);
        }
        lcd_show_string(30, 90, 200, 16, 16, "Font Update Success!    ", RED);
        delay_ms(1500);
        lcd_clear(WHITE);/* 清屏 */
    }
    text_show_string(30, 30, 200, 16, "正点原子 STM32 开发板", 16, 0, RED);
    text_show_string(30, 50, 200, 16, "GBK 字库测试程序", 16, 0, RED);
    text_show_string(30, 70, 200, 16, " ATOM@ALIENTEK", 16, 0, RED);
    text_show_string(30, 90, 200, 16, "按 KEY0,更新字库", 16, 0, RED);
    text_show_string(30, 130, 200, 16, "内码高字节:", 16, 0, BLUE);
    text_show_string(30, 150, 200, 16, "内码低字节:", 16, 0, BLUE);
    text_show_string(30, 170, 200, 16, "汉字计数器:", 16, 0, BLUE);
    text_show_string(30, 180, 200, 24, "对应汉字为:", 24, 0, BLUE);
    text_show_string(30, 204, 200, 16, "对应汉字(16*16)为:", 16, 0, BLUE);
    text_show_string(30, 220, 200, 12, "对应汉字(12*12)为:", 12, 0, BLUE);
```

```
    while (1)
    {
        fontcnt = 0;
        for (i = 0x81; i < 0xff; i ++ )          /* GBK 内码高字节范围为 0X81～0XFE */
        {
            fontx[0] = i;
            lcd_show_num(118, 130, i, 3, 16, BLUE);    /* 显示内码高字节 */
            /* GBK 内码低字节范围为 0X40～0X7E, 0X80～0XFE) */
            for (j = 0x40; j < 0xfe; j ++ )
            {
                if (j == 0x7f)continue;
                fontcnt ++ ;
                lcd_show_num(118, 130, j, 3, 16, BLUE);       /* 显示内码低字节 */
                lcd_show_num(118, 150, fontcnt, 5, 16, BLUE);  /* 汉字计数显示 */
                fontx[1] = j;
                text_show_font(30 + 132, 180, fontx, 24, 0, BLUE);
                text_show_font(30 + 144, 204, fontx, 16, 0, BLUE);
                text_show_font(30 + 108, 220, fontx, 12, 0, BLUE);
                t = 200;
                while (t -- )              /* 延时,同时扫描按键 */
                {
                    delay_ms(1);
                    key = key_scan(0);
                    if (key == KEY0_PRES)
                    {
                        goto UPD;    /* 跳转到 UPD 位置(强制更新字库) */
                    }
                }
                LED0_TOGGLE();
            }
        }
    }
}
```

main 函数实现了我们在硬件设计例程功能所表述的一致,至此整个软件设计就完成了。

17.4 下载验证

本例程支持 12×12、16×16 和 24×24 这 3 种字体的显示,将程序下载到开发板后可以看到,LED0 不停闪烁,提示程序已经在运行了。LCD 开始显示 3 种大小的汉字及内码,如图 17.7 所示。

一开始就显示汉字,是因为板子在出厂的时候都测试过,里面刷了综合测试程序,已经把字库写到 NOR FLASH 里面了,所以并不会提示更新字库。如果想要更新字库,就需要先找一张 SD 卡,把配套资料的 A 盘资料→5,SD 卡根目录文件下面的 SYSTEM 文件夹复制到 SD 卡根目录下,插入开发板并按复位,之后,显示汉字的时候按下 KEY0 就可以开始更新字库。字库更新界面如图 17.8 所示。

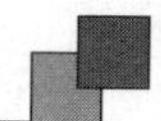

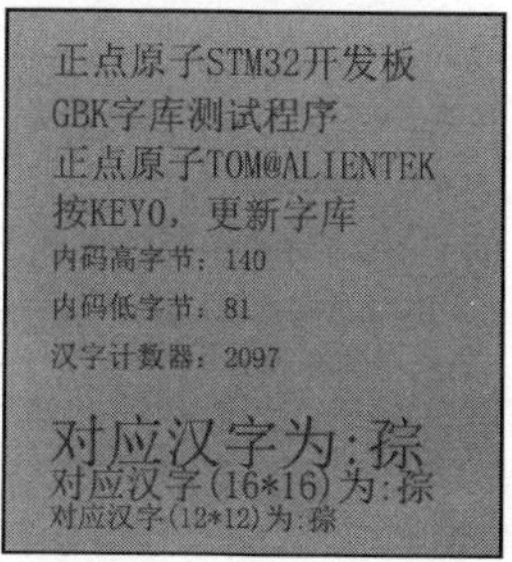

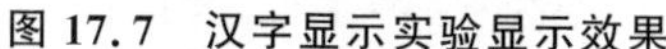
图 17.7　汉字显示实验显示效果

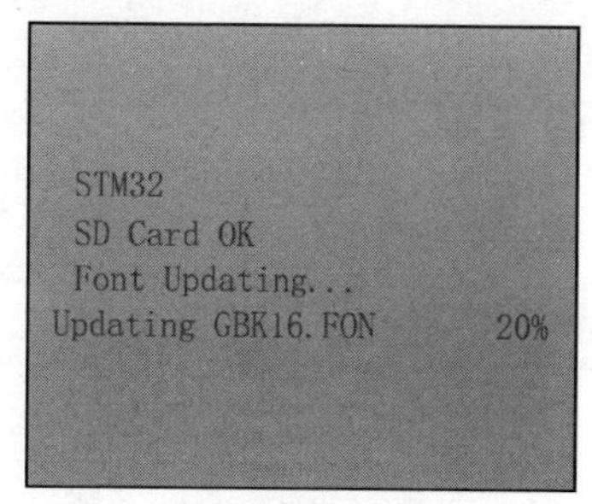

图 17.8　汉字字库更新界面

此外还可以使用 USMART 来测试该实验。通过 USMART 调用 text_show_string 或者 text_show_string_middle 来实现任意位置显示任何字符串，有兴趣的读者可以尝试一下。

第18章 图片显示实验

开发产品时经常会用到图片解码，本章将介绍如何通过 STM32F4 来解码 BMP、JPG、JPEG、GIF 等图片，并在 LCD 上显示出来。

18.1 图片格式简介

常用的图片格式有很多，最常用的有 3 种，即 JPEG(或 JPG)、BMP 和 GIF。其中，JPEG(或 JPG)和 BMP 是静态图片，而 GIF 则是动态图片。

1. BMP 编码简介

BMP(全称 Bitmap)是 Windows 操作系统中的标准图像文件格式，文件后缀名为“.bmp”，使用非常广。它采用位映射存储格式，除了图像深度可选以外，不采用其他任何压缩，因此，BMP 文件所占用的空间很大，但是没有失真。BMP 文件的图像深度可选 1 bit、4 bit、8 bit、16 bit、24 bit 及 32 bit。BMP 文件存储数据时，图像的扫描方式是从左到右、从下到上。

典型的 BMP 图像文件由 4 部分组成：

① 位图头文件数据结构，它包含 BMP 图像文件的类型、显示内容等信息；

② 位图信息数据结构，它包含 BMP 图像的宽、高、压缩方法以及定义颜色等信息；

③ 调色板，这部分可选，有些位图需要调色板，有些位图，比如真彩色图(24 位的 BMP)就不需要调色板；

④ 位图数据，这部分内容根据 BMP 位图使用的位数不同而不同，24 位图中直接使用 RGB，小于 24 位的使用调色板中的颜色索引值。

BMP 的详细介绍可参考配套资料中的“BMP 图片文件详解.pdf”。

2. JPEG 编码简介

JPEG 是 Joint Photographic Experts Group(联合图像专家组)的缩写，文件后辍名为“.jpg”或“.jpeg”，是最常用的图像文件格式，由一个软件开发联合会组织制定。同 BMP 格式不同，JPEG 是一种有损压缩格式，能够将图像压缩在很小的储存空间，图像中重复或不重要的资料会被丢失，因此容易造成图像数据的损伤(BMP 不会，但是 BMP 占用空间大)。尤其是使用过高的压缩比例时，将使最终解压缩后恢复的图像质量明显降低；如果追求高品质图像，则不宜采用过高压缩比例。但是 JPEG 压缩技术十

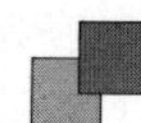

分先进，它用有损压缩方式去除冗余的图像数据，在获得极高压缩率的同时能展现丰富生动的图像，换句话说，就是可以用最少的磁盘空间得到较好的图像品质。而且 JPEG 是一种很灵活的格式，具有调节图像质量的功能，允许用不同的压缩比例对文件进行压缩，支持多种压缩级别，压缩比率通常在 10∶1～40∶1之间。压缩比越大，品质越低；相反地，压缩比越小，品质越好。比如可以把 1.37 Mbit 的 BMP 位图文件压缩至 20.3 KB。当然，也可以在图像质量和文件尺寸之间找到平衡点。JPEG 格式压缩的主要是高频信息，对色彩的信息保留较好，适用于互联网，可减少图像的传输时间，可以支持 24 bit 真彩色，也普遍应用于需要连续色调的图像。

JPEG/JPG 的解码过程可以简单概述为如下几个部分：

① 从文件头读出文件的相关信息。

JPEG 文件数据分为文件头和图像数据两大部分，其中，文件头记录了图像的版本、长宽、采样因子、量化表、哈夫曼表等重要信息。所以解码前必须读出文件头信息，以备图像数据解码过程之用。

② 从图像数据流读取一个最小编码单元（MCU），并提取里边的各个颜色分量单元。

③ 将颜色分量单元从数据流恢复成矩阵数据。

使用文件头给出的哈夫曼表，对分割出来的颜色分量单元进行解码，把其恢复成 8×8 的数据矩阵。

④ 8×8 的数据矩阵进一步解码。

此部分解码工作以 8×8 的数据矩阵为单位，其中包括相邻矩阵的直流系数差分解码、使用文件头给出的量化表反量化数据、反 Zig－zag 编码、隔行正负纠正、反向离散余弦变换 5 个步骤，最终输出仍然是一个 8×8 的数据矩阵。

⑤ 颜色系统 YCrCb 向 RGB 转换。

将一个 MCU 的各个颜色分量单元解码结果整合起来，将图像颜色系统从 YCrCb 向 RGB 转换。

⑥ 排列整合各个 MCU 的解码数据。

不断读取数据流中的 MCU 并对其解码，直至读完所有 MCU，将各 MCU 解码后的数据正确排列成完整的图像。JPEG 的解码本身比较复杂，这里提供了一个轻量级的 JPG/JPEG 解码库：TjpgDec，最少仅需 3 KB 的 RAM 和 3.5 KB 的 FLASH 即可实现解码，本例程采用 TjpgDec 作为 JPG/JPEG 的解码库。关于 TjpgDec 的详细使用可参考配套资料中 A 盘→6，软件资料→图片编解码→TjpgDec 技术手册。

3. GIF 编码简介

GIF(Graphics Interchange Format)是 CompuServe 公司开发的图像文件存储格式，1987 年开发的 GIF 文件格式版本号是 GIF87a，1989 年进行了扩充，扩充后的版本号定义为 GIF89a。GIF 图像文件以数据块（block）为单位来存储图像的相关信息。一个 GIF 文件由表示图形/图像的数据块、数据子块以及显示图形/图像的控制信息块组成,称为 GIF 数据流(DataStream)。数据流中的所有控制信息块和数据块都必须在文件头(Header)和文件结束块(Trailer)之间。

GIF 文件格式采用了 LZW(Lempel - ZivWalch)压缩算法来存储图像数据,定义了允许用户为图像设置背景的透明(transparency)属性。此外,GIF 文件格式可在一个文件中存放多幅彩色图形/图像。如果在 GIF 文件中存放有多幅图,它们可以像演幻灯片那样显示或者像动画那样演示。

一个 GIF 文件的结构可分为文件头(File Header)、GIF 数据流(GIF DataStream)和文件终结器(Trailer)3 个部分。其中,文件头包含 GIF 文件署名(Signature)和版本号(Version),GIF 数据流由控制标识符、图像块(ImageBlock)和其他的一些扩展块组成;文件终结器只有一个值为 0x3B 的字符(';')表示文件结束。

18.2 硬件设计

(1) 例程功能

开机的时候先检测字库,然后检测 SD 卡是否存在,如果 SD 卡存在,则开始查找 SD 卡根目录下的 PICTURE 文件夹;如果找到,则显示该文件夹下面的图片文件(支持 BMP、JPG、JPEG 或 GIF 格式)。循环显示,通过按 KEY0 和 KEY1 可以快速浏览下一张和上一张,KEY_UP 按键用于暂停/继续播放,LED1 用于指示当前是否处于暂停状态。如果未找到 PICTURE 文件夹/任何图片文件,则提示错误。还可以通过 USMART 调用 ai_load_picfile 和 minibmp_decode 解码任意指定路径的图片。

(2) 硬件资源

- LED 灯:LED0 - PF9、LED1 - PF10;
- 串口 1(PA9、PA10 连接在板载 USB 转串口芯片 CH340 上面);
- 正点原子 TFTLCD 模块(仅限 MCU 屏,16 位 8080 并口驱动);
- 独立按键:KEY0 - PE4、KEY1 - PE3、WK_UP - PA0;
- SD 卡,通过 SDIO 连接;
- NOR FLASH(SPI FLASH 芯片,连接在 SPI 上)。

18.3 程序设计

18.3.1 程序流程图

本实验的程序流程如图 18.1 所示。

本程序主要靠文件操作,打开指定位置的图片并调用图片解码库解码来显示不同格式的图片。这里加入了按键进行人机交互,以控制图片的显示切换等。

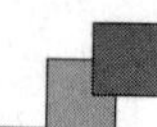

开始
串口、LED、LCD、按键、SRAM和内存管理初始化
为FATFS申请内存并尝试挂载SD卡、SPI FLASH
检查SPI FLASH上是否有汉字字库，LCD上显示检查结果
打开图片所在文件夹成功？
否
无法进行后续文件操作，提示错误信息
是
当前目录下存在图片文件？
否
无法进行后续文件操作，提示错误信息
是
得到文件夹下图片文件总数，以便轮询显示
成功申请缓存带路径的文件名需要的内存？
否
无法进行后续文件操作，提示错误信息
是
重新打开文件夹并记录图片的索引，后面将根据文件索引进行图片切换
重新打开文件夹并记录图片的索引，后面将根据文件索引进行图片切换
重新打开文件夹，开始根据索引进行轮询
根据索引得到带路径的文件名
调用图片解码库并显示图片
KEY1按下？
否
图片索引变量指向上一张图片
是
KEY0按下？
否
图片索引变量指向下一张图片
是
KEY_UP按下？
否
暂停计数变量，点亮LED1
是
上一帧图片显示结束，计数变量约2.5 s？
是
模拟一次KEY1按下，图片索引变量指向下一张图片
否
约200 ms翻转一次LED0

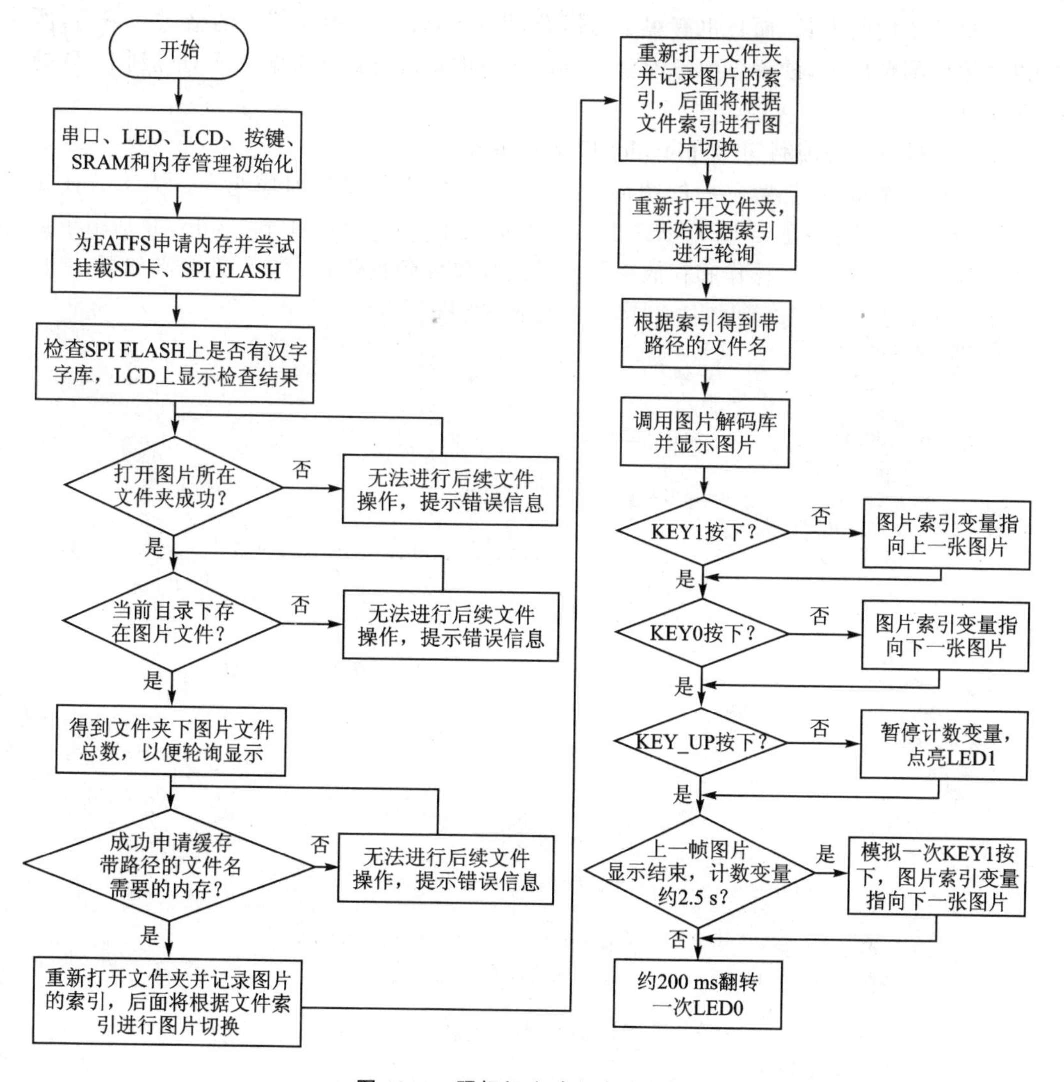

图 18.1　照相机实验程序流程图

18.3.2　程序解析

1. PICTURE 代码

这里只讲解核心代码，详细的源码可参考配套资料中本实验对应源码。PICTURE 驱动源码包括 9 个文件：bmp. c、bmp. h、tjpgd. c、tjpgd. h、gif. c、gif. h、piclib. c、piclib. h 和 tjpgdcnf. h。

其中，bmp. c 和 bmp. h 用于实现对 bmp 文件的解码，tjpgd. c 和 tjpgd. h 用于实现对 JPEG/JPG 文件的解码，gif. c 和 gif. h 用于实现对 GIF 文件的解码，tjpgdcnf. h 用于 JPEG/JPG 解码系统配置。

这几个代码太长，而且也有规定的标准，需要结合各个图片编码的格式来编写，所以这里就不贴出来，读者可参考配套资料。下面重点讲解这几个解码库对应到 LCD 的显示部分。

(1) 解码库的控制句柄_pic_phy 和_pic_info

使用这个接口，把解码后的图形数据与 LCD 的实际操作对应起来。为了方便显示，需要将图片的信息与 LCD 联系上。这里定义了_pic_phy 和_pic_info，分别用于定义图片解码库的 LCD 操作和存放解码后的图片尺寸颜色信息。它们的定义如下：

```
/* 在移植的时候,必须由用户自己实现这几个函数 */
typedef struct
{
    /* 读点函数 */
    uint32_t(*read_point)(uint16_t, uint16_t);
    /* 画点函数 */
    void(*draw_point)(uint16_t, uint16_t, uint32_t);
    /* 单色填充函数 */
    void(*fill)(uint16_t, uint16_t, uint16_t, uint16_t, uint32_t);
    /* 画水平线函数 */
    void(*draw_hline)(uint16_t, uint16_t, uint16_t, uint16_t);
    /* 颜色填充 */
    void(*fillcolor)(uint16_t, uint16_t, uint16_t, uint16_t, uint16_t *);
} _pic_phy;
/* 图像信息 */
typedef struct
{
    uint16_t lcdwidth;        /* LCD 的宽度 */
    uint16_t lcdheight;       /* LCD 的高度 */
    uint32_t ImgWidth;        /* 图像的实际宽度和高度 */
    uint32_t ImgHeight;
    uint32_t Div_Fac;         /* 缩放系数 (扩大了 8 192 倍的) */
    uint32_t S_Height;        /* 设定的高度和宽度 */
    uint32_t S_Width;
    uint32_t S_XOFF;          /* x 轴和 y 轴的偏移量 */
    uint32_t S_YOFF;
    uint32_t staticx;         /* 当前显示到的 xy 坐标 */
    uint32_t staticy;
} _pic_info;
```

piclib.c 文件用上述类型定义了两个结构体，具体如下：

```
_pic_info picinfo;            /* 图片信息 */
_pic_phy pic_phy;             /* 图片显示物理接口 */
```

(2) piclib_init 函数

piclib_init 函数用于初始化图片解码的相关信息，用于定义解码后的 LCD 操作。具体定义如下：

```
void piclib_init(void)
{
    pic_phy.read_point = lcd_read_point;      /* 读点函数实现,仅 BMP 需要 */
    pic_phy.draw_point = lcd_draw_point;      /* 画点函数实现 */
```

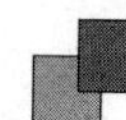

```
    pic_phy.fill = lcd_fill;                      /* 填充函数实现,仅 GIF 需要 */
    pic_phy.draw_hline = lcd_draw_hline;          /* 画线函数实现,仅 GIF 需要 */
    pic_phy.fillcolor = piclib_fill_color;        /* 颜色填充函数实现,仅 TJPGD 需要 */
    picinfo.lcdwidth = lcddev.width;              /* 得到 LCD 的宽度像素 */
    picinfo.lcdheight = lcddev.height;            /* 得到 LCD 的高度像素 */
    picinfo.ImgWidth = 0;                         /* 初始化宽度为 0 */
    picinfo.ImgHeight = 0;                        /* 初始化高度为 0 */
    picinfo.Div_Fac = 0;                          /* 初始化缩放系数为 0 */
    picinfo.S_Height = 0;                         /* 初始化设定的高度为 0 */
    picinfo.S_Width = 0;                          /* 初始化设定的宽度为 0 */
    picinfo.S_XOFF = 0;                           /* 初始化 x 轴的偏移量为 0 */
    picinfo.S_YOFF = 0;                           /* 初始化 y 轴的偏移量为 0 */
    picinfo.staticx = 0;                          /* 初始化当前显示到的 x 坐标为 0 */
    picinfo.staticy = 0;                          /* 初始化当前显示到的 y 坐标为 0 */
}
```

函数描述:初始化图片解码的相关信息,这些函数必须由用户在外部实现。使用之前 LCD 的操作函数将这个结构体中的绘制操作(画点、画线、画圆等定义)与 LCD 操作对应起来。

函数形参:无。

函数返回值:无。

(3) piclib_alpha_blend 函数

RGB 色彩中,一个标准像素由 32 位组成:透明度(8 bit)+R(8 bit)+G(8 bit)+B(8 bit),8 位的 α 通道(alpha channel)位表示该像素如何产生特技效果,即通常说的半透明。alpha 的取值一般为 0~255。为 0 时,表示是全透明的,即图片是看不见的。为 255 时,表示图片显示原始图。中间值即为半透明状态。计算 alpha blending 时,通常的方法是将源像素的 RGB 值分别与目标像素(如背景)的 RGB 按比例混合,最后得到一个混合后的 RGB 值。函数定义如下:

```
uint16_t piclib_alpha_blend(uint16_t src, uint16_t dst, uint8_t alpha)
{
    uint32_t src2;
    uint32_t dst2;
    /* Convert to 32bit |-----GGGGGG-----RRRRR------BBBBB| */
    src2 = ((src << 16) | src) & 0x07E0F81F;
    dst2 = ((dst << 16) | dst) & 0x07E0F81F;
    dst2 = ((((dst2 - src2) * alpha) >> 5) + src2) & 0x07E0F81F;
    return (dst2 >> 16) | dst2;
}
```

函数描述:piclib_alpha_blend 函数用于实现半透明效果,在小格式(图片分辨率小于 LCD 分辨率)bmp 解码的时候可能用到。

函数形参:

形参 1 是 RGB 色彩编号,这里使用的是 RGB565 模式,故只有 16 位;

形参 2 是目标像素,使用时一般指背景颜色。

形参 3 是透明度,有效范围为 0~255,0 表示全透明,255 表示不透明。

函数返回值:返回计算后的透明度颜色数值。

(4) piclib_ai_draw_init 函数

对于给定区域,为了显示更好看,一般会选择图片居中显示,此函数可以实现此功能,定义如下:

```
void piclib_ai_draw_init(void)
{
    float temp, temp1;
    temp = (float)picinfo.S_Width / picinfo.ImgWidth;
    temp1 = (float)picinfo.S_Height / picinfo.ImgHeight;
    if (temp < temp1)temp1 = temp;      /* 取较小的那个 */
    if (temp1 > 1)temp1 = 1;
    /* 使图片处于所给区域的中间 */
    picinfo.S_XOFF += (picinfo.S_Width - temp1 * picinfo.ImgWidth) / 2;
    picinfo.S_YOFF += (picinfo.S_Height - temp1 * picinfo.ImgHeight) / 2;
    temp1* = 8192;       /* 扩大 8192 倍 */
    picinfo.Div_Fac = temp1;
    picinfo.staticx = 0xffff;
    picinfo.staticy = 0xffff;              /* 放到一个不可能的值上面 */
}
```

函数描述:piclib_ai_draw_init 函数使解码后的图片信息处于所给区域的中间。

函数形参:无。

函数返回值:无。可以在显示实例中测试加与不加此函数的显示效果差异。

(5) piclib_is_element_ok 函数

对于给定区域,为了显示更好看,一般会选择图片居中显示,此函数就实现此功能,定义如下:

```
__inline uint8_t piclib_is_element_ok(uint16_t x, uint16_t y, uint8_t chg)
{
    if (x ! = picinfo.staticx || y ! = picinfo.staticy)
    {
        if (chg == 1)
        {
            picinfo.staticx = x;
            picinfo.staticy = y;
        }
        return 1;
    }
    else
    {
        return 0;
    }
}
```

函数描述:

piclib_is_element_ok 函数用于判断一个点是不是应该显示出来,在图片缩放的时候该函数是必须用到的。这里用__inline 修饰,保证该部分的代码不被优化。

函数形参:无。

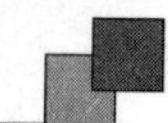

函数返回值:1 表示需要显示,0 表示不需要显示。其他函数使用到时,根据此返回值进行判定显示操作。

(6) piclib_ai_load_picfile 函数

piclib_ai_load_picfile 函数帮助我们得到需要显示的图片信息,并有助于下一步的绘制。本函数需要结合文件系统来操作,图片根据后缀来区分并且保存在文件夹中。

```
uint8_t piclib_ai_load_picfile(const uint8_t * filename, uint16_t x, uint16_t y,
                               uint16_t width, uint16_t height, uint8_t fast)
{
    uint8_t res;      /* 返回值 */
    uint8_t temp;
    if((x + width) > picinfo.lcdwidth)return PIC_WINDOW_ERR;      /* x 坐标超范围了 */
    if((y + height) > picinfo.lcdheight)return PIC_WINDOW_ERR;    /* y 坐标超范围了 */
    /* 得到显示方框大小 */
    if (width == 0 || height == 0)return PIC_WINDOW_ERR;          /* 窗口设定错误 */
    picinfo.S_Height = height;
    picinfo.S_Width = width;
    /* 显示区域无效 */
    if (picinfo.S_Height == 0 || picinfo.S_Width == 0)
    {
        picinfo.S_Height = lcddev.height;
        picinfo.S_Width = lcddev.width;
        return FALSE;
    }
    if (pic_phy.fillcolor == NULL)fast = 0;     /* 颜色填充函数未实现,不能快速显示 */
    /* 显示的开始坐标点 */
    picinfo.S_YOFF = y;
    picinfo.S_XOFF = x;
    /* 文件名传递 */
    temp = exfuns_file_type((uint8_t *)filename);                 /* 得到文件的类型 */
    switch (temp)
    {
        case T_BMP:
            res = stdbmp_decode(filename);                        /* 解码 BMP */
            break;
        case T_JPG:
        case T_JPEG:
            res = jpg_decode(filename, fast);                     /* 解码 JPG/JPEG */
            break;
        case T_GIF:
            res = gif_decode(filename, x, y, width, height);      /* 解码 GIF */
            break;
        default:
            res = PIC_FORMAT_ERR;                                 /* 非图片格式!!! */
            break;
    }
    return res;
}
```

函数描述:piclib_ai_load_picfile 函数是整个图片显示的对外接口,外部程序通过调用该函数可以实现 BMP、JPG/JPEG 和 GIF 的显示。该函数根据输入文件的后缀名判断文件格式,然后交给相应的解码程序(BMP 解码/JPEG 解码/GIF 解码)执行解码,完成图片显示。

函数形参:

形参 1 filename 是文件的路径名(具体可以参考 FATFS 一节的描述),为字符口,例程采用的是 SD 卡存图片,故一般为"0:/PICTURE/ * . GIF"等类似格式。

形参 2 为画图的起始 x 坐标。

形参 3 为画图的起始 y 坐标。

形参 4 的 width 和形参 5 的 height 形成了以 x、y 为起点的(x,y)~(x+width,y+height)的矩形显示区域,对屏幕坐标不理解的可参考 TFTLCD 一节的描述。

形参 6 根据 LCD 进行适应的一个快速解的操作,仅 JGP/JPEG 模式下有效。

这里用到的 exfuns_file_type()函数是 FATFS 一节提到的 FATFS 扩展应用,用这个函数来判断文件类型,方便程序设计。这部分内容可参考文件系统的 exfuns 文件夹下的相关文件。

函数返回值:0 表示成功,其他表示错误码。

由于图片显示需要用到大内存,这里使用动态内存分配来实现,仍使用自定义的内存管理函数来管理程序内存。申请内存函数 piclib_mem_malloc()和内存释放函数 piclib_mem_free()的实现比较简单,参考配套资料的源码即可。

2. main.c 代码

main.c 函数利用 FATFS 的接口来操作和查找图片文件。在 microSD/SD 卡的根目录下新建一个 PICTURE 文件夹,然后放置准备显示的 BMP、JPG、GIF 图片。接下来按程序流程图设置的思路:先扫描图像文件的数量并切换显示,加入按键支持图片翻页。主要的代码如下:

```
int main(void)
{
    uint8_t res;
    DIR picdir;                      /* 图片目录 */
    FILINFO * picfileinfo;           /* 文件信息 */
    uint8_t * pname;                 /* 带路径的文件名 */
    uint16_t totpicnum;              /* 图片文件总数 */
    uint16_t curindex;               /* 图片当前索引 */
    uint8_t key;                     /* 键值 */
    uint8_t pause = 0;               /* 暂停标记 */
    uint8_t t;
    uint16_t temp;
    uint32_t * picoffsettbl; /* 图片文件 offset 索引表 */
    HAL_Init();                                 /* 初始化 HAL 库 */
    sys_stm32_clock_init(336, 8, 2, 7);         /* 设置时钟, 168 MHz */
    delay_init(168);                            /* 延时初始化 */
    usart_init(115200);                         /* 串口初始化为 115 200 */
    usmart_dev.init(84);                        /* 初始化 USMART */
```

```
    led_init();                                         /* 初始化 LED */
    lcd_init();                                         /* 初始化 LCD */
    key_init();                                         /* 初始化按键 */
    sram_init();                                        /* SRAM 初始化 */
    my_mem_init(SRAMIN);                                /* 初始化内部 SRAM 内存池 */
    my_mem_init(SRAMEX);                                /* 初始化外部 SRAM 内存池 */
    my_mem_init(SRAMCCM);                               /* 初始化 CCM 内存池 */
    exfuns_init();                                      /* 为 FATFS 相关变量申请内存 */
    f_mount(fs[0], "0:", 1);                            /* 挂载 SD 卡 */
    f_mount(fs[1], "1:", 1);                            /* 挂载 FLASH */
    while (fonts_init())                                /* 检查字库 */
    {
        lcd_show_string(30, 50, 200, 16, 16, "Font Error!", RED);
        delay_ms(200);
        lcd_fill(30, 50, 240, 66, WHITE);                   /* 清除显示 */
        delay_ms(200);
    }
    text_show_string(30, 50, 200, 16, "STM32", 16, 0, RED);
    text_show_string(30, 70, 200, 16, "图片显示 实验", 16, 0, RED);
    text_show_string(30, 90, 200, 16, "KEY0:NEXT KEY1:PREV", 16, 0, RED);
    text_show_string(30, 110, 200, 16, "KEY_UP:PAUSE", 16, 0, RED);
    text_show_string(30, 130, 200, 16, " ATOM@ALIENTEK", 16, 0, RED);
    while (f_opendir(&picdir, "0:/PICTURE"))      /* 打开图片文件夹 */
    {
        text_show_string(30, 170, 240, 16, "PICTURE 文件夹错误!", 16, 0, RED);
        delay_ms(200);
        lcd_fill(30, 170, 240, 186, WHITE);             /* 清除显示 */
        delay_ms(200);
    }
    totpicnum = pic_get_tnum((uint8_t *)"0:/PICTURE");    /* 得到总有效文件数 */
    while (totpicnum == NULL)     /* 图片文件为 0 */
    {
        text_show_string(30, 170, 240, 16, "没有图片文件!", 16, 0, RED);
        delay_ms(200);
        lcd_fill(30, 170, 240, 186, WHITE);     /* 清除显示 */
        delay_ms(200);
    }
    picfileinfo = (FILINFO *)mymalloc(SRAMIN, sizeof(FILINFO));     /* 申请内存 */
    pname = mymalloc(SRAMIN, FF_MAX_LFN * 2 + 1);     /* 为带路径的文件名分配内存 */
    /* 申请 4 * totpicnum 个字节的内存,用于存放图片索引 */
    picoffsettbl = mymalloc(SRAMIN, 4 * totpicnum);
    while (! picfileinfo || ! pname || ! picoffsettbl)        /* 内存分配出错 */
    {
        text_show_string(30, 170, 240, 16, "内存分配失败!", 16, 0, RED);
        delay_ms(200);
        lcd_fill(30, 170, 240, 186, WHITE);                         /* 清除显示 */
        delay_ms(200);
    }
    /* 记录索引 */
    res = f_opendir(&picdir, "0:/PICTURE");                         /* 打开目录 */
    if (res == FR_OK)
```

```
{
    curindex = 0;           /* 当前索引为 0 */
    while (1)               /* 全部查询一遍 */
    {
        temp = picdir.dptr; /* 记录当前 dptr 偏移 */
        res = f_readdir(&picdir, picfileinfo);      /* 读取目录下的一个文件 */
        /* 错误了/到末尾了,退出 */
        if (res != FR_OK || picfileinfo->fname[0] == 0)break;
        res = exfuns_file_type((uint8_t *)picfileinfo->fname);
        if ((res & 0XF0) == 0X50)   /* 取高 4 位,看看是不是图片文件 */
        {
            picoffsettbl[curindex] = temp;          /* 记录索引 */
            curindex++;
        }
    }
}
text_show_string(30, 150, 240, 16, "开始显示...", 16, 0, RED);
delay_ms(1500);
piclib_init();          /* 初始化画图 */
curindex = 0;           /* 从 0 开始显示 */
res = f_opendir(&picdir, (const TCHAR *)"0:/PICTURE");     /* 打开目录 */
while (res == FR_OK)    /* 打开成功 */
{
    dir_sdi(&picdir, picoffsettbl[curindex]);       /* 改变当前目录索引 */
    res = f_readdir(&picdir, picfileinfo);          /* 读取目录下的一个文件 */
    /* 错误了/到末尾了,退出 */
    if (res != FR_OK || picfileinfo->fname[0] == 0)break;
    strcpy((char *)pname, "0:/PICTURE/");           /* 复制路径(目录) */
    /* 将文件名接在后面 */
    strcat((char *)pname, (const char *)picfileinfo->fname);
    lcd_clear(BLACK);
    /* 显示图片 */
    piclib_ai_load_picfile(pname, 0, 0, lcddev.width, lcddev.height, 1);
    /* 显示图片名字 */
    text_show_string(2, 2, lcddev.width, 16, (char*)pname, 16, 1, RED);
    t = 0;
    while (1)
    {
        key = key_scan(0);          /* 扫描按键 */
        if (t > 250)key = 1;        /* 模拟一次按下 KEY0 */
        if ((t % 20) == 0)
        {
            LED0_TOGGLE();          /* LED0 闪烁,提示程序正在运行. */
        }
        if (key == KEY1_PRES)       /* 上一张 */
        {
            if (curindex)
            {
                curindex--;
            }
            else
```

```
                {
                    curindex = totpicnum - 1;
                }

                break;
            }
            else if (key == KEY0_PRES)      /* 下一张 */
            {
                curindex ++ ;
                if (curindex >= totpicnum)curindex = 0;/* 到末尾的时候,自动从头开始 */
                break;
            }
            else if (key == WKUP_PRES)
            {
                pause = !pause;
                LED1(!pause);           /* 暂停的时候 LED1 亮. */
            }
            if (pause == 0)t ++ ;
            delay_ms(10);
        }
        res = 0;
    }
    myfree(SRAMIN, picfileinfo);      /* 释放内存 */
    myfree(SRAMIN, pname);            /* 释放内存 */
    myfree(SRAMIN, picoffsettbl);     /* 释放内存 */
}
```

可以看到,整个设计思路是根据图片解码库来设计的,piclib_ai_load_picfile()是这套代码的核心,其他的交互是围绕它和图片解码后的图片信息实现显示。读者仔细对照配套资料中的源码进一步了解整个设置思路。另外,程序中只分配了 4 个文件索引,故更多数量的图片无法直接在本程序下演示,读者根据需要再修改即可。

18.4　下载验证

将程序下载到开发板后,可以看到 LCD 开始显示图片(假设 SD 卡及文件都准备好了,即在 SD 卡根目录新建 PICTURE 文件夹,并存放一些图片文件在该文件夹内),如图 18.2 所示。

图 18.2　图片显示实验显示效果

按 KEY0 和 KEY1 可以快速切换到下一张或上一张,KEY_UP 按键可以暂停自动播放,同时 LED1 亮,指示处于暂停状态,再按一次 KEY_UP 则继续播放。同时,由于代码支持 gif 格式的图片显示(注意,尺寸不能超过 LCD 屏幕尺寸),所以可以放一些 GIF 图片到 PICTURE 文件夹来观看动画了。

本章同样可以通过 USMART 来测试该实验,将

piclib_ai_load_picfile 函数加入 USMART 控制就可以通过串口调用该函数，并在屏幕上任何区域显示任何想要显示的图片了。同时，可以发送 runtime1 来开启 USMART 的函数执行时间统计功能，从而获取解码一张图片所需时间，方便验证。

注意，本例程在支持 AC6 时，JPEG 解码库中的函数容易被优化，所以建议单独对其进行优化设置。MDK 也支持对单一文件进行优化等级设置，操作方法如图 18.3 所示。

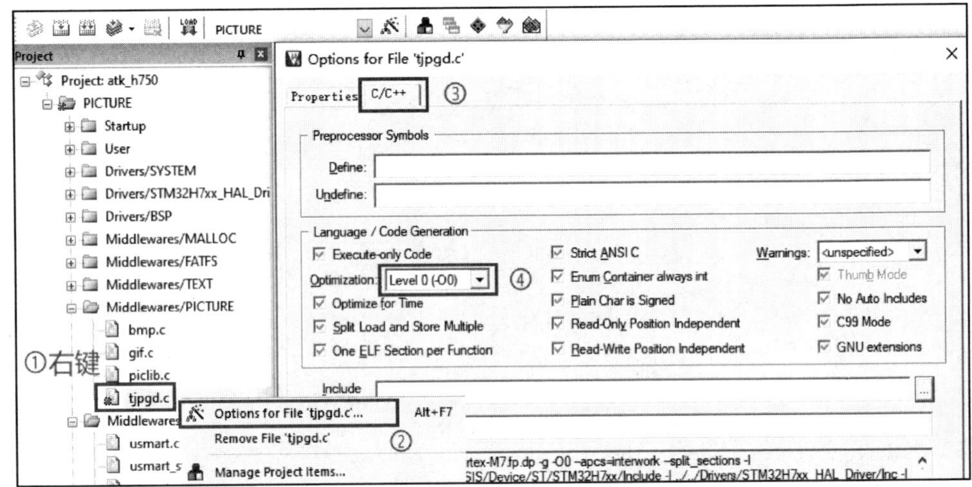

图 18.3　对 tjpgd.c 进行单独的优化设置

第19章 串口IAP实验

IAP,即在应用编程,通俗说法就是"程序升级"。产品阶段设计完成后,在脱离实验室的调试环境下,想对产品做功能升级或BUG修复会十分麻烦,如果硬件支持,在出厂时预留一套升级固件的流程,就可以很好解决这个问题,IAP技术就是为此而生的。之前的FLASH模拟EEPROM实验里面介绍了STM32F407的FLASH自编程,本章将结合FLASH自编程的知识,通过STM32F407的串口实现一个简单的IAP功能。

19.1 IAP简介

STM32可以通过设置MSP的方式从不同的地址(包括FLASH地址、RAM地址等)启动,在默认方式下,嵌入式程序是以连续二进制的方式烧录到STM32的可寻址FLASH区域上的。如果使用的FLASH容量大到可以存储两个或多个完整程序,在保证每个程序完整的情况下,上电后的程序通过修改MSP的方式,就可以保证一个单片机上有多个有功能差异的嵌入式软件。这就是要讲解的IAP的设计思路。

IAP是用户的程序在运行过程中对User FLASH的部分区域进行烧写,目的是在产品发布后可以方便地通过预留的通信口对产品中的固件程序进行更新升级。用户可以自定义通信方式和自定义加密,使得IAP在使用上非常灵活。通常实现IAP功能(用户程序运行中作自身的更新操作)时,需要在设计固件程序时编写两个项目代码,第一个程序检查有无升级需求,并通过某种通信方式(如USB、USART)接收程序或数据,执行对第二部分代码的更新;第二个项目代码才是真正的功能代码。这两部分项目代码都同时烧录在User FLASH中,当芯片上电后,首先是第一个项目代码开始运行,做如下操作:

① 检查是否需要对第二部分代码进行更新;

② 如果不需要更新则转到④;

③ 执行更新操作;

④ 跳转到第二部分代码执行。

第一部分代码必须通过其他手段,如JTAG、ISP等方式烧录,常常是烧录后就不再进行更改;第二部分代码可以使用第一部分代码IAP功能烧入,也可以和第一部分代码一起烧入,以后需要程序更新时再通过第一部分IAP代码更新。

将第一个项目代码称为 Bootloader 程序，第二个项目代码称为 APP 程序，它们存放在 STM32F407 FLASH 的不同地址范围，一般从最低地址区开始存放 Bootloader，紧跟其后的就是 APP 程序(注意，如果 FLASH 容量足够，则可以设计很多 APP 程序，本章只讨论一个 APP 程序的情况)。这样就是要实现两个程序：Bootloader 和 APP。

STM32F407 的 APP 程序不仅可以放到 FLASH 里面运行，也可以放到 SRAM 里面运行，本章将制作两个 APP，一个用于 FLASH 运行，一个用于内部 SRAM 运行。

STM32F407 正常的程序运行流程(为了方便说明 IAP 过程，这里先仅考虑代码全部存放在内部 FLASH 的情况)，如图 19.1 所示。

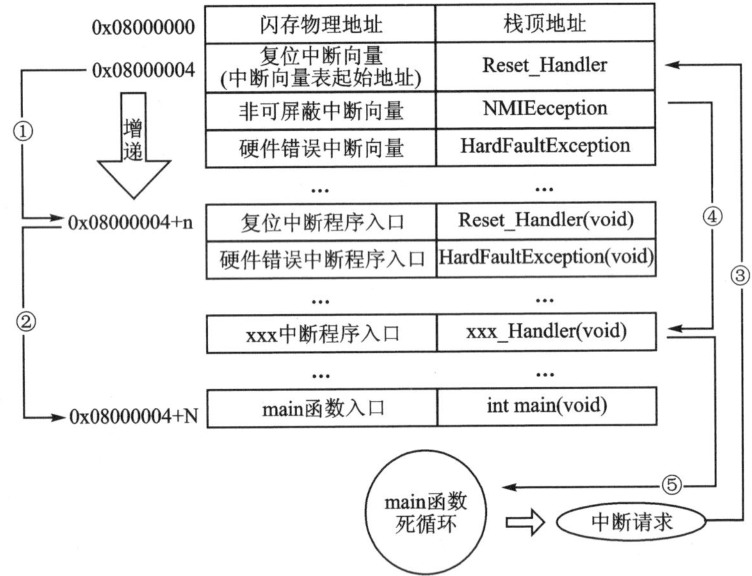

图 19.1　STM32F407 正常运行流程图

STM32F407 的内部闪存(FLASH)地址起始于 0x08000000，一般情况下，程序文件就从此地址开始写入。此外，STM32F407 是基于 Cortex-M4 内核的微控制器，其内部通过一张中断向量表来响应中断。程序启动后，将首先从中断向量表取出复位中断向量执行复位中断程序完成启动，而这张中断向量表的起始地址是 0x08000004；中断来临时，STM32F407 的内部硬件机制自动将 PC 指针定位到中断向量表处，并根据中断源取出对应的中断向量执行中断服务程序。

在图 19.1 中，STM32F407 在复位后，先从 0x08000004 地址取出复位中断向量的地址，并跳转到复位中断服务程序，如标号①所示；复位中断服务程序执行完之后，则跳转到 main 函数，如标号②所示；main 函数一般是一个死循环，在 main 函数执行过程中，如果收到中断请求(发生了中断)，则 STM32F407 强制将 PC 指针指回中断向量表处，如标号③所示；然后，根据中断源进入相应的中断服务程序，如标号④所示；在执行完中断服务程序以后，程序再次返回 main 函数执行，如标号⑤所示。

当加入 IAP 程序之后，程序运行流程如图 19.2 所示。

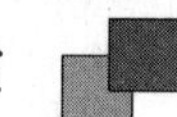

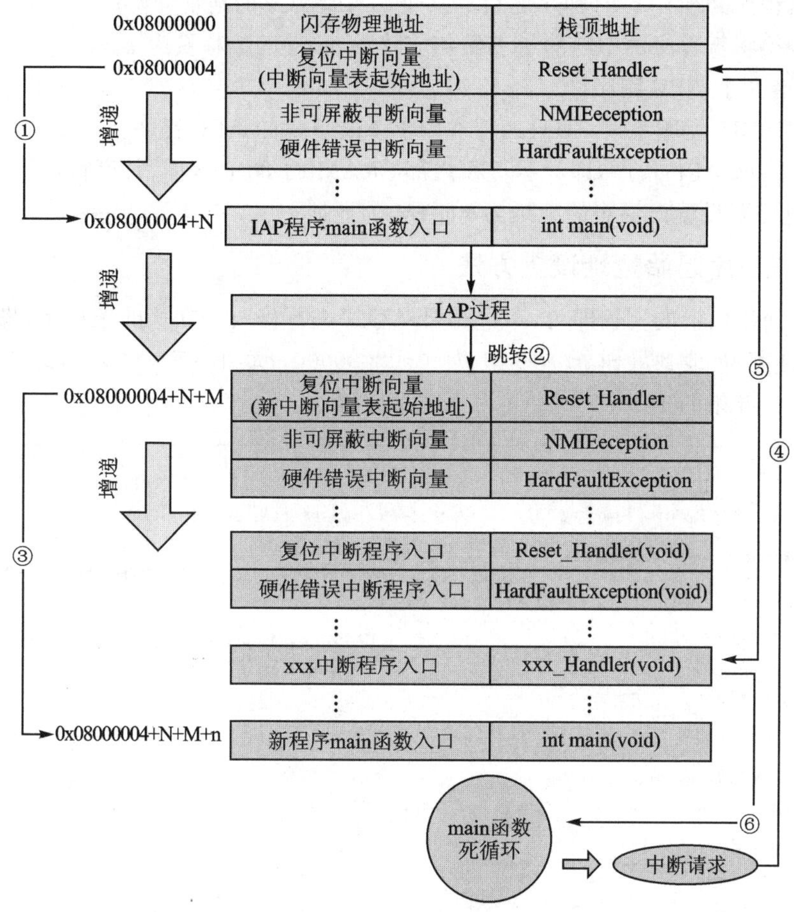

图 19.2　加入 IAP 之后程序运行流程图

在图 19.2 所示流程中，STM32F407 复位后，还是从 0x08000004 地址取出复位中断向量的地址，并跳转到复位中断服务程序，在运行完复位中断服务程序之后跳转到 IAP 的 main 函数，如标号①所示，此部分同图 19.1 一样；执行完 IAP 以后(即将新的 APP 代码写入 STM32F407 的 FLASH，灰底部分，新程序的复位中断向量起始地址为 0x08000004＋N＋M)，跳转至新写入程序的复位向量表，取出新程序的复位中断向量的地址，并跳转执行新程序的复位中断服务程序，随后跳转至新程序的 main 函数，如标号②和③所示。同样，main 函数为一个死循环，并且此时 STM32F407 的 FLASH 在不同位置上共有两个中断向量表。

在 main 函数执行过程中，如果 CPU 得到一个中断请求，则 PC 指针仍然会强制跳转到地址 0x08000004 中断向量表处，而不是新程序的中断向量表，如标号④所示；程序再根据设置的中断向量表偏移量，跳转到对应中断源新的中断服务程序中，如标号⑤所示；在执行完中断服务程序后，程序返回 main 函数继续运行，如标号⑥所示。

通过以上两个过程的分析，我们知道 IAP 程序必须满足两个要求：

① 新程序必须在 IAP 程序之后的某个偏移量为 x 的地址开始；

② 必须将新程序的中断向量表做相应移动，移动的偏移量为 x。

本章有两个 APP 程序：

① FLASH APP 程序，即只运行在内部 FLASH 的 APP 程序。

② SRAM APP 程序，即只运行在内部 SRAM 的 APP 程序，其运行过程和图 19.2 相似，不过需要设置向量表的地址为 SRAM 的地址。

1. APP 程序起始地址设置方法

APP 使用以前的例程即可，不过需要对程序进行修改。默认的条件下，图 19.3 中 IROM1 的起始地址（Start）一般为 0x08000000，大小（Size）为 0x10000，即从 0x08000000 开始的 1 024 KB 空间为程序存储区。

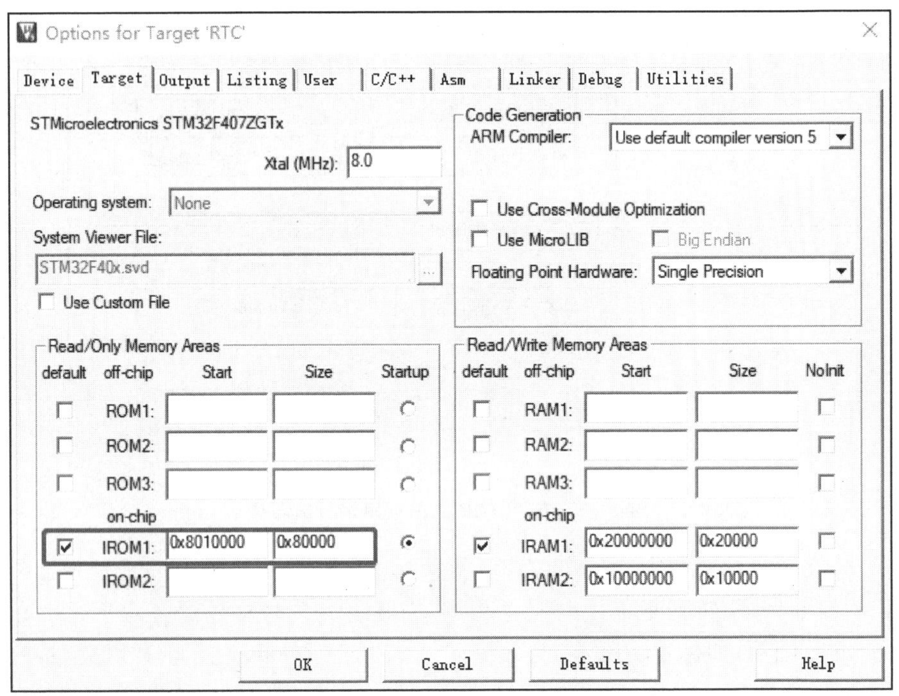

图 19.3　FLASH APP Target 选项卡设置

图 19.3 中设置起始地址(Start)为 0x08010000，即偏移量为 0x10000(64 KB，即留给 BootLoader 的空间)，因而，留给 APP 用的 FLASH 空间(Size)为 0x80000-0x10000＝0x70000(448 KB)。设置好 Start 和 Size，就完成了 APP 程序的起始地址设置。IRAM 是内存的地址，APP 可以独占这些内存，这里不需要修改。

注意，需要确保 APP 起始地址在 Bootloader 程序结束位置之后，并且偏移量为 0x200 的倍数即可（相关知识可参考 http://www.openedv.com/posts/list/392.htm）。

这是针对 FLASH APP 的起始地址设置，如果是 SRAM APP，那么起始地址设置

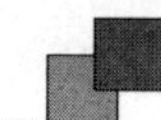

如图 19.4 所示。

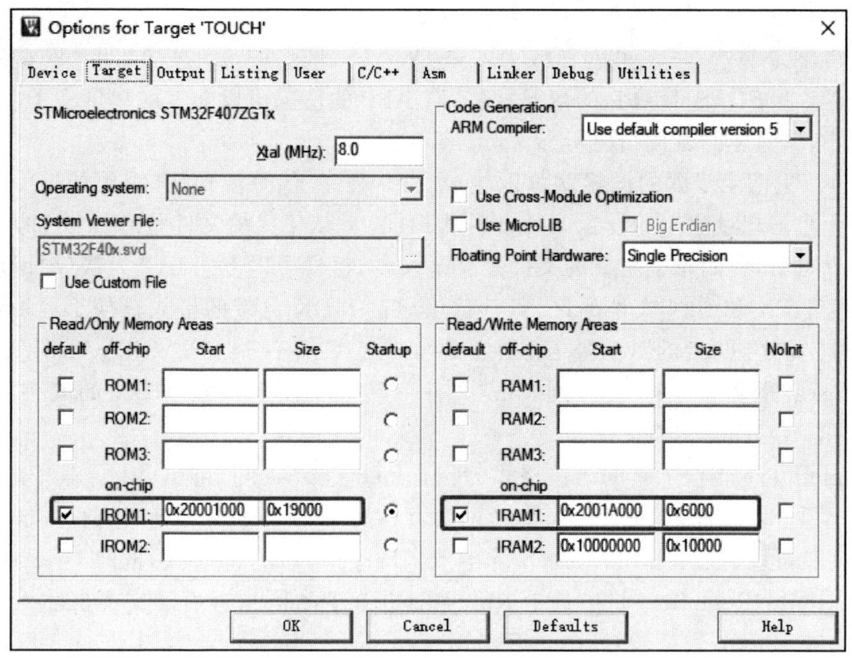

图 19.4　SRAM APP Target 选项卡设置

这里将 IROM1 的起始地址(Start)定义为 0x20001000,大小为 0x19000(100 KB),即从地址 0x20000000 偏移 0x1000 开始,存放 SRAM APP 代码。这个分配关系可以根据实际情况修改,由于 STM32F407ZGT6 只有一个 128 KB(不算 CCM)的片内 SRAM,存放程序的位置与变量的加载位置不能重复,所以需要设置 IRAM1 中的地址(SRAM)的起始地址变为 0x2001A000,分配大小只有 0x6000(24 KB)。整个 STM32F407ZGT6 的 SRAM(不含 CCM)的分配情况为:最开始的 4 KB 给 Bootloader 使用,随后的 100 KB 存放 APP 程序,最后的 24 KB 用作 APP 程序内存。

2. 中断向量表的偏移量设置方法

VTOR 寄存器存放的是中断向量表的起始地址,默认的情况下由 BOOT 的启动模式决定;对于 STM32F407 来说就是指向 0x08000000 这个位置,也就是从默认的启动位置加载中断向量等信息,不过 ST 允许重定向这个位置,这样就可以从 FLASH 区域的任意位置启动代码。可以通过调用 sys.c 里面的 sys_nvic_set_vector_table 函数实现,该函数定义如下:

```
void sys_nvic_set_vector_table(uint32_t baseaddr,uint32_t offset)
{
    /* 设置 NVIC 的向量表偏移寄存器,VTOR 低 9 位保留,即[8:0]保留 */
    SCB->VTOR = baseaddr | (offset & (uint32_t)0xFFFFFE00);
}
```

该函数用于设置中断向量偏移,baseaddr 为基地址(即 APP 程序首地址),Offset

为偏移量,需要根据自己的实际情况进行设置。比如 FLASH APP 设置中断向量表偏移量为 0x10000,调用情况如下:

```
sys_nvic_set_vector_table(FLASH_BASE,0x10000);/*设置中断向量表偏移量为 0X10000 */
```

这是设置 FLASH APP 的情况,SRAM APP 的情况可以参考触摸屏实验_SRAM APP 版本,其具体的调用情况可参考 main 函数。

通过以上两个步骤的设置就可以生成 APP 程序了,只要 APP 程序的 FLASH 和 SRAM 大小不超过我们的设置即可。不过 MDK 默认生成的文件是.hex 文件,并不便于作 IAP 更新,我们希望生成的文件是.bin 文件,这样可以方便 IAP 升级(原因读者可自行百度 HEX 和 BIN 文件的区别)。这里通过 MDK 自带的格式转换工具 fromelf.exe(如果安装在 C 盘的默认路径,则它的位置是 C:\Keil_v5\ARM\ARMCC\bin\fromelf.exe)来实现.axf 文件到.bin 文件的转换。该工具在 MDK 的安装目录是 ARM\ARMCC\bin 文件夹里面。

fromelf.exe 转换工具的语法格式为:fromelf [options] input_file。其中,options 有很多选项可以设置,详细使用可参考配套资料的“mdk 如何生成 bin 文件.doc”。

本实验可以通过在 MDK 的 Options for Target'TOUCH' 对话框的 User 选项卡,在 After Build/Rebuild 一栏中选中 Run #1,并在选项同一行后的文本框输入相对地址:fromelf--bin -o ..\..\Output\@L.bin ..\..\Output\%L,如图 19.5 所示。

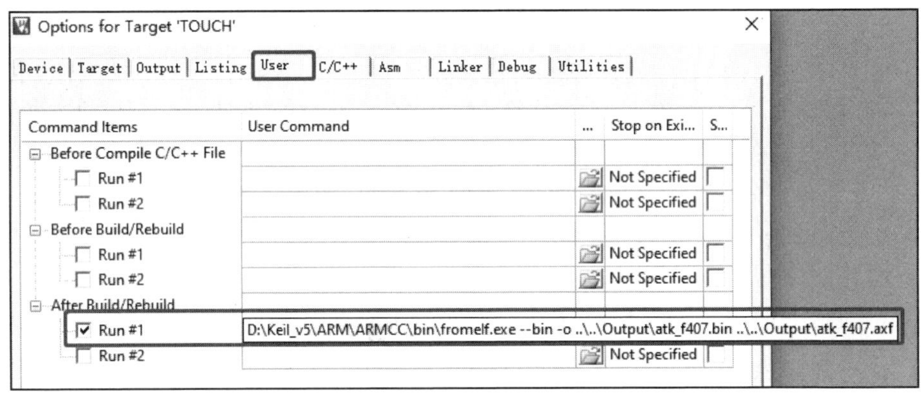

图 19.5 MDK 生成.bin 文件设置方法

通过这步设置就可以在 MDK 编译成功之后,调用 fromelf.exe,..\..\Output\%L 表示当前编译的链接文件(..\是相对路径,表示上级目录,编译器默认从工程文件 *.uvprojx 开始查找,根据工程文件 Output 的位置就能明白路径的含义),指令 --bin-o ..\..\Output\@L.bin 表示在 Output 目录下生成一个.bin 文件,@L 在 Keil 下表示 Output 选项卡的 Name of Executable 后面的字符串,即在 Output 文件夹下生成一个 atk_f407.bin 文件。得到.bin 文件之后,只需要将这个 bin 文件传送给单片机即可执行 IAP 升级。

最后来看 APP 程序的生成步骤:

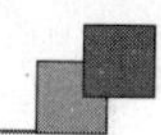

① 设置 APP 程序的起始地址和存储空间大小。

对于在 FLASH 里面运行的 APP 程序，只需要设置 APP 程序的起始地址和存储空间大小即可。而对于在 SRAM 里面运行的 APP 程序，还需要设置 SRAM 的起始地址和大小。无论哪种 APP 程序，都需要确保 APP 程序的大小和所占 SRAM 大小不超过设置范围。

② 设置中断向量表偏移量。

通过调用 sys_nvic_set_vector_table 函数实现对中断向量表偏移量的设置。

③ 设置编译后运行 fromelf. exe，生成. bin 文件。

通过在 User 选项卡设置编译后调用 fromelf. exe，根据. axf 文件生成. bin 文件，用于 IAP 更新。

通过以上 3 个步骤就可以得到一个. bin 的 APP 程序，通过 Bootlader 程序即可实现更新。

19.2 硬件设计

(1) 例程功能

本章实验(Bootloader 部分)功能简介：开机的时候先显示提示信息，然后等待串口输入接收 APP 程序(无校验，一次性接收)；串口接收到 APP 程序之后，即可执行 IAP。如果是 SRAM APP，则通过按下 KEY0 即可执行这个收到的 SRAM APP 程序。如果是 FLASH APP，则需要先按下 KEY2 按键，将串口接收到的 APP 程序存放到 STM32F407 的 FLASH，之后再按 KEY1 即可以执行这个 FLASH APP 程序。LED0 用于指示程序运行状态。

(2) 硬件资源

- LED 灯：LED0 - PF9、LED1 - PF10；
- 串口 1(PA9、PA10 连接在板载 USB 转串口芯片 CH340 上面)；
- 正点原子 TFTLCD 模块(仅限 MCU 屏，16 位 8080 并口驱动)；
- 独立按键：KEY0 - PE4、KEY1 - PE3、KEY - PE2、KEY_UP - PA0。

19.3 程序设计

19.3.1 程序流程图

程序流程如图 19.6 所示。

IAP 设置为有按键才跳转的方式，可以用串口接收不同的 APP，再根据按键选择跳转到具体的 APP(FLASH APP 或者 SRAM APP)，方便验证和记忆。

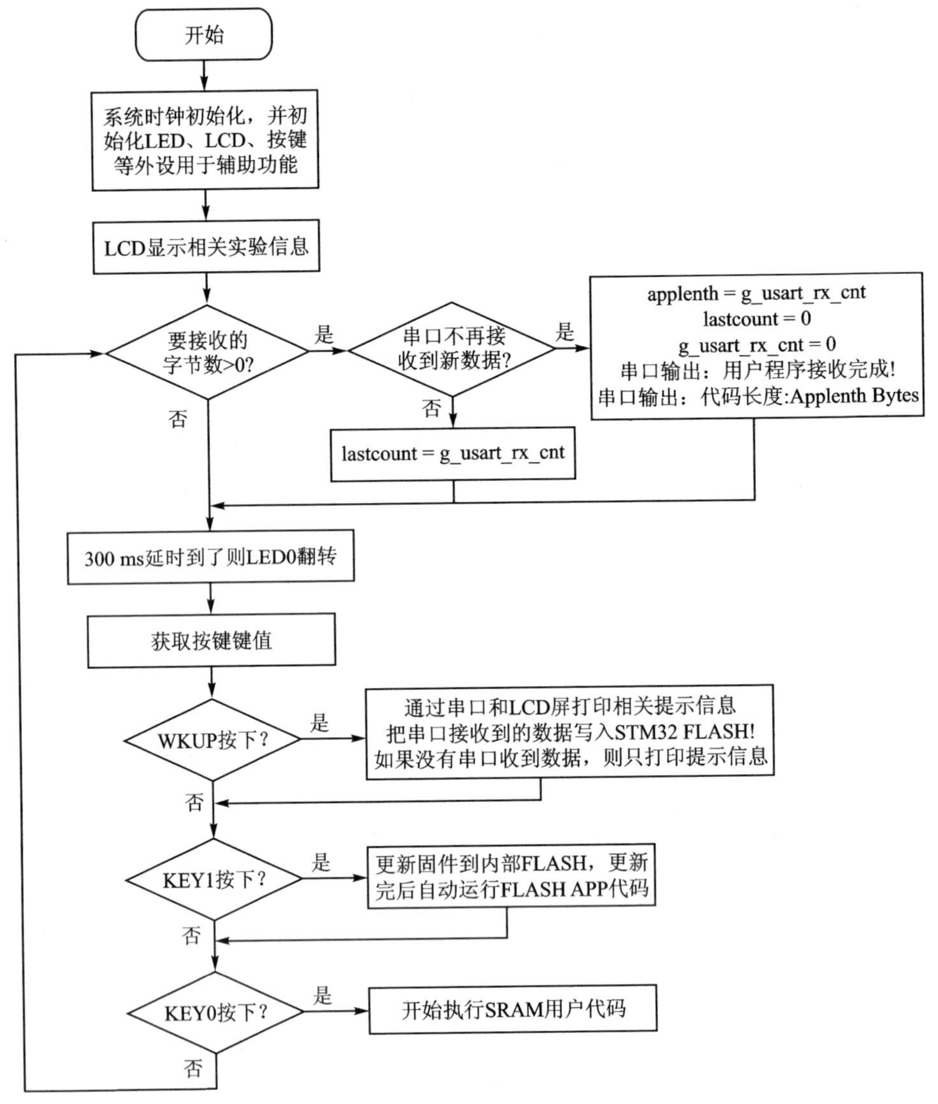

图 19.6　串口 IAP 实验程序流程图

19.3.2　程序解析

本实验总共需要 3 个程序(一个 IAP,两个 APP)：

① FLASH IAP Bootloader,起始地址为 0x08000000,设置为用于升级的跳转程序,这里将用串口 1 来做数据接收程序,通过按键功能手动跳转到指定 APP。

② FLASH APP,仅使用 STM32 内部 FLASH,大小为 120 KB。本程序使用配套资料中的实验 15 RTC 实验作为 FLASH APP 程序(起始地址为 0x08010000)。

③ SRAM APP,使用 STM32 内部 SRAM,生成的 bin 大小为 47 KB。本程序使用配套资料中的实验 28 触摸屏实验作为 SRAM APP 程序(起始地址为 0x20001000)。

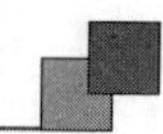

本章关于 APP 程序的生成和修改比较简单，读者可结合配套资料中的源码自行理解。这里仅介绍 Bootloader 程序。

1. IAP 程序

这里只讲解核心代码，详细的源码可参考配套资料中本实验对应源码，IAP 的驱动主要包括两个文件：iap.c 和 iap.h。

由于 STM32 芯片 FLASH 的容量一般要比 SRAM 大，所以这里只编写对 FLASH 的写功能和对 MSP 的设置功能以实现程序的跳转。写 STM32 内部 FLASH 的功能时用到 STM32 的 FLASH 操作，通过封装 FLASH 模拟 EEPROM 实验的驱动可以实现 IAP 的写 FLASH 操作，如下：

```
void iap_write_appbin(uint32_t appxaddr, uint8_t * appbuf, uint32_t appsize)
{
    uint16_t t;
    uint16_t i = 0;
    uint16_t temp;
    uint32_t fwaddr = appxaddr;     /* 当前写入的地址 */
    uint8_t * dfu = appbuf;
    for (t = 0; t < appsize; t += 4)
    {
        temp   = (uint16_t)dfu[3] << 24;
        temp |= (uint16_t)dfu[2] << 16;
        temp |= (uint16_t)dfu[1] << 8;
        temp |= (uint16_t)dfu[0];
        dfu += 4;                           /* 偏移 2 个字节 */
        g_iapbuf[i ++ ] = temp;
        if (i == 512)
        {
            i = 0;
            stmflash_write(fwaddr, g_iapbuf, 512);
            fwaddr += 2048;           /* 偏移 2 048,16 = 2 * 8 所以要乘以 2 */
        }
    }
    if (i)
    {
        stmflash_write(fwaddr, g_iapbuf, i);  /* 将最后的一些内容字节写进去 */
    }
}
```

保存了一个完整的 APP 到了对应的位置后，需要对栈顶进行检查操作，初步检查程序设置正确再进行跳转。以 FLASH APP 为例，用查看工具(配套资料的 A 盘→6，软件资料→1，软件→winhex)可以看到 bin 的内容默认为小端结构，如图 19.7 所示。

iap_ load_app 函数用于跳转到 APP 运行程序，其参数 appxaddr 为 APP 程序的起始地址；程序先判断栈顶地址是否合法，得到合法的栈顶地址后，通过 sys_msr_msp(该函数在 sys.c)函数设置栈顶地址。最后通过一个虚拟函数(jump2app)跳转到 APP 程序执行，实现 IAP→APP 的跳转。这部分用到 sys.c 下的嵌入汇编函数 sys_msr_msp()，实现代码如下：

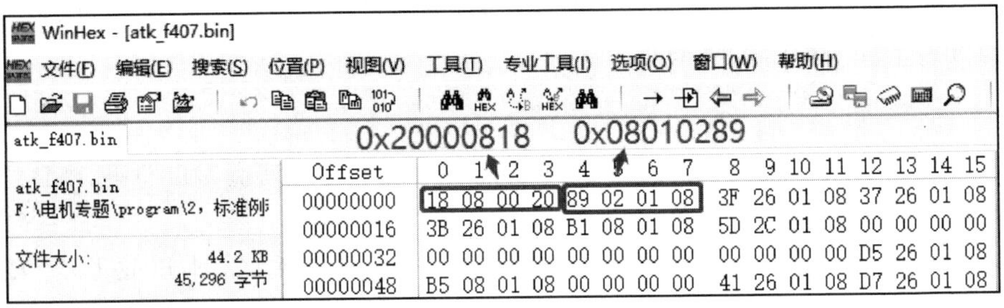

WinHex - [atk_f407.bin]

文件(F) 编辑(E) 搜索(S) 位置(P) 视图(V) 工具(T) 专业工具(I) 选项(O) 窗口(W) 帮助(H)

atk_f407.bin

0x20000818 0x08010289

atk_f407.bin
F:\电机专题\program\2，标准例

文件大小: 44.2 KB 45,296 字节

Offset	0	1	2	3	4	5	6	7	8	9	10	11	12	13	14	15
00000000	18	08	00	20	89	02	01	08	3F	26	01	08	37	26	01	08
00000016	3B	26	01	08	B1	08	01	08	5D	2C	01	08	00	00	00	00
00000032	00	00	00	00	00	00	00	00	00	00	00	00	D5	26	01	08
00000048	B5	08	01	08	00	00	00	00	41	26	01	08	D7	26	01	08

图 19.7 FLASH APP 的 bin 文件

```
void iap_load_app(uint32_t appxaddr)
{
    if ((( * (volatile  uint32_t  * )appxaddr) & 0x2FFE0000) == 0x20000000)
    {/ * 检查栈顶地址是否合法.可以放在内部 SRAM,共 64 KB(0x20000000) * /
        / * 用户代码区第二个字为程序开始地址(复位地址) * /
        jump2app = (iapfun)  *  (volatile uint32_t  * )(appxaddr + 4);
        / * 初始化 APP 堆栈指针(用户代码区的第一个字用于存放栈顶地址) * /
        sys_msr_msp( * (volatile uint32_t  * )appxaddr);
        / * 跳转到 APP * /
        jump2app();
    }
}
```

2. IAP Bootloader 程序

根据流程图的设想,需要用到 LCD、串口、按键和 STM32 内部 FLASH 的操作,所以通过复制 FLASH 模拟 EEPROM 实验来修改,重命名为"串口 IAP 实验",工程内的组重命名为 IAP。

这里需要修改串口接收部分的程序。为了便于测试,这里定义一个大的接收数组 g_usart_rx_buf[USART_REC_LEN],并保证这个数组能接收并缓存一个完整的 bin 文件。程序中定义了这个大小为 120 KB,因为有 SRAM 程序(47 KB),所以把这部分的数组用__attribute__ ((at(0x20001000)))直接放到 SRAM 程序的位置,这样接收完整的 SRAM 程序后直接跳转就可以了。

```
uint8_t g_usart_rx_buf[USART_REC_LEN] __attribute__ ((at(0x20001000)));
```

接收的数据处理方法与之前的串口处理方式类似。把接收标记的处理放在 main.c 中处理,具体如下:

```
int main(void)
{
    uint8_t t;
    uint8_t key;
    uint32_t lastcount = 0;                 / * 上一次串口接收数据值 * /
    uint32_t applenth = 0;                  / * 接收到的 APP 代码长度 * /
    uint8_t clearflag = 0;
    HAL_Init();                             / * 初始化 HAL 库 * /
    sys_stm32_clock_init(336, 8, 2, 7);     / * 设置时钟, 168 MHz * /
```

```
    delay_init(168);                                      /* 延时初始化 */
    usart_init(115200);                                   /* 串口初始化为 115 200 */
    led_init();                                           /* 初始化 LED */
    lcd_init();                                           /* 初始化 LCD */
    key_init();                                           /* 初始化按键 */
    lcd_show_string(30, 50, 200, 16, 16, "STM32", RED);
    lcd_show_string(30, 70, 200, 16, 16, "IAP TEST", RED);
    lcd_show_string(30, 90, 200, 16, 16, "ATOM@ALIENTEK", RED);
    lcd_show_string(30, 110, 200, 16, 16, "KEY2: Copy APP2FLASH!", RED);
    lcd_show_string(30, 130, 200, 16, 16, "KEY1: Run FLASH APP", RED);
    lcd_show_string(30, 150, 200, 16, 16, "KEY0: Run SRAM APP", RED);
    while (1)
    {
        if (g_usart_rx_cnt)
        {
            if (lastcount == g_usart_rx_cnt)
            { /* 新周期内,没有收到任何数据,认为本次数据接收完成 */
                applenth = g_usart_rx_cnt;
                lastcount = 0;
                g_usart_rx_cnt = 0;
                printf("用户程序接收完成!\r\n");
                printf("代码长度: %dBytes\r\n", applenth);
            }
            else lastcount = g_usart_rx_cnt;
        }
        t++;
        delay_ms(100);
        if (t == 3)
        {
            LED0_TOGGLE();
            t = 0;
            if (clearflag)
            {
                clearflag--;
                if (clearflag == 0)
                {
                    lcd_fill(30, 190, 240, 210 + 16, WHITE);    /* 清除显示 */
                }
            }
        }
        key = key_scan(0);
        if (key == WKUP_PRES)           /* WKUP 按下,更新固件到 FLASH */
        {
         if (applenth)
         {
          printf("开始更新固件...\r\n");
          lcd_show_string(30, 190, 200, 16, 16, "Copying APP2FLASH...", BLUE);
          if (((*(volatile uint32_t *)(0x20001000 + 4)) & 0xFF000000) ==
                        0x08000000)   /* 判断是否为 0x08XXXXXX */
              {   /* 更新 FLASH 代码 */
                  iap_write_appbin(FLASH_APP1_ADDR, g_usart_rx_buf, applenth);
                  lcd_show_string(30,190,200,16,16,"Copy APP Successed!!", BLUE);
```

```
                printf("固件更新完成!\r\n");
            }
            else
            {
              lcd_show_string(30,190,200,16,16,"Illegal FLASH APP!  ", BLUE);
                printf("非 FLASH 应用程序!\r\n");
            }
        }
        else
        {
            printf("没有可以更新的固件!\r\n");
            lcd_show_string(30, 190, 200, 16, 16, "No APP!", BLUE);
        }
        clearflag = 7;          /* 标志更新了显示,并且设置 7 * 300 ms 后清除显示 */
    }
    if (key == KEY1_PRES)    /* KEY1 按键按下,运行 FLASH APP 代码 */
    {
        if (((*(volatile uint32_t *)(FLASH_APP1_ADDR + 4)) & 0xFF000000) ==
                0x08000000)           /* 判断 FLASH 里面是否有 APP,有就执行 */
        {
            printf("开始执行 FLASH 用户代码!!\r\n\r\n");
            delay_ms(10);
            iap_load_app(FLASH_APP1_ADDR);/* 执行 FLASH APP 代码 */
        }
        else
        {
            printf("没有可以运行的固件!\r\n");
            lcd_show_string(30, 190, 200, 16, 16, "No APP!", BLUE);
        }
        clearflag = 7; /* 标志更新了显示,并且设置 7 * 300 ms 后清除显示 */
    }
    if (key == KEY0_PRES)    /* KEY0 按下 */
    {
        printf("开始执行 SRAM 用户代码!!\r\n\r\n");
        delay_ms(10);
        if (((*(volatile uint32_t *)(0x20001000 + 4)) & 0xFF000000) ==
                0x20000000)    /* 判断是否为 0x20XXXXXX */
        {
            iap_load_app(0x20001000);    /* SRAM 地址 */
        }
        else
        {
          printf("非 SRAM 应用程序,无法执行!\r\n");
          lcd_show_string(30, 190, 200, 16, 16, "Illegal SRAM APP!", BLUE);
        }
        clearflag = 7; /* 标志更新了显示,并且设置 7 * 300 ms 后清除显示 */
    }
  }
}
```

APP 代码就不介绍了,读者可以参考本例程提供的源代码。注意,在 main 函数起始处重新设置中断向量表(寄存器 SCB→VTOR)的偏移量,否则 APP 无法正常运行。

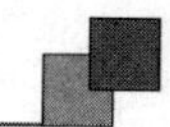

仍以 FLASH APP 为例，这里编译通过后执行了 fromelf. exe 生成 bin 文件，如图 19.8 所示。

图 19.8　多存储段 APP 程序生成 bin 文件

19.4　下载验证

将程序下载到开发板后，可以看到 LCD 首先显示一些实验相关的信息，如图 19.9 所示。

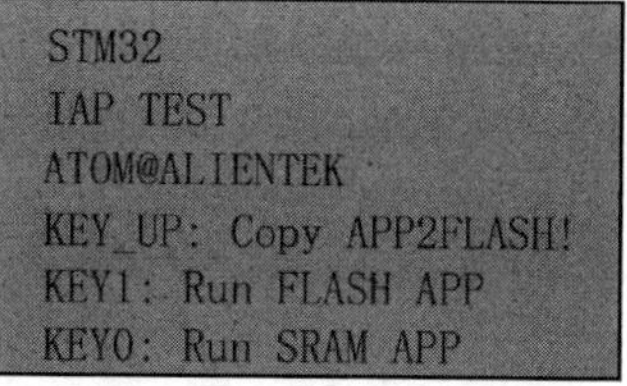

图 19.9　IAP 程序界面

此时，可以通过 XCOM 发送 FLASH APP、SRAM APP 到开发板。以 FLASH APP 为例进行演示，如图 19.10 所示。

首先找到开发板 USB 转串口的串口号，打开串口（笔者的电脑是 COM4），设置波特率为 115 200 并打开串口。然后，单击“打开文件”

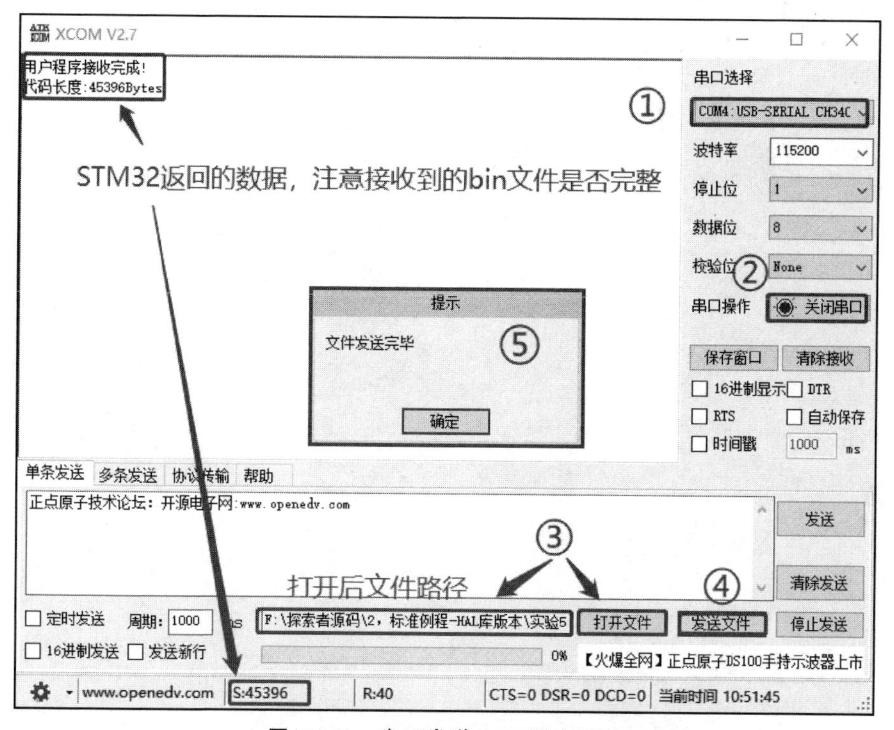

图 19.10　串口发送 APP 程序界面

按钮(图中标号③所示),找到 APP 程序生成的 bin 文件(注意,文件类型须选择所有文件,默认只打开 txt 文件)。最后单击“发送文件”(图中标号④所示),将 bin 文件发送给 STM32 开发板。发送完成后,XCOM 会提示文件发送完毕(图中标号⑤所示)。

开发板收到 APP 程序之后会打印提示信息,可以根据发送的数据与开发板的提示信息确认开发板接收到的 bin 文件是否完整,从而可以通过 KEY1、KEY0 运行这个 APP 程序(如果是 FLASH APP,则需要通过 KEY_UP 将其存入对应 FLASH 区域)。此时根据程序设计,按下 KEY1 即可执行 FLASH APP 程序。更新 SRAM APP 的过程类似,读者自行测试即可。

第 20 章 USB 读卡器实验

STM32F407 系列芯片都自带了 USB OTG FS 和 USB OTG HS(HS 需要外扩高速 PHY 芯片实现,速度可达 480 Mbps),支持 USB Host 和 USB Device。STM32F407 探索者开发板没有外扩高速 PHY 芯片,所以仅支持 USB OTG FS(FS,即全速,12 Mbps),所有 USB 相关例程均使用 USB OTG FS 实现。本章将介绍如何利用 USB OTG FS 在 STM32F407 开发板实现一个 USB 读卡器。

20.1 USB

USB,即通用串行总线(Universal Serial Bus),包括 USB 协议和 USB 硬件两个方面,支持热插拔功能。现在日常生活的很多方面都离不开 USB 的应用,如充电和数据传输等场景。

经过多次修改,1996 年确定了初始规范版本 USB 1.0,目前由非盈利组织 USB-IF (https://www.usb.org)管理。STM32 自带的 USB 符合 USB 2.0 规范,故 2.0 版本仍是本书的重点介绍对象。

20.1.1 USB 简介

USB 本身的知识体系非常复杂,本小节只能作为知识点的引入,想更系统地学习则可以参考《圈圈教你玩 USB》、塞普拉斯提供的《USB 101:通用串行总线 2.0 简介》等文献。下面一起来看 USB 的简单特性。

1. USB 的硬件接口

USB 协议有漫长的发展历程,针对不同的场合和硬件功能而发展出不同的接口:Type-A、Type-B、Type-C,其中,Type-C 规范是跟着 USB 3.1 的规范一起发布的。常见的接口类型如图 20.1 所示。

USB 发展到现在已经有 USB 1.0、1.1、2.0、3.x、4 等多个版本,目前用得最多的就是版本 USB 1.1 和 USB 2.0,USB 3.x、USB 4 也在加速推广。从图 20.1 中可以发现,不同版本的 USB 接口内的引脚数量是有差异的。USB 3.0 以后为了提高速度,采用了更多数量的通信线。比如同样是 Type-A 接口,USB 2.0 版本内部只有 4 根线,采用半双工广播式通信;USB 3.0 版本则将通信线提高到了 9 根,并可以支持全双工非广播式

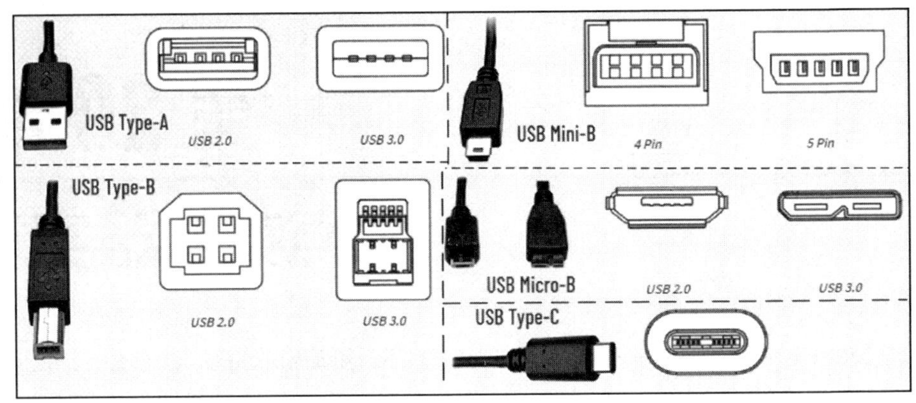

图 20.1 常见的 USB 连接器的形状

的总线,允许两个单向数据管道分别处理一个单向通信。

USB2.0 常使用 4 根线:VCC(5 V)、GND、D+(3.3 V)和 D−(3.3 V)(注:5 线模式多了一个 DI 脚用于支持 OTG 模式,OTG 为 USB 主机+USB 设备双重角色),其中,数据线采用差分电压的方式进行数据传输。在 USB 主机上,D−和 D+都接了 15 kΩ 的电阻到地,所以在没有设备接入的时候,D+、D−均是低电平。而在 USB 设备中,如果是高速设备,则会在 D+接一个 1.5 kΩ 的电阻到 3.3 V;而如果是低速设备,则在 D−接一个 1.5 kΩ 的电阻到 3.3 V。这样当设备接入主机的时候,主机就可以判断是否有设备接入,并能判断设备是高速设备还是低速设备。

关于 USB 硬件还有更多具体的细节规定,硬件设计时需要严格按照 USB 器件的使用描述和 USB 标准所规定的参数来设计。

2. USB 速度

USB 规范已经为 USB 系统定义了以下 4 种速度模式:低速(Low-Speed)、全速(Full-Speed)、高速(Hi-Speed)和超高速(SuperSpeed)。接口的速度上限与设备支持的 USB 协议标准和导线长度、阻抗有关,不同协议版本对硬件的传输线数量、阻抗等要求各不相同,各个版本能达到的理论速度上限对应如图 20.2 所示。

USB 端口和连接器有时会标上颜色,以指示 USB 规格及其支持的功能。这些颜色不是 USB 规范要求的,并且各设备制造商之间不一致。例如,常见的支持 USB3.0 的 U 盘和电脑等设备使用蓝色指示、英特尔使用橙色指示充电端口等。

3. USB 系统

USB 系统主要包括 3 个部分:控制器(Host Controller)、集线器 (Hub) 和 USB 设备。

控制器(Host Controller):主机一般可以有一个或多个控制器,主要负责执行由控制器驱动程序发出的命令。控制器驱动程序在控制器与 USB 设备之间建立通信信道。

集线器(Hub):连接到 USB 主机的根集线器,可用于拓展主机可访问的 USB 设

Standard	Also Known As	Logo	Year Introduced	Connector Types	Max. Data Transfer Speed	Cable Length
USB 1.1	Basic Speed USB		1998	USB-A USB-B	12 Mbps	3 m
USB 2.0	Hi-Speed USB		2000	USB-A USB-B USB Micro A USB Micro B USB Mini A USB Mini B	480 Mbps	5 m
USB 3.2 Gen 1	USB 3.0 USB 3.1 Gen 1 SuperSpeed USB		2008 (USB 3.0) 2013 (USB 3.1)	USB-A USB-B USB Micro B USB-C*	5 Gbps	3 m
USB 3.2 Gen 2	USB 3.1 USB 3.1 Gen 2 SuperSpeed+ SuperSpeed USB 10Gbps		2013 (USB 3.1)	USB-A USB-B USB Micro B USB-C*	10 Gbps	3 m
USB 3.2 Gen 2x2	USB 3.2 SuperSpeed USB 20Gbps		2017 (USB 3.2)	USB-C*	20 Gbps	3 m
Thunderbolt™ 2			2013	Mini DisplayPort	20 Gbps	3 m
Thunderbolt™ 3			2015	USB-C*	20 Gbps (Passive Cable)	2 m
					40 Gbps (Passive Cable)	0.5 m
					40 Gbps (Active Cable)	2 m
USB 4			2019	USB-C*	Up to 40 Gbps	0.8 m
Thunderbolt™ 4			2020	USB-C*	40 Gbps	2 m

图 20.2　USB 协议发展与版本对应的速度

备的数量。

USB 设备(USB Device)：是常用的(如 U 盘、USB 鼠标)受主机控制的设备。

4. USB 通信

USB 针对主机、集线器和设备制定了严格的协议。概括来讲，通过检测、令牌、传输控制、数据传输等多种方式，定义了主机和从机在系统中的不同职能。USB 系统通过“管道”进行通信，有“控制管道”和“数据管道”两种。控制管道是双向的，而每个数据管道则是单向的，这种关系如图 20.3 所示。

USB 通信中的检测和断开总是由主机发起。USB 主机与设备首次连接时会交换信息，这一过程叫 USB 枚举。枚举是设备和主机间进行的信息交换过程，包含用于识别设备的信息。此外，枚举过程中主机需要分配设备地址、读取描述符(作为提供有关设备信息的数据结构)，并分配和加载设备驱动程序，而从机需要提供相应的描述符来使主机知悉如何操作此设备。整个过程需要数秒时间。完成该过程后设备才可以向主机传输数据。数据传输也有规定的 3 种类型，分别是 IN/读取/上行数据传输、OUT/写入/下行数据传输、控制数据传输。

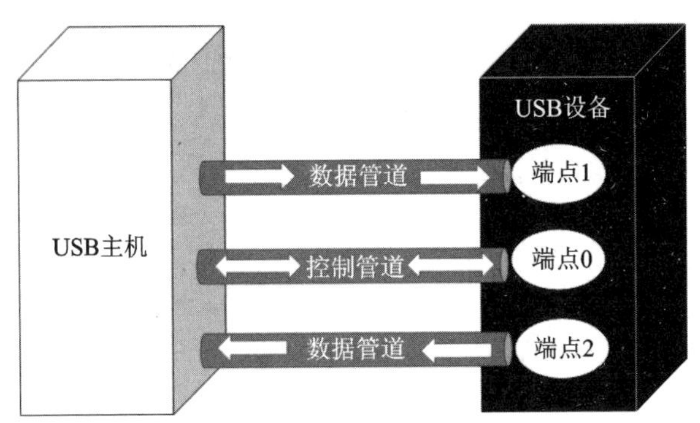

图 20.3　USB 管道模型

USB 通过设备端点寻址，在主机和设备间实现信息交流。枚举发生前有一套专用的端点，用于与设备通信。这些专用的端点统称为控制端点或端点 0，有端点 0 IN 和端点 0 OUT 共两个不同的端点，但对开发者来说，它们的构建和运行方式是一样的。每一个 USB 设备都需要支持端点 0。因此，端点 0 不需要使用独立的描述符。除了端点 0 外，特定设备所支持的端点数量将由各自的设计要求决定。简单的设计（如鼠标）可能仅要一个 IN 端点。复杂的设计可能需要多个数据端点。

USB 规定的 4 种数据传输方式也通过管道进行，分别是控制传输（Control Transfer）、中断传输（Interrupt Transfer）、批量传输或称块传输（Bulk Transfer）、实时传输或称同步传输（Isochronous Transfer ），每种模式规定了各自通信时使用的管道类型。

关于 USB 还有很多更详细的时序和要求，如 USB 描述符、VID/PID 的规定、USB 类设备和调试等，因为 USB2.0 和之后的版本有差异，这里就不再列举了，感兴趣的读者可参考配套资料 A 盘→8，STM32 参考资料→2，STM32 USB 学习资料。

20.1.2　STM32F407 的 USB 特性

STM32F407 系列芯片自带两个 USB OTG，即高速 USB（USB OTG HS）及全速 USB（USB OTG FS）。其中，高速 USB（HS）需要外扩高速 PHY 芯片实现，这里不介绍。

STM32F407 的 USB OTG FS 是一款双角色设备（DRD）控制器，同时支持从机功能和主机功能，完全符合 USB2.0 规范的 On－The－Go 补充标准。此外，该控制器也可配置为仅主机模式或仅从机模式，完全符合 USB2.0 规范。在主机模式下，OTG FS 支持全速（FS，12 Mbps）和低速（LS，1.5 Mbps）收发器，而从机模式下则仅支持全速（FS，12 Mbps）收发器。OTG FS 同时支持 HNP 和 SRP。

STM32F407 的 USB OTG FS 主要特性可分为 3 类：通用特性、主机模式特性和从机模式特性。

1）通用特性

➢ 经 USB－IF 认证，符合通用串行总线规范第 2.0 版；

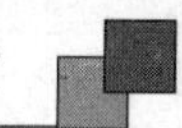

- 集成全速 PHY，且完全支持定义在标准规范 OTG 补充第 1.3 版中的 OTG 协议：
  - 支持 A－B 器件识别(ID 线)；
  - 支持主机协商协议(HNP)和会话请求协议(SRP)；
  - 允许主机关闭 V_{BUS}，从而在 OTG 应用中节省电池电量；
  - 支持通过内部比较器对 V_{BUS} 电平采取监控；
  - 支持主机到从机的角色动态切换；
- 可通过软件配置为以下角色：
  - 具有 SRP 功能的 USB FS 从机(B 器件)；
  - 具有 SRP 功能的 USB FS/LS 主机(A 器件)；
  - USB On－The－Go 全速双角色设备；
- 支持 FS SOF 和 LS Keep－alive 令牌：
  - SOF 脉冲可通过 PAD 输出；
  - SOF 脉冲从内部连接到定时器 2 (TIM2)；
  - 可配置的帧周期；
  - 可配置的帧结束中断；
- 具有省电功能，如在 USB 挂起期间停止系统、关闭数字模块时钟、对 PHY 和 DFIFO 电源加以管理；
- 具有采用高级 FIFO 控制的 1.25 KB 专用 RAM：
  - 可将 RAM 空间划分为不同 FIFO，以便灵活有效地使用 RAM；
  - 每个 FIFO 可存储多个数据包；
  - 动态分配存储区；
  - FIFO 大小可配置为非 2 的幂次方值，以便连续使用存储单元；
- 一帧之内可以无需应用程序干预，以达到最大 USB 带宽。

2) 主机(Host)模式特性

- 通过外部电荷泵生成 V_{BUS} 电压；
- 8 个主机通道(管道)：每个通道都可以动态实现重新配置，可支持任何类型的 USB 传输；
- 内置硬件调度器：
  - 在周期性硬件队列中存储 16 个中断加同步传输请求；
  - 在非周期性硬件队列中存储 16 个控制加批量传输请求；
- 管理一个共享 RX FIFO、一个周期性 TX FIFO 和一个非周期性 TX FIFO，以有效使用 USB 数据 RAM。

3) 从机(Slave/Device)模式特性

- 一个双向控制端点 0；
- 8 个 IN 端点 (EP)，可配置为支持批量传输、中断传输或同步传输；
- 8 个 OUT 端点(EP)，可配置为支持批量传输、中断传输或同步传输；

➢ 管理一个共享 Rx FIFO 和一个 Tx-OUT FIFO,以高效使用 USB 数据 RAM;
➢ 管理 9 个专用 Tx-IN FIFO(分别用于每个使能的 IN EP),降低应用程序负荷,支持软断开功能。

STM32F407 USB OTG FS 框图如图 20.4 所示。

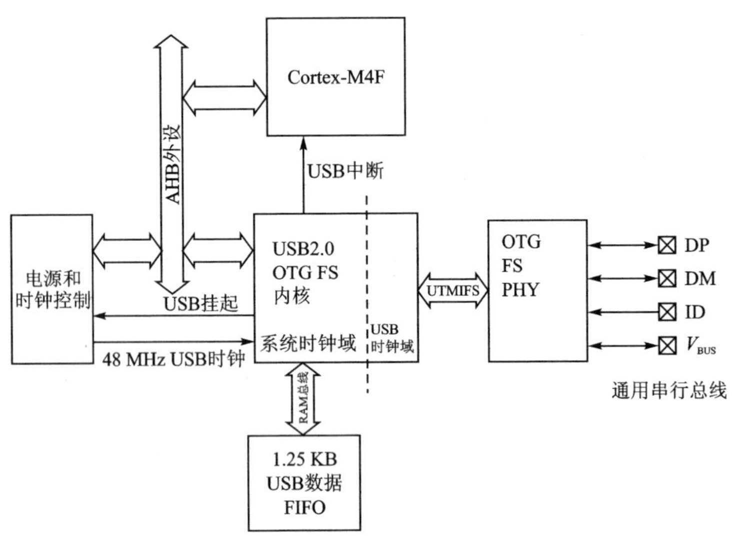

图 20.4 USB OTG FS 框图

对于 USB OTG FS 功能模块,STM32F407 通过 AHB 总线访问(AHB 频率必须大于 14.2 MHz),另外,USB OTG 的内核时钟必须是 48 MHz,是来自时钟树里的 PLL48CK(和 SDIO 共用)。

要正常使用 STM32F407 的 USB,就得编写 USB 驱动,而整个 USB 通信的详细过程很复杂,本书篇幅有限,有兴趣的读者可以参考《圈圈教你玩 USB》。如果要自己编写 USB 驱动,那是一件相当困难的事情,尤其对于从没了解过 USB 的人来说,基本上不花个一两年时间学习是没法搞定的。不过,ST 提供了一个完整的 USB OTG 驱动库(包括主机和设备),通过这个库就可以很方便地实现想要的功能,而不需要详细了解 USB 的整个驱动,大大缩短了开发时间。

STM32F4 的 USB 例程全部以 HAL 库的形式提供,为了简化开发设计,这里直接使用 ST 提供的 HAL 库版本 USB 驱动库来设计相关例程。

ST 提供的 F4 USB OTG 库和相关参考例程在 en.stm32cubef4_v1-26-0_v1.26.0.zip 里面可以找到,该文件可以在 www.st.com 网站搜索 cubef4 找到,也可以到配套资料的 8,STM32 参考资料→1,STM32CubeF4 固件包→en.stm32cubef4_v1-26-0_v1.26.0.zip 查看。解压可以得到 STM32F4 的 Cube 固件支持包:STM32Cube_FW_F4_V1.26.0,该文件夹里面包含了 F4 的 USB 主机(Host)和从机(Device)驱动库,如图 20.5 所示;并提供了 17 个例程供读者参考,如图 20.6 所示。其中,标号 1 是 F4 USB 从机驱动库,标号 2 是 F4 USB 主机驱动库,标号 3 是 F4 USB 从机例程(共 7 个),标号 4 是 F4 USB 主机例程(共 10 个)。

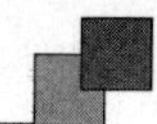

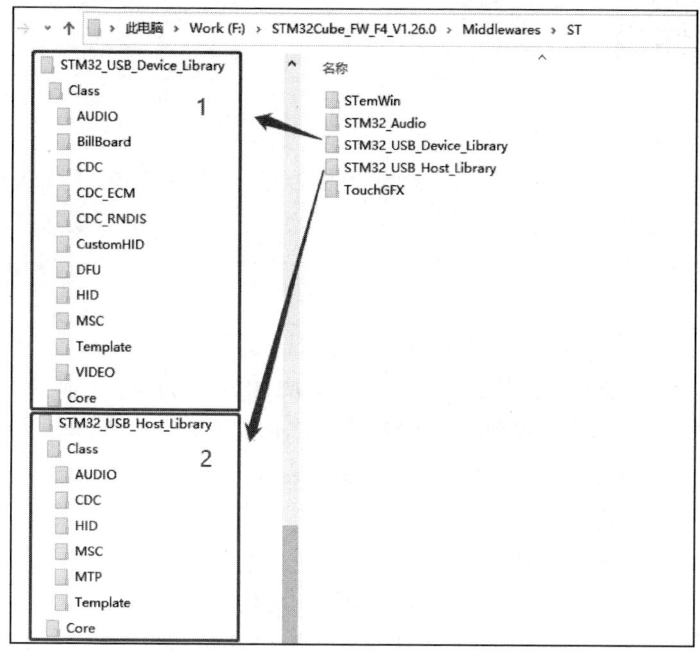

图 20.5　ST 提供的 USB OTG 库

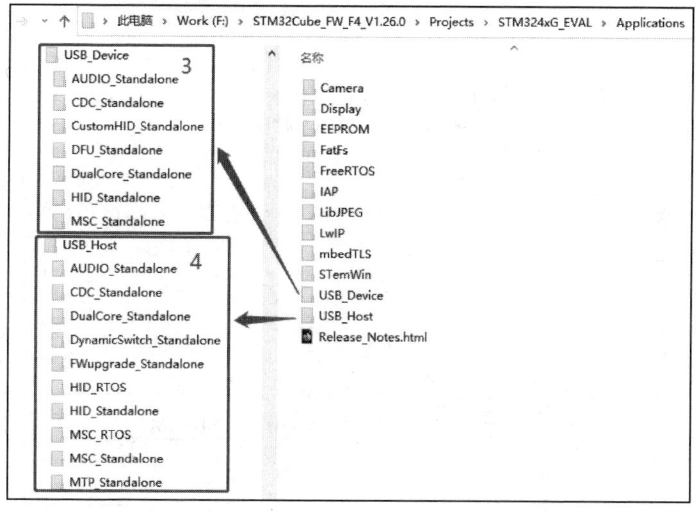

图 20.6　ST 提供的 USB OTG 例程

整个 USB OTG 库的使用和例程说明可以参考 ST 官方提供的 UM1734(从机)和 UM1720(主机)这两个文档(在配套资料的 8,STM32 参考资料→2,STM32 USB 学习资料 文件夹),其中详细介绍了 USB OTG 库的各个组成部分以及所提供的例程使用方法。

这 17 个例程虽然都基于官方 STM324xG_EVAL 板,但是很容易移植到探索者开发板上。本实验移植 STM32Cube_FW_F4_V1.26.0\Projects\STM324xG_EVAL\Applications\USB_Device\MSC_Standalone 例程,以实现 USB 读卡器功能。

20.2 硬件设计

(1) 例程功能

开机的时候先检测 SD 卡、SPI FLASH 是否存在,如果存在,则获取其容量,并显示在 LCD 上面(如果不存在,则报错)。之后开始 USB 配置,配置成功之后就可以在电脑上发现一个可移动磁盘。LED0 闪烁提示程序运行。USB 文件期间 LED1 闪烁。

(2) 硬件资源

- LED 灯:LED0 - PF9、LED1 - PF10;
- 串口 1(PA9、PA10 连接在板载 USB 转串口芯片 CH340 上面);
- 正点原子 TFTLCD 模块(仅限 MCU 屏,16 位 8080 并口驱动);
- USB_SLAVE 接口(D-及 D+连接在 PA11 及 PA12 上);
- 外部 SRAM 芯片,通过 FSMC 驱动;
- microSD 卡(通过 SDIO 连接);
- NOR FLASH(本例程使用的是 25Q128,连接在 SPI1)。

(3) 原理图

这里主要介绍 USB SLAVE 原理图。开发板采用的是 16PIN 的 Type - C 接口,用来和电脑的 USB 相连接。Type - C 接口与 STM32 的连接电路图如图 20.7 所示。

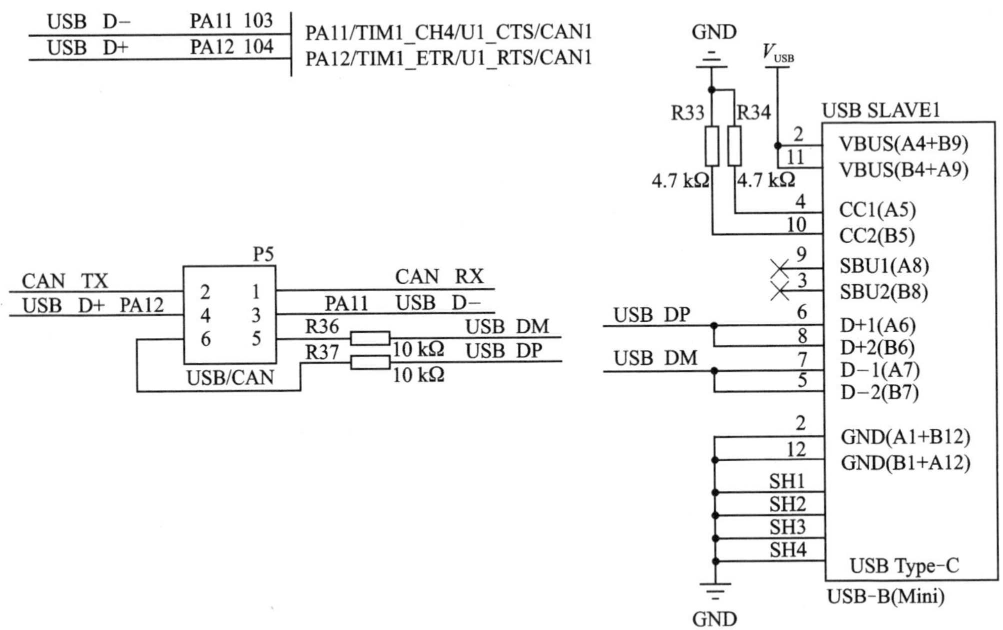

图 20.7 Type - C 接口与 STM32 的连接电路图

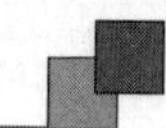

可以看出，USB Type－C 座通过跳线帽连接到 STM32F407 上面，所以硬件上需要通过跳线帽连接 PA11、D－以及 PA12、D＋，如图 20.8 所示。

注意，这个 Type－C 座和 USB 母座(USB_HOST)共用 D＋和 D－，所以它们不能同时使用。本实验测试时，USB_HOST 不能插入任何 USB 设备。

图 20.8　USB SLAVE 跳线接口

20.3　程序设计

20.3.1　程序流程图

程序流程如图 20.9 所示。

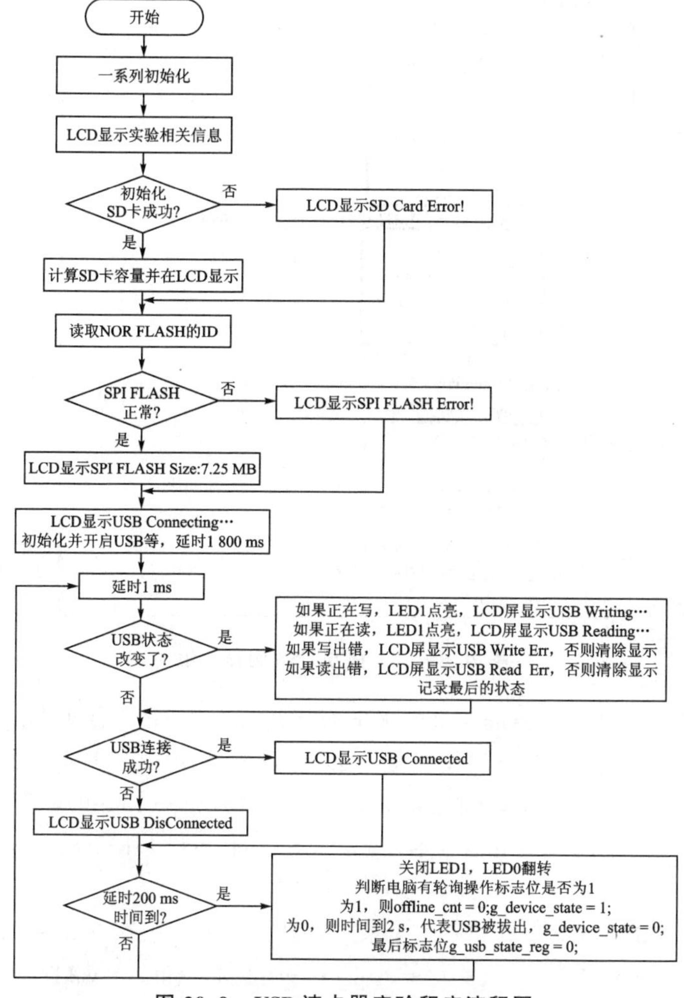

图 20.9　USB 读卡器实验程序流程图

20.3.2 程序解析

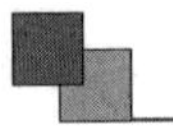

这里只讲解核心代码,详细的源码可参考配套资料中本实验对应源码。

本实验在 SD 卡实验的基础上修改,USB 的代码从 ST 官方例程移植过来:STM32Cube_FW_F4_V1.26.0\Projects\STM324xG_EVAL\Applications\USB_Device\MSC_Standalone。该目录下提供了 3 种开发环境的工程:IAR、MDK 和 SW4STM32,这里使用的是 MDK。打开 MDK 工程就可以知道和 USB 相关的代码有哪些,如图 20.10 所示。有了这个官方例程做指引,我们就知道具体需要哪些文件,从而实现本章例程。

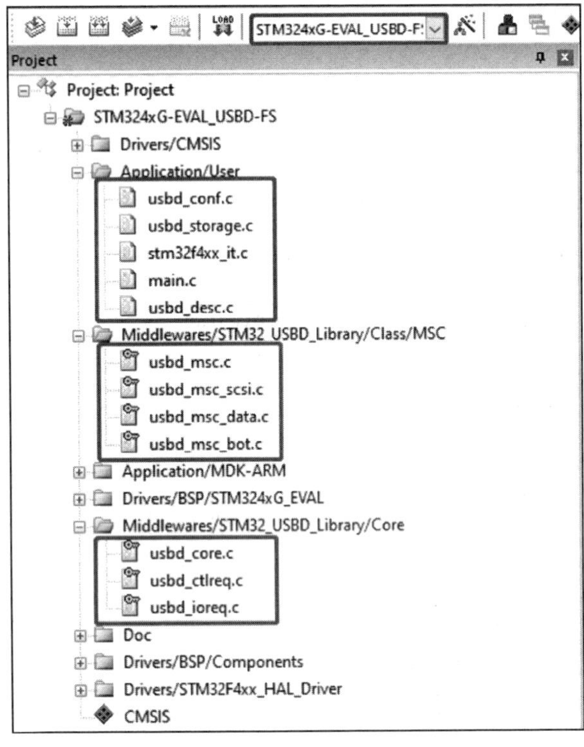

图 20.10 ST 官方 USB 例程分组

首先,在工程的 Middlewares 文件夹下面新建一个 USB 文件夹,并复制官方 USB 驱动库相关代码到该文件夹下,即复制配套资料中的 8,STM32 参考资料→1,STM32CubeF4 固件包→STM32Cube_FW_F4_V1.26.0→Middlewares→ST 文件夹下的 STM32_USB_Device_Library、STM32_USB_HOST_Library 这两个文件夹及源码到该文件夹下面。

然后,在 USB 文件夹下新建一个 USB_APP 文件夹用于存放 MSC 实现相关代码,即 STM32Cube_FW_F4_V1.26.0→Projects→STM324xG_EVAL→Applications→USB_Device→MSC_Standalone→Src 下的 usbd_conf.c、usbd_storage.c 和 usbd_desc.

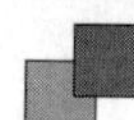

c 这 3 个. c 文件，同时复制 STM32Cube_FW_F4_V1. 26. 0→Projects→STM324xG_EVAL→Applications→USB_Device→MSC_Standalone→Inc 下面的 usbd_conf. h、usbd_storage. h 和 usbd_desc. h 这 3 个文件到 USB_APP 文件夹下。最后，USB_APP 文件夹下的文件如图 20.11 所示。

之后，根据 ST 官方 MSC 例程，在本章例程的基础上新建分组添加相关代码，具体细节可参考例程，这里就不详细介绍了。添加好之后如图 20.12 所示。

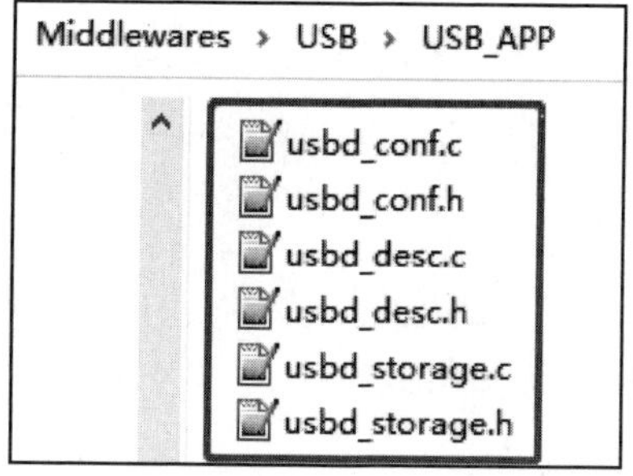

图 20.11　USB_APP 文件夹

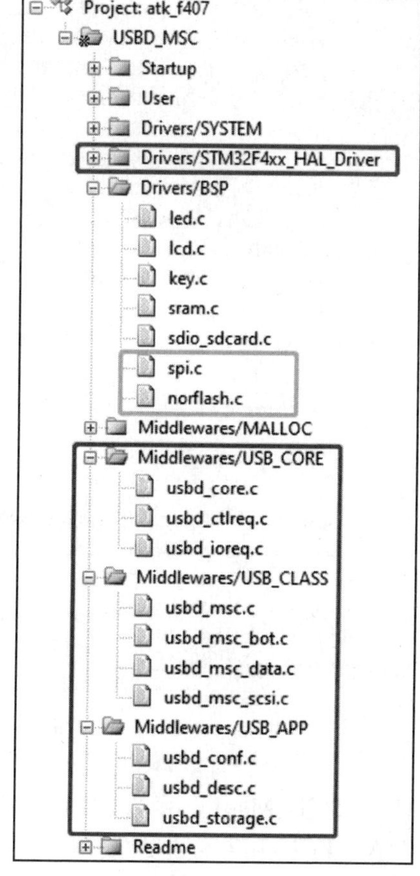

图 20.12　添加 USB、SPI FLASH 等相关文件到工程分组

1. USB 驱动代码

这里只讲解核心代码，详细的源码可参考配套资料中本实验对应源码。接下来看看 USB_APP 里面的几个. c 文件。

usbd_conf. c 提供了 USB 设备库(从机库，下同)的回调及 MSP 初始化函数。当 USB 状态机处理完不同事务的时候，则调用这些回调函数；通过这些回调函数就可以知道 USB 当前状态，比如是否枚举成功了、是否连接上了、是否断开了等，根据这些状态用户应用程序可以执行不同操作完成特定功能。usbd_conf.c 重点介绍 3 个函数，首先是 HAL_PCD_MspInit 和 OTG_FS_IRQHandler 函数，它们的定义如下：

```
void HAL_PCD_MspInit(PCD_HandleTypeDef * hpcd)
{
    GPIO_InitTypeDef gpio_init_struct = {0};
    if (hpcd->Instance == USB_OTG_FS)
    {
        __HAL_RCC_USB_OTG_FS_CLK_ENABLE();                      /* 使能 OTG FS 时钟 */
        __HAL_RCC_GPIOA_CLK_ENABLE();                           /* 使能 GPIOA 时钟 */
        gpio_init_struct.Pin = GPIO_PIN_11 | GPIO_PIN_12;       /* 初始化 GPIO 口 */
        gpio_init_struct.Mode = GPIO_MODE_AF_PP;                /* 复用 */
        gpio_init_struct.Pull = GPIO_NOPULL;                    /* 浮空 */
        gpio_init_struct.Speed = GPIO_SPEED_FREQ_VERY_HIGH;     /* 高速 */
        gpio_init_struct.Alternate = GPIO_AF10_OTG_FS;          /* 复用为 OTG1_FS */
        HAL_GPIO_Init(GPIOA, &gpio_init_struct);        /* 初始化 PA11 和 PA12 引脚 */
        /* 优先级设置为抢占 1,子优先级 0 */
        HAL_NVIC_SetPriority(OTG_FS_IRQn, 0, 3);
        HAL_NVIC_EnableIRQ(OTG_FS_IRQn);                        /* 使能 OTG FS 中断 */
    }
    else if (hpcd->Instance == USB_OTG_HS)
    {
        /* USB OTG HS 本例程没用到,故不做处理 */
    }
}
/**
 * @brief       USB OTG 中断服务函数
 * @note        处理所有 USB 中断
 * @param       无
 * @retval      无
 */
void OTG_FS_IRQHandler(void)
{
    HAL_PCD_IRQHandler(&g_pcd_usb_otg_fs);
}
```

HAL_PCD_MspInit 函数，用于使能 USB 时钟、初始化 I/O 口、设置中断等。该函数在 HAL_PCD_Init 函数里面被调用。

OTG_FS_IRQHandler 函数，是 USB 的中断服务函数，通过调用 HAL_PCD_IRQHandler 函数实现对 USB 各种事务的处理。

USBD 底层初始化函数定义如下：

```
USBD_StatusTypeDef USBD_LL_Init(USBD_HandleTypeDef * pdev)
{
#ifdef USE_USB_FS       /* 针对 USB FS,执行 FS 的初始化 */
    /* 设置 LL 驱动相关参数 */
    g_hpcd.Instance = USB_OTG_FS;                   /* 使用 USB OTG */
    g_hpcd.Init.dev_endpoints = 4;                  /* 端点数为 4 */
    g_hpcd.Init.use_dedicated_ep1 = 0;              /* 禁止 EP1 dedicated 中断 */
    g_hpcd.Init.dma_enable = 0;                     /* 不使能 DMA */
```

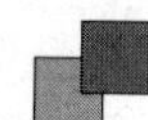

```
    g_hpcd.Init.low_power_enable = 0;                /* 不使能低功耗模式 */
    g_hpcd.Init.phy_itface = PCD_PHY_EMBEDDED;       /* 使用内部 PHY */
    g_hpcd.Init.Sof_enable = 0;                      /* 使能 SOF 中断 */
    g_hpcd.Init.speed = PCD_SPEED_FULL;              /* USB 全速(12 Mbps) */
    g_hpcd.Init.vbus_sensing_enable = 0;             /* 不使能 VBUS 检测 */
    g_hpcd.pData = pdev;                             /* g_hpcd 的 pData 指向 pdev */
    pdev->pData = &g_hpcd;                           /* pdev 的 pData 指向 g_hpcd */
    HAL_PCD_Init(&g_hpcd);                           /* 初始化 LL 驱动 */
    HAL_PCDEx_SetRxFiFo(&g_hpcd, 0x80);   /* 设置接收 FIFO 大小为 0X80(128 字节) */
    HAL_PCDEx_SetTxFiFo(&g_hpcd, 0, 0x40);/* 设置发送 FIFO 0 的大小为 0X40(64 字节) */
    HAL_PCDEx_SetTxFiFo(&g_hpcd, 1, 0x80);/* 设置发送 FIFO 1 的大小为 0X80(128 字节) */
#endif
#ifdef USE_USB_HS     /* 针对 USB HS,执行 HS 的初始化 */
    /* 未实现 */
#endif
    return USBD_OK;
}
```

USBD_LL_Init 函数,用于初始化 USB 底层设置。因为这里定义的是 USE_USB_FS,因此会设置 USB OTG 使用 USB_OTG_FS,然后完成各种设置,比如使用内部 PHY、使用全速模式、不使能 VBUS 检测等。该函数在 USBD_Init 函数里面被调用。

usbd_desc.c 提供了 USB 设备类的描述符,直接决定了 USB 设备的类型、端点、接口、字符串、制造商等重要信息。这个里面的内容一般不用修改,直接用官方的内容即可。注意,usbd_desc.c 里面的 usbd 即 device 类,同样 usbh 即 host 类,所以通过文件名就可以很容易区分该文件是用在 device 还是 host,而只有 usb 字样的是 device 和 host 可以共用的。

usbd_storage.c 提供一些磁盘操作函数,包括支持的磁盘个数以及每个磁盘的初始化、读/写等函数。本章设置了一个磁盘:SPI FLASH。usb_storage.c 重点介绍 3 个函数,首先是初始化存储设备函数,其定义如下:

```
int8_t STORAGE_Init(uint8_t lun)
{
    uint8_t res;
    switch(lun)
    {
        case 0:          /* SPI FLASH */
            norflash_init();
            res = USBD_OK;
            break;
        case 1:             /* SD 卡 */
            norflash_init();
            res = USBD_OK;
            break;
        default:
            res = USBD_FAIL;
    }
    return res;
}
```

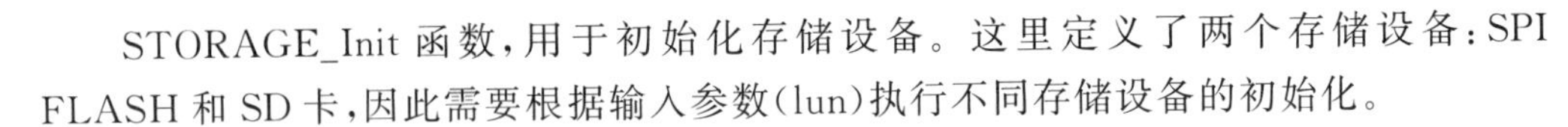

STORAGE_Init 函数，用于初始化存储设备。这里定义了两个存储设备：SPI FLASH 和 SD 卡，因此需要根据输入参数(lun)执行不同存储设备的初始化。

下面要介绍的是从存储设备读取数据函数，其定义如下：

```
int8_t STORAGE_Read(uint8_t lun, uint8_t * buf, uint32_t blk_addr,
                    uint16_t blk_len)
{
    int8_t res = 0;
    g_usb_state_reg |= 0X02;      /* 标记正在读数据 */
    switch (lun)
    {
        case 0:     /* SPI FLASH */
            norflash_read(buf, USB_STORAGE_FLASH_BASE + blk_addr * 512,
                          blk_len * 512);
            break;
        case 1:     /* SD 卡 */
            res = sd_read_disk(buf, blk_addr, blk_len);
            break;
    }
    if (res)
    {
        printf("rerr: %d, %d", lun, res);
        g_usb_state_reg |= 0X08;      /* 读错误! */
    }
    return res;
}
```

STORAGE_Read 函数，用于从存储设备读取数据，同样是根据存储设备(lun)的不同调用不同的读取函数完成数据读取。

下面要介绍的是向存储设备写数据函数，其定义如下：

```
int8_t STORAGE_Write(uint8_t lun, uint8_t * buf, uint32_t blk_addr,
                     uint16_t blk_len)
{
    int8_t res = 0;
    g_usb_state_reg |= 0X01;      /* 标记正在写数据 */
    switch (lun)
    {
        case 0:     /* SPI FLASH */
            norflash_write(buf , USB_STORAGE_FLASH_BASE + blk_addr * 512,
                           blk_len * 512);
            break;
        case 1:     /* SD 卡 */
            res = sd_write_disk(buf, blk_addr, blk_len);
            break;
    }
    if (res)
    {
        g_usb_state_reg |= 0X04;      /* 写错误! */
        printf("werr: %d, %d", lun, res);
    }
```

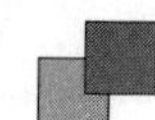

```
    return res;
}
```

STORAGE_Write 函数,用于往存储设备写入数据,也是根据存储设备(lun)的不同调用不同的写入函数完成数据写入。

以上 3 个.c 文件和对应.h 文件的详细代码和修改方法可参考配套资料中本例程源码。下面介绍几个重点地方。

① 要使用 USB OTG FS,则必须在 MDK 编译器的全局宏定义里面添加宏定义 USE_USB_FS,如图 20.13 所示。

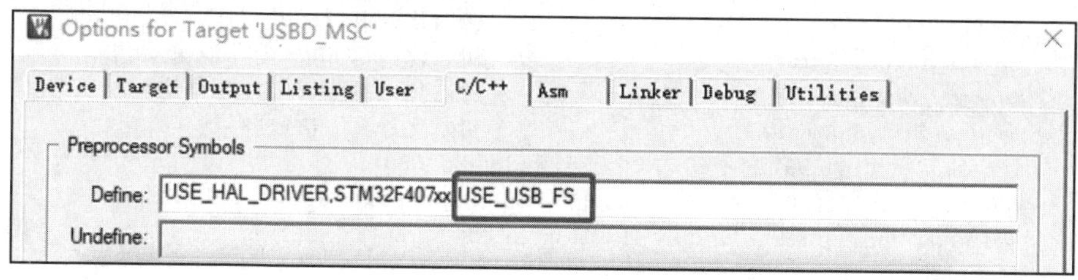

图 20.13 定义全局宏 USE_USB_FS

② 通过修改 usbd_conf.h 里面的 MSC_MEDIA_PACKET 定义值,可以一定程度上提高 USB 读/写速度(越大越快),本例程设置 32×1 024,也就是 32 KB 大小。另外,通过修改 STORAGE_LUN_NBR 宏定义的值为 2,可以支持两个磁盘,探索者 STM32F407 开发板支持两个磁盘。

③ 官方例程在两个或以上磁盘支持的时候存在 bug,需要修改 usbd_msc.h 里面 USBD_MSC_BOT_HandleTypeDef 结构体的 scsi_blk_nbr 参数,将其改为数组形式"uint32_t scsi_blk_nbr[STORAGE_LUN_NBR];"。数组大小由 STORAGE_LUN_NBR 指定,本实验定义的是 2,因此可以支持最多两个磁盘,修改 STORAGE_LUN_NBR 的大小即可修改支持的最大磁盘个数。修改该参数后需要修改一些相应函数,详见本例程源码。

④ 修改 usbd_msc_bot.c 里面的 MSC_BOT_CBW_Decode 函数,将 hmsc→1 改为 hmsc→cbw.bLUN→STORAGE_LUN_NBR,以支持多个磁盘。

以上 4 点就是移植的时候需要特别注意的,其他就不详细介绍了(USB 相关源码解释可参考"UM1734(STM32Cube USB device library).pdf"文档)。

2. main.c 代码

main.c 的程序如下:

```
USBD_HandleTypeDef USBD_Device;                 /* USB Device 处理结构体 */
extern volatile uint8_t g_usb_state_reg;        /* USB 状态 */
extern volatile uint8_t g_device_state;         /* USB 连接情况 */
int main(void)
{
    uint8_t offline_cnt = 0;
```

```
uint8_t tct = 0;
uint8_t usb_sta;
uint8_t device_sta;
uint16_t id;
HAL_Init();                              /* 初始化 HAL 库 */
sys_stm32_clock_init(336, 8, 2, 7);      /* 设置时钟,168 MHz */
delay_init(168);                         /* 延时初始化 */
usart_init(115200);                      /* 串口初始化为 115 200 */
led_init();                              /* 初始化 LED */
lcd_init();                              /* 初始化 LCD */
key_init();                              /* 初始化按键 */
norflash_init();                         /* 初始化 NOR FLASH */
my_mem_init(SRAMIN);                     /* 初始化内部 SRAM 内存池 */
my_mem_init(SRAMCCM);                    /* 初始化内部 SRAMCCM 内存池 */
my_mem_init(SRAMEXN);                    /* 初始化外部 SRAM 内存池 */
lcd_show_string(30, 50, 200, 16, 16, "STM32", RED);
lcd_show_string(30, 70, 200, 16, 16, "USB Card Reader TEST", RED);
lcd_show_string(30, 90, 200, 16, 16, "ATOM@ALIENTEK", RED);
if (sd_init())          /* 初始化 SD 卡 */
{   /* 检测 SD 卡错误 */
    lcd_show_string(30, 130, 200, 16, 16, "SD Card Error!", RED);
}
else                    /* SD 卡正常 */
{
    /* 计算 SD 卡容量 */
    lcd_show_string(30, 130, 200, 16, 16, "SD Card Size:      MB", RED);
    card_capacity = (uint64_t)(g_sd_card_info_handle.LogBlockNbr) *
                    (uint64_t)(g_sd_card_info_handle.LogBlockSize);
    lcd_show_num(134, 130, card_capacity >> 20, 5, 16, RED);/* 显示 SD 卡容量 */
}
id = norflash_read_id();

if ((id == 0) || (id == 0xFFFF))
{
    /* 检测 NorFlash 错误 */
    lcd_show_string(30, 130, 200, 16, 16, "NorFlash Error!", RED);
}
else    /* SPI FLASH 正常 */
{
    lcd_show_string(30, 150, 200, 16, 16, "SPI FLASH Size:12MB", RED);
}
/* 提示正在建立连接 */
lcd_show_string(30, 190, 200, 16, 16, "USB Connecting...", RED);
USBD_Init(&USBD_Device, &FS_Desc, DEVICE_FS);     /* 初始化 USB */
USBD_RegisterClass(&USBD_Device, &USBD_MSC);      /* 添加类 */
/* 为 MSC 类添加回调函数 */
USBD_MSC_RegisterStorage(&USBD_Device, &USBD_Storage_Interface_fops_FS);
USBD_Start(&USBD_Device);    /* 开启 USB */
delay_ms(1800);
while (1)
{
```

```
        delay_ms(1);
        if (usb_sta != g_usb_state_reg)         /* 状态改变了 */
        {
            lcd_fill(30, 210, 240, 210 + 16, WHITE);    /* 清除显示 */
            if (g_usb_state_reg & 0x01)         /* 正在写 */
            {
                LED1(0);
                /* 提示 USB 正在写入数据 */
                lcd_show_string(30, 210, 200, 16, 16, "USB Writing...", RED);
            }
            if (g_usb_state_reg & 0x02)     /* 正在读 */
            {
                LED1(0);
                /* 提示 USB 正在读出数据 */
                lcd_show_string(30, 210, 200, 16, 16, "USB Reading...", RED);
            }
            if (g_usb_state_reg & 0x04)
            {
                /* 提示写入错误 */
                lcd_show_string(30, 230, 200, 16, 16, "USB Write Err ", RED);
            }
            else
            {
                lcd_fill(30, 230, 240, 230 + 16, WHITE);    /* 清除显示 */
            }
            if (g_usb_state_reg & 0x08)
            {
                /* 提示读出错误 */
                lcd_show_string(30, 250, 200, 16, 16, "USB Read  Err ", RED);
            }
            else
            {
                lcd_fill(30, 250, 240, 250 + 16, WHITE);    /* 清除显示 */
            }
            usb_sta = g_usb_state_reg;                      /* 记录最后的状态 */
        }
        if (device_sta != g_device_state)
        {
            if (g_device_state == 1)
            {
                /* 提示 USB 连接已经建立 */
                lcd_show_string(30, 190, 200, 16, 16, "USB Connected    ", RED);
            }
            else
            {
                /* 提示 USB 被拔出了 */
                lcd_show_string(30, 190, 200, 16, 16, "USB DisConnected ", RED);
            }

            device_sta = g_device_state;
        }
```

```
        tct ++ ;
        if (tct == 200)
        {
            tct = 0;
            LED1(1);                              /* 关闭 LED1 */
            LED0_TOGGLE();                        /* LED0 闪烁 */
            if (g_usb_state_reg & 0x10)
            {
                offline_cnt = 0;                  /* USB 连接了,则清除 offline 计数器 */
                g_device_state = 1;
            }
            else      /* 没有得到轮询 */
            {
                offline_cnt ++ ;
                if (offline_cnt > 10)
                {
                    g_device_state = 0; /* 2 s 内没收到在线标记,代表 USB 被拔出了 */
                }
            }
            g_usb_state_reg = 0;
        }
    }
}
```

其中,USBD_HandleTypeDef 是一个用于处理 USB 设备类通信处理的结构体类型,包含了 USB 设备类通信的各种变量、结构体参数、传输状态和端点信息等。凡是 USB 设备类通信,都必须定义一个这样的结构体,这里定义成 USBD_Device。

使用 ST 官方提供的 USB 库以后,整个 USB 初始化就变得比较简单了:

① 调用 USBD_Init 函数,初始化 USB 从机内核;

② 调用 USBD_RegisterClass 函数,链接 MSC 设备类驱动程序到设备内核;

③ 调用 USBD_MSC_RegisterStorage 函数,为 MSC 设备类驱动添加回调函数;

④ 调用 USBD_Start 函数,启动 USB 通信。

这样 USB 就启动了,所有 USB 事务都通过 USB 中断触发,并由 USB 驱动库自动处理。USB 中断服务函数在 usbd_conf.c 里面:

```
void OTG_FS_IRQHandler(void)
{
    HAL_PCD_IRQHandler(&g_pcd_usb_otg_fs);
}
```

该函数调用 HAL_PCD_IRQHandler 函数来处理各种 USB 中断请求。因此,main 函数里面的处理过程就非常简单,通过两个全局状态变量(g_usb_state_reg 和 g_device_state)来判断 USB 状态,并在 LCD 上面显示相关提示信息。

g_usb_state_reg 在 usbd_storage.c 里面定义一个全局变量,不同的位表示不同状态,用来指示当前 USB 的读/写等操作状态。

g_device_state 是在 usbd_conf.c 里面定义一个全局变量,0 表示 USB 还没有连接,1 表示 USB 已经连接。

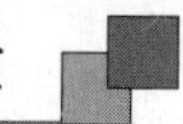

20.4　下载验证

将程序下载到开发板，USB 配置成功后（假设已经插入 SD 卡，注意，USB 数据线要插在 USB_OTG 口，而不是 USB_UART 端口）的界面如图 20.14 所示。

此时，电脑提示发现新硬件，并开始自动安装驱动，如图 20.15 所示。

图 20.14　USB 连接成功显示界面

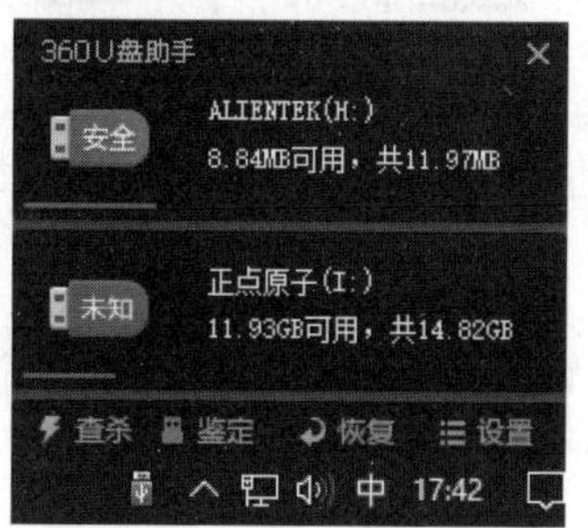

图 20.15　USB 读卡器被电脑找到

USB 配置成功后，LED1 熄灭，LED0 闪烁，在电脑上可以看到磁盘，如图 20.16 所示。

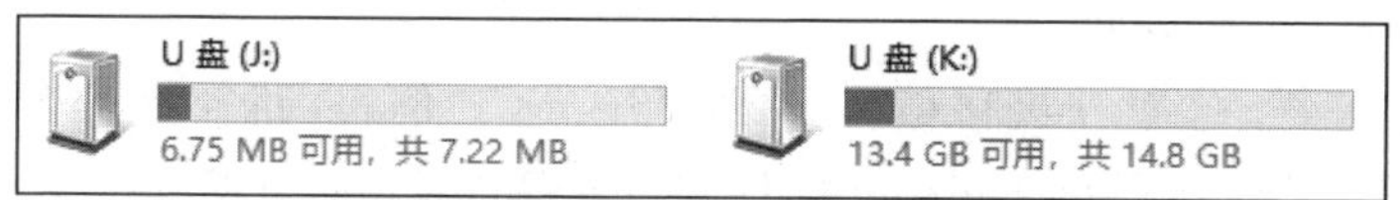

图 20.16　电脑找到 USB 读卡器的盘符

打开设备管理器，可以发现在通用串行总线控制器里面多出了一个 USB 大容量存储设备，同时磁盘驱动器里面多了一个磁盘，如图 20.17 所示。

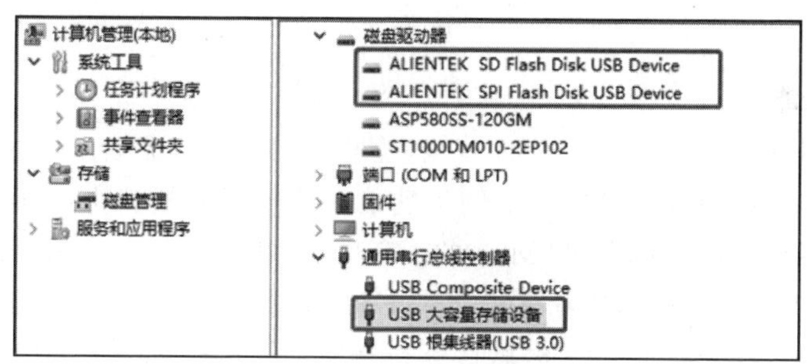

图 20.17　通过设备管理器查看磁盘驱动器

此时就可以通过电脑读/写 SPI FLASH 里面的内容了。在执行读/写操作的时候就可以看到 LED1 亮，并且会在液晶屏上显示当前的读/写状态。

注意，在对 SPI FLASH 操作的时候，最好不要频繁写数据，否则很容易将 SPI FLASH 写爆。

第 21 章

USB 虚拟串口(Slave)实验

本章将介绍如何利用 USB 在开发板实现一个 USB 虚拟串口,并通过 USB 与电脑交互。

21.1 USB 虚拟串口简介

USB 虚拟串口,简称 VCP,是 Virtual COM Port 的简写,是利用 USB 的 CDC 类来实现的一种通信接口。

可以利用 STM32 自带的 USB 功能来实现一个 USB 虚拟串口,从而通过 USB 实现电脑与 STM32 的数据互传。上位机无须编写专门的 USB 程序,只需要一个串口调试助手即可调试,非常实用。

同上一章一样,这里直接移植官方的 USB VCP 例程,路径为配套资料中的 8,STM32 参考资料→1,STM32CubeF4 固件包→STM32Cube_FW_F4_V1.26.0→Projects→STM324xG_EVAL→Applications→USB_Device→CDC_Standalone。该例程采用 USB CDC 类来实现,利用 STM32 的 USB 接口实现一个 USB 转串口的功能。

21.2 硬件设计

(1) 例程功能

本实验利用 STM32 自带的 USB 功能,连接电脑 USB,虚拟出一个 USB 串口,从而实现电脑和开发板的数据通信。本例程功能完全与配套资料中的实验 5(串口通信实验)相同,只不过串口变成了 STM32 的 USB 虚拟串口。当 USB 连接电脑(USB 线插入 USB_SLAVE 接口)时,开发板将通过 USB 和电脑建立连接,并虚拟出一个串口(注意,需要先安装配套资料中的 6,软件资料→1,软件→STM32 USB 虚拟串口驱动→VCP_V1.5.0_Setup.exe 这个驱动软件,虚拟串口驱动还可以在论坛上下载,链接是 http://www.openedv.com/thread-284178-1-1.html)。

LED0 闪烁,提示程序运行。USB 和电脑连接成功后,LED1 常亮。

(2) 硬件资源

- LED 灯:LED0 - PF9、LED1 - PF10;
- 串口 1(PA9、PA10 连接在板载 USB 转串口芯片 CH340 上面);

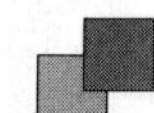

- 正点原子 TFTLCD 模块(仅限 MCU 屏,16 位 8080 并口驱动);
- USB_SLAVE 接口(D−、D+连接在 PA11、PA12 上);
- 外部 SRAM 芯片,通过 FSMC 驱动。

21.3　程序设计

21.3.1　程序流程图

程序流程如图 21.1 所示。

开始
一系列初始化
LCD显示实验相关信息
LCD显示USB Connecting…
初始化并开启USB等
USB状态改变了?
是
USB连接成功：LCD显示USB Connected，LED1点亮
USB连接失败：LCD显示USB disConnected，LED1熄灭
否
接收完成标志为1?
是
得到此次接收到的数据长度
串口打印“您发送的消息长度为:”
通过USB发送数据缓冲区的数据
通过usb_printf函数输出\r\n\r\n
接收状态标记清0
否
50 s时间到了?
是
通过usb_printf函数打印：
“\r\nSTM32开发板USB虚拟串口实验\r\n
正点原子@ALIENTEK\r\n\r\n”
否
2 s时间到了?
是
通过usb_printf函数打印：
“请输入数据,以回车键结束\r\n”
否
300 ms时间到了?
是
LED0翻转
否
延时10 ms

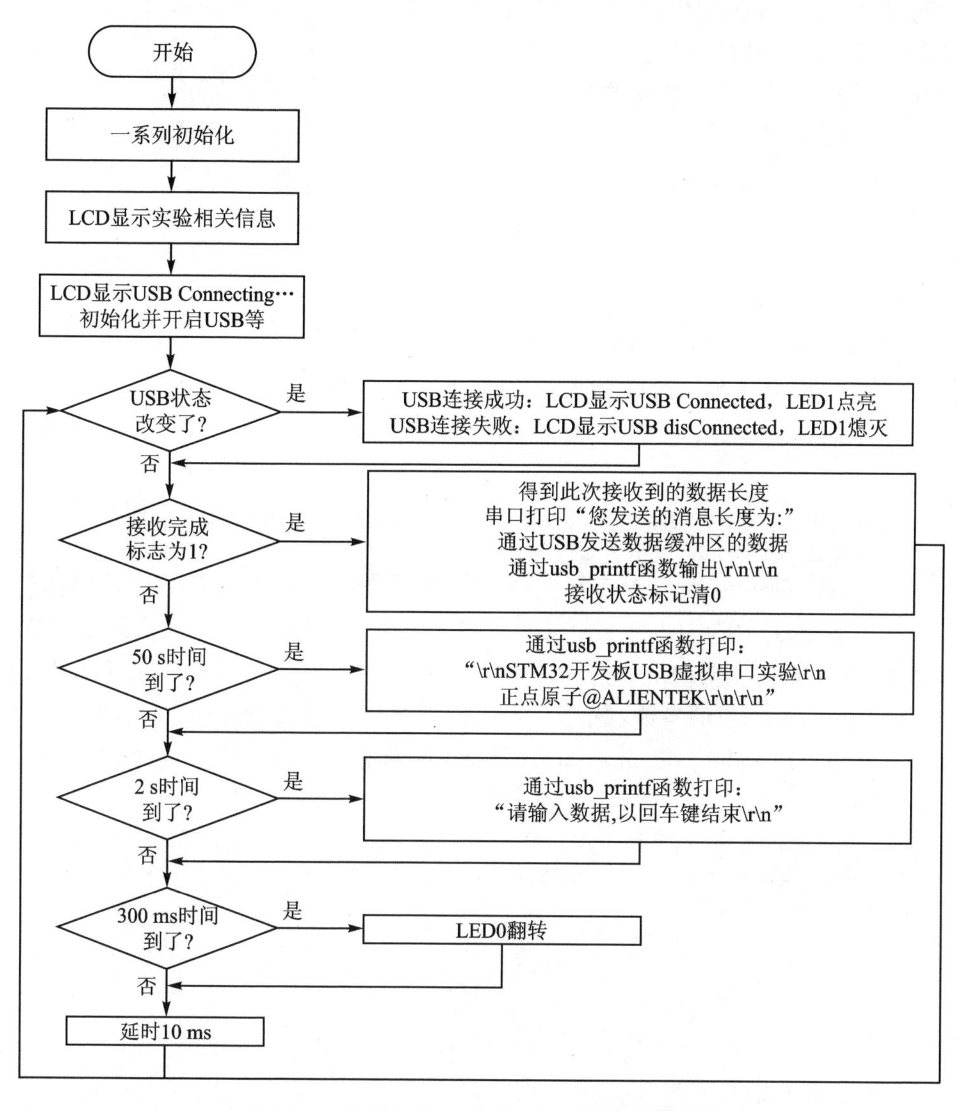

图 21.1　USB 虚拟串口(Slave)实验程序流程图

21.3.2 程序解析

这里只讲解核心代码，且在上一个实验的基础上，把不需要的文件从工程中移除；并对照官方 VCP 例子，将相关文件复制到 USB 文件夹下。然后，添加 USB 相关代码到工程中，最终得到如图 21.2 所示的工程。

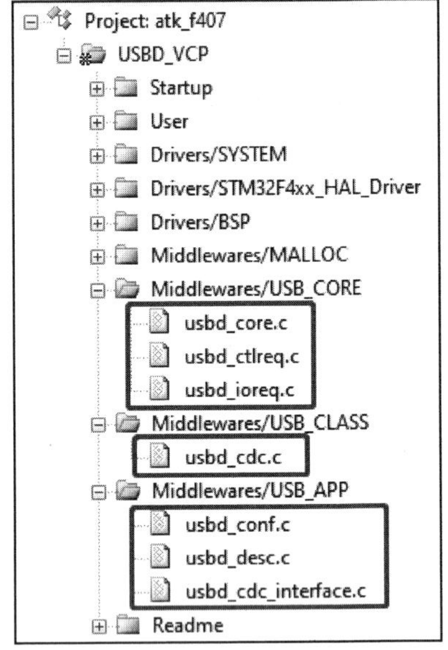

图 21.2 USB 虚拟串口工程分组

1. USB 驱动代码

可以看到，USB 部分代码同上一个实验在结构上是一模一样的，只是.c 文件稍微有些变化。同样，移植需要修改的代码，就是 USB_APP 里面的这 3 个.c 文件。

usbd_conf.c 代码，和上一个实验一样，不需要修改，可以直接使用上一个实验的代码。

usbd_desc.c 代码，同上一个实验不一样，上一个实验描述符是 USB Device 设备，本实验变成了 USB 虚拟串口(CDC)，所以直接用 ST 官方的内容就行。

usbd_cdc_interface.c 代码，要重点修改，首先介绍 usbd_cdc_interface.h 文件的相关宏定义，如下：

```
#defineUSB_USART_REC_LEN        200      /* USB 串口接收缓冲区最大字节数 */
/* 轮询周期，最大 65 ms，最小 1 ms */
#defineCDC_POLLING_INTERVAL    1        /* 轮询周期，最大 65 ms，最小 1 ms */
```

USB_USART_REC_LEN 宏定义用于定义 USB 串口接收缓冲区最大字节数，这里设置为 200。CDC_POLLING_INTERVAL 宏定义用于定义 USB 发送数据轮询周期，作为 delay_ms 函数的参数，最大 65 ms，最小 1 ms，这里设置为最小值即可。

下面重点介绍 usbd_cdc_interface.c 文件，首先是一些结构体变量、数组和变量的定义，具体如下：

```
/* USB 虚拟串口相关配置参数 */
USBD_CDC_LineCodingTypeDef LineCoding =
{
    115200,          /* 波特率 */
    0x00,            /* 停止位，默认 1 位 */
    0x00,            /* 校验位，默认无 */
    0x08             /* 数据位，默认 8 位 */
};
/* usb_printf 发送缓冲区，用于 vsprintf */
uint8_t g_usb_usart_printf_buffer[USB_USART_REC_LEN];
/* USB 接收的数据缓冲区，最大 USART_REC_LEN 个字节，用于 USBD_CDC_SetRxBuffer 函数 */
```

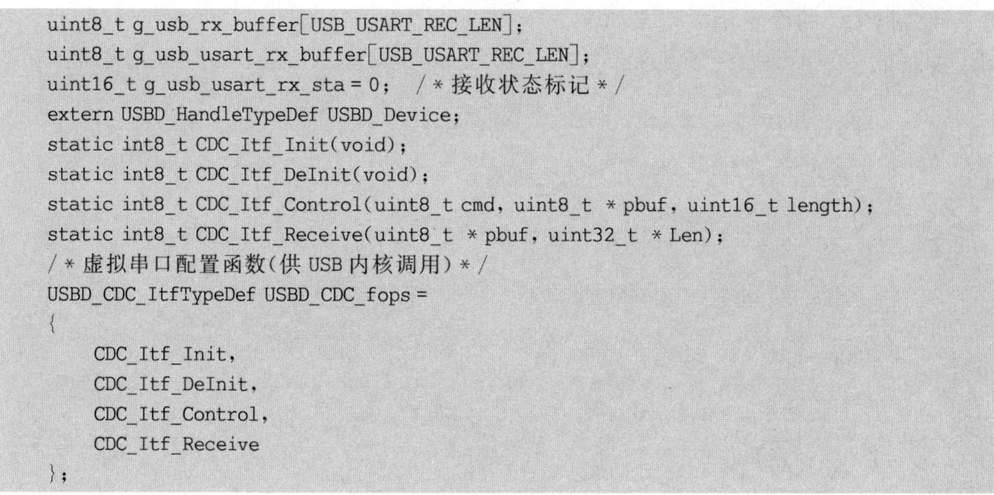

```
uint8_t g_usb_rx_buffer[USB_USART_REC_LEN];
uint8_t g_usb_usart_rx_buffer[USB_USART_REC_LEN];
uint16_t g_usb_usart_rx_sta = 0;   /* 接收状态标记 */
extern USBD_HandleTypeDef USBD_Device;
static int8_t CDC_Itf_Init(void);
static int8_t CDC_Itf_DeInit(void);
static int8_t CDC_Itf_Control(uint8_t cmd, uint8_t * pbuf, uint16_t length);
static int8_t CDC_Itf_Receive(uint8_t * pbuf, uint32_t * Len);
/* 虚拟串口配置函数(供 USB 内核调用) */
USBD_CDC_ItfTypeDef USBD_CDC_fops =
{
    CDC_Itf_Init,
    CDC_Itf_DeInit,
    CDC_Itf_Control,
    CDC_Itf_Receive
};
```

首先是定义一个 USBD_CDC_LineCodingTypeDef 结构体类型的变量 LineCoding,并赋值。波特率为 115 200,停止位和校验位都为 0,数据位默认 8 位。

g_usb_usart_printf_buffer 是发送缓冲区,大小由 USB_USART_REC_LEN 宏来定义,数组是 uint8_t 类型,所以数字大小为 200 字节。

g_usb_rx_buffer 是 USB 接收的数据缓冲区,用于 USBD_CDC_SetRxBuffer 函数,大小也是 200 字节。

g_usb_usart_rx_buffer 用类似串口 1 接收数据的方法来处理 USB 虚拟串口接收到的数据,在 cdc_vcp_data_rx 函数中被调用,大小也是 200 字节。

g_usb_usart_rx_sta 变量用于表示接收状态,位 15 表示接收完成标志,位 14 表示接收到 0x0d,位 13～位 0 表示接收到的有效字节数目。

最后定义一个 USBD_CDC_ItfTypeDef 结构体类型的变量 USBD_CDC_fops,供 USB 内核调用,并把 4 个函数的首地址赋值给其成员。

初始化 CDC 函数的定义如下:

```
static int8_t CDC_Itf_Init(void)
{
    USBD_CDC_SetRxBuffer(&USBD_Device, g_usb_rx_buffer);
    return USBD_OK;
}
```

CDC_Itf_Init 用于初始化 VCP,在初始化的时候由 USB 内核调用,这里调用函数 USBD_CDC_SetRxBuffer 来设置 USB 接收数据缓冲区。USB 虚拟串口接收到的数据会先缓存在这个 buf 里面。

复位 CDC 函数的定义如下:

```
static int8_t CDC_Itf_DeInit(void)
{
    return USBD_OK;
}
```

CDC_Itf_DeInit 用于复位 VCP,这里用不到,所以直接返回 USBD_OK 即可。

控制 CDC 的设置函数定义如下：

```
static int8_t CDC_Itf_Control(uint8_t cmd, uint8_t * pbuf, uint16_t length)
{
    switch (cmd)
    {
        case CDC_SEND_ENCAPSULATED_COMMAND:
            break;
        case CDC_GET_ENCAPSULATED_RESPONSE:
            break;
        case CDC_SET_COMM_FEATURE:
            break;
        case CDC_GET_COMM_FEATURE:
            break;
        case CDC_CLEAR_COMM_FEATURE:
            break;
        case CDC_SET_LINE_CODING:
            LineCoding.bitrate = (uint32_t) (pbuf[0] | (pbuf[1] << 8) |
                                             (pbuf[2] << 16) | (pbuf[3] << 24));
            LineCoding.format = pbuf[4];
            LineCoding.paritytype = pbuf[5];
            LineCoding.datatype = pbuf[6];
            /* 打印配置参数 */
            printf("linecoding.format: %d\r\n", LineCoding.format);
            printf("linecoding.paritytype: %d\r\n", LineCoding.paritytype);
            printf("linecoding.datatype: %d\r\n", LineCoding.datatype);
            printf("linecoding.bitrate: %d\r\n", LineCoding.bitrate);
            break;
        case CDC_GET_LINE_CODING:
            pbuf[0] = (uint8_t) (LineCoding.bitrate);
            pbuf[1] = (uint8_t) (LineCoding.bitrate >> 8);
            pbuf[2] = (uint8_t) (LineCoding.bitrate >> 16);
            pbuf[3] = (uint8_t) (LineCoding.bitrate >> 24);
            pbuf[4] = LineCoding.format;
            pbuf[5] = LineCoding.paritytype;
            pbuf[6] = LineCoding.datatype;
            break;
        case CDC_SET_CONTROL_LINE_STATE:
            break;
        case CDC_SEND_BREAK:
            break;
        default:
            break;
    }
    return USBD_OK;
}
```

CDC_Itf_Control 用于控制 VCP 的相关参数，根据 cmd 的不同来执行不同的操作。这里主要用到 CDC_SET_LINE_CODING 命令，用于设置 VCP 的相关参数，比如波特率、数据类型(位数)、校验类型(奇偶校验)等，保存在 linecoding 结构体里面，需要的时候应用程序可以读取 LineCoding 结构体里面的参数，从而获得当前 VCP 的相关信息。

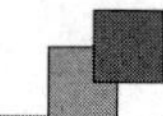

CDC 数据接收函数和处理从 USB 虚拟串口接收到的数据函数的定义如下：

```
static int8_t CDC_Itf_Receive(uint8_t * buf, uint32_t * len)
{
    SCB_CleanDCache_by_Addr((uint32_t * )buf, * len);
    USBD_CDC_ReceivePacket(&USBD_Device);
    cdc_vcp_data_rx(buf, * len);
    return USBD_OK;
}
void cdc_vcp_data_rx (uint8_t * buf, uint32_t Len)
{
    uint8_t i;
    uint8_t res;
    for (i = 0; i < Len; i++)
    {
        res = buf[i];
        if ((g_usb_usart_rx_sta & 0x8000) == 0)              /* 接收未完成 */
        {
            if (g_usb_usart_rx_sta & 0x4000)                 /* 接收到了 0x0d */
            {
                if (res != 0x0a)
                {
                    g_usb_usart_rx_sta = 0;                  /* 接收错误,重新开始 */
                }
                else
                {
                    g_usb_usart_rx_sta |= 0x8000;            /* 接收完成了 */
                }
            }
            else     /* 还没收到 0x0D */
            {
                if (res == 0x0D)
                {
                    g_usb_usart_rx_sta |= 0x4000;            /* 标记接收到了 0x0D */
                }
                else
                {
                    g_usb_usart_rx_buffer[g_usb_usart_rx_sta & 0x3FFF] = res;
                    g_usb_usart_rx_sta++;
                    if (g_usb_usart_rx_sta > (USB_USART_REC_LEN - 1))
                    {
                        g_usb_usart_rx_sta = 0;  /* 接收数据溢出 重新开始接收 */
                    }
                }
            }
        }
    }
}
```

CDC_Itf_Receive 和 cdc_vcp_data_rx 函数一起,用于 VCP 数据接收。当 STM32 的 USB 接收到电脑端串口发送过来的数据时,由 USB 内核程序调用 CDC_Itf_

Receive,然后在该函数里面再调用 cdc_vcp_data_rx 函数,从而实现 VCP 的数据接收;只需要在该函数里面将接收到的数据保存起来即可,接收的原理和串口通信实验完全一样。

通过 USB 发送数据函数的定义如下:

```
void cdc_vcp_data_tx(uint8_t * data, uint32_t Len)
{
    USBD_CDC_SetTxBuffer(&USBD_Device, data, Len);
    USBD_CDC_TransmitPacket(&USBD_Device);
    delay_ms(CDC_POLLING_INTERVAL);
}
```

cdc_vcp_data_rx 用于发送 Len 个字节的数据给 VCP,由 VCP 通过 USB 传输给电脑,从而实现 VCP 的数据发送。

通过 USB 格式化输出函数的定义如下:

```
void usb_printf(char * fmt, ...)
{
    uint16_t i;
    va_list ap;
    va_start(ap, fmt);
    vsprintf((char * )g_usb_usart_printf_buffer, fmt, ap);
    va_end(ap);
    i = strlen((const char * )g_usb_usart_printf_buffer);  /* 此次发送数据的长度 */
    cdc_vcp_data_tx(g_usb_usart_printf_buffer, i);          /* 发送数据 */
    SCB_CleanDCache_by_Addr((uint32_t * )g_usb_usart_printf_buffer, i);
}
```

usb_printf 用于实现和普通串口一样的 printf 操作,该函数将数据格式化输出到 USB VCP,功能完全同 printf,方便使用。

USB VCP 相关代码可参考"UM1734(STM32Cube USB device library). pdf"文档。

2. main. c 代码

main. c 的程序如下:

```
USBD_HandleTypeDef USBD_Device;              /* USB Device 处理结构体 */
extern volatile uint8_t g_device_state;      /* USB 连接情况 */
int main(void)
{
    uint16_t len;
    uint16_t times = 0;
    uint8_t usbstatus = 0;
    HAL_Init();                                 /* 初始化 HAL 库 */
    sys_stm32_clock_init(336, 8, 2, 7);         /* 设置时钟,168 MHz */
    delay_init(168);                            /* 延时初始化 */
    usart_init(115200);                         /* 串口初始化为 115 200 */
    led_init();                                 /* 初始化 LED */
    lcd_init();                                 /* 初始化 LCD */
    sram_init();                                /* 初始化外部 SRAM */
```

```
    my_mem_init(SRAMIN);                            /* 初始化内部 SRAM 内存池 */
    my_mem_init(SRAMIN);                            /* 初始化外部 SRAM 内存池 */
    my_mem_init(SRAMCCM);                           /* 初始化内部 SRAMCCM 内存池 */
    lcd_show_string(30, 50, 200, 16, 16, "STM32", RED);
    lcd_show_string(30, 70, 200, 16, 16, "USB Virtual USART TEST", RED);
    lcd_show_string(30, 90, 200, 16, 16, "ATOM@ALIENTEK", RED);
    lcd_show_string(30, 110, 200, 16, 16, "USB Connecting...", RED);
    USBD_Init(&USBD_Device, &VCP_Desc, DEVICE_FS);                  /* 初始化 USB */
    USBD_RegisterClass(&USBD_Device, USBD_CDC_CLASS);               /* 添加类 */
    /* 为 CDC 类添加回调函数 */
    USBD_CDC_RegisterInterface(&USBD_Device, &USBD_CDC_fops);
    USBD_Start(&USBD_Device);     /* 开启 USB */
    delay_ms(1800);
    while (1)
    {
        delay_ms(1);
        if (usbstatus != g_device_state)            /* USB 连接状态发生了改变 */
        {
            usbstatus = g_device_state;         /* 记录新的状态 */
            if (usbstatus == 1)
            {
                /* 提示 USB 连接成功 */
                lcd_show_string(30, 110, 200, 16, 16, "USB Connected      ", RED);
                LED1(0);      /* 绿灯亮 */
            }
            else
            {
                /* 提示 USB 断开 */
                lcd_show_string(30, 110, 200, 16, 16, "USB disConnected ", RED);
                LED1(1);      /* 绿灯灭 */
            }
        }
        if (g_usb_usart_rx_sta & 0x8000)
        {
            len = g_usb_usart_rx_sta & 0x3FFF;          /* 得到此次接收到的数据长度 */
            usb_printf("\r\n您发送的消息长度为:%d\r\n\r\n", len);
            cdc_vcp_data_tx(g_usb_usart_rx_buffer, len);;
            usb_printf("\r\n\r\n");                          /* 插入换行 */
            g_usb_usart_rx_sta = 0;
        }
        else
        {
            times++;
            if (times % 5000 == 0)
            {
                usb_printf("\r\nSTM32 开发板 USB 虚拟串口实验\r\n");
                usb_printf("正点原子@ALIENTEK\r\n\r\n");
            }
            if (times % 200 == 0)
            {
                usb_printf("请输入数据,以回车键结束\r\n");
```

```
            }
            if (times % 30 == 0)
            {
                LED0_TOGGLE();   /* 闪烁 LED,提示系统正在运行 */
            }
            delay_ms(10);
        }
    }
}
```

此部分代码比较简单,首先定义了 USBD_Device 结构体,然后通过 USBD_Init 等函数初始化 USB,不过本章实现的是 USB 虚拟串口的功能。然后在死循环里面轮询 USB 状态并检查是否接收到数据,如果接收到了数据,则通过 VCP_DataTx 将数据通过 VCP 原原本本地返回给电脑端串口调试助手。

21.4 下载验证

本例程的测试需要在电脑上先安装 ST 提供的 USB 虚拟串口驱动软件,该软件(V1.5.0 版)下载地址为 http://www.openedv.com/thread-284178-1-1.html。下载完成以后,根据自己电脑的系统选择合适的驱动安装即可。

将程序下载到开发板后(注意,USB 数据线要插在 USB_SLAVE 口,而不是 USB_UART 端口),打开设备管理器(笔者使用的是 WIN10),在端口(COM 和 LPT)里面可以发现多出了一个 COM4 的设备,这就是 USB 虚拟的串口设备端口,如图 21.3 所示。

可见,STM32 通过 USB 虚拟的串口被电脑识别了,端口号为 COM4(可变),字符串名字为 STMicroelectronics Virtual COM Port(COM4)。此时,开发板的 LED1 常亮,同时,LED0 在闪烁,提示程序运行。开发板的 LCD 显示 USB Connected,如图 21.4 所示。

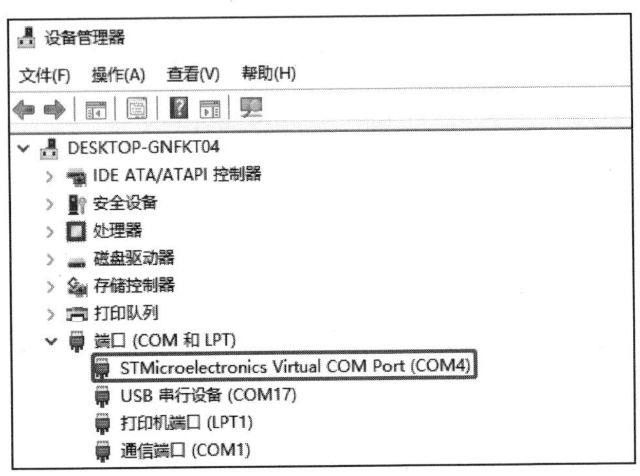

图 21.3 通过设备管理器查看 USB 虚拟的串口设备端口

图 21.4 USB 虚拟串口连接成功

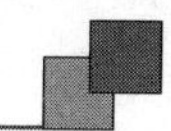

然后打开 XCOM，选择 COM4(须根据自己的电脑识别到的串口号选择)，并打开串口(注意，波特率可以随意设置)，就可以进行测试了，如图 21.5 所示。

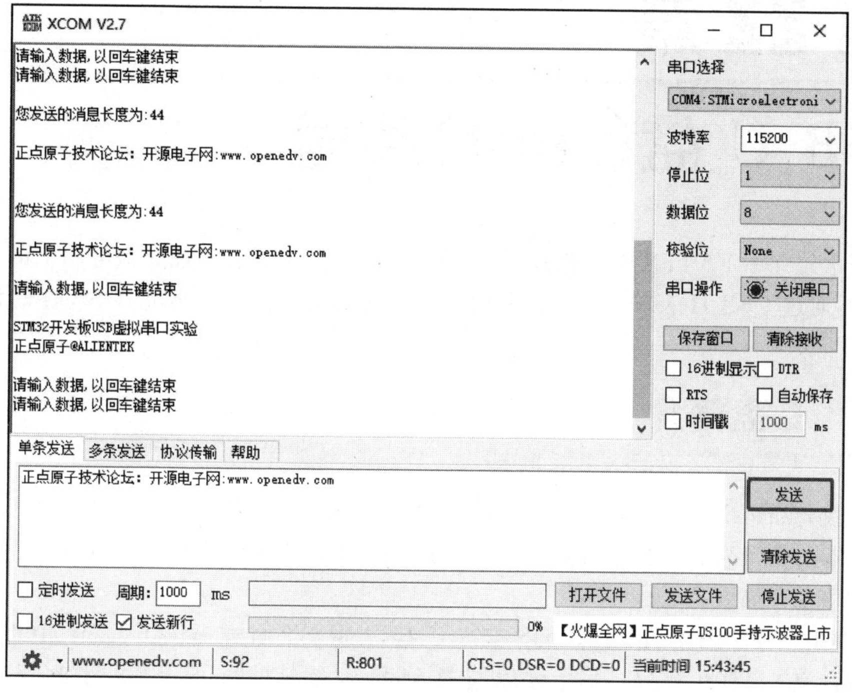

图 21.5　STM32 虚拟串口通信测试

可以看到，串口调试助手收到了来自于 STM32 开发板的数据，同时，单击“发送”按钮(串口助手必须选中“发送新行”)也可以收到电脑发送给 STM32 的数据(原样返回)，说明实验是成功的。

至此，USB 虚拟串口实验就完成了，通过本实验就可以利用 STM32 的 USB 直接和电脑进行数据互传了，具有广泛的应用前景。

第 22 章 USB U 盘(Host)实验

本章先介绍 FATFS 这个软件工具，利用它在 STM32 上实现类似电脑上的文件管理功能，通过 USB HOST 功能，实现读/写 U 盘或读卡器等大容量 USB 存储设备的功能。

22.1 U 盘简介

U 盘，全称 USB 闪存盘，英文名 USB flash disk，是一种使用 USB 接口的、无需物理驱动器的微型高容量移动存储产品，通过 USB 接口与主机连接，实现即插即用，是最常用的移动存储设备之一。

STM32F407 的 USB OTG HS 支持 U 盘，并且 ST 官方提供了 USB HOST 大容量存储设备（MSC）例程，读者可以直接到配套资料的 8，STM32 参考资料→1，STM32CubeF4 固件包→STM32Cube_FW_F4_V1.26.0→Projects→STM324xG_EVAL→Applications→USB_Host →MSC_Standalone 查看。本实验就要移植该例程到开发板上，并通过 STM32F407 的 USB HOST 接口读/写 U 盘或 SD 卡读卡器等设备。

22.2 硬件设计

(1) 例程功能

开机后检测字库，然后初始化 USB HOST，并不断轮询。当检测并识别 U 盘后，在 LCD 上面显示 U 盘总容量和剩余容量，此时便可以通过 USMART 调用 FATFS 相关函数来测试 U 盘数据的读/写了，方法同 FATFS 实验一模一样。

LED0 闪烁，提示程序运行。

(2) 硬件资源

- LED 灯：LED0 - PF9、LED1 - PF10；
- 串口 1(PA9、PA10 连接在板载 USB 转串口芯片 CH340 上面)；
- 正点原子 TFTLCD 模块(仅限 MCU 屏，16 位 8080 并口驱动)；
- NOR FLASH(本例程使用的是 25Q128，连接在 SPI1)；
- 外部 SRAM 芯片，通过 FSMC 驱动；

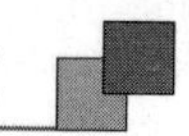

➢ Micro SD 卡，通过 SDIO 驱动；

➢ USB_HOST 接口(D－、D＋连接在 PA11、PA12 上)。

(3) 原理图

本开发板的 USB HOST 接口采用的是贴片 USB 母座，它和 USB SLAVE 的 Type－C 接头共用 USB_DM 和 USB_DP 信号，所以 USB HOST 和 USB SLAVE 功能不能同时使用。USB HOST 和 STM32 的连接原理如图 22.1 所示。可以看出，USB HOST 通过 USB_PWR 控制电源供电，USB_D＋和 USB_D－通过跳线帽连接到 STM32F407，所以硬件上不需要做什么操作，可直接使用。

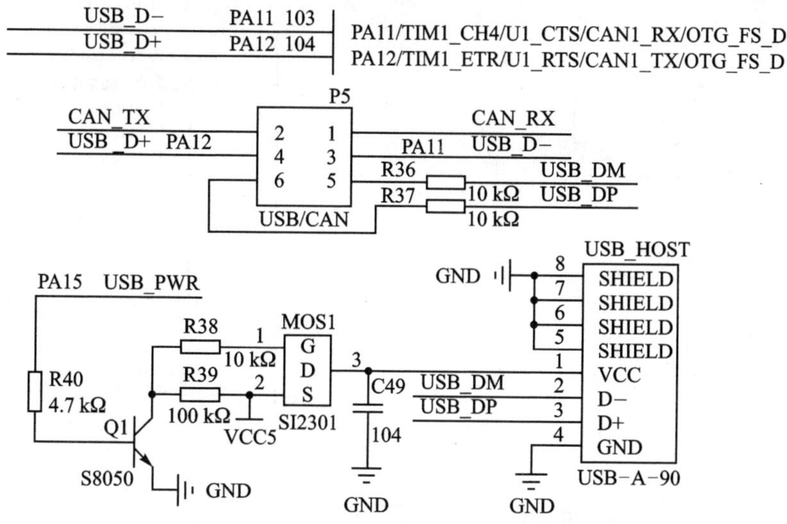

图 22.1　USB 母座与 STM32 的连接原理图

注意，这个 USB 母座(USB_HOST)和 Type－C 接口共用 D＋和 D－，所以不能同时使用。本实验测试时，数据线要用 USB_UART 接口连接到电脑。

22.3　程序设计

22.3.1　程序流程图

程序流程如图 22.2 所示。

22.3.2　程序解析

这里只讲解核心代码，详细的源码可参考配套资料中本实验对应源码。本实验在配套资料的实验 41 图片显示实验上修改，代码移植自 ST 官方例程 STM32Cube_FW_F4_V1.26.0\Projects\STM324xG_EVAL\Applications\USB_Host\MSC_Standalone。有了这个官方例程做指引，我们就知道具体需要哪些文件，从而实现本实验。

本实验的具体移植步骤这里就不一一介绍了，最终移植完成之后的工程分组截图如图 22.3 所示。图中工程分组中的 Middlewares/USB_CORE 和 Middlewares/USB_CLASS 分组下的.c 文件，直接从 ST 官方 USB HOST 库复制，这里重点要修改的是 USB_APP 文件夹下面的代码和 FATFS 文件夹下面的代码，详细的源码可参考配套资料中本实验对应的源码。

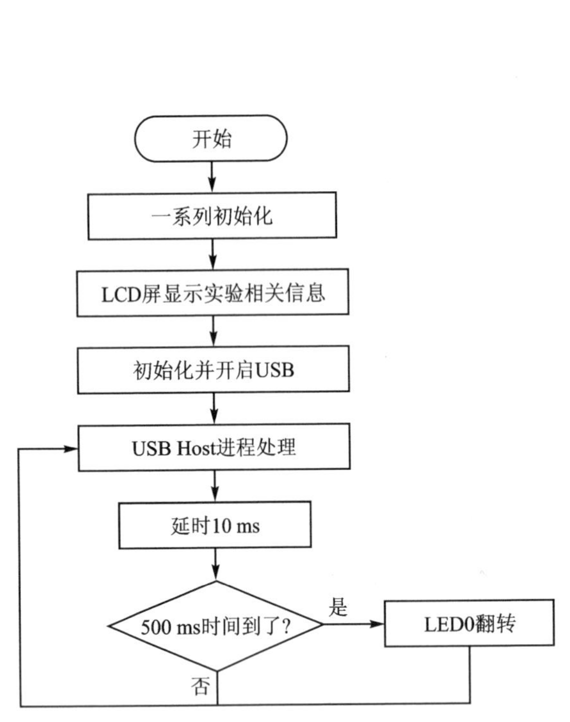

图 22.2　USB U 盘(Host)实验程序流程图

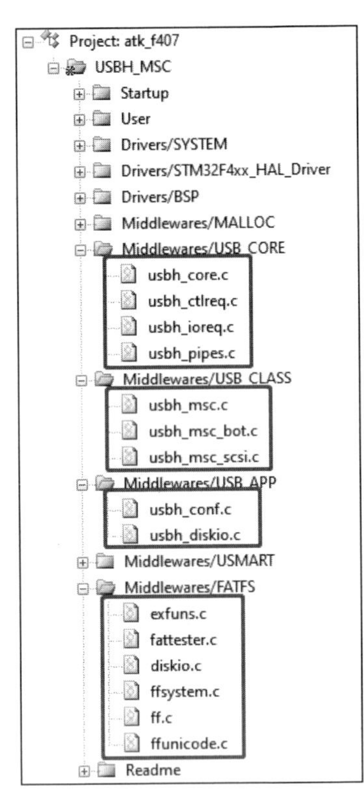

图 22.3　USB U 盘(Host)实验工程分组

1. USB 驱动代码

usbh_conf.h 提供了 USB_PWR 电源控制 GPIO 的宏定义，其定义如下：

```
#define USB_PWR(x)   do{ x ? \
                        HAL_GPIO_WritePin(GPIOA, GPIO_PIN_15, GPIO_PIN_SET): \
                        HAL_GPIO_WritePin(GPIOA, GPIO_PIN_15, GPIO_PIN_RESET); \
                         }while(0)
```

该宏定义用于控制 USB 主机接口是否对外供电，当 x=0，表示 USB 主机接口不对外供电；当 x=1 时，表示 USB 主机接口对外供电。

usbh_conf.c 提供了 USB 主机库的回调及 MSP 初始化函数。当 USB 状态机处理完不同事务的时候，则调用这些回调函数，于是就可以知道 USB 当前状态，比如是否连接上了、是否断开了等，根据这些状态，用户应用程序可以执行不同操作，完成特定功能。该.c 文件重点介绍 3 个函数，首先是初始化 PCD MSP 函数，定义如下：

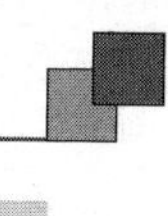

```
void HAL_HCD_MspInit(HCD_HandleTypeDef * hhcd)
{
    GPIO_InitTypeDef gpio_init_struct = { 0 };
    if (hcdHandle ->Instance == USB_OTG_FS)
    {
        __HAL_RCC_GPIOA_CLK_ENABLE();                  /* 使能 GPIOA 时钟 */
        __HAL_RCC_USB_OTG_FS_CLK_ENABLE();             /* 使能 OTG FS 时钟 */
        gpio_init_struct.Pin = GPIO_PIN_11 | GPIO_PIN_12;
        gpio_init_struct.Mode = GPIO_MODE_AF_PP;                    /* 复用 */
        gpio_init_struct.Pull = GPIO_NOPULL;                        /* 浮空 */
        gpio_init_struct.Speed = GPIO_SPEED_FREQ_VERY_HIGH;         /* 高速 */
        gpio_init_struct.Alternate = GPIO_AF10_OTG_FS; /* 复用为 OTG1_FS */
        HAL_GPIO_Init(GPIOA, &gpio_init_struct);       /* 初始化 PA11 和 PA12 引脚 */
        gpio_init_struct.Pin = GPIO_PIN_15;
        gpio_init_struct.Mode = GPIO_MODE_OUTPUT_PP;                /* 推挽输出模式 */
        gpio_init_struct.Pull = GPIO_NOPULL;                        /* 浮空 */
        gpio_init_struct.Speed = GPIO_SPEED_FREQ_VERY_HIGH;         /* 高速模式 */
        HAL_GPIO_Init(GPIOA, &gpio_init_struct);       /* 初始化 PWR 引脚 */
        USB_PWR(0);                              /* PA15 输出低电平,关闭 U 盘供电 */
        USBH_Delay(500);
        USB_PWR(1);                              /* PA15 输出高电平,恢复 U 盘供电 */
        HAL_NVIC_SetPriority(OTG_FS_IRQn, 1, 0);  /* 优先级设置为抢占 1,子优先级 0 */
        HAL_NVIC_EnableIRQ(OTG_FS_IRQn);          /* 使能 OTG FS 中断 */
    }
    else if (hhcd ->Instance == USB_OTG_HS)
    {
        /* USB OTG HS 本例程没用到,故不做处理 */
    }
}
```

HAL_HCD_MspInit 函数,用于使能 USB 时钟、选择内核时钟源、初始化 I/O 口、开启 USB 供电、设置中断等。该函数在 HAL_HCD_Init 函数里面被调用。

接下来介绍的是 USB OTG 中断服务函数,其定义如下:

```
void OTG_FS_IRQHandler(void)
{
    HAL_HCD_IRQHandler(&g_hhcd);
}
```

OTG_FS_IRQHandler 函数,是 USB 的中断服务函数,通过调用 HAL_HCD_IRQHandler 函数实现对 USB 各种事务的处理。

最后介绍的是 USBH 底层初始化函数,其定义如下:

```
USBH_StatusTypeDef USBH_LL_Init(USBH_HandleTypeDef * phost)
{
#ifdef USE_USB_FS
    /* 设置 LL 驱动相关参数 */
    g_hhcd.Instance = USB_OTG_FS;                       /* 使用 USB OTG */
    g_hhcd.Init.Host_channels = 11;                     /* 主机通道数为 11 个 */
    g_hhcd.Init.dma_enable = 0;                         /* 不使用 DMA */
    g_hhcd.Init.low_power_enable = 0;                   /* 不使能低功耗模式 */
```

```
    g_hhcd.Init.phy_itface = HCD_PHY_EMBEDDED;          /* 使用内部 PHY */
    g_hhcd.Init.Sof_enable = 0;                          /* 禁止 SOF 中断 */
    g_hhcd.Init.speed = HCD_SPEED_FULL;                  /* USB 全速(12 Mbps) */
    g_hhcd.Init.vbus_sensing_enable = 0;                 /* 不使能 VBUS 检测 */
    g_hhcd.pData = phost;                                /* g_hhcd 的 pData 指向 phost */
    phost->pData = &g_hhcd;                              /* phost 的 pData 指向 g_hhcd */
    HAL_HCD_Init(&g_hhcd);                               /* 初始化 LL 驱动 */
#endif
#ifdef USE_USB_HS
    /* 未实现 */
#endif
    USBH_LL_SetTimer(phost, HAL_HCD_GetCurrentFrame(&g_hhcd));
    return USBH_OK;
}
```

USBH_LL_Init 函数,用于初始化 USB 底层设置。因为这里定义的是 USE_USB_FS,因此设置 USB OTG 使用 USB_OTG_FS,然后完成各种设置,比如使用内部 PHY、使用全速模式、不使能 VBUS 检测等。该函数在 USBH_Init 函数里面被调用。

usbh_diskio.c 提供 U 盘和 FATFS 文件系统之间的输入/输出接口函数,这里总共有 5 个函数,首先介绍的是初始化 USBH 函数,其定义如下:

```
DSTATUS USBH_initialize(void)
{
    return RES_OK;
}
```

USBH_initialize 函数,用于初始化 U 盘,不需要做任何事情,直接返回 OK 即可。

下面介绍的是获取 U 盘状态函数,其定义如下:

```
DSTATUS USBH_status(void)
{
    DRESULT res = RES_ERROR;
    MSC_HandleTypeDef  *MSC_Handle = hUSBHost.pActiveClass->pData;
    if (USBH_MSC_UnitIsReady(&g_hUSBHost, MSC_Handle->current_lun))
    {
        printf("U 盘状态查询成功\r\n");
        res = RES_OK;
    }
    else
    {
        printf("U 盘状态查询失败\r\n");
        res = RES_ERROR;
    }
    return res;
}
```

USBH_status 函数,用于获取 U 盘状态,本实验暂时用不到。

下面介绍的是 U 盘读扇区操作函数,其定义如下:

```
DRESULT USBH_read(BYTE *buff, DWORD sector, UINT count)
{
    DRESULT res = RES_ERROR;
```

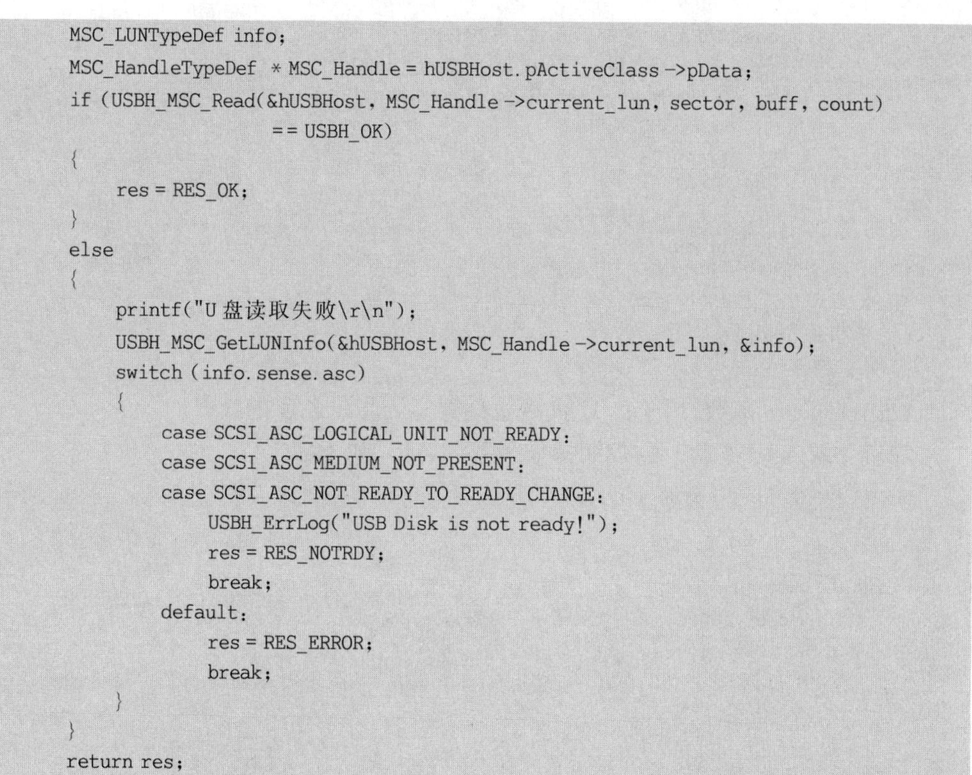

```
    MSC_LUNTypeDef info;
    MSC_HandleTypeDef *MSC_Handle = hUSBHost.pActiveClass->pData;
    if (USBH_MSC_Read(&hUSBHost, MSC_Handle->current_lun, sector, buff, count)
                    == USBH_OK)
    {
        res = RES_OK;
    }
    else
    {
        printf("U盘读取失败\r\n");
        USBH_MSC_GetLUNInfo(&hUSBHost, MSC_Handle->current_lun, &info);
        switch (info.sense.asc)
        {
            case SCSI_ASC_LOGICAL_UNIT_NOT_READY:
            case SCSI_ASC_MEDIUM_NOT_PRESENT:
            case SCSI_ASC_NOT_READY_TO_READY_CHANGE:
                USBH_ErrLog("USB Disk is not ready!");
                res = RES_NOTRDY;
                break;
            default:
                res = RES_ERROR;
                break;
        }
    }
    return res;
}
```

USBH_read 函数,用于从 U 盘指定位置,读取指定长度的数据。

下面介绍的是 U 盘写扇区操作函数,其定义如下:

```
DRESULT USBH_write(const BYTE *buff, DWORD sector, UINT count)
{
    DRESULT res = RES_ERROR;
    MSC_LUNTypeDef info;
    MSC_HandleTypeDef *MSC_Handle = hUSBHost.pActiveClass->pData;
    if (USBH_MSC_Write(&hUSBHost, MSC_Handle->current_lun, sector,
                                            (BYTE *)buff, count) == USBH_OK)
    {
        res = RES_OK;
    }
    else
    {
        printf("U盘写入失败\r\n");
        USBH_MSC_GetLUNInfo(&hUSBHost, MSC_Handle->current_lun, &info);
        switch (info.sense.asc)
        {
            case SCSI_ASC_WRITE_PROTECTED:
                USBH_ErrLog("USB Disk is Write protected!");
                res = RES_WRPRT;
                break;
            case SCSI_ASC_LOGICAL_UNIT_NOT_READY:
```

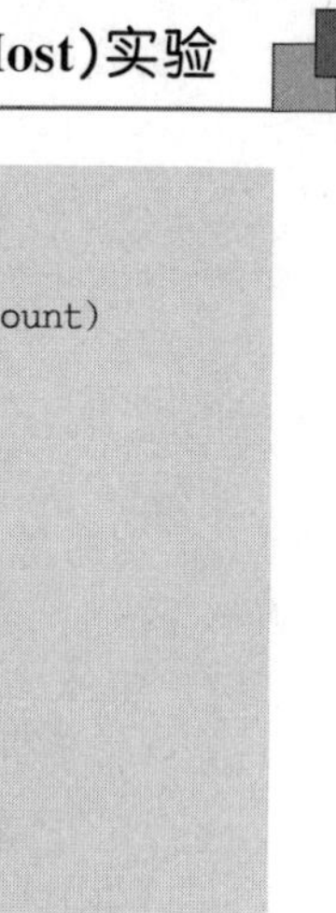

```
            case SCSI_ASC_MEDIUM_NOT_PRESENT:
            case SCSI_ASC_NOT_READY_TO_READY_CHANGE:
                USBH_ErrLog("USB Disk is not ready!");
                res = RES_NOTRDY;
                break;
            default:
                res = RES_ERROR;
                break;
        }
    }
    return res;
}
```

USBH_write 函数,用于往 U 盘指定位置写入指定长度的数据。

最后介绍的是 U 盘 I/O 控制操作函数,其定义如下:

```
DRESULT USBH_ioctl(BYTE cmd,void * buff)
{
    DRESULT res = RES_ERROR;
    MSC_LUNTypeDef info;
    MSC_HandleTypeDef * MSC_Handle = hUSBHost.pActiveClass ->pData;
    switch(cmd)
    {
        case CTRL_SYNC:
            res = RES_OK;
            break;
        case GET_SECTOR_COUNT:     /* 获取扇区数量 */
            if(USBH_MSC_GetLUNInfo(&hUSBHost, MSC_Handle ->current_lun,  &info)
                                              == USBH_OK)
            {
                * (DWORD * )buff = info.capacity.block_nbr;
                res = RES_OK;
                printf("扇区数量:%d\r\n", info.capacity.block_nbr);
            }
            else
            {
                res = RES_ERROR;
            }
            break;
        case GET_SECTOR_SIZE:     /* 获取扇区大小 */
            if(USBH_MSC_GetLUNInfo(&hUSBHost,MSC_Handle ->current_lun, &info)
                                              == USBH_OK)
            {
                * (DWORD * )buff = info.capacity.block_size;
                res = RES_OK;
                printf("扇区大小:%d\r\n", info.capacity.block_size);
            }
            else
            {
                res = RES_ERROR;
            }
```

```
            break;
        case GET_BLOCK_SIZE:          /* 获取一个扇区里面擦除块的大小 */
            if(USBH_MSC_GetLUNInfo(&hUSBHost, MSC_Handle->current_lun, &info)
                                                == USBH_OK)
            {
                *(DWORD *)buff = info.capacity.block_size / USB_DEFAULT_BLOCK_SIZE;
                printf("每个扇区擦除块:%d\r\n",
                       info.capacity.block_size / USB_DEFAULT_BLOCK_SIZE);
                res = RES_OK;
            }
            else
            {
                res = RES_ERROR;
            }
            break;
        default:
            res = RES_PARERR;
            break;
    }
    return res;
}
```

USBH_ioctl 函数,可以用于获取 U 盘扇区数量、扇区大小和块大小等信息。

将这 5 个函数在 diskio.c 里面和 FATFS 完成对接,同时需要设置 FATFS 支持 3 个磁盘(SD 卡、SPI FLASH 和 U 盘),需要在 ffconf.h 文件里面将 FF_VOLUMES 的宏定义值改成 3,以支持 FATFS 操作 U 盘。

2. main.c 代码

下面是 main.c 的程序,具体如下:

```
USBH_HandleTypeDef g_hUSBHost;      /* USB Host 处理结构体 */
static void USBH_UserProcess(USBH_HandleTypeDef *phost, uint8_t id)
{
    uint32_t total, free;
    uint8_t res = 0;
    printf("id:%d\r\n", id);
    switch (id)
    {
        case HOST_USER_SELECT_CONFIGURATION:
            break;
        case HOST_USER_DISCONNECTION:
            f_mount(0, "2:", 1);                /* 卸载U盘 */
            text_show_string(30, 140, 200, 16, "设备连接中...", 16, 0, RED);
            lcd_fill(30, 160, 239, 220, WHITE);
            break;
        case HOST_USER_CLASS_ACTIVE:
            text_show_string(30, 140, 200, 16, "设备连接成功!", 16, 0, RED);
            f_mount(fs[2], "2:", 1);            /* 重新挂载U盘 */
            res = exfuns_get_free("2:", &total, &free);
            if (res == 0)
```

```
            {
                lcd_show_string(30, 160, 200, 16, 16, "FATFS OK!", BLUE);
                lcd_show_string(30, 180, 200, 16, 16, "U Disk Total Size:       MB",
                                BLUE);
                lcd_show_string(30, 200, 200, 16, 16, "U Disk  Free Size:       MB",
                                BLUE);
                /* 显示 U 盘总容量 MB */
                lcd_show_num(174, 180, total >> 10, 5, 16, BLUE);
                lcd_show_num(174, 200, free >> 10, 5, 16, BLUE);
            }
            else
            {
                printf("U 盘存储空间获取失败\r\n");
            }
            break;
        case HOST_USER_CONNECTION:
            break;
        default:
            break;
    }
}
int main(void)
{
    uint8_t t = 0;
    HAL_Init();                               /* 初始化 HAL 库 */
    sys_stm32_clock_init(336, 8, 2, 7);       /* 设置时钟,168 MHz */
    delay_init(168);                          /* 延时初始化 */
    usart_init(115200);                       /* 串口初始化为 115 200 */
    usmart_dev.init(84);                      /* USMART 初始化 */
    led_init();                               /* 初始化 LED */
    lcd_init();                               /* 初始化 LCD */
    key_init();                               /* 初始化按键 */
    sram_init();                              /* 初始化外部 SRAM */
    my_mem_init(SRAMIN);                      /* 初始化内部 SRAM 内存池 */
    my_mem_init(SRAMEX);                      /* 初始化外部 SRAM 内存池 */
    my_mem_init(SRAMCCM);                     /* 初始化 CCM 内存池 */
    norflash_init();                          /* 外部 FLASH 初始化 */
    exfuns_init();                            /* 为 FATFS 相关变量申请内存 */
    f_mount(fs[0], "0:", 1);                  /* 挂载 SD 卡 */
    f_mount(fs[1], "1:", 1);                  /* 挂载 FLASH */
    piclib_init();                            /* 初始化画图 */
    while (fonts_init())                      /* 检查字库 */
    {
        lcd_show_string(30, 50, 200, 16, 16, "Font Error!", RED);
        delay_ms(200);
        lcd_fill(30, 50, 240, 66, WHITE);    /* 清除显示 */
        delay_ms(200);
    }
    text_show_string(30, 50, 200, 16, "STM32", 16, 0, RED);
    text_show_string(30, 70, 200, 16, "USB U 盘 实验", 16, 0, RED);
```

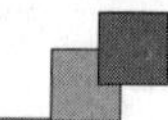

```
        text_show_string(30, 90, 200, 16, "ATOM@ALIENTEK", 16, 0, RED);
        text_show_string(30, 120, 200, 16, "设备连接中...", 16, 0, RED);
        USBH_Init(&g_hUSBHost, USBH_UserProcess, HOST_FS);
        USBH_RegisterClass(&g_hUSBHost, USBH_MSC_CLASS);
        USBH_Start(&g_hUSBHost);
        while (1)
        {
            USBH_Process(&g_hUSBHost);
            delay_ms(10);
            t++;
            if (t == 50)
            {
                t = 0;
                LED0_TOGGLE();
            }
        }
}
```

其中,USBH_HandleTypeDef 是一个用于 USB 主机类通信处理的结构体类型,包含了 USB 主机通信的各种变量、结构体参数、传输状态和管道信息等。凡是 USB 主机类通信,都必须要定义一个这样的结构体,这里定义成 g_hUSBHost。

同 USB Device 类通信类似,USB Host 的初始化过程如下:

① 调用 USBH_Init 函数,初始化 USB 主机内核;

② 调用 USBH_RegisterClass 函数,链接 MSC 主机类驱动程序到主机内核;

③ 调用 USBH_Start 函数,启动 USB 通信。

经过以上 3 步处理,USB 主机就启动了,所有 USB 事务都通过 USB 中断触发,并由 USB 驱动库自动处理。USB 中断服务函数在 usbh_conf.c 里面:

```
void OTG_FS_IRQHandler(void)
{
    HAL_HCD_IRQHandler(&g_hhcd);
}
```

该函数调用 HAL_HCD_IRQHandler 函数来处理各种 USB 中断请求。

整个 main 函数代码比较简单,不过 main 函数里面必须不停地调用 USBH_Process 函数;该函数用于实现 USB 主机通信的核心状态机处理,必须在主函数里面被循环调用,而且调用频率得比较快才行(越快越好),以便及时处理各种事务。

USBH_UserProcess 函数是 USB 主机用户处理回调函数,参数 id 表示 USB 主机当前的一些状态,总共有 6 种状态:

```
#define HOST_USER_SELECT_CONFIGURATION     0x01U    /* USB 进入配置状态 */
#define HOST_USER_CLASS_ACTIVE             0x02U    /* USB 初始化配置完成 */
#define HOST_USER_CLASS_SELECTED           0x03U    /* USB 选择了一个类 */
#define HOST_USER_CONNECTION               0x04U    /* USB 连接成功 */
#define HOST_USER_DISCONNECTION            0x05U    /* USB 连接断开 */
#define HOST_USER_UNRECOVERED_ERROR        0x06U    /* USB 发生了不可恢复错误 */
```

本例程只用了 HOST_USER_DISCONNECTION 和 HOST_USER_CLASS_AC-

TIVE 这两个状态。程序运行后，如果没有 U 盘插入，则不会执行到 USBH_UserProcess 函数。当插入 U 盘并成功识别之后，USBH_UserProcess 函数会进入 HOST_USER_CLASS_ACTIVE 状态，则可以挂载 U 盘，并显示容量等信息，表示 U 盘识别完成。此时，如果把 U 盘拔出，则会进入 HOST_USER_DISCONNECTION 状态，表示 U 盘拔出，取消 U 盘的挂载，并显示设备连接中...（表示当前正在连接设备）。

最后，需要将 FATFS 相关测试函数（mf_open 或 mf_close 等函数）加入 USMART 管理，这里和 FATFS 实验一模一样，可以参考该实验的方法操作。

22.4 下载验证

将程序下载到开发板，然后在 USB_HOST 端子插入 U 盘或读卡器(带卡)。注意，此时 USB SLAVE 口不要插 USB 线到电脑，否则会干扰。

等 U 盘成功识别后便可以看到 LCD 显示 U 盘容量等信息，如图 22.4 所示。此时，便可以通过 USMART 来测试 U 盘读/写了，如图 22.5 和图 22.6 所示。

图 22.5 通过发送 mf_scan_files("2:")和 mf_scan_files("2:/PICTURE")扫描 U 盘根目录所有文件和 PICTURE 目录下的所有文件，然后通过 piclib_ai_load_picfile("2:/PICTURE/示例图片.jpg",0,0,480,800,1)解码图片，并显示在 LCD 上面。说明读 U 盘是没问题的。

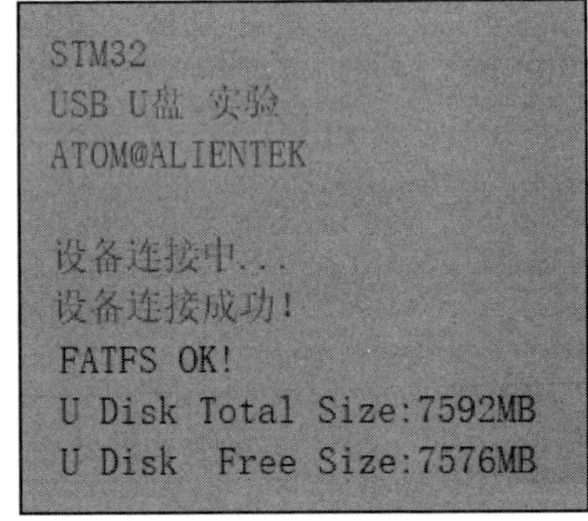

图 22.4 U 盘识别成功

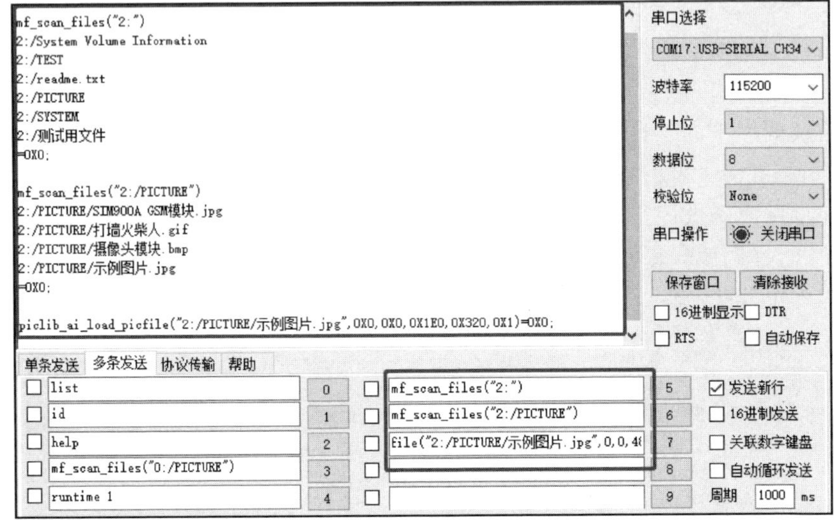

图 22.5 测试读取 U 盘读取

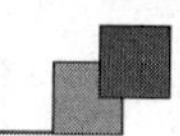

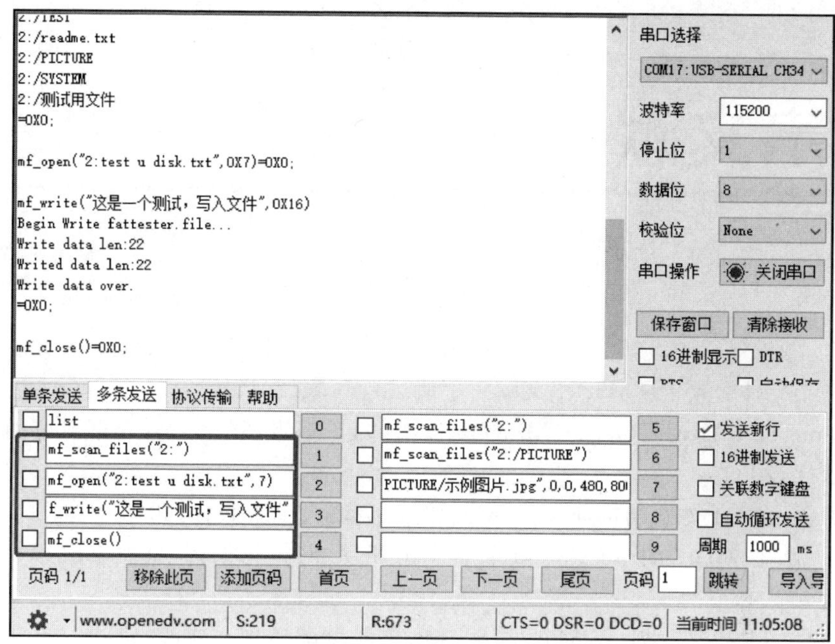

图 22.6　测试 U 盘写入

图 22.6 通过发送 mf_open("2:test u disk.txt",7),在 U 盘根目录创建 test u disk.txt 文件;然后发送 mf_write("这是一个测试,写入文件",22),写入"这是一个测试,写入文件"到这个文件里面;然后发送 mf_close()关闭文件,完成一次文件创建。最后,发送 mf_scan_files("2:")扫描 U 盘根目录文件,可以发现比图 22.6 多出了一个 test u disk.txt 文件,说明 U 盘写入成功。

这样就完成了本实验的设计目的——实现 U 盘的读/写操作。最后,还可以调用其他函数实现相关功能测试,这里就不一一演示了。

参考文献

[1] 刘军.例说STM32[M].北京:北京航空航天大学出版社,2011.

[2] 意法半导体公司.STM32中文参考手册.第10版.2010.

[3] Joseph Yiu. ARM Cortex-M3权威指南[M].宋岩,译.北京:北京航空航天大学出版社,2009.

[4] 杜春雷.ARM体系结构与编程[M].北京:清华大学出版社,2003.

[5] 李宁.基于MDK的STM32处理器应用开发[M].北京:北京航空航天大学出版社,2008.

[6] 王永虹.STM32系列ARM Cortex-M3微控制器原理与实践[M].北京:北京航空航天大学出版社,2008.

[7] 俞建新.嵌入式系统基础教程[M].北京:机械工业出版社,2008.

[8] 李宁.ARM开发工具RealView MDK使用入门[M].北京:北京航空航天大学出版社,2008.